Ansys 2024 电磁学有限元分析从入门到精通

胡仁喜 康士廷 等编著

机械工业出版社
CHINA MACHINE PRESS

本书以 Ansys 2024 为平台，介绍了工程中普遍面临的各类电磁场分析问题，并通过丰富的实例详细介绍了利用 Ansys 有限元软件求解电磁场分析问题的方法。书中从实际应用出发，结合编者使用该软件的经验，对实例部分的操作过程和步骤采用 GUI 方式逐步进行了讲解。为了帮助读者熟悉 Ansys 的相关操作命令，在每个实例的后面均列出了分析过程的命令流文件。

本书共 11 章，第 1 章对 Ansys 电磁场有限元分析进行了简要叙述，并介绍了后续章节常用的电磁宏和远场单元内容；第 2~4 章介绍了二维静态磁场、谐波磁场、瞬态磁场分析；第 5~8 章分别使用标量法、棱边单元法对三维静态磁场、谐波磁场、瞬态磁场分析进行了介绍；第 9 章介绍了稳态电流传导分析；第 10 章对静电场 h 方法分析进行了介绍；第 11 章介绍了电路分析的内容。

本书可作为高校工科高年级本科生和研究生的自学教材，也可以作为电磁学工程设计和研究人员的参考工具书。

图书在版编目（CIP）数据

Ansys 2024 电磁学有限元分析从入门到精通 / 胡仁喜等编著. -- 北京：机械工业出版社，2024. 10.
ISBN 978-7-111-76497-7

Ⅰ. O241.82-39

中国国家版本馆 CIP 数据核字第 2024RY2500 号

机械工业出版社（北京市百万庄大街 22 号　邮政编码 100037）
策划编辑：王　珑　　　　责任编辑：王　珑
责任校对：樊钟英　张　征　责任印制：任维东
北京中兴印刷有限公司印刷
2024 年 10 月第 1 版第 1 次印刷
184mm×260mm ・ 23.25 印张 ・ 592 千字
标准书号：ISBN 978-7-111-76497-7
定价：109.00 元

电话服务　　　　　　　网络服务
客服电话：010-88361066　机 工 官 网：www.cmpbook.com
　　　　　010-88379833　机 工 官 博：weibo.com/cmp1952
　　　　　010-68326294　金 书 网：www.golden-book.com
封底无防伪标均为盗版　机工教育服务网：www.cmpedu.com

前　言

Ansys软件是美国Ansys公司研制的大型通用有限元分析(FEA)软件。作为一款CAE软件，它能够进行结构、热、声、流体以及电磁场等方面的研究，在核工业、铁道、石油化工、航空航天、机械制造、能源、交通、国防军工、电子、土木工程、造船、生物医药、轻工、地矿、水利、日用家电等领域有着广泛的应用。Ansys的功能强大，操作简单方便，现在它已成为国际上较为流行的有限元分析软件。目前，中国100多所理工院校都采用Ansys软件进行有限元分析或者作为标准教学软件。

本书以Ansys 2024为平台，介绍了工程中普遍存在的各类电磁场分析问题，并通过丰富的实例详细介绍了利用Ansys有限元软件求解电磁场分析问题的方法。书中从实际应用出发，结合编者使用该软件的经验，对实例部分的操作过程和步骤采用GUI方式逐步进行了讲解。为了帮助读者熟悉Ansys的相关操作命令，在每个实例的后面均列出了分析过程的命令流文件。

本书共11章，第1章对Ansys电磁场有限元分析进行了简要叙述，并介绍了后续章节常用的电磁宏和远场单元内容；第2～4章介绍了二维静态磁场、谐波磁场、瞬态磁场分析；第5～8章分别使用标量法、棱边单元法对三维静态磁场、谐波磁场、瞬态磁场分析进行了介绍；第9章介绍了稳态电流传导分析；第10章对静电场h方法分析进行了介绍；第11章介绍了电路分析的内容。

本书附有电子资料包，其中除了有每一个实例GUI实际操作步骤的视频以外，还给出了每个实例的命令流文件，读者可以直接调用，读者可以登录网盘https://pan.baidu.com/s/1AGUZmR13HeMXQbxuUA5OKA下载，提取码swsw。也可以扫描下面二维码下载：

本书主要由石家庄三维书屋文化传播有限公司的胡仁喜博士和康士廷两位老师编写，其中胡仁喜执笔编写了第1～8章，康士廷执笔编写了第9～11章。由于作者的水平有限，书中缺点和错误在所难免，恳请专家和广大读者不吝赐教，加入QQ群1001598535或联系714491436@qq.com予以指正。

编　者

目　录

前言

第1章　电磁场有限元分析概述 1
1.1　电磁场基本理论 2
1.1.1　麦克斯韦方程 2
1.1.2　一般形式的电磁场微分方程 3
1.1.3　电磁场中常见边界条件 3
1.2　Ansys 电磁场分析对象 4
1.3　标量位法、矢量位法、棱边单元法的比较 5
1.3.1　标量位法 5
1.3.2　矢量位法 5
1.3.3　棱边单元法 5
1.4　电磁场单元概述 6
1.5　电磁宏 7
1.5.1　电磁宏使用范围 7
1.5.2　电磁宏分类 7
1.6　远场单元及远场单元的使用 11
1.6.1　远场单元 12
1.6.2　使用远场单元的注意事项 13

第2章　二维静态磁场分析 15
2.1　二维静态磁场分析中要用到的单元 16
2.2　静态磁场分析的步骤 16
2.2.1　创建物理环境 17
2.2.2　建立模型、指定特性、划分网格 25
2.2.3　施加边界条件和载荷 25
2.2.4　求解 27
2.2.5　后处理（查看计算结果） 29
2.3　实例1——二维螺线管制动器内静态磁场的分析 33
2.3.1　问题描述 33
2.3.2　GUI操作方法 34
2.3.3　命令流实现 46
2.4　实例2——载流导体的电磁力分析 49
2.4.1　问题描述 49
2.4.2　GUI操作方法 49

2.4.3　命令流实现 64

第3章　二维谐波磁场分析 68

3.1　二维谐波磁场分析中要用到的单元 69
3.2　二维谐波磁场分析的步骤 70
　　3.2.1　创建物理环境 70
　　3.2.2　建立模型、赋予特性、划分网格 73
　　3.2.3　加边界条件和励磁载荷 74
　　3.2.4　求解 76
　　3.2.5　观察结果 78
3.3　实例1——二维自由空间线圈的谐波磁场的分析 80
　　3.3.1　问题描述 80
　　3.3.2　GUI操作方法 81
　　3.3.3　命令流实现 94
3.4　实例2——二维非线性谐波分析 96
　　3.4.1　问题描述 96
　　3.4.2　GUI操作方法 97
　　3.4.3　命令流实现 108

第4章　二维瞬态磁场分析 111

4.1　二维瞬态磁场分析中要用到的单元 112
4.2　二维瞬态磁场分析的步骤 112
　　4.2.1　创建物理环境 112
　　4.2.2　建立模型、赋予属性、划分网格 112
　　4.2.3　施加边界条件和励磁载荷 113
　　4.2.4　求解 114
　　4.2.5　观察结果 117
4.3　实例1——二维螺线管制动器内瞬态磁场的分析 119
　　4.3.1　问题描述 119
　　4.3.2　GUI操作方法 120
　　4.3.3　命令流实现 135
4.4　实例2——带缝导体瞬态分析 138
　　4.4.1　问题描述 138
　　4.4.2　GUI操作方法 139
　　4.4.3　命令流实现 156

第5章　三维静态磁场标量法分析 159

5.1　三维静态磁场标量法分析中要用到的单元 160

5.2	用标量法进行三维静态磁分析的步骤	161
	5.2.1 创建物理环境	161
	5.2.2 建立模型	162
	5.2.3 施加边界条件和励磁载荷	164
	5.2.4 求解	165
	5.2.5 观察结果（RSP、DSP 或 GSP 方法分析）	167
5.3	实例 1——带空气隙的永磁体	167
	5.3.1 问题描述	167
	5.3.2 GUI 操作方法	169
	5.3.3 命令流实现	182
5.4	实例 2——三维螺线管制动器静态磁分析	185
	5.4.1 问题描述	185
	5.4.2 GUI 操作方法	186
	5.4.3 命令流实现	200

第 6 章　三维静态磁场棱边单元法分析　204

6.1	棱边单元法中用到的单元	205
6.2	用棱边单元法进行静态分析的步骤	206
	6.2.1 创建物理环境、建模分网、加边界条件和载荷	206
	6.2.2 求解	206
	6.2.3 后处理	207
6.3	实例——计算电动机沟槽中的静态磁场分布	208
	6.3.1 问题描述	208
	6.3.2 GUI 操作方法	209
	6.3.3 命令流实现	221

第 7 章　三维谐波磁场棱边单元法分析　224

7.1	棱边单元法中用到的单元	225
7.2	用棱边单元法进行谐波磁场分析的步骤	226
	7.2.1 创建物理环境、建模分网、加边界条件和载荷	226
	7.2.2 求解	228
	7.2.3 后处理	228
7.3	实例——用棱边单元法计算电动机沟槽中谐波磁场分布	232
	7.3.1 问题描述	232
	7.3.2 GUI 操作方法	233
	7.3.3 命令流实现	241

第 8 章　三维瞬态磁场棱边单元法分析　244

8.1	棱边单元法中用到的单元	245

8.2 用棱边单元法进行三维瞬态磁场分析的步骤 245
    8.2.1 创建物理环境、建模分网、加边界条件和载荷 245
    8.2.2 求解 246
    8.2.3 后处理 249
8.3 实例——用棱边单元法计算电动机沟槽中瞬态磁场分布 251
    8.3.1 问题描述 251
    8.3.2 GUI 操作方法 251
    8.3.3 命令流实现 262

第 9 章 稳态电流传导分析 264

9.1 电场分析要用到的单元 265
9.2 稳态电流传导分析的步骤 269
    9.2.1 建立模型 269
    9.2.2 加载并求解 269
    9.2.3 观看结果 271
9.3 实例 1——正方形电流环中的磁场 272
    9.3.1 问题描述 272
    9.3.2 GUI 操作方法 273
    9.3.3 命令流实现 281
9.4 实例 2——三侧向测井仪器的电场分析（命令流） 282
    9.4.1 问题描述 282
    9.4.2 命令流实现 286

第 10 章 静电场 h 方法分析 297

10.1 静电场 h 方法分析中用到的单元 298
10.2 用 h 方法进行静电场分析的步骤 298
    10.2.1 建模 298
    10.2.2 加载和求解 299
    10.2.3 观察结果 301
10.3 多导体系统求解电容 302
    10.3.1 对地电容和集总电容 302
    10.3.2 步骤 302
10.4 实例 1——屏蔽微带传输线的静电分析 305
    10.4.1 问题描述 305
    10.4.2 GUI 操作方法 305
    10.4.3 命令流实现 316
10.5 实例 2——电容计算实例 317
    10.5.1 问题描述 317
    10.5.2 GUI 操作方法 317

10.5.3　命令流实现 ··· 327

第 11 章　电路分析 ·· 329

11.1　电路分析中要用到的单元 ···330
　　11.1.1　使用 CIRCU124 单元 ···330
　　11.1.2　使用 CIRCU125 单元 ···332
11.2　使用电路建模程序 ··332
　　11.2.1　建立电路 ··333
　　11.2.2　避免电路不合理 ···334
11.3　电路分析的步骤 ··336
　　11.3.1　静态电路分析 ···336
　　11.3.2　谐波电路分析 ···337
　　11.3.3　瞬态电路分析 ···339
11.4　实例 1——节点电压分析 ···342
　　11.4.1　问题描述 ··342
　　11.4.2　GUI 操作方法 ···343
　　11.4.3　命令流实现 ···350
11.5　实例 2——半波整流分析 ···352
　　11.5.1　问题描述 ··352
　　11.5.2　GUI 操作方法 ···352
　　11.5.3　命令流实现 ···362

第 1 章

电磁场有限元分析概述

首先对电磁场的基本理论做了简单介绍，然后介绍了 Ansys 电磁场分析的对象和方法，最后介绍了在以后章节中经常用到的电磁宏和远场单元内容。

学 习 要 点

- 电磁场基本理论
- Ansys 电磁场分析对象
- 标量位法、矢量位法、棱边单元法的比较
- 电磁场单元概述
- 电磁宏
- 远场单元及远场单元的使用

1.1 电磁场基本理论

1.1.1 麦克斯韦方程

电磁场理论可由一套麦克斯韦方程组来描述。麦克斯韦方程组实际上由4个定律组成，分别是安培环路定律、法拉第电磁感应定律、高斯电通定律（简称高斯定律）和高斯磁通定律（亦称磁通连续性定律）。

1. 安培环路定律

无论介质和磁场强度 H 的分布如何，磁场中的磁场强度沿任何一条闭合路径的线积分等于穿过该积分路径所确定的曲面 Ω 的电流的总和。这里的电流包括传导电流（由自由电荷产生）和位移电流（由电场变化产生）。用积分表示为：

$$\oint_\Gamma \boldsymbol{H} \mathrm{d}l = \iint_\Omega (\boldsymbol{J} + \frac{\partial \boldsymbol{D}}{\partial t}) \mathrm{d}S \tag{1-1}$$

式中，$\boldsymbol{J}$ 为传导电流密度矢量（A/m²）；$\partial \boldsymbol{D}/\partial t$ 为位移电流密度（A/m²），其中 $\boldsymbol{D}$ 为电通密度（C/m²）。

2. 法拉第电磁感应定律

闭合回路中的感应电动势与穿过此回路的磁通量的变化率成正比。用积分表示为：

$$\oint_\Gamma \boldsymbol{E} \mathrm{d}l = -\iint_\Omega (\boldsymbol{J} + \frac{\partial \boldsymbol{B}}{\partial t}) \mathrm{d}S \tag{1-2}$$

式中，$\boldsymbol{E}$ 为电场强度（V/m）；$\boldsymbol{B}$ 为磁感应强度（T 或 Wb/m²）。

3. 高斯电通定律

在电场中，不管电介质与电通密度矢量的分布如何，穿出任何一个闭合曲面的电通量等于该闭合曲面所包围的电荷量。这里的电通量也就是电通密度矢量对此闭合曲面的积分，用积分形式表示为：

$$\oiint_s \boldsymbol{D} \mathrm{d}S = \iiint_v \rho \mathrm{d}v \tag{1-3}$$

式中，ρ 为电荷体密度（C/m³）；v 为闭合曲面 S 所围成的体积区域（m³）。

4. 高斯磁通定律

磁场中，不论磁介质与磁通密度矢量的分布如何，穿出任何一个闭合曲面的磁通量恒等于零。这里的磁通量即磁通量矢量对此闭合曲面的有向积分。用积分形式表示为：

$$\oiint_s \boldsymbol{B} \mathrm{d}S = 0 \tag{1-4}$$

式（1-1）～式（1-4）还分别有各自的微分形式，也就是微分形式的麦克斯韦方程组，它们分别对应式（1-5）～式（1-8）。

$$\nabla \boldsymbol{H} = \boldsymbol{J} + \frac{\partial \boldsymbol{D}}{\partial t} \tag{1-5}$$

$$\nabla E = \frac{\partial \boldsymbol{B}}{\partial t} \qquad (1\text{-}6)$$

$$\nabla \cdot \boldsymbol{D} = \rho \qquad (1\text{-}7)$$

$$\nabla \cdot \boldsymbol{B} = 0 \qquad (1\text{-}8)$$

1.1.2 一般形式的电磁场微分方程

在电磁场计算中，经常对上述这些偏微分进行简化，以便能够用分离变量法、格林函数法等解得电磁场的解析解，其解得形式为三角函数的指数形式以及一些用特殊函数（如贝塞尔函数、勒让得多项式等）表示的形式。但在工程实践中，要精确得到问题的解析解，除了极个别情况，通常是很困难的，只能根据具体情况给定的边界条件和初始条件，用数值解法求其数值解。有限元法就是其中最为有效、应用最广的一种数值计算方法。

1. 矢量磁势和标量电势

对于电磁场的计算，为了使问题得到简化，可通过定义两个量来把电场和磁场变量分离开来，分别形成一个独立的电场或磁场的偏微分方程，这样有利于数值求解。这两个量一个是矢量磁势 A（也称磁矢位）和标量电势 ϕ。它们的定义如下：

矢量磁势定义为：

$$B = \nabla \times A \qquad (1\text{-}9)$$

也就是说磁势的旋度等于磁通量的密度。而标量电势可定义为：

$$E = -\nabla \phi \qquad (1\text{-}10)$$

2. 电磁场偏微分方程

按式（1-9）和式（1-10）定义的矢量磁势和标量电势能自动满足法拉第电磁感应定律和高斯磁通定律。将它们应用到安培环路定律和高斯电通定律中，经过推导，可分别得到了磁场偏微分方程式（1-11）和电场偏微分方程式（1-12）：

$$\nabla^2 A - \mu\varepsilon \frac{\partial^2 A}{\partial t^2} = -\mu J \qquad (1\text{-}11)$$

$$\nabla^2 \phi - \mu\varepsilon \frac{\partial^2 \phi}{\partial t^2} = -\frac{\rho}{\varepsilon} \qquad (1\text{-}12)$$

式中，μ 和 ε 分别为介质的磁导率和介电常数；∇^2 为拉普拉斯算子：

$$\nabla^2 = (\frac{\partial^2}{\partial x^2} + \frac{\partial^2}{\partial y^2} + \frac{\partial^2}{\partial z^2}) \qquad (1\text{-}13)$$

很显然，式（1-11）和式（1-12）具有相同的形式，是彼此对称的，这意味着求解它们的方法相同。至此，可以对式（1-11）和式（1-12）进行数值求解，如采用有限元法，解得磁势和电势的场分布值，再经过转化（即后处理）可得到电磁场的各种物理量，如磁感应强度、储能。

1.1.3 电磁场中常见边界条件

在电磁场问题实际求解过程中有各种各样的边界条件，但归结起来可概括为3种，即狄利克莱（Dirichlet）边界条件、诺依曼（Neumann）边界条件以及它们的组合。

狄利克莱边界条件表示为：

$$\phi|_\Gamma = g(\Gamma) \qquad (1\text{-}14)$$

式中，Γ 为狄利克莱边界；$g(\Gamma)$ 是位置的函数，可以为常数和零，当为零时称此狄利克莱边界为奇次边界条件，如平行板电容器的一个极板电势可假定为零。

诺依曼边界条件可表示为：

$$\frac{\delta\phi}{\delta n}\bigg|_\Gamma + f(\Gamma)\phi|_\Gamma = h(\Gamma) \qquad (1\text{-}15)$$

式中，Γ 为诺依曼边界；n 为边界 Γ 的外法线矢量；$f(\Gamma)$ 和 $h(\Gamma)$ 为一般函数（可为常数和零），当为零时为奇次诺依曼条件。

实际上，电磁场微分方程的求解只有在限制边界条件和初始条件时，电磁场才有确定解。鉴于此，通常称求解此类问题为边值问题和初值问题。

1.2 Ansys 电磁场分析对象

Ansys 以麦克斯韦方程组作为电磁场分析的出发点。用有限元方法计算的未知量（自由度）主要是磁位或通量，其他的物理量可以由这些自由度导出。根据所选择的单元类型和单元选项的不同，Ansys 计算的自由度可以是标量磁位、矢量磁位或边界通量。

利用 Ansys/Emag 或 Ansys/Multiphysics 模块中的电磁场分析功能（见图 1-1），可分析计算下列设备中的电磁场：

- 发电机
- 波导
- 电动机
- 天线辐射
- 回旋加速器
- 磁带及磁盘驱动器
- 螺线管传动器
- 连接器
- 图像显示设备传感器
- 变压器
- 谐振腔
- 磁成像系统
- 滤波器

在一般电磁场分析中典型的物理量为：

- 磁通密度
- 磁漏
- 阻抗
- 回波损耗
- 能量损耗
- 磁力及磁矩
- 品质因子 Q
- 涡流
- 磁场强度
- $s\text{-}$ 参数
- 电感
- 本征频率

利用 Ansys 可完成下列电磁分析：

二维静态磁场分析，分析直流电（DC）或永磁体所产生的磁场。

二维谐波磁场分析，分析低频交流电流（AC）或交流电压所产生的磁场。

二维瞬态磁场分析，分析随时间任意变化的电流或外场所产生的磁场，包含永磁体的效应。

三维静态磁场分析，分析直流电或永磁体所产生的磁场。

三维谐波磁场分析，分析低频交流电所产生的磁场。

三维瞬态磁场分析，分析随时间任意变化的电流或外场所产生的磁场。

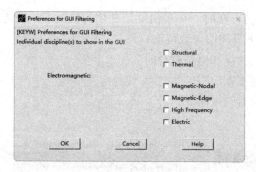

图 1-1 "Preferences for GUI Filtering"对话框

1.3 标量位法、矢量位法、棱边单元法的比较

1.3.1 标量位法

标量位法可将电流源以基元的方式单独处理,无需为其建立模型和划分有限元网格。由于电流源不必成为有限元网格模型中的一部分,故建立模型更容易,只需在合适的位置施加电流源基元（线圈型、杆型等）就可以模拟电流对磁场的贡献。对于大多数 3-D 静态分析尽量使用标量位法。

1.3.2 矢量位法

矢量位法（MVP）是 Ansys 支持的两种基于节点的方法中的一种（标量位法是另一种基于节点的方法）。这两种方法都可用于求解三维静态、谐波、瞬态分析。

矢量位法中每个节点的自由度要多于标量位法,因为它在 X、Y 和 Z 方向分别具有磁矢量位 AX、AY、AZ。在载压或电路耦合分析中还引入了另外 3 个自由度：电流（CURR）、电压降（EMF）和电压（VOLT）。二维静态磁分析必须采用矢量位法,此时主自由度只有 AZ。

在矢量位法中,电流源（电流传导区域）要作为整个有限元模型的一部分。由于它的节点自由度更多,所以比标量位法的运算速度要慢一些。

矢量位法可应用于三维静态、谐波和瞬态的磁场分析计算。但是,当计算区域含有导磁材料时,该方法的精度会有损失（因为在不同磁导率材料的分界面上,由于矢量位的法向分量非常大,影响了计算结果的精度）。此时可以使用 INTER115 单元,在同一模型中同时使用三维标量位法和三维矢量位法。

1.3.3 棱边单元法

在解决大多数的三维谐波问题和瞬态问题时推荐选用棱边单元法,但此方法对于二维问题不适用。

棱边单元法中的自由度与单元边有关系,而与单元节点没有关系。此方法在三维低频静态和动态电磁场的模拟仿真方面有很好的求解能力。

这种方法和基于节点的矢量位法在同时求解具有相同泛函表达式的模型时,此方法更精确，特别是当模型中有铁区存在时。在自由度是变化的情况下，棱边单元法比基于节点的矢量位法更有效。但下列情况下只能用矢量位法：
- 模型中存在着运动效应和电路耦合时。
- 模型要求电路和速度效应时。
- 所分析的模型中没有铁区时。

1.4 电磁场单元概述

Ansys 提供了很多可用于模拟电磁现象的单元（见表 1-1）。

表 1-1 电磁场单元

单元	维数	单元类型	节点数	形状	自由度和其他特征
SOURC36	3	电流源	3	无	无自由度，线圈、杆、弧型基元
SOLID96	3	磁实体标量	8	六面体	MAG（简化、差分、通用标势）
SOLID236	3	低频边	20	六面体	AZ（边）、AZ（边）-VOLT
SOLID237	3	低频边	10	四面体	AZ（边）、AZ（边）-VOLT
CIRCU124	1	电路	8	线段	VOLT、CURR、EMF；电阻、电容、电感、电流源、电压源、3D 大线圈、互感、控制源
CIRCU125	1	二极管	2	线段	VOLT
PLANE121	2	静电实体	8	多边形	VOLT
SOLID122	3	静电实体	20	六面体	VOLT
SOLID123	3	静电实体	10	四面体	VOLT
INFIN110	2	无限实体	8	多边形	AZ、VOLT、TEMP
INFIN47	3	无限边界	4	多边形	MAG、TEMP
INFIN111	3	无限实体	20	六面体	MAG、AX、AY、AZ、VOLT、TEMP
LINK68	3	热电杆	2	线段	TEMP-VOLT
SHELL157	3	热电壳	4	多边形	TEMP-VOLT
PLANE13	2	耦合实体	4	多边形	UX、UY、TEMP、AZ；UX-UY-VOLT
SOLID5	3	耦合实体	8	六面体	UX-UY-UZ-TEMP-VOLT-MAG，TEMP-VOLT-MAG，UX-UY-UZ，TEMP、VOLT/MAG
SOLID98	3	耦合实体	10	四面体	UX-UY-UZ-TEMP-VOLT-MAG；TEMP-VOLT-MAG；UX-UY-UZ；TEMP、VOLT/MAG
CONTA172	2	面对面接触	3	无	AZ、VOLT
CONTA174	3	面对面接触	8	无	MAG、VOLT
CONTA175	2/3	面对面接触	1	无	AZ、MAG、VOLT
TARGE169	2	目标段	无	无	无
TARGE170	3	目标段	无	无	无
PLANE230	2	电固体	8	多边形	VOLT
SOLID231	3	电固体	20	六面体	VOLT
SOLID23	3	电固体	10	四面体	VOLT

1.5 电磁宏

1.5.1 电磁宏使用范围

电磁宏是 Ansys 宏命令，其功能是帮助用户方便地建立分析模型、求解及获取想要观察的分析结果。Ansys 提供的电磁宏命令和功能（见表 1-2）可用于电磁场分析。

表 1-2 电磁宏命令和功能

电磁宏命令	功能
CMATRIX	计算导体间自有和共有电容系
CURR2D	计算二维导体内电流
EMAGERR	计算在静电或电磁场分析中的相对误差
EMF	沿预定路径计算电动力（emf）或电压降
EMFT	对选择节点的电磁力和扭矩求和（仅用于 PLANE121、SOLID122、SOLID123 单元）
EMTGEN	生成一系列 TRANS126 单元
FLUXV	计算通过闭合回路的通量
MAGSOLV	对静态分析定义磁分析选项并开始求解
MMF	沿一条路径计算磁动力
PERBC2D	对 2-D 平面分析施加周期性约束
PLF2D	生成等势的等值线图
PMGTRAN	对瞬态分析的电磁结果求和
POWERH	在导体内计算均方根（RMS）能量损失
RACE	定义一个"跑道"形电流源
SENERGY	计算单元中储存的磁能或共能

1.5.2 电磁宏分类

电磁宏根据实现的功能，可以分为下列 3 类：
- 建模类电磁宏。
- 求解类电磁宏。
- 后处理类电磁宏。

1. 建模类电磁宏

RACE、PERBC2D 和 EMTGEN 这 3 个宏可以用来建模。

1）RACE 产生一个由条形和弧形基元（SOURCE36 单元）组成的"跑道"形电流源，调用该宏的方式如下：

命令：**RACE**

GUI：Main Menu > Preprocessor > Modeling > Create > Racetrack Coil

　　　Main Menu > Preprocessor > Loads > Loads > Apply > Magnetic > Excitation > Racetrack Coil

RACE 宏要求的参数如图 1-2 所示。"跑道"由两个参数 XC 和 YC 定位，这些值是在工作平面内分别沿 X 和 Y 轴到线圈厚度中点的距离。执行这个宏时，可以把构成线圈的这些

SOURCE36 单元定义为一个部件，将部件名作为这个宏的一个输入参数即可。

2）PERBC2D 宏通过两个周期性对称面所必需的约束方程或节点耦合来施加周期对称边界条件。调用该宏的方式如下：

命令：**PERBC2D**

GUI：Main Menu > Preprocessor > Loads > Define Loads > Apply > Magnetic > Boundary > Vector Poten > Periodic BCs

Main Menu > Solution > Define Loads > Apply > Magnetic > Boundary > VectorPot > Periodic BCs

图 1-3 ~ 图 1-5 描述了该宏的 3 种选项。

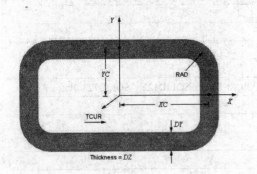

图 1-2 "跑道"形线圈电流源

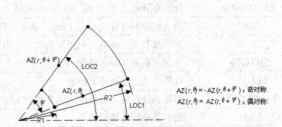

图 1-3 固定角度的两个周期性对称平面

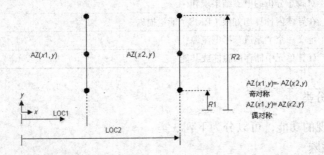

图 1-4 两个周期性对称面平行于 Y 轴

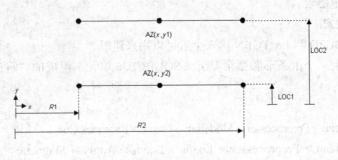

图 1-5 两个周期性对称面平行于 X 轴

奇对称选项表示一个半周期对称条件，偶对称条件表示全周期对称选项。

3）EMTGEN 用于在移动结构和平面（等于接地平面）之间生成分布式的 TRANS126 单元，即应用在与结构总面积相比间隙较小、完全的静电-结构耦合分析的情况。调用该宏的方式如下：

命令：**EMTGEN**

GUI：Main Menu > Preprocessor > Modeling > Create > Transducers > Node to Plane

2. 求解类电磁宏

MAGSOLV、CMATRIX 这两个宏可以用来求解。

1）MAGSOLV 宏对大多数静磁分析问题能很快地定义求解选项并开始求解。

命令：**MAGSOLV**

GUI：Main Menu > Solution > Solve > Electromagnet > Static Analysis > Opt&Solv

2）CMATRIX 宏可计算"对地"和"集总"电容矩阵。

命令：**CMATRIX**

GUI：Main Menu > Solution > Solve > Electromagnet > Static Analysis > Capac Matrix

3. 后处理类电磁宏

以下 9 个宏可以在后处理中使用。

1）MMF 宏可计算磁动力。磁动力就是沿一条预先定义好的路径（用 PATH、PPATH 命令或其等效 GUI 路径定义）对磁场强度 H 进行线积分。定义路径时按逆时针方向选择节点，这样就可以得到 MMF 的正确方向。MMF 宏自动设置 PMAP 命令的"ACCURATE"映射和"MAT"不连续项。执行宏命令后，Ansys 程序保持 PMAP 命令的这些设置。如果路径跨越多种材料，则每种材料应至少有 1 个路径点，如图 1-6 所示。

命令：**MMF**

GUI：Main Menu > General Postproc > Elec & Mag Calc > Path Based > MMF

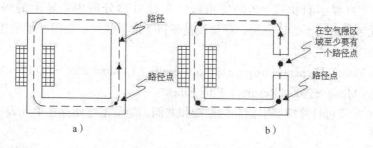

图 1-6 MMF 宏的路径

2）EMF 宏可计算电动力（emf）。电动力就是沿一条预先定义好的路径电场强度 E 或电压降进行线积分。它能用在 2-D 和 3-D 电流传导分析、静电场分析以及高频电磁场分析中。

在调用 EMF 宏之前，必须先定义一条路径，该宏采用计算出的电场和路径操作进行电动力计算，当宏执行完毕后，所有路径项都将被清除。EMF 宏自动设置 PMAP 命令的"ACCURATE"映射和"MAT"不连续项。执行宏命令后，Ansys 程序保持 PMAP 命令的这些设置。

命令：**EMF**

GUI：Main Menu > General Postproc > Elec & Mag Calc > Path Based > EMF

3）POWERH 宏可在谐波分析中计算一个导体内的时间平均能量损失。在调用宏之前，必须先选择要进行计算的导体区域的单元。当导体区的单元足够细密时，该宏的计算结果最准确。

命令：POWERH

GUI：Main Menu > General Postproc > Elec & Mag Calc > Element Based > Power Loss

4）FLUXV 宏可计算通过一个预定义回路的通量。在二维分析中，路径至少要两个点定义。在三维矢量位法分析中，路径必须为一条封闭曲线，即第一点和最后一点必须是同一点。定义路径时按逆时针方向选择点，这样就可以得到通量的正确方向。图 1-7 所示为在二维（图 a）和三维（图 b）分析中调用 FLUXV 宏时的路径选择。该宏只能用于磁矢量势法（MVP）的分析中。

命令：FLUXV

GUI：Main Menu > General Postproc > Elec & Mag Calc > Path Based > Path Flux

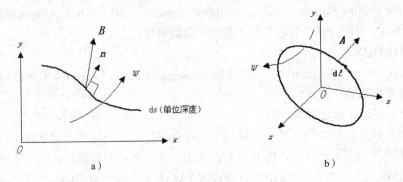

图 1-7 通量计算

二维路径定义：$\psi = \int B n \mathrm{d}s$

三维路径定义：$\psi = \int A \mathrm{d}l$

5）PLF2D 宏可显示自由度 AZ 的等值线。在轴对称分析中，显示的等值线为：半径×AZ= 常数。此宏仅适用于 2-D 分析，等值线是平行于通量线的，它很好地描述了磁通图形。

命令：PLF2D

GUI：Main Menu > General Postproc > Plot Results > Contour Plot > 2D Flux Lines

Utility Menu > Plot > Results > Flux Lines

6）SENERGY 宏可计算模型中储存的磁能和共能。能量密度储存在单元表中，供图形显示和列表显示用。

图 1-8 所示说明了如何确定非永磁材料的磁能和共能。对于永磁体，磁能和共能按照如下计算：

- 能量是曲线右边部分（参见图 1-9a）。注意图中能量是负值。
- 共能是曲线下边部分（参见图 1-9b）。
- 线性永磁铁的能量和共能如图 1-9c 所示。

可按照如下方式激活该宏：

命令：SENERGY

GUI：Main Menu > General Postproc > Elec & Mag Calc > Element Based > Co-Energy

Main Menu > General Postproc > Elec & Mag Calc > Element Based > Energy

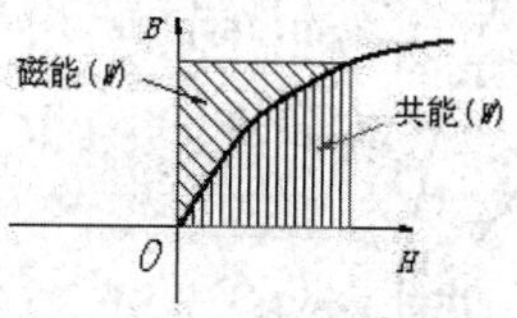

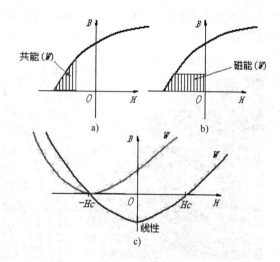

图 1-8　非永磁材料的磁能和共能

图 1-9　永磁体能量和共能

7）EMAGERR 宏可对模型中的每个单元计算场量（B、H）的相对误差。该相对误差表示单元计算场值和连续场值之间的平均差。连续场值就是平均节点场值，可以将此误差值针对每种材料计算出的最大节点平均场值做归一化。当计算平均节点连续场值时，该误差估计考虑了材料的不连续性。

命令：**EMAGERR**

GUI：Main Menu > General Postproc > Elec & Mag Calc > Element Based > Error Eval

8）CURR2D 宏可计算 2-D 模型中流过导体的总电流。这种电流可能是施加的源电流或感应涡流。该宏常用于校核总电流。

命令：**CURR2D**

GUI：Main Menu > General Postproc > Elec & Mag Calc > Element Based > Current

9）EMFT 宏可以表格的形式对选择节点的电磁力和扭矩求和（仅用于 PLANE121、SOLID122 和 SOLID123 单元）。

命令：**EMFT**

GUI：Main Menu > General Postprocessor > Elec&Mag Calc > Summarize Force/Torque

10）PMGTRAN 宏可对瞬态分析计算并求和单元组件的电磁场数据。能计算的数据包括磁力、功率损失、储能或总电流。FMAGBC 宏计算在前处理器所定义的单元组件上的磁力。SENERGY 宏计算储能，CURR2D 宏计算总电流。

命令：**PMGTRAN**

GUI：Main Menu > TimeHist Postpro > Elec & Mag > Magnetics

1.6　远场单元及远场单元的使用

使用远场单元可在模型的外边界不用强加边界条件而说明磁场、静电场和热场的远场耗散的问题。图 1-10 所示为 1/4 对称的二维偶极子有限元模型。如果不用远场单元，就必须使模型扩展到假定的无限位置，然后再说明磁力线平行或磁力线垂直边界条件。而如果使用远场单元，则只需为一部分空气建模,即可有效、精确、灵活地描述远场耗散问题。图 1-10 所示的结果使用了远场单元。

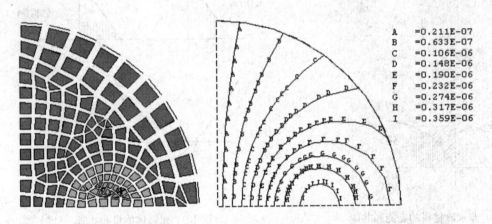

图 1-10 使用远场单元的磁力线分布

到底应该为多少空气建模,这要依赖于所处理的问题。如果问题中的磁力线相对较闭合(很少漏磁),则只需为一小部分空气建模,而对磁力线相对较开放的问题,就需要为较大部分空气建模。

1.6.1 远场单元

Ansys 提供了 3 个远场单元,见表 1-3、表 1-4。

在热分析中,INFIN110 单元和 INFIN111 单元可以在离瞬态热源一定距离处正确地模拟热传导效应。

表 1-3 二维远场单元

单元	形状或特性	分析类别	使用单元	分析类型
INFIN110	4 节点或 8 节点四边形,平面或轴对称	磁场	PLANE13	静态、谐波、瞬态
		静电场	PLANE121	静态、谐波
		热场	PLANE35、PLANE55、PLANE77	稳态、瞬态
		电流传导	PLANE230	稳态、谐波、瞬态

表 1-4 三维远场单元

单元	形状或特性	分析类别	使用单元	分析类型
INFIN47	4 节点四边形或 3 节点三角形	磁场	SOLID5、SOLID96、SOLID98	静态、谐波、瞬态
		热场	SOLID70	稳态、瞬态
INFIN111	8 节点或 20 节点六面体	磁场	SOLID5、SOLID96、SOLID98	静态
		静电场	SOLID122、SOLID123	静态、谐波
		热场	SOLID70、SOLID87、SOLID90	稳态、瞬态
		电流传导	SOLID231、SOLID232	稳态、谐波、瞬态

1.6.2 使用远场单元的注意事项

1）INFIN47 单元的放置应以全局坐标原点为中心。通常在有限元边界上的圆弧形远场单元会得到最佳结果。

2）使用 INFIN110 单元和 INFIN111 单元为远场效应建模时具有更大的灵活性。

3）INFIN110 单元和 INFIN111 单元的"极向（Pole）"应与扰动（如载荷）中心一致。有时可能会有多个"极向"，有时可能不落在坐标原点，这时单元极向应与最近的扰动一致，或与所有扰动的近似中心一致。与 INFIN47 单元相比，INFIN110 和 INFIN111 单元不需以全局坐标原点为中心。

4）当使用 INFIN110 和 INFIN111 单元时，必须给它们的外表面加无限表面（INF）标志。可用 SF 族命令或其相应的 GUI 路径。

5）通过拉伸（Extrude／Sweep）出一个划有网格的体可以很容易地生成一层 INFIN111 远场单元。

命令：VEXT

GUI：Main Menu > Preprocessor > Modeling > Operate > Extrude > Areas > By XYZ Offset

6）INFIN110 和 INFIN111 单元通常在无限方向上长得多，可能会引起斜向网格。在做后处理等值线图结果显示时，可以不显示这些单元。

7）为最佳地发挥 INFIN110 单元和 INFIN111 单元的性能，必须满足下列条件中的一个或两个：

① 当有限元（FE）区和无限元（IFE）区的边界如图 1-11 所示呈光滑曲线时，INFIN110 单元和 INFIN111 单元的性能最好。

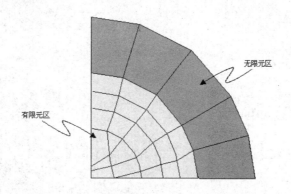

图 1-11　有限元区和无限元区边界呈光滑曲线

② 当有限元（FE）区和无限元（IFE）区的边界不是光滑曲线时，应像图 1-12 那样划分无限元，从有限元拐角向无限元"辐射"出去，每个无限元只能有一个边可以"暴露"在外部区域中。

此外还要避免无限元的两条边出现从有限元（FE）区向无限元（IEF）区会聚的情况，如图 1-13 所示。

8）改变 INFIN110 单元和 INFIN111 单元性能的另一种方法是有限元（FE）区和无限元（IFE）区的相对尺寸应当近似相等，如图 1-14 所示。

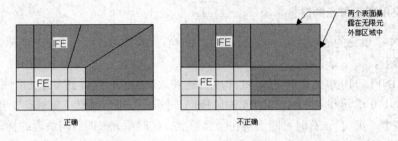

图1-12　FE区和IFE区的边界不光滑

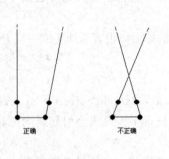

图1-13　2D结构IFE的正确和错误例子

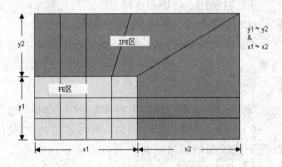

图1-14　FE和IFE区的相对尺寸

第 2 章

二维静态磁场分析

静态磁场分析考虑由下列激励产生的静态磁场：
- 永磁体。
- 稳态直流电流。
- 外加电压。
- 运动导体。
- 外加静磁场。

静态磁场分析不考虑随时间变化效应，如涡流等。它可以模拟各种饱和非饱和的磁性材料和永磁体。

静态磁场分析的步骤根据以下因素决定：
- 模型是二维的还是三维的。
- 在分析中使用的方法。如果静态分析为二维，就必须采用在本章内讨论的矢量位方法。对于三维静态分析，可选标量位法、矢量位法或棱边单元法。

◎ 二维静态磁场分析中要用到的单元
◎ 静态磁场分析的步骤

2.1 二维静态磁场分析中要用到的单元

二维模型要使用二维单元来表示结构的几何形状。虽然所有的物体都是三维的,但在实际计算时首先要考虑是否能将它简化为二维平面问题或者是轴对称问题。这是因为二维模型建立起来更容易,运算起来也更快捷。

Ansys/Multiphysics 和 Ansys/Emag 模块提供了一些用于二维静态磁场分析的单元,见表 2-1 ~ 表 2-3。

表 2-1 二维实体单元

单元	维数	形状或特性	自由度
PLANE13	2	四边形、4 节点或三角形、3 节点	最多可达每节点 4 个,可以是磁矢势(AZ)、位移、温度或时间积分电势
PLANE233	2	四边形、8 节点或三角形、6 节点	最多可达每节点 3 个,可以是磁矢势(AZ)、电势/电压或时间积分电势/电压(VOLT)、电动势或时间积分电势(EMF)

表 2-2 远场单元

单元	维数	形状或特性	自由度
INFIN110	2	四边形、4 节点或 8 节点	磁矢势(AZ)、电势、温度

表 2-3 通用电路单元

单元	维数	形状或特性	自由度	注意
CIRCU124	无	通用电路单元,最多可 6 节点	每节点 1 个或 2 个自由度,可以是电势、电流	通常与磁场耦合时使用

二维单元用矢量位法,也就是在求解问题时使用的自由度为矢量位。因为单元是二维的,故每个节点只有一个矢量位自由度——AZ(Z 方向上的矢量位)。时间积分电势(VOLT)用于载流块导体或给导体施加强制终端条件。

还有一个附加的自由度——电流(CURR),它是载压线圈中每一匝线圈中的电流值。为便于给源线圈加电压载荷,它常用于载压线圈和电路耦合。当电压或电流载荷是通过一个外部电路施加时,就需要 CIRCU124 单元具有 AZ、CURR 和 EMF(电动势降或电势降)这几个自由度。

2.2 静态磁场分析的步骤

1)创建物理环境。
2)建立模型,划分网格,对模型的不同区域赋予特性。
3)加边界条件和载荷(励磁)。
4)求解。
5)后处理(查看计算结果)。

2.2.1 创建物理环境

在定义一个分析问题的物理环境时,需进入 Ansys 前处理器,建立这个物体的数学仿真模型。可按照以下 7 个步骤来建立物理环境。

1. 设置 GUI 菜单过滤

如果希望通过 GUI 路径来运行 Ansys,当 Ansys 被激活后第一件要做的事情就是选择菜单路径:Main Menu > Preferences。执行上述命令后,弹出如图 2-1 所示的对话框,选择"Magnetic-Nodal",Ansys 即可根据所选择的参数来对 GUI 图形界面进行过滤。选择"Magnetic-Nodal",可在进行二维静态磁场分析时过滤掉一些不必要的菜单及相应图形界面。

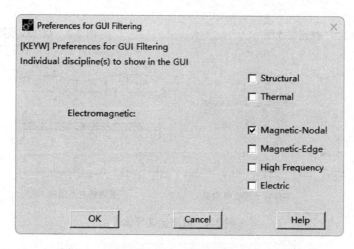

图 2-1 "Preferences for GUI Filtering"对话框

2. 定义分析标题

在进行分析前,可以起一个能够代表所分析内容的标题,如"2-D Solenoid Actuator Static Analysis",以便能够从标题上与其他相似的物理几何模型相区别。可用下列方法定义分析标题。

命令:/TITLE

GUI:Utility Menu > File > Change Title

3. 定义单元类型及其选项(KEYOPT 选项)

与 Ansys 的其他分析一样,创建物理环境也要进行相应的单元选择。Ansys 提供了 100 种以上的单元类型,可以用来模拟工程中的各种结构和材料,各种不同的单元组合在一起,成为具体的物理问题的抽象模型。根据具体分析问题的不同,需要在模型的不同区域定义不同的单元,如铁区用一种单元类型,绞线圈用一种单元类型。所选择的单元及它们的选项(KEYOPTS)可以反映待求区域的物理事实。定义好不同的单元及其选项后,就可以施加在模型的不同区域了。

图 2-2 ~ 图 2-4 所示为二维分析在载流绞线圈、载压绞线圈和恒速运动导体中的应用。表 2-4 列出了在二维分析中存在的几种区域。

可以用 PLANE13 或 PLANE233 单元表示所有的内部区域,包括铁区,导电区,永磁体区和空气等。

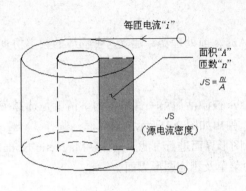

图 2-2 载流绞线圈　　　　　　　　　图 2-3 载压绞线圈

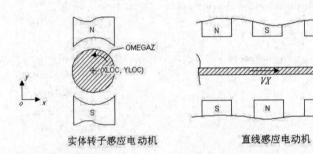

实体转子感应电动机　　　　　直线感应电动机

图 2-4 恒速运动导体

表 2-4 二维分析中存在的区域

区域	说明
空气	DOF：AZ 材料特性：MU_r(MURX)，rho(RSVX)（如果要计算焦耳热）
铁	DOF：AZ 材料特性：MU_r(MURX) 或 B-H 曲线（TB 命令）
永磁体	DOF：AZ 材料特性：MU_r(MURX) 或 B-H 曲线（TB），Hc（矫顽力矢量 MGXX、MGYY） 注：永磁体的极化方向由矫顽力矢量和单元坐标系共同控制
载流绞线圈	DOF：AZ 材料特性：MU_r(MURX) 特殊特性：加源电流密度 JS(用 BFE，JS 命令) 注：假定绞线圈内有不受外界影响的 DC 电流。可以根据线圈匝数，每匝中的电流和线圈横截面积来计算电流密度
载压绞线圈	DOF：AZ, VOLT, EMF（PLANE233） 材料特性：MU_r(MURX)，rho(RSVX) 实常数：SC, NC, RAD, TZ, R, SYM 注：外加电压不受外界环境影响
运动导体	DOF：AZ（PLANE233） 材料特性：MU_r(MURX) 或 B-H 曲线（TB 命令），rho(RSVX) 实常数：无 注：运动物体不允许在空间上有"材料"的改变

如果要模拟一个平面无边界问题,可采用 4 节点或 8 节点远场边界单元 INFIN110。INFIN110 能模拟磁场的远场衰减,而且相对于给定磁流平行或垂直边界条件而言,远场单元可得到更好的计算结果。

大多数单元类型都有关键选项(KEYOPTS),这些选项用以修正单元特性。例如,单元 PLANE233 有如下 KEYOPTS:

KEYOPT(1)　　　选择单元自由度。

KEYOPT(2)　　　当 KEYOPT(1) = 1 时,指定电和磁的自由度耦合方法;也可定义 VOLT 自由度所代表的含义。

KEYOPT(3)　　　设定平面或轴对称选择。

KEYOPT(5)　　　在电磁谐波或瞬态分析中激活或抑制涡流(KEYOPT(1) = 1)。

KEYOPT(7)　　　指定电磁力结果输入是在每个单元节点或仅在单元角节点。

KEYOPT(8)　　　指定电磁力计算方法是使用麦克斯韦方程或洛伦兹方程。

每种单元类型具有不同的 KEYOPT 设置,同一个 KEYOPT 对不同的单元的含义也不一样。KEYOPT(1) 一般用于控制附加自由度的采用,这些附加自由度用来模拟求解区间内不同的物理区域(如绞线导体、大导体、电路耦合导体等)。

设置单元以及其关键选项的方式如下:

命令:ET,KEYOPT

GUI:Main Menu > Preprocessor > Element Type > Add/Edit/Delete

4. 定义单元坐标系

如果材料是分层的(叠片材料)或者永磁材料的极性是任意的,那么定义了单元类型及选项后,还需要说明单元坐标系(默认为全局笛卡儿坐标系)。这首先要定义一个局部坐标系(通过原点坐标及方向角来定义),方式如下:

命令:LOCAL

GUI:Utility Menu > WorkPlane > Local Coordinate Systems > Create Local CS > At Specified Loc +

局部坐标系可以是笛卡儿坐标系、柱坐标系(圆或椭圆)、球坐标系(或球面坐标)或环形坐标系。一旦定义了一种或多种局部坐标系,就需设置一个指针,确定即将定义的单元的坐标系,设置指针的方式如下:

命令:ESYS

GUI:Main Menu > Preprocessor > Meshing > Mesh Attributes > Default Attribs

　　　Main Menu > Preprocessor > Modeling > Create > Elements > Elem Attributes

5. 设置实常数和单位制

单元实常数和单元类型密切相关,用 R 族命令(如 R、RMODIF 等)或其相应的 GUI 菜单路径来说明。在电磁分析中,可用实常数来定义绞线圈的几何形状、绕组特性以及描述速度效应等。当定义实常数时,要遵守如下两个规则:

➢ 必须按单元参考中列出的次序输入实常数。

➢ 对于多单元类型模型,每种单元采用独立的实常数组(即不同的 REAL 参考号)。但是,一个单元类型也可注明几个实常数组。

命令:R

GUI：Main Menu > Preprocessor > Real Constants > Add/Edit/Delete

6. 设置实常数和单位制

系统默认的单位制是 MKS 单位制[米、安培、秒]，用户可以改变成习惯的单位制，但载压导体或电路耦合的导体必须使用 MKS 单位制。一旦选用了一种单位制，以后所有的输入均要按照这种单位制。

命令：**EMUNIT**

GUI：Main Menu > Preprocessor > Material Props > Electromag Units

若选定的是 MKS 单位制，则空气的磁导率 $u_0=4\pi \times 10^7 H/m$，或将 u_0 设定为 EMUNIT 命令（或其等效的图形用户界面路径）定义的值。

7. 定义材料属性

在分析的物理几何模型中可以有下列一种或多种材料区域：空气（自由空间），导磁材料，导电区和永磁区。每种材料区都要输入相应的材料特性。

Ansys 程序材料库中有一些已定义好磁性参数的材料，可以直接使用，也可以修改成需要的形式再使用。Ansys 材料库中部分带有磁性参数的材料见表 2-5。

表 2-5　Ansys 材料库中部分带有磁性参数的材料

材料	材料性质文件
Copper（铜）	emagCopper.SI_MPL
M3 steel（钢）	emagM3.SI_MPL
M54 steel（钢）	emagM54.SI_MPL
SAl010 steel（钢）	emagSal010.SI_MPL
Carpenter（silicon）steel（硅钢）	emagSilicon.SI_MPL
Iron cobalt vanadium steel（铁-钴-钒-钢）	emagVanad.SI_MPL

表 2-5 中，铜的材料性质定义有与温度有关的电阻率和相对磁导率，所有其他材料的性质均定义为 B-H 曲线。对于表中的材料，在 Ansys 材料库内定义的都是典型性质，而且已外推到整个高饱和区。在分析中所需的实际材料值可能与 Ansys 材料库中提供的值有所不同，因此，必要时可修正所用 Ansys 材料库中的文件以满足所需。

在设置物理模型区域时需要遵循以下基本原则：

1）空气：指定相对磁导率为 1.0。

命令：**MP，MURX**

GUI：Main Menu > Preprocessor > Material Props > Material Models > Electromagnetics > Relative Permeability > Constant

2）导磁材料区：对于非线性软磁材料，可以从材料库中读出，也可以自己输入，来指定 B-H 曲线。

命令：**MPREAD，filename, ...**

GUI：Main Menu > Preprocessor > Material Props > Material Library > Import Library

命令：**TB**

　　　TBPT

GUI：Main Menu > Preprocessor > Material Props > Material Models > Electromagnetics > BH

Curve

如果是自己输入 B-H 曲线，必须要遵守以下的规则：

- B 与 H 要一一对应，且应 B 随 H 单调递增，如图 2-5a 所示。B-H 曲线默认通过原点.即 (0,0) 点不输入。可用下面的命令验证 B-H 曲线：

命令：**TBPLOT**

GUI：Main Menu > Preprocessor > Material Props > Material Models > Electromagnetics > BH Curve

- Ansys 程序根据 B-H 曲线自动计算 v-B^2 曲线（v 为磁阻率），它应该是光滑且连续的，可用 TBPLOT 命令来验证，如图 2-5b 所示。

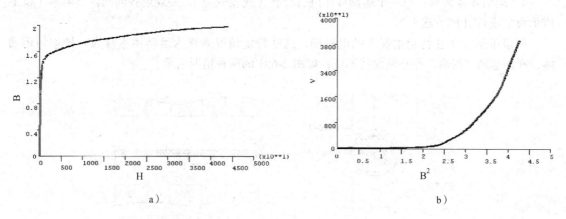

图 2-5 B-H 曲线和 v-B^2 曲线

图中 B 为磁通密度、H 为磁场强度；v 为磁阻率。

- B-H 曲线应覆盖材料的全部的工作范围，确保足够多的数据点以完成描述曲线. 如果需要超出 B-H 曲线的点，程序会按斜率不变自动进行外延处理。可以改变 X 轴的范围并用 TBPLOT 命令画图来观察其外推情况。

命令：**/XRANGE**

GUI：Utility Menu > PlotCtrls > Style > Graphs > Modify Axes

此外还应注意以下的几个原则：

- 如果材料是线性的，那只需说明相对磁导率 μ（可以是各向同性或各向异性）。

命令：**MP，MURX**

GUI：Main Menu > Preprocessor > Material Props > Material Models > Electromagnetics > Relative Permeability > Constant

- 如果对同一种材料既定义了非线性的 B-H 曲线，又定义了相对磁导率，Ansys 将只使用其相对磁导率。

- 各向异性材料的相对磁导率可用 MP 命令的 MURX、MURY、MURZ 域来分别进行定义，联合使用 B-H 曲线和相对磁导率可定义正交各向异性材料的其中一个方向的非线性行为（如叠片铁磁材料）。要在材料的某个方向上定义 B-H 曲线，只需将该方向上的相对磁导率定义为零即可。例如，假设对材料 1 定义了 B-H 曲线，只希望该 B-H 曲线作用在材料的 Y 轴上，而材料的 X 轴和 Z 轴都只定义相对磁导率为 1000，则可按如下步骤完成：

```
    MP,MURX,2,1000
    MP,MURY,2,0                              !准备为材料 2 的 Y 轴方向读入 B-H 曲线
    MP,MURZ,2,1000
```

3）源导体区：即连有外部电流"发生器"（提供稳恒电流）的导体，当计算焦耳热损耗时需要说明它的电阻率，电阻率可以是各向同性或正交各向异性。

命令：**MP，RSVX**

GUI：Main Menu > Preprocessor > Material Props > Material Models > Electromagnetics > Resistivity > Constant

在静态分析中，阻抗仅仅用于损耗计算。

4）运动导体区域：对一个运动导体进行分析（速度效应），要规定各向同性电阻率（以上所示命令或 GUI 的方法）。

可求解运动体在特定情况下的电磁场，这些特定情况表现为运动体本身为一种均匀运动体，亦即运动"材料"在空间保持不变，如图 2-6 中的两种情况所示。

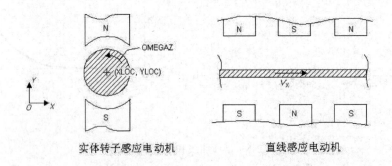

图 2-6　考虑速度效应的恒速运动导体示意图

- 第一种情况，一个实体转子绕轴以一个恒定的速率旋转。
- 第二种情况，一个"无限"长导体以不变的速度平移。

诸如开槽转子以不变速度旋转等情形就不能考虑速度效应，因为在这种情况下，电动机中的"槽"就表示了旋转体在材料上的不连续性。另外，有限宽的平移导体在磁场中移动也不能考虑速度效应。典型的能考虑速度效应的例子是实体转子感应电动机、直线感应电动机和涡流制动系统等。

静态分析要求输入运动导体的平移速度或旋转速率，速度值和转动中心点坐标通过单元实常数来定义。对 PLANE233，指定下列节点速度（BF，VELO）：

- VELOX，VELOY——在总体直角坐标系的 X 和 Y 方向上的速度分量。
- OMEGAZ——关于总体直角坐标系 Z 轴的角（旋转）速度（以 rad/s 表示）。

运动体电磁分析问题的分析结果精度与网格的精细程度、磁导率、电导率和速度相关，可用磁雷诺数（Reynolds Number）来表示：

$$M_{re} = \mu v d / \rho$$

式中，μ 为磁导率；ρ 为电阻率；v 为速度；d 为导体有限元单元的特征长度（沿运动方向），磁雷诺数只在静态或瞬态分析中有意义。

运动方程只是在磁雷诺数相对小时才有效和精确，典型量级为1.0，高雷诺数时精度随问题的不同而变化。在后处理中可计算和获得磁雷诺数。除磁场解外，还可在后处理中得到由速度引起的电流，即速度电流密度（JVZ）。

5）永磁区：在永磁区需要说明永磁体的退磁 B-H 曲线（如果是线性，可说明相对磁导率）和磁矫顽力矢量（MGXX、MGYY 和 MGZZ）。

命令：**MP**

GUI：Main Menu > Preprocessor > Material Props > Material Models > Electromagnetics > BH Curve

退磁 B-H 曲线通常在第二象限，但 Ansys 需要在第一象限输入，在输入的 H 值中要增加一个"偏移量" Hc 定义如下：

$$Hc = \sqrt{(MGXX^2 + MGYY^2 + MGZZ^2)}$$

式中，Hc 为矫顽力矢量的幅值，矫顽力矢量常和单元坐标系一起定义永磁体的极化轴方向。

图 2-7 所示为实际退磁曲线和 Ansys 退磁曲线的差别。

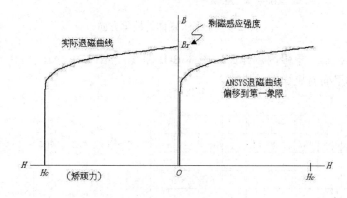

图 2-7　实际退磁曲线和 Ansys 退磁曲线

例如，一个条形永磁体在总体坐标 X-Y 平面内处于与 X 轴呈 30°夹角的轴线上，如图 2-8 所示。磁体单元被假定赋予一个局部单元坐标系，该局部坐标系的 X 轴与极化方向一致。此外，本例还展示了磁体退磁特性和相应的材料性质输入。

```
/PREP7
HC=3000                    !矫顽力
BR=4000                    !剩磁感应强度
THETA=30                   !永磁体极性方向
*AFUN,DEG                  !角度以"度"表示
MP,MGXX,2,HC               !矫顽力 X 方向分量
!B-H 曲线：
TB,BH,2                    !2 号材料的 B-H 曲线
TBPT,DEFI,-3000+HC,0       !偏移后的 B-H 曲线
TBPT,,-2800+HC,500         !第一点的"DEFI"默认
TBPT,,-2550+HC,1000
```

```
TBPT,,-2250+HC,1500
TBPT,,-2000+HC,1800
TBPT,,-1800+HC,2000
TBPT,,-1350+HC,2500
TBPT,,-900+HC,3000
TBPT,,-425+HC,3500
TBPT,,0+HC,4000
TBPLOT,BH,2                              !绘制 B-H 曲线
```

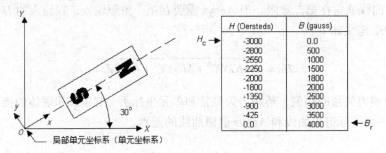

图 2-8　条形永磁体的极化方向

图 2-9 所示为在第一象限内创建的永磁体 B-H 曲线，*AFUN、MP、TB、TBPLOT 等命令在 Ansys 帮助文件里面有更详细的描述。

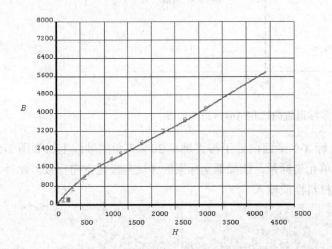

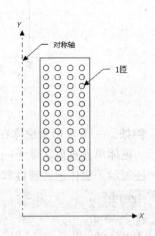

图 2-9　条形永磁体 B-H 曲线　　　　图 2-10　载压绞线圈横截面

联合使用一条 B-H 曲线和正交相对磁导率，可以描述非线性正交材料（叠片结构）。在每一个相对磁导率为零的单元坐标系方向上，Ansys 将使用该 B-H 曲线。

6）载压绞线圈：对载压绞线圈，要定义电阻率。按如下方式定义：

命令：**MP，rsvx**

GUI：Main Menu>Preprocessor>Material Props>Material Models>Electromagne tics > Resistivity> Constant

载压绞线圈是按"N"形缠绕的单股连续型线圈，如图 2-10 所示。对这样的线圈要定义各向同性（且只能是各向同性）电阻值。

载压绞线圈如果用 PLANE233 单元来建模，还需要定义下列实常数：

SC：线圈横截面积。无论对称性如何，此常数代表绞线型线圈的实际物理面积。

NC：线圈总匝数。无论对称性如何，此常数代表绞线型线圈的实际总匝数。

RAD：线圈的平均半径（轴对称）。

TZ：电流极性。相对 Z 轴的电流方向。

R：线圈电阻。

SYM：线圈对称因子。

2.2.2 建立模型、指定特性、划分网格

创建好物理环境后，便可以建立模型。在建立好的模型各个区域内指定特性（单元类型、选项、单元坐标系、实常数和材料性质等）以后，就可以划分有限元网格了。

通过 GUI 为模型中的各区赋予特性的步骤如下：

1）选择 Main Menu > Preprocessor > Meshing > Mesh Attributes > Picked Areas，弹出网格划分属性对话框。

2）单击模型中要选定的区域。

3）在对话框中为所选定的区域说明材料号、实常数号、单元类型号和单元坐标系号，然后单击"OK"按钮。

4）重复以上 3 个步骤，直至处理完所有区域。

通过命令为模型中的各区赋予以下特性：

ASEL（选择模型区域）。

MAT（说明材料号）。

REAL（说明实常数组号）。

TYPE（指定单元类型号）。

ESYS（说明单元坐标系号）。

2.2.3 施加边界条件和载荷

在施加边界条件和载荷时，既可以给实体模型（关键点、线、面）也可以给有限元模型（节点和单元）施加边界条件和载荷。在求解时，Ansys 程序会自动将施加到实体模型上的边界条件和载荷转递到有限元模型上。

在 GUI 方式中，可以通过一系列级联菜单实现所有的加载操作。当选择 Main Menu > Solution > Define Loads > Apply > Magnetic 时，Ansys 程序将列出所有的边界条件和 3 种载荷类型。然后选择合理的类型和合理的边界条件或载荷。

例如，要施加电流密度到单元上，GUI 路径如下：

GUI：Main Menu > Preprocessor > Define Loads > Apply > Magnetic > Excitation > Curr Density > On Elements

在菜单上可以见到列出的其他载荷类型或载荷。如果它们呈灰色，则意味着在 2-D 静态分析中不能施加该载荷，或该单元类型的 KEYOPT 选项设置不合适。另外，也可以通过 Ansys 命

令来输入载荷。

列出已存在的载荷的方式如下：

GUI：Utility Menu > List > Loads > load type

下面详细介绍可以施加的各种载荷。

1）磁矢量位（AZ）：通过指定磁矢量位，可以定义磁力线平行、远场、周期性边界以及外部强加磁场等条件。

表 2-6 列出了每种边界条件需要的 AZ 值。

表 2-6 每种边界条件需要的 AZ 值

边界条件	AZ 值
磁力线垂直	不需要（自然边界条件，自然满足）
磁力线平行	说明 AZ=0。用 D 命令或 GUI 路径 Main Menu > Preprocessor > Loads > Define Loads > Apply > Magnetic > Boundary > Vector Poten 或者 Flux Par'l > On Lines 或者 On Nodes
远场	用远场单元 INFIN110
周期性	对于静态分析，可应用 Ansys 的周期性对称分析功能。对于谐响应和瞬态响应分析，可用 PERBC2D 宏在节点上创建奇对称或偶对称周期性边界条件，或用 GUI 路径 Main Menu > Preprocessor > Loads > Define Loads > Apply > Magnetic > Boundary > Vector Poten > Periodic BCs
外部强加磁场	令 AZ 等于一非零值。用 GUI 路径 Main Menu > Preprocessor > Loads > Define Loads > Apply > Magnetic > Boundary > Vector Poten 或者 Flux Par'l > On Lines 或者 On Nodes

- 磁力线平行边界条件强制磁力线平行于表面。
- 磁力线垂直边界条件强制磁力线垂直于表面，是自然边界条件，自然得到满足。
- 使用远场单元 INFIN110 来表示模型的无限边界时，无需说明远场为零边界条件。
- 如果模型具有周期性，或者通量的特性具有重复性，可使用循环对称功能来定义周期性边界条件。
- 对于外部强加的磁场，直接在合适的区域施加非 0 的 AZ 值即可。

2）施加励磁载荷。

➢ 源电流密度（JS）：

- 施加此载荷就是给源导体加电流，在国际单位制中 JS 的单位为 A/m^2。在 2-D 分析中，只有 JS 的 Z 分量是有效的，在平面分析中正值表示电流向 +Z 方向，在轴对称分析中正值表示电流向 −Z 方向。
- 对绞线圈或块状导体来说，电流一般是均匀分布的。通常直接将源电流密度载荷施加给单元。

命令：**BFE**

GUI：Main Menu > Preprocessor > Loads > Define Loads > Apply > Magnetic > Excitation > Curr Density > On Elements

同样，也可以用 BFA 命令把源电流密度（JS）施加到实体模型的面上，然后用 BFTRAN 或 SBCTRAN 命令把施加到实体模型上的源电流密度转换到有限元单元模型上。

3）施加标志。

➢ 无限表面标志（INF）：无限表面标志并不算真实意义上的加载，是有限元方法计算开域问题时，加给无限元（代表物理模型最边缘的单元）的标志。

4）其他加载。

➢ 电流段（CSGX）：

• 电流段载荷是一种节点电流载荷，不常使用。在轴对称分析中的电流段为 $2\pi r \times$ 电流，在 MKS 单位制中电流段的单位是 A·m，r 为模型半径。

• 电流方向沿 Z 方向，与自由度 AZ 保持一致。例如，可以用多个电流段表示一个片状电流。

➢ Maxwell 面（MXWF）：

• Maxwell 面不是真正意义上的载荷，它只是表明在这个表面要进行磁场力分布的计算。在 flag 选项中选择 MXWF 即可。

• 通常，把 Maxwell 面标志施加在邻近分界面的空气单元上。Ansys 用 Maxwell 应力张量方法计算铁区-空气分界面上的力，并将结果存储到这些空气单元中。在 POST1 后处理器中对它们求和，可以得到作用到该部分上的合力，并可将这些分布力转换到后续的结构分析中。

• 可以同时定义多个组件，但这些组件不能共用空气单元（如在两个组件间只建了一层单元，就会发生共用）。

➢ 磁虚位移（MVDI）：

• 磁虚位移标志也不是真正意义上的载荷，它只表示给模型中要计算力的组件施加标志，和 Maxwell 面的作用相同，只不过用的是虚功方法。

• 在感兴趣区域的所有节点上说明 MVDI=1.0，在邻近的空气区节点上说明 MVDI=0.0（默认设置），也可以说明 MVDI > 1.0，但是通常不用，如图 2-11 所示。计算得到的力结果就储存在邻近的空气单元中。

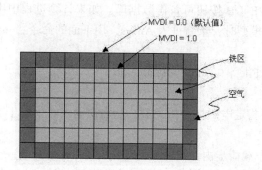

图 2-11　用虚功方法进行力的计算时对 MVDI 的说明

• 邻近的感兴趣区域的空气单元带最好是等厚度的。在 POST1 中，可以将每个空气单元中的力进行求和以得到合力。

2.2.4　求解

下面介绍进行二维静态磁场分析求解的基本过程。

1. 定义分析类型

在定义分析类型和分析将用的方程求解器前，要先进入 SOLUTION 求解器。

命令：/SOLU

GUI：Main Menu > Solution

说明分析类型，用下列方式：

GUI：Main Menu > Solution > Analysis Type > New Analysis，然后选择一个静态分析。

如果是新的分析，使用命令 ANTYPE, STATIC, NEW。

如果需要重启动一个分析（重启动一个未收敛的求解过程，或者施加了另外的激励），使用命令 ANTYPE, STATIC, REST。如果先前分析的结果文件 Jobname.EMAT、Jobname.ESAV 和 Jobname.DB 还可用，则可以重启动 2-D 静态磁场分析。

2. 定义分析选项

可选择下列任何一种求解器：

- Sparse solver（稀疏矩阵求解器，默认求解器）。
- Jacobi Conjugate Gradient（JCG）solver（雅可比共轭梯度求解器）。
- Incomplete Cholesky Conjugate Gradient（ICCG）solver（不完全乔勒斯基共轭梯度求解器）。
- Preconditioned Conjugate Gradient solver (PCG)（预置条件共轭梯度求解器）。

用下列方式选择求解器：

命令：EQSLV

GUI：Main Menu > Solution > Analysis Type > Analysis Options

对于 2-D 或壳（shell）/梁（beam）模型，推荐用 Sparse 求解器。对于非常大的模型，JCG 或 PCG 求解器可能会更有效。载压模型或包括了速度效应的模型会产生不对称矩阵，只能用 Sparse、JCG 或 ICCG 求解器求解。载流模型只能用 Sparse 求解器。

3. 备份数据库

单击工具条中的 SAVE_DB 按钮可备份数据库。如果计算过程中出现差错，可以方便地恢复需要的模型数据。恢复模型时，重新进入 Ansys，用下面的命令：

命令：RESUME

GUI：Utility Menu > File > Resume Jobname.db

4. 开始求解

在这一步骤中，需要指定电磁场分析类型，然后启动求解。对于非线性分析，采用二步顺序求解：

1）在前面 3～5 个子载荷步内让载荷斜坡变化，每一子步只有一个平衡迭代。

2）计算最后，解一个子步要有 5～10 次平衡迭代。

指定二步求解顺序并启动求解，用下面方式定义：

命令：MAGSOLV（OPT 域设为 0）

GUI：Main Menu > Solution > Solve > Electromagnet > Static Analysis > Opt & Solv

读者也可以用手动控制，逐步完成两步求解。

5. 收敛图形跟踪

进行非线性电磁分析时，Ansys 在每次平衡迭代都计算收敛范数，并与相应的收敛标准比较。求解时，在批处理和交互式方式中，图形求解跟踪（GST）特性都要显示计算的收敛范数和收敛标准。在交互式时，默认为图形求解跟踪（GST）打开，批处理运行时，GST 关闭。用下列方法之一，GST 可打开或关闭：

命令：/GST

GUI：Main Menu > Solution > Load Step Opts > Output Ctrls > Grph Solu Track

图 2-12 所示为一个典型的 GST 显示收敛过程。

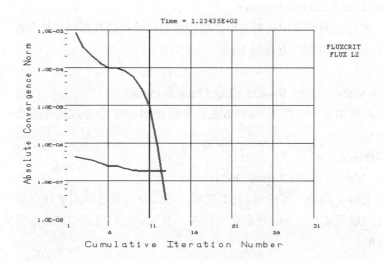

图 2-12　GST 显示收敛过程

6. 完成求解

命令：FINISH

GUI：Main Menu > Finish

7. 计算电感矩阵和总的磁链

对于由多个线圈构成的多线圈系统，计算系统的差分电感矩阵和每个线圈中的总磁链需要：分配元件到线圈单元，定义额定电流，使用稀疏方程求解器对操作点进行计算。

对于用 PLANE233 建模的线圈系统，用 linear perturbation 分析法计算每个线圈的自 - 互差分电感和总磁链。

2.2.5　后处理（查看计算结果）

Ansys 和 Ansys/Emag 程序将计算结果储存到结果文件 Jobname.rmg 中，其中包括：

➢ 主数据：节点自由度（AZ、CURR）。

➢ 导出数据：

- 节点磁通密度（BX、BY、BSUM）。
- 节点磁场强度（HX、HY、HSUM）。
- 节点磁力（FMAG，分量 X、Y、SUM）。
- 节点感生电流段（CSGZ）。
- 单元源电流密度（JSZ）。
- 单元速度电流密度（JVZ）。
- 总电流密度（JT）。
- 单位体积内的焦耳热（JHEAT）等。

每种单元都有其特定的输出数据。可以查看帮助中的具体单元属性。

可以在通用后处理器中观看处理结果。

命令：/POST1

GUI：Main Menu > General Postproc

若希望在 POST1 后处理器中查看结果，进行求解后的模型数据库必须存在。同时，结果文件 Jobname.RMG 也应该存在。方式如下：

命令：SET

GUI：Utility Menu > List > Results > Load Step Summary

如果模型不在数据库中，需用 RESUME 命令后再用 SET 命令或其等效路径读入需要的数据集。方式如下：

命令：RESUME

GUI：Utility Menu > File > Resume Jobname.db

要观察结果文件中的解，可使用 LIST 选项。可以分别查看不同加载步及子步或者不同时间的结果数据集。如果输入时刻的数据集不存在，则 Ansys 利用相邻结果数据集进行线性内插得到该时刻的数据。

1. 磁力线

磁力线表示 AZ 为连续常数的线（在轴对称中，表示"AZ × 半径"为连续常数的线）。

命令：PLF2D

GUI：Utility Menu > Plot > Results > Flux Lines

2. 等值线

等值线几乎可以显示任何结果数据，如磁通密度、磁场强度、总电流密度 (JTZ)。

命令：PLNSOL
　　　PLESOL

GLI：Utility Menu > Plot > Results > Contour Plot > Elem Solution

　　　Utility Menu > Plot > Results > Contour Plot > Nodal Solution

值得注意的是，导出数据（如磁通密度和磁场强度）的节点等值线显示的是在节点上做平均后的数据。在 PowerGraphics 模式（默认值）下，可以观察不连续材料任何位置的节点平均值。可通过下列方式打开 PowerGraphics 模式：

命令：/GRAPHICS, POWER

GUI：Utility Menu > PlotCtrls > Style > Hidden-Line Options

3. 矢量显示

矢量显示（不要与矢量模式混淆）可以方便地观看一些矢量（如 B、H 和 FMAG）的大小和方向。

命令：PLVECT

GUI：Utility Menu > Plot > Results > Vector Plot

对于矢量列表显示，使用下列方式：

命令：PRVECT

GUI：Utility Menu > List > Results > Vector Data

4. 表格显示

在列表显示之前，可先对结果按节点或按单元进行排序。

命令：**NSORT**
　　　ESORT

GUI：Main Menu > General Postproc > List Results > Sorted Listing > Sort Nodes
　　　Main Menu > General Postproc > List Results > Sorted Listing > Sort Elems

进行列表显示：

命令：**PRESOL**
　　　PRNSOL
　　　PRRSOL

GUI：Main Menu > General Postproc > List Results > Element Solution
　　　Main Menu > General Postproc > List Results > Nodal Solution
　　　Main Menu > General Postproc > List Results > Reaction Solu

5. 磁力

Ansys 可计算 3 种磁力（使用 PLANE13 单元）。

- **洛伦兹力（J×B 力）**

程序自动对所有的载流单元进行受力计算。选择这些载流单元后，可用 PRNSOL, FMAG 命令对这些单元力进行列表。

也可进行求和，首先将这些单元力移入到单元表中：

命令：**ETABLE, tablename, fmag, x（或 y）**

GUI：Main Menu > General Postproc > Element Table > Define Table

然后对单元表进行求和：

命令：**SSUM**

GUI：Main Menu > General Postproc > Element Table > Sum of Each Item

- **Maxwell 力**

加了 MXWF 标志的面，可计算 Maxwell 力。对 Maxwell 力进行列表（首先选择所有单元，然后执行如下命令或 GUI）：

命令：**PRNSOL, fmag**

GUI：Main Menu > General Postproc > List Results > Nodal Solution

再如前面洛伦兹力中所述，将这些力求和可得到表面上合力。

- **虚功力**

定义感兴趣组件附近的空气单元为 MVDI，可以计算虚功力。要获取这些力，可选择这些空气单元，然后利用单元的 NMISC 记录，用 ETABLE 命令按顺序号（snum）存储这些力。

命令：**ETABLE, tablename, nmisc, snum**

GUI：Main Menu > General Postproc > Element Table > Define Table

一旦将数据移入到数据表中后，就可用 PRETAB 命令进行列表，再用 SSUM 命令求和。可用 PLESOL 和 PRESOL 命令根据 NMISC 号访问结果文件。

命令：**PRETAB**

GUI：Main Menu > General Postproc > Element Table > List Elem Table

再如前面洛伦兹力中所述，将这些力求和可得到表面上合力。

6. 力矩

Ansys 可计算 3 种磁力矩（使用 PLANE13 单元）：

- 洛伦兹力矩（J×B 力矩）

程序自动对所有载流单元进行力矩计算，选择这些载流单元后，用 ETABLE 命令（或者其等效 GUI 路径）加上单元力矩值的序列号（NMISC 记录），再将这些单元力矩移入到单元表中。

命令：**ETABLE, tablenam, nmisc, snum**
GUI：Mainr Menu > General Postproc > Element Table > Define Table

当力矩移动到单元表后，可以用下列方式列出力矩值：

命令：**PRETAB**
GUI：Main Menu > General Postproc > Element Table > List Elem Table

也可以用 PLESOL 和 PRESOL 命令加上 NMISC 号列出结果。

对单元表进行求和，可得到总力矩。方式如下：

命令：**SSUM**
GUI：Main Menu > General Postproc > Element Table > Sum of Each Item

- Maxwell 力矩

Ansys 自动对定义了"Maxwell 表面"标志"MXWF"的单元计算 Maxwell 力矩，其求解力矩的过程与求解洛伦兹力矩的过程一样。

- 虚功力矩

对于那些在感兴趣组件相邻区域设定了 MVDI 标记的一层空气单元，Ansys 自动计算其虚功力矩。其求解力矩的过程与求解洛伦兹力矩的过程一样。

7. 线圈电阻及电感

程序可以计算载压绞线圈或载流绞线圈的电阻及电感。每个单元中都有线圈的电阻及电感值，求和即可得到导体区的总电阻及电感。对于导体区单元，可使用 ETABLE、tablename、nmisc、n 命令或其等效路径来存储这些值，并对它们求和（n 为 8 表示电阻，n 为 9 表示电感）。

可用 SSUM 命令或通过 GUI 菜单 Main Menu > General Postproc > Element Table > Sum of Each Item 进行求和。

8. 计算其他感兴趣的项目

在后处理中，可以根据可用的结果数据计算很多感兴趣的量（如总力、力矩、源输入能量、电感、磁链、终端电压等）。Ansys 命令集支持下列宏用于各种计算：

- CURR2D 宏计算 2-D 导体中的电流。
- EMAGERR 宏计算静电场或静磁场分析中的相对误差。
- FLUXV 宏计算通过闭合回路的磁通量。
- MMF 宏计算沿某指定路径的电动势降。
- PLF2D 宏生成等位线。
- SENERGY 宏计算模型中的磁场储能和共能。

2.3 实例1——二维螺线管制动器内静态磁场的分析

本节将介绍一个二维螺线管制动器内静态磁场的分析（GUI 方式和命令流方式）。

2.3.1 问题描述

把螺线管制动器作为 2-D 轴对称模型进行分析，计算衔铁部分（螺线管制动器的运动部分）的受力情况和线圈电感。螺线管制动器如图 2-13 所示，其参数及说明见表 2-7。

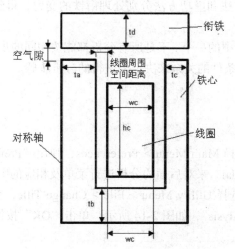

图 2-13 螺线管制动器

表 2-7 螺线管制动器参数及说明

参数	说明
$n=650$	线圈匝数，在后处理中用
$I=1.0$	线圈电流（A）
$ta=0.75$	磁路内支路厚度（cm）
$tb=0.75$	磁路下支路厚度（cm）
$tc=0.50$	磁路外支路厚度（cm）
$td=0.75$	衔铁厚度（cm）
$wc=1$	线圈宽度（cm）
$hc=2$	线圈高度（cm）
gap=0.25	间隙（cm）
space=0.25	线圈周围空间距离（cm）
$ws=wc+2*space$	
$hs=hc+0.75$	
$w=ta+ws+tc$	模型总宽度（cm）
$hb=tb+hs$	
$h=hb+gap+td$	模型总高度（cm）
$acoil=wc*hc$	线圈截面积（cm^2）
$jdens=n*i/acoil$	线圈电流密度

假定线圈电流产生的磁通很小，铁区没有达到饱和，故只需进行线性分析的一次迭代求解即可。为简化分析，模型周围铁区的磁漏假设为很小，在法向条件下，可以在模型周围直接用空气来模拟漏磁影响。

由于假设模型边缘边界上没有磁漏，故磁通量与边界平行，用"flux parallel"施加模型的边缘边界条件。

对于稳态（DC）电流，可以以输入线圈面上的电流密度的形式输入电流。Ansys 的 APDL 可以通过线圈匝数、每匝电流、线圈面积计算电流密度。衔铁被专门标记出来，以便于进行磁力计算。

后处理中，用 Maxwell 应力张量方法和虚功方法分别处理衔铁的受力，得到磁场强度及线圈电感等数据。

注意：本例题仅仅是众多 2-D 分析中的一个，不是所有分析都能按相同的步骤和顺序进行，要根据材料特性或被分析的材料与周围条件的关系来决定要进行的分析步骤。

2.3.2 GUI 操作方法

1. 创建物理环境

1）过滤图形界面。从主菜单中选择 Main Menu > Preferences，弹出"Preferences for GUI Filtering"对话框，选中"Magnetic-Nodal"来对后面的分析进行菜单及相应的图形界面过滤。

2）定义工作标题。从实用菜单中选择 Utility Menu > File > Change Title，在弹出的对话框中输入"2D Solenoid Actuator Static Analysis"，如图 2-14 所示。单击"OK"按钮。

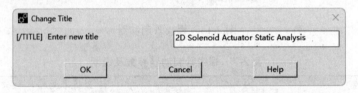

图 2-14 "Change Title"对话框

3）指定工作名。从实用菜单中选择 Utility Menu > File > Change Jobname，弹出"Change Jobname"对话框，在"Enter new jobname"后面的文本框中输入"Emage_2D"，如图 2-15 所示，单击"OK"按钮。

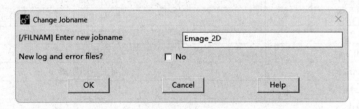

图 2-15 "Change Jobname"对话框

4）定义单元类型和选项。从主菜单中选择 Main Menu > Preprocessor > Element Type > Add/Edit/Delete，弹出"Element Types（单元类型）"对话框，如图 2-16 所示。单击"Add"按钮，弹出"Library of Element Types（单元类型库）"对话框如图 2-17 所示。

 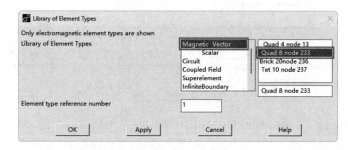

图 2-16 "Element Types" 对话框　　　　图 2-17 "Library of Element Types" 对话框

在该对话框左边的下拉列表框中选择"Magnetic Vector",在右边的下拉列表框中选择"Quad 8 node 233",单击"OK"按钮,定义"PLANE233"单元。在"Element Types"对话框中单击"Options"按钮,弹出"PLANE233 element type options(单元类型选项)"对话框,如图 2-18 所示。在"Element behavior"后面的下拉列表框中选择"Axisymmetric",将PLANE233 单元属性修改为对称;在"Electromagnetic force output"后面的下拉列表框中选择"Corners only",单击"OK"按钮,退出此对话框,得到如图 2-16 所示的结果。单击"Close",关闭"Element Types"对话框。

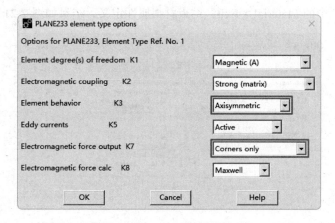

图 2-18 "PLANE233 element type Options" 对话框

5)定义材料属性。从主菜单中选择 Main Menu > Preprocessor > Material Props > Material Models,弹出"Define Material Model Behavior"对话框,在右边的"Material Models Available"中依次单击 Electromagnetics > Relative Permeability > Constant,弹出"Permeability for Material Number 1"对话框,如图 2-19 所示,在该对话框中"MURX"后面的文本框输入 1,单击"OK"按钮。

• 单击"Edit > Copy",弹出"Copy Material Model"对话框,如图 2-20 所示。在"from Material number"后面的下拉列表框中选择材料号为 1,在"to Material number"后面的文本框中输入材料号为 2,单击"OK"按钮,这样就把 1 号材料的属性复制给了 2 号材料。在"Define Material Model Behavior"对话框左边的"Material Models Defined"中依次单击"Material Model Number 2"和"Permeability (constant)",在弹出的"Permeability for Material number 2"对话框中将"MURX"后面的文本框中的数字改为 1000,单击"OK"按钮。

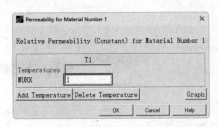 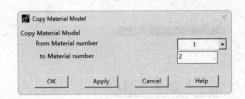

图 2-19 "Permeability for Material Number1"对话框　　图 2-20 "Copy Material Model"对话框

- 单击 Edit > Copy，在 "from Material number" 后面下拉列表框中选择材料号为 1，在 "to Material number" 后面的文本框中输入材料号为 3，单击 "OK" 按钮，把 1 号材料的属性复制给 3 号材料。

- 单击 Edit > Copy，在 "from Material number" 后面下拉列表框中选择材料号为 2，在 "to Material number" 后面的文本框中输入材料号为 2，单击 "OK" 按钮，把 2 号材料的属性复制给 4 号材料。在 "Define Material Model Behavior" 对话框左边的 "Material Models Defined" 中依次单击 "Material Model Number 4" 和 "Permeability (constant)"，在弹出的 "Permeability for Material Number 4" 对话框中将 "MURX" 后面的文本框中的数字改为 2000，单击 "OK" 按钮。

- 单击菜单栏中的 Material > Exit，结束材料属性定义，结果如图 2-21 所示。

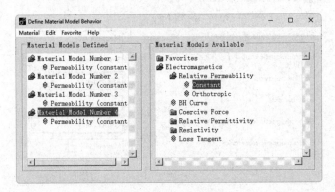

图 2-21 "Define Material Model Behavior"对话框

6）查看材料列表。从实用菜单中选择 Utility Menu > List > Properties > All Materials，弹出 "MPLIST Command" 信息窗口，如图 2-22 所示。信息窗口中列出了所有已经定义的材料以及其属性，确认无误后，单击信息窗口中的 File > Close，或者直接单击窗口右上角的 ![x] 按钮将其关闭。

2. 建立模型，赋予特性，划分网格

1）定义分析参数。从实用菜单中选择 Utility Menu > Parameters > Scalar Parameters，弹出 "Scalar Parameters" 对话框。在 "Selection" 文本框中输入 "n=650"，单击 "Accept"，然后依次在 "Selection" 文本框中输入 "i=1.0" "ta=0.75" "tb=0.75" "tc=0.50" "td=0.75" "wc=1" "hc=2" "gap=0.25" "space=0.25" "ws=wc+2*space" "hs=hc+0.75" "w=ta+ws+tc" "hb=tb+hs" "h=hb+gap+td" "acoil=wc*hc" "jdens=n*i/acoil"，并单击 "Accept" 按钮。单击 "Close"，关闭 "Scalar Parameters" 对话框，输入参数的结果如图 2-23 所示。

二维静态磁场分析 | 第 2 章

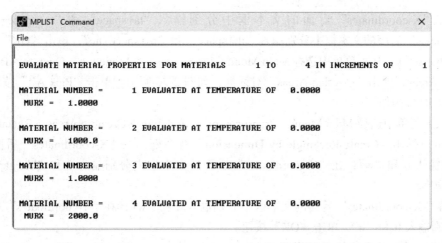

图 2-22 "MPLIST Command"信息窗口

2）打开面积区域编号显示。从实用菜单中选择 Utility Menu > PlotCtrls > Numbering，弹出"Plot Numbering Controls"对话框，如图 2-24 所示。选中"Area numbers"选项，后面的文字由"Off"变为"On"，单击"OK"按钮，关闭对话框。

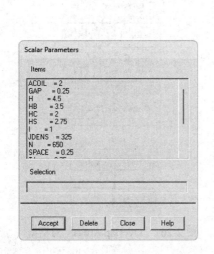

图 2-23 "Scalar Parameters"对话框　　图 2-24 "Plot Numbering Controls"对话框

3）建立平面几何模型。从主菜单中选择 Main Menu > Preprocessor > Modeling > Create > Areas > Rectangle > By Dimensions，弹出"Create Rectangle by Dimensions"对话框，如图 2-25 所示。在"X-coordinates"后面的文本框中分别输入 0 和"w"，在"Y-coordinates"后面的文本框中分别输入 0 和"tb"，单击"Apply"按钮。

- 在"X-coordinates"后面的文本框中分别输入 0 和"w"，在"Y-coordinates"后面的文本框中分别输入"tb"和"hb"，单击"Apply"按钮。

- 在"X-coordinates"后面的文本框中分别输入"ta"和"ta+ws"，在"Y-coordinates"后面的文本框中分别输入 0 和"h"，单击"Apply"按钮。

- 在"X-coordinates"后面的文本框中分别输入"ta+space"和"ta+space+wc",在"Y-coordinates"后面的文本框中分别输入"tb+space"和"tb+space+hc",单击"OK"按钮。
- 布尔运算。从主菜单中选择 Main Menu > Preprocessor > Modeling > Operate > Booleans > Overlap > Areas,弹出"Overlap Areas"对话框,如图 2-26 所示。单击"Pick All"按钮,对所有的面进行叠分操作。
- 从主菜单中选择 Main Menu > Preprocessor > Modeling > Create > Areas > Rectangle > By Dimensions,弹出"Create Rectangle by Dimension"对话框,在"X-coordinates"后面的文本框中分别输入 0 和"w",在"Y-coordinates"后面的文本框中分别输入 0 和"hb+gap",单击"Apply"按钮。
- 在"X-coordinates"后面的文本框中分别输入 0 和"w",在"Y-coordinates"后面的文本框中分别输入 0 和"h",单击"OK"按钮。
- 布尔运算:从主菜单中选择 Main Menu > Preprocessor > Modeling > Operate > Booleans > Overlap > Areas,弹出"Overlap Areas"对话框,单击"Pick All"按钮,对所有的面进行叠分操作。

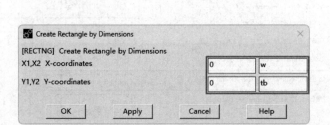

图 2-25 "Create Rectangle by Dimensions"对话框   图 2-26 "Overlap Areas"对话框

- 压缩不用的面号。从主菜单中选择 Main Menu > Preprocessor > Numbering Ctrls > Compress Numbers,弹出"Compress Numbers"对话框,如图 2-27 所示。在"Item to be compressed"后面的下拉列表框中选择"Areas",将面号重新压缩编排,从 1 开始中间没有空缺。单击"OK"按钮,退出对话框。
- 重新显示:从实用菜单中选择 Utility Menu > Plot > Replot,生成制动器几何模型如图 2-28 所示。

4)保存几何模型文件。从实用菜单中选择 Utility Menu > File > Save as,弹出"Save Data-Base"对话框,如图 2-29 所示,在"Save Database to"下面文本框中输入文件名"Emage_2D_geom.db",单击"OK"按钮。

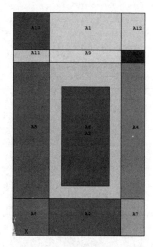

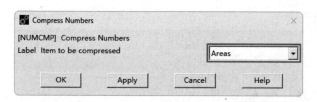

图 2-27 "Compress Numbers"对话框 　　　图 2-28 生成的制动器几何模型

5）给面赋予特性。从主菜单中选择 Main Menu > Preprocessor > Meshing > MeshTool，弹出"MeshTool"对话框，如图 2-30 所示。在"Element Attributes"下面的下拉列表框中选择"Areas"，单击"Set"按钮，弹出"Area Attributes"对话框，在图形界面上拾取编号为"A2"的面，或者直接在对话框的文本框中输入 2 并按 Enter 键，单击对话框上的"OK"按钮，弹出如图 2-31 所示的"Area Attributes"对话框，在"Material number"后面的下拉列表框中选取 3，给线圈输入材料属性。单击"Apply"按钮，再次弹出"Area Attributes"对话框。

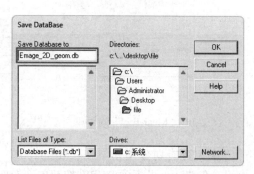

图 2-29 "Save DataBase"对话框

- 在"Area Attributes"对话框的文本框中输入"1,12,13"，单击对话框上的"OK"按钮，弹出如图 2-31 所示的"Area Attributes"对话框，在"Material number"后面的下拉列表框中选取 4，给制动器运动部分输入材料属性。单击"Apply"按钮，再次弹出"Area Attributes"对话框。

- 在"Area Attributes"对话框的文本框中输入"3,4,5,7,8"，单击对话框上的"OK"按钮，弹出如图 2-31 所示的"Area Attributes"对话框，在"Material number"后面的下拉列表框中选取 2，给制动器固定部分输入材料属性。单击"OK"按钮。

- 剩下的空气面默认被赋予了 1 号材料属性。

6）按材料属性显示面。从实用菜单中选择 Utility Menu > PlotCtrls > Numbering，弹出如图 2-24 所示的"Plot Numbering Controls"对话框。在"Elem/Attrib numbering"后面的下拉列表框中选择"Material numbers"，单击"OK"按钮，结果如图 2-32 所示。

7）保存数据结果。单击工具栏上的"SAVE_DB"按钮。

8）选择所有的实体。从实用菜单中选择 Utility Menu > Select > Everything。

9）设定智能网格划分的等级。在"MeshTool"对话框中单击选中"Smart Size"前面的复选框，如图 2-30 所示，并将"Fine ~ Coarse"工具条拖到 4 的位置。设定智能网格划分的等级为 4。

图 2-30 "MeshTool" 对话框

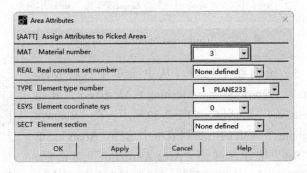

图 2-31 "Area Attributes" 对话框

10）智能划分网格。在"MeshTool"对话框的"Mesh"后面的下拉列表框中选择"Areas"，在"Shape"后面的单选按钮中选择四边形"Quad"，在下面的自由划分"Free"和映射划分"Mapped"单选按钮中选择"Free"，如图 2-30 所示。单击"Mesh"按钮，弹出"Mesh Areas"对话框，单击"Pick All"按钮，生成的有限元网格面如图 2-33 所示。单击"MeshTool"对话框中的"Close"按钮。

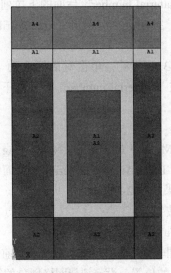

图 2-32 按材料属性显示面

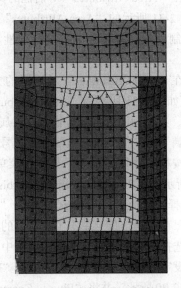

图 2-33 生成的有限元网格面

11)保存网格数据。从实用菜单中选择 Utility Menu > File > Save as,弹出"Save DataBase"对话框,在"Save Database to"下面的文本框中输入文件名"Emage_2D_mesh.db",单击"OK"按钮。

3. 加边界条件和载荷

1)选择衔铁上的所有单元。从实用菜单中选择 Utility Menu > Select > Entities,弹出"Select Entities"对话框,如图 2-34 所示。在最上边的下拉列表框中选取"Elements",在第二个下拉列表框中选择"By Attributes",再在下边的选项中选择"Material num",在"Min, Max, Inc"下面的文本框中输入 4,单击"OK"按钮。

2)将所选单元生成一个组件。从实用菜单中选择 Utility Menu > Select > Comp/Assembly > Create Component,弹出"Create Component"对话框,如图 2-35 所示。在"Component name"后面的文本框中输入组件名"Arm",在"Component is made of"后面的下拉列表框中选择"Elements",单击"OK"按钮。

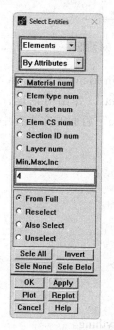

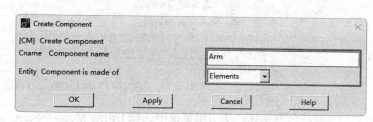

图 2-34 "Select Entities"对话框   图 2-35 "Create Component"对话框

3)选择所有实体。从实用菜单中选择 Utility Menu > Select > Everything。

4)将模型单位制改成(Scale)MKS 单位制(米)。从主菜单中选择 Main Menu > Preprocessor > Modeling > Operate > Scale > Areas,弹出如图 2-36 所示的对话框,单击对话框上的"Pick All"按钮,弹出如图 2-37 所示的对话框,在"RX, RY, RZ Scale factors"后面的文本框中依次输入"0.01""0.01""1",在"Existing areas will be"后面的下拉列表框中选择"Moved",单击"OK"按钮。

5)选择线圈上的所有单元。从实用菜单中选择 Utility Menu > Select > Entities,弹出"Select Entities"对话框,如图 2-34 所示。在最上边的下拉列表框中选取"Elements",在第二个下拉列表框中选择"By Attributes",再在下边的选项中选择"Material num",在"Min, Max, Inc"下面的文本框中输入 3,单击"OK"按钮。

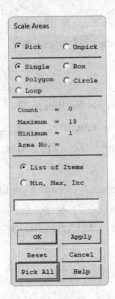

图 2-36 "Scale Areas" 对话框

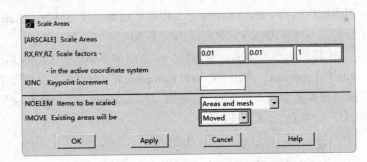

图 2-37 "Scale Areas" 对话框

6）在所选取单元上施加线圈的电流密度。从主菜单中选择 Main Menu > Solution > Define Loads > Apply > Magnetic > Excitation > Curr Density > On Elements，弹出对话框，单击"Pick All"按钮，弹出如图 2-38 所示的对话框。在"Curr density value"后面的文本框中输入"jdens/.01**2"，单击"OK"按钮。

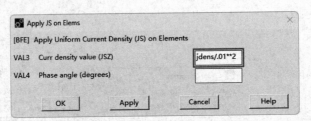

图 2-38 "Apply JS on Elems" 对话框

7）选择所有实体。从实用菜单中选择 Utility Menu > Select > Everything。

8）选择外围节点。从实用菜单中选择 Utility Menu > Select > Entities，弹出"Select Entities"对话框。在最上边的下拉列表框中选取"Nodes"，在第二个下拉列表框中选择"Exterior"，单击"Sele All"，再单击"OK"按钮。

9）施加磁力线平行条件。从主菜单中选择 Main Menu > Solution > Define Loads > Apply > Magnetic > Boundary > Vector Poten > Flux Par'l > On Nodes，弹出对话框，单击"Pick All"按钮，结果如图 2-39 所示。

10）选择所有实体。从实用菜单中选择 Utility Menu > Select > Everything。

4. 求解

1）求解运算。从主菜单中选择 Main Menu > Solution > Solve > Electromagnet > Static Analysis > Opt&Solv，弹出如图 2-40 所示的对话框。采用默认设置，单击"OK"按钮，开始求解运算，直到出现"Solution is done!"提示栏，表示求解结束。

二维静态磁场分析 | 第 2 章

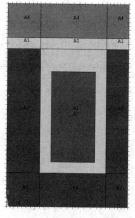

图 2-39 施加磁力线平行条件

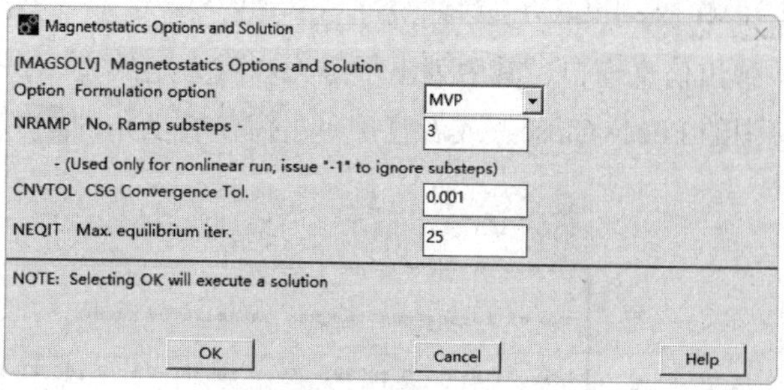

图 2-40 "Magnetostatics Options and Solution"对话框

2）保存计算结果到文件。从实用菜单中选择 Utility Menu > File > Save as...，弹出"Save DataBase"对话框，在"Save Database to"下面的文本框中输入文件名"Emage_2D_resu.db"，单击"OK"按钮。

5. 查看计算结果

1）查看磁力线分布。从主菜单中选择 Main Menu > General Postproc > Plot Results > Contour Plot > 2D Flux Lines，弹出如图 2-41 所示的对话框，单击"OK"按钮，生成磁力线分布图，如图 2-42 所示。

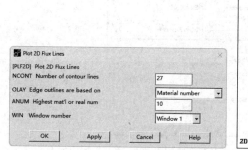

图 2-41 "Plot 2D Flux Lines"对话框

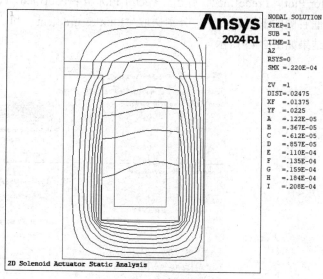

图 2-42 磁力线分布图

2）计算衔铁上的磁力。从实用菜单中选择 Utility Menu > Select > Comp/Assembly > Select Comp/Assembly，弹出"Select Component or Assembly"对话框，采用默认"by component name"选项，单击"OK"按钮，在弹出的对话框中采用默认的"Name Comp/Assemb to be selected"选项为"ARM"，单击"OK"按钮。

43

在命令行中输入如下命令：

NSLE！选择衔铁上的节点
ESLN！选择衔铁上的单元
EMFT！列出磁力

弹出信息窗口，其中列出了磁力和磁力矩的大小，如图 2-43 所示，查看无误后，单击信息窗口中的 File > Close，或者直接单击窗口右上角的 ✕ 按钮，关闭窗口。

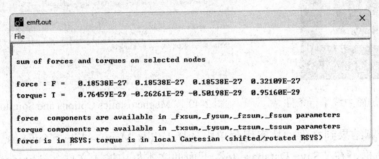

图 2-43 显示磁力和磁力矩大小

3）选择所有实体。从实用菜单中选择 Utility Menu > Select > Everything。

4）进入通用后处理读取分析结果。从主菜单中选择 Main Menu > General Postproc > Read Results > Last Set。

5）矢量显示磁流密度。从主菜单中选择 Main Menu > General Postproc > Plot Results > Vector Plot > Predefined，弹出 "Vector Plot of Predefined Vectors" 对话框，如图 2-44 所示，在对话框右侧的下拉列表框中分别选取 "Flux & gradient" 和 "Mag flux dens B"，单击 "OK" 按钮，结果如图 2-45 所示。

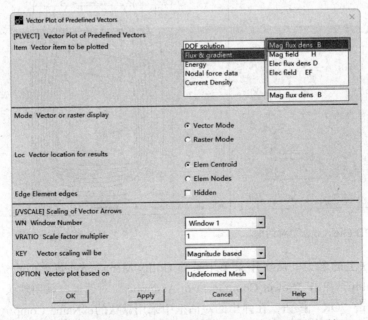

图 2-44 "Vector Plot of Predefined Vectors" 矢量画图对话框

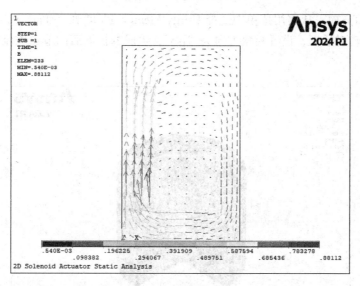

图 2-45 矢量显示磁流密度

6)显示节点的磁流密度。从主菜单中选择 Main Menu > General Postproc > Plot Results > Contour Plot > Nodal Solu,弹出"Contour Nodal Solution Data(画节点等值线)"对话框,在"Item to be contoured(等值线显示结果项)"中依次单击选择"Nodal Solution(节点解)""Magnetic Flux Density"和"Magnetic flux density vector sum",再单击下面的"OK"按钮,生成的节点磁流密度等值云图如图 2-46 所示。

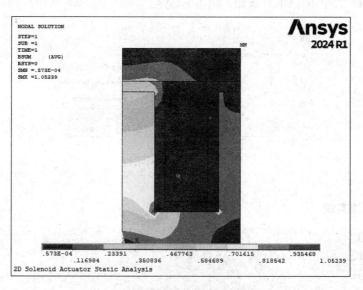

图 2-46 节点磁流密度等值云图

7)节点磁流密度扩展。从实用菜单中选择 Utility Menu > PlotCtrls > Style > Symmetry Expansion > 2D Axi-Symmetric,弹出"2D Axi-Symmetric Expansion"对话框,选择"3/4 expansion",单击"OK"按钮,将图 2-46 所示的节点磁流密度等值云图绕对称轴旋转 270º 成一个三维实体。

8)改变视角方向。从实用菜单中选择 Utility Menu > PlotCtrls > Pan, Zoom, Rotate,弹出移动、缩放和旋转对话框,设置视角方向为"Iso",生成的扩展后的节点磁流密度等值云图如图 2-47 所示。

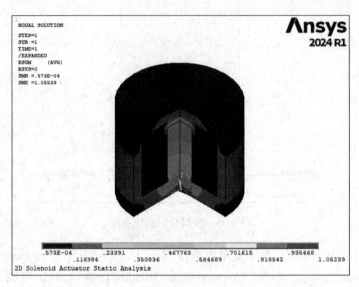

图 2-47 扩展后的节点磁流密度等值云图

9)退出 Ansys。单击工具条上的"Quit"按钮,弹出如图 2-48 所示的"Exit"对话框,选取"Quit-No Save!",单击"OK"按钮,退出 Ansys。

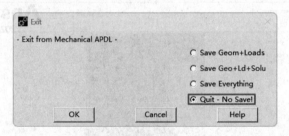

图 2-48 "Exit"对话框

2.3.3 命令流实现

```
!/BACH,LIST
/TITLE,2D SOLENOID Actuator Static Analysis
!定义工作标题
/FILNAME,Emage_2D,1          !定义工作文件名
KEYW,MAGNOD,1                !指定磁场分析
/PREP7
ET,1,PLANE233                !指定单元类型
KEYOPT,1,3,1                 !指定分析类型为轴对称
KEYOPT,1,7,1                 !精简拐角的力
```

```
MP,MURX,1,1                          !定义空气的材料特性
MP,MURX,2,1000                       !定义铁心的材料特性
MP,MURX,3,1                          !定义线圈的材料特性
MP,MURX,4,2000                       !定义衔铁的材料特性
N=650                                !线圈匝数
I=1.0                                !每匝电流
TA=0.75                              !模型尺寸参数（cm）
TB=0.75
TC=0.50
TD=0.75
WC=1
HC=2
GAP=0.25
SPACE=0.25
WS=WC+2*SPACE
HS=HC+0.75
W=TA+WS+TC
HB=TB+HS
H=HB+GAP+TD
ACOIL=WC*HC                          !线圈横截面积（$cm^2$）
JDENS=N*I/ACOIL                      !电流密度（$A/cm^2$）
/PNUM,AREA,1                         !打开面区域编号
RECTNG,0,w,0,tb                      !生成几何模型
RECTNG,0,w,tb,hb
RECTNG,ta,ta+ws,0,h
RECTNG,ta+space,ta+space+wc, tb+space,tb+space+hc
AOVLAP,ALL
SAVE
RECTNG,0,w,0,hb+gap
RECTNG,0,w,0,h
AOVLAP,ALL
NUMCMP,AREA                          !压缩编号
APLOT
SAVE,Emage_2D_geom.db                !保存几何模型到文件
SAVE
ASEL,S,AREA,,2                       !给线圈区域赋予材料特性
AATT,3,1,1,0
ASEL,S,AREA,,1                       !给衔铁区域赋予材料特性
ASEL,A,AREA,,12,13
AATT,4,1,1,0
ASEL,S,AREA,,3,5                     !给铁心区域赋予材料特性
ASEL,A,AREA,,7,8
AATT,2,1,1,0
```

```
/PNUM,MAT,1                        !打开材料编号
ALLSEL,ALL
APLOT
SMRTSIZE,4                         !设置智能化划分网格等级
AMESH,ALL                          !划分自由网格
SAVE,Emage_2D_Mesh.db              !保存网格单元数据到文件
SAVE
ESEL,S,MAT,,4                      !选择衔铁上的所有单元
CM,ARM,ELEM                        !生成一个组件
ALLSEL,ALL
ARSCAL,ALL,,,0.01,0.01,1,,0,1      !改变单位制为 MKS 单位（m）
FINISH

/SOLU
ESEL,S,MAT,,3                      !选择线圈上的单元
BFE,ALL,JS,1,,,JDENS/.01**2        !施加电流密度载荷
ALLSEL,ALL
NSEL,EXT                           !选择外层节点
D,ALL,AZ,0                         !施加磁力线平行边界条件
ALLSEL,ALL
MAGSOLV,0,3,0.001,,25              !求解并运算
SAVE,Emage_2D_resu.db              !保存计算结果
FINISH

/POST1
PLF2D,27,0,10,1                    !显示磁力线图
CMSEL,S,'ARM'                      !对电磁力求和
NSLE                               !选择衔铁上的节点
ESLN                               !选择衔铁上的单元
EMFT                               !列出磁力
ALLSEL,ALL
SET,LAST
PLVECT,B,,,,VECT,ELEM,ON,0         !显示磁通密度矢量
/EFACET,1
PLNSOL,B,SUM                       !显示磁通密度等值云图
/EXPAND,27,AXIS,,,10
/VIEW, 1 ,1,1,1
/ANG, 1
/REP,FAST
FLISH
```

2.4 实例2——载流导体的电磁力分析

本节将介绍一个二维载流导体的电磁力分析（GUI方式和命令流方式）。

2.4.1 问题描述

如图2-49所示，两个矩形导体在各自厚度方向中心线之间的距离是d，携带等量的电流I后，求两个导体之间的相互作用力F。理论值$F=-9.684\times 10^{-3}$N/m。Ansys用两种方法计算出力F后，和理论值进行比较。

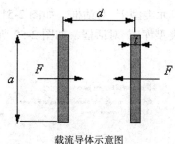

载流导体示意图

图2-49 二维载流导体的电磁力分析

材料特性、模型参数及载荷见表2-8。

表2-8 材料特性、模型参数及载荷

材料特性	模型参数	载荷
$\mu_r = 1$ $\mu_0 = 4\pi \times 10^{-7}$ H/m	$d = 0.010$m $a = 0.012$m $t = 0.002$m	$I = 24$A

由于所要分析的磁场具有对称的特性，可取其1/4模型进行分析。利用远场单元来模拟无限远边界条件。

载流导体中所有单元的洛伦兹力（J×B 力）可以在通用后处理器结果数据库中获得。力是从表面积分（二维分析中的线积分）中获得的，该积分使用POST1中的路径计算功能。通过PLF2D宏命令来显示磁力线的分布。

所施加的电流密度为：$I/at = 24\text{A}/(12\times 2)\times 10^{-6}\text{ m}^2 = 1\times 10^6\text{ A/m}^2$

2.4.2 GUI操作方法

1. 创建物理环境

1）过滤图形界面。从主菜单中选择Main Menu > Preferences，弹出"Preferences for GUI Filtering"对话框，选中"Magnetic-Nodal"来对后面的分析进行菜单及相应的图形界面过滤。

2）定义工作标题。从实用菜单中选择Utility Menu > File > Change Title，弹出"Change Title"对话框，在"Enter new title"后面输入"Force Calculation on a Current Carrying Conductor"，如图2-50所示。单击"OK"按钮。

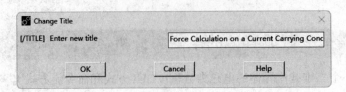

图 2-50 "Change Title" 对话框

3) 指定工作名。从实用菜单中选择 Utility Menu > File > Change Jobname, 在弹出的对话框的 "Enter new jobname" 中输入 "ForceCal_2D", 单击 "OK" 按钮。

4) 定义单元类型。从主菜单中选择 Main Menu > Preprocessor > Element Type > Add/Edit/Delete, 弹出 "Element Types (单元类型)" 对话框, 如图 2-51 所示。单击 "Add" 按钮, 弹出 "Library of Element Types (单元类型库)" 对话框, 如图 2-52 所示。

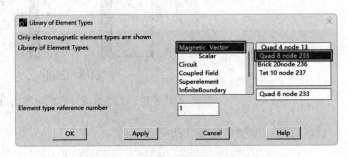

图 2-51 "Element Types" 对话框　　　图 2-52 "Library of Element Types" 对话框

在该对话框中左边下拉列表框中选择 "Magnetic Vector", 在右边的下拉列表框中选择 "Quad 8 node 233", 单击 "Apply" 按钮, 定义了 "PLANE233" 单元, 再在该对话框中左边下拉列表框中选择 "InfiniteBoundary", 在右边的下拉列表框中选择 "2D Inf Quad 110"。单击 "OK" 按钮, 生成 "INFIN110" 远场单元, 如图 2-51 所示。选中 "PLANE233" 单元, 单击 "Options" 按钮, 弹出如图 2-53 所示的 "PLANE233 element type options" 对话框, 在 "Electromagnetic force output" 后面的下拉列表框中选择 "Corners only", 单击 "OK" 按钮关闭对话框。其中 "Electromagnetic force calc" 的下拉列表框中默认为 "Maxwell", 即计算 Maxwell 力。单击 "Element Types" 对话框中的 "Close" 按钮, 关闭对话框。

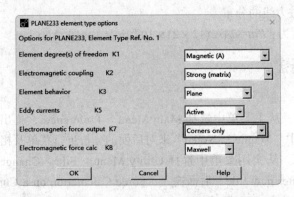

图 2-53 "PLANE233 element type options" 对话框

5）设置电磁单位制。从主菜单中选择 Main Menu > Preprocessor > Material Props > Electromag Units，在弹出指定单位制的对话框中选择"MKS system"选项，单击"OK"按钮。

6）定义材料属性。从主菜单中选择 Main Menu > Preprocessor > Material Props > Material Models，弹出"Define Material Model Behavior"对话框，在右边的列表框中依次单击 Electromagnetics > Relative Permeability > Constant，弹出"Permeability for Material Number 1"对话框，如图 2-54 所示，在该对话框中"MURX"后面的文本框输入 1，单击"OK"按钮。

- 单击 Edit > Copy，弹出"Copy Material Model"对话框，如图 2-55 所示。在"from Material number"后面的下拉列表框中选择材料号为 1，在"to Material number"后面的文本框中输入材料号为 2，单击"OK"按钮。这样就把 1 号材料的属性复制给了 2 号材料。

- 单击 Material > Exit，结束材料属性定义，结果如图 2-56 所示。

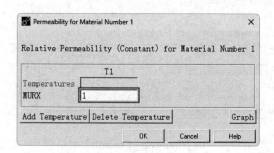

图 2-54 "Permeability for Material Number1"对话框

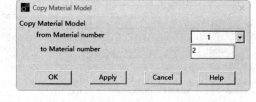

图 2-55 "Copy Material Model"对话框

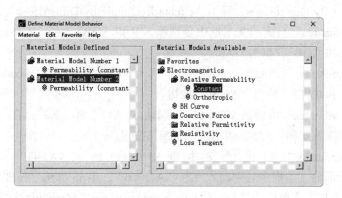

图 2-56 "Define Material Model Behavior"对话框

7）查看材料列表。从实用菜单中选择 Utility Menu > List > Properties > All Materials，弹出"MPLIST Command"信息窗口，其中列出了所有已经定义的材料及其属性。确认无误后，单击 File > Close"关闭窗口，或者直接单击窗口右上角的 ✕ 按钮关闭窗口。

2. 建立模型、赋予特性、划分网格

1）定义分析参数。从实用菜单中选择 Utility Menu > Parameters > Scalar Parameters，弹出"Scalar Parameters"对话框，如图 2-57 所示。在"Selection"文本框中输入"D=0.01"，单击"Accept"按钮。然后依次在"Selection"文本框中分别输入"A=0.012""T=0.002""OB=0.04""X1=D/2-T/2""X2=D/2+T/2""GP=0.0002"，并单击"Accept"按钮确认。单击"Close"按钮，关闭"Scalar Parameters"对话框。输入参数的结果如图 2-57 所示。

2）打开面积区域编号显示。从实用菜单中选择 Utility Menu > PlotCtrls > Numbering，弹出"Plot Numbering Controls"对话框，如图 2-58 所示。选中"Area numbers"选项，后面的选项由"Off"变为"On"。单击"OK"按钮关闭窗口。

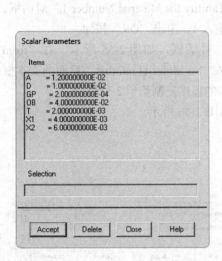

图 2-57 "Scalar Parameters"对话框

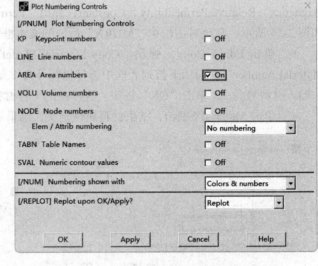

图 2-58 "Plot Numbering Controls"对话框

3）建立平面几何模型。从主菜单中选择 Main Menu > Preprocessor > Modeling > Create > Areas > Rectangle > By Dimensions，弹出"Create Rectangle by Dimensions"对话框，如图 2-59 所示。在"X-coordinates"后面的文本框中分别输入 0 和"OB"，在"Y-coordinates"后面的文本框中分别输入 0 和"OB"，单击"Apply"按钮。

• 在"X-coordinates"后面的文本框中分别输入 0 和 0.012，在"Y-coordinates"后面的文本框中分别输入 0 和 0.012，单击"Apply"按钮。

• 在"X-coordinates"后面的文本框中分别输入"X1"和"X2"，在"Y-coordinates"后面的文本框中分别输入 0 和"A/2"，单击"Apply"按钮。

• 在"X-coordinates"后面的文本框中分别输入"X1-GP"和"X2+GP"，在"Y-coordinates"后面的文本框中分别输入 0 和"A/2+GP"，单击"OK"按钮。

• 布尔运算。从主菜单中选择 Main Menu > Preprocessor > Modeling > Operate > Booleans > Overlap > Areas，弹出"Overlap Areas"对话框，如图 2-60 所示。单击"Pick All"按钮，对所有的面进行叠分操作。

• 重新显示。从实用菜单中选择 Utility Menu > Plot > Replot，生成载流导体的几何模型，如图 2-61 所示。

4）给面赋予特性。从主菜单中选择 Main Menu > Preprocessor > Meshing > Mesh Attributes > Picked Areas，弹出"Area Attributes"对话框，在图形界面上拾取编号为"A3"的面，或者直接在对话框的文本框中输入 3 并按 Enter 键，单击对话框上的"OK"按钮，弹出如图 2-62 所示的"Area Attributes"对话框，在"Material number"后面的下拉列表框中选取 2，给载流导体输入材料属性。单击"OK"按钮。

• 剩下的面默认被赋予了 1 号材料属性。

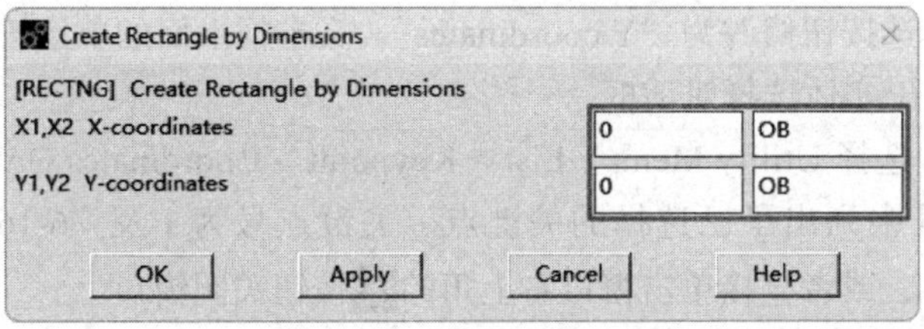

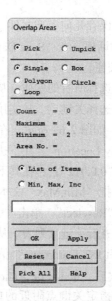

图 2-59 "Create Rectangle by Dimensions" 对话框　　图 2-60 "Overlap Areas" 对话框

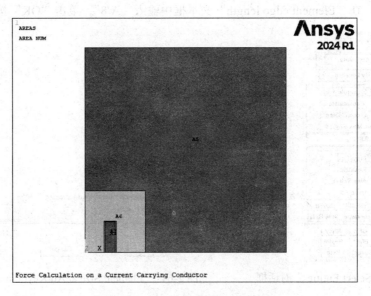

图 2-61 生成的载流导体几何模型

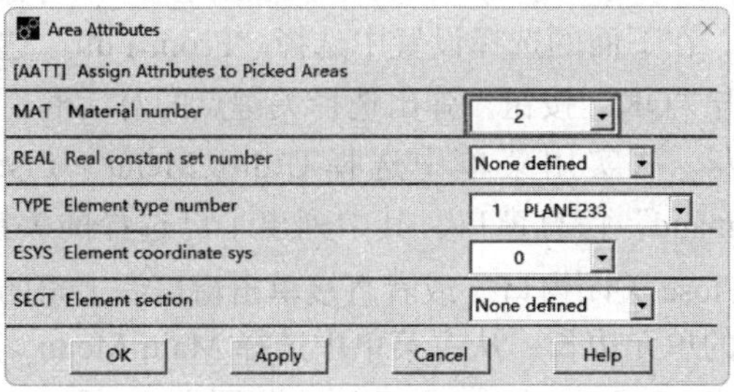

图 2-62 "Area Attributes" 对话框

5）保存几何模型文件。从实用菜单中选择 Utility Menu > File > Save as，弹出"Save Database"对话框，在"Save Database to"下面文本框中输入文件名"ForceCal_2D_geom.db"，单击"OK"按钮。

6）选择所有的实体。从实用菜单中选择 Utility Menu > Select > Everything。

7）选择关键点。从实用菜单中选择 Utility Menu > Select > Entities，弹出"Select Entities"对话框，如图 2-63 所示。在最上边的下拉列表框中选取"Keypoints"，在第二个下拉列表框中选择"By Location"，在下边的单选按钮中选择"X coordinates"，在"Min,Max"下面的文本框中输入"0,0.012"，再在其下的单选按钮中选"From Full"，单击"Apply"按钮。

- 把"Min,Max"文本框上面的单选按钮修改为"Y coordinates"，文本框下面的单选按钮修改为"Reselect"，单击"OK"按钮退出实体选择对话框。

8）查看关键点列表。从实用菜单中选择 Utility Menu > List > Keypoint > Coordinates Only，弹出"KLIST Command"信息窗口，其中列出了已选择的关键点。关键点号为 1 及"6-16"。确认无误后，单击 File > Close 关闭窗口，或者直接单击窗口右上角的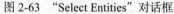按钮关闭窗口。

9）指定关键点附近的单元边长。从主菜单中选择 Main Menu > Preprocessor > Meshing > Size Cntrls > ManualSize > Keypoints > All KPs，弹出"Element Size at All Keypoints"对话框，如图 2-64 所示。在"Element edge length"文本框中输入"A/8"，单击"OK"按钮。

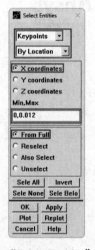
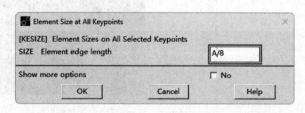

图 2-63 "Select Entities"对话框　　图 2-64 "Element Size at All Keypoints"对话框

10）反向选择关键点。从实用菜单中选择 Utility Menu > Select > Entities，弹出"Select Entities"对话框，如图 2-63 所示。在最上边的下拉列表框中选取"Keypoints"，在第二个下拉列表框中选择"By Num/Pick"，在下面的选择设置中选择"From Full"选项，再在下面的选取函数按钮中单击"Invert"，单击"OK"按钮，弹出选择关键点的对话框，直接单击"OK"按钮。

11）查看关键点列表。从实用菜单中选择 Utility Menu > List > Keypoint > Coordinates Only，弹出"KLIST Command"信息窗口，其中列出了已选择的关键点。关键点号为"2-4"。确认无误后，单击 File > Close 关闭窗口，或者直接单击窗口右上角的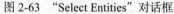按钮关闭窗口。

12）指定关键点附近的单元边长。从主菜单中选择 Main Menu > Preprocessor > Meshing > Size Cntrls > ManualSize > Keypoints > All KPs，弹出如图 2-64 所示的"Element Size at All Keypoints"对话框。在"Element edge length"文本框中输入"OB/5"，单击"OK"按钮。

13）选择所有的实体。从实用菜单中选择 Utility Menu > Select > Everything。

14）创建关键点。从主菜单中选择 Main Menu>Preprocessor > Modeling > Create > Keypoints > In Active CS，弹出"Create Keypoints in Active Coordinate System"对话框。在"Keypoint number"文本框中输入 22，在"Location in active CS"文本框中分别输入 0.08、0、0（0 的输入可以省略），单击"Apply"按钮，如图 2-65 所示。按照同样的方法建立其余的两个点，将其编号分别设为 23、24，坐标分别为（0.08,0.08）、（0,0.08）。建立 24 号关键点时，单击"OK"按钮，关闭对话框。

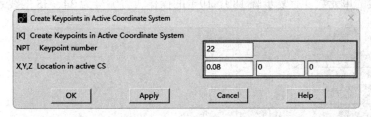

图 2-65 "Create Keypoints in Active Coordinate System"对话框

15）设置线、面的起始编号。从主菜单中选择 Main Menu > Preprocessor > Numbering Ctrls > Set Start Number，弹出"Starting Number Specifications"对话框，在"For lines"后的文本框内输入 31，在"For areas"后的文本框内输入 11，单击"OK"按钮，如图 2-66 所示。

16）创建线。从主菜单中选择 Main Menu >Preprocessor > Modeling > Create > Lines > Lines > Straight Line 命令，弹出如图 2-67 所示的对话框，分别在图形区域拾取关键点 2 和 22、3 和 23、4 和 24、22 和 23、23 和 24，然后单击"OK"按钮。

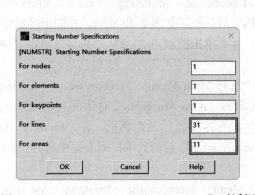

图 2-66 "Starting Number Specifications"对话框　　图 2-67 "Create Straight Line"对话框

17）打开点、线编号显示。从实用菜单中选择 Utility Menu > PlotCtrls > Numbering，弹出"Plot Numbering Controls"对话框。选中"Keypoint numbers"和"Line numbers"选项，后面的选项由"Off"变为"On"。单击"OK"按钮关闭窗口。

18）选择线。从实用菜单中选择 Utility Menu > Select > Entities，弹出"Select Entities"对

话框。在最上边的下拉列表框中选取"Lines",在第二个下拉列表框中选择"By Num/Pick",在下边的选项中选择"From Full"。单击"OK"按钮。弹出"Select lines"对话框,在下边的选项中选择"Min,Max,Inc",在文本框中输入"31,33,1"(也可在图形区域单击拾取线31、32、33),如图2-68所示。单击"OK"按钮。

19)指定线的单元数。从主菜单中选择 Main Menu > Preprocessor > Meshing > Size Cntrls > ManualSize > Lines > All Lines,弹出"Element Sizes on All Selected Lines"对话框,在"NDIV"文本框中输入1,即把所选择的线划分为1份,如图2-69所示。单击"OK"按钮。

20)指定线的单元数。重复步骤18)、19)的操作,将编号为34、35的线划分为5份。

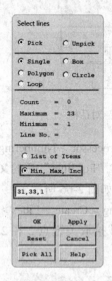

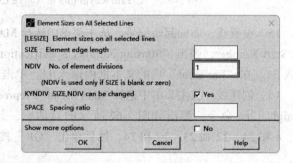

图2-68 "Select lines"对话框   图2-69 "Element Sizes on All Selected Lines"对话框

21)选择所有的实体。从实用菜单中选择 Utility Menu > Select > Everything。

22)创建面。从主菜单中选择 Main Menu > Preprocessor > Modeling > Create > Areas > Arbitrary > Through KPs,弹出"Create Area thru KPs"对话框,如图2-70所示。在图形区域依次单击拾取点2、22、23、3,单击"Apply"按钮;再次单击拾取点3、23、24、4,单击"OK"按钮,关闭对话框。

23)指定网格划分单元的类型。从主菜单中选择 Main Menu > Preprocessor > Meshing > Mesh Attributes > Picked Areas,弹出如图2-71所示的"Area Attributes"对话框。在图形区域单击拾取面11、12,然后单击"OK"按钮,弹出如图2-72所示的对话框。在"Material number"后面的下拉列表中选择"1",在"Element type number"后面的下拉列表框中选择"2 INFIN110",单击"OK"按钮。

24)单元网格划分:从主菜单中选择 Main Menu > Preprocessor > Meshing > MeshTool,弹出"MeshTool"对话框。在"MeshTool"对话框的"Mesh"后面的下拉列表框中选择"Areas",在"Shape"后面的单选按钮中选择四边形"Quad",在下面的自由划分"Free"和映射划分"Mapped"中选择"Mapped",如图2-73所示。单击"Mesh"按钮,弹出"Mesh Areas"对话框,在图形区域单击拾取面11、12,单击"OK"按钮,Ansys将按照对线和关键点的控制进行网格划分。期间会出现如图2-74所示的警告信息,单击"Close"按钮关闭对话框。

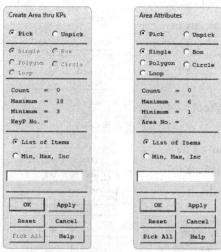
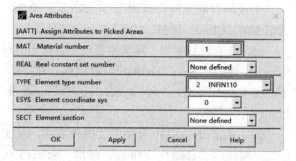

图 2-70 "Create Area thru KPs" 对话框　　图 2-71 "Area Attributes" 对话框　　图 2-72 "Area Attributes" 对话框

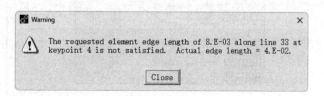

图 2-73 "MeshTool" 对话框　　　　　　图 2-74 "Warning" 对话框

- 在"MeshTool"对话框的"Mesh"后面的下拉列表框中选择"Areas",在网格形状"Shape"后面的单选按钮中选择"Quad",在其下的分网控制单选按钮中选择"Free"。单击"Mesh"按钮,弹出"Mesh Areas"对话框,选择"Min,Max,Inc",在文本框中输入"3,7,1"(标点符号要在英文输入法下输入),如图2-75所示。单击"OK"按钮。

生成的有限元网格面如图2-76所示。单击"MeshTool"对话框中的"Close"按钮。

25)保存网格数据。从实用菜单中选择 Utility Menu > File > Save as,弹出"Save DataBase"对话框,在"Save Database to"下面文本框中输入文件名"ForceCal_2D_mesh.db",单击"OK"按钮。

26)指定 INFIN110 远场单元的外表面。从实用菜单中选择 Utility Menu > Select > Entities,弹出"Select Entities"对话框。在最上边的下拉列表框中选取"Lines",在第二个下拉列表框中选择"By Num/Pick",在下边的单选按钮中选择"From Full",单击"Apply"按钮,弹出"Select lines"对话框,在文本框中输入"34,35"(也可在图形区域单击拾取线34、35),单击"OK"按钮。

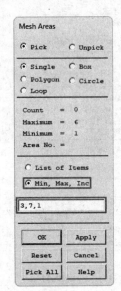

图2-75 "Mesh Areas"对话框

- 在"Select Entities"对话框最上边的下拉列表框中选取"Nodes",在第二个下拉列表框中选择"Attached to",在下边的单选按钮中选择"Lines, all",单击"OK"按钮。

- 从主菜单中选择 Main Menu > Preprocessor > Loads > Define Loads > Apply > Magnetic > Flag > Infinite Surf > On Nodes,弹出"Apply INF on Nodes"对话框,如图2-77所示。单击"Pick All"按钮。

27)选择所有的实体。从实用菜单中选择 Utility Menu > Select > Everything。

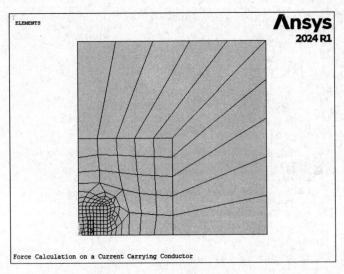

图2-76 生成的有限元网格面   图2-77 "Apply INF on Nodes"对话框

3. 加边界条件和载荷

1）选择求解类型。从主菜单中选择 Main Menu > Preprocessor > Loads > Analysis Type > New Analysis，弹出"New Analysis"对话框，在"Type of analysis"后面的单选按钮中选择"Static"，单击"OK"按钮。

2）选择导体上的所有单元。从实用菜单中选择 Utility Menu > Select > Entities，弹出"Select Entities"对话框。在最上边的下拉列表框中选取"Elements"，在第二个下拉列表框中选择"By Attributes"，再在下边的单选按钮中选择"Material num"，在"Min,Max,Inc"下面的文本框中输入 2，单击"OK"按钮。

3）给导体施加电流密度。从主菜单中选择 Main Menu > Solution > Define Loads > Apply > Magnetic > Excitation > Curr Density > On Elements，弹出在单元上施加电流密度的对话框。单击"Pick All"按钮，弹出"Apply JS on Elems"对话框，如图 2-78 所示。在"Curr density value (JSZ)"后面的文本框中输入"1E6"，单击"OK"按钮。

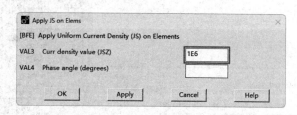

图 2-78 "Apply JS on Elems"对话框

4）选择所有的实体。从实用菜单中选择 Utility Menu > Select > Everything。

4. 求解

1）求解运算。从主菜单中选择 Main Menu > Solution > Solve > Current LS，弹出对话框和一个信息窗口。浏览信息窗口的信息，确认无误后，单击 File > Close，或者直接单击窗口右上角的按钮关闭窗口。单击对话框中的"OK"按钮，弹出验证对话框，单击"Yes"按钮，开始求解运算，直到出现"Solution is done！"对话框，表示求解结束。单击"Close"按钮，关闭对话框。

2）保存计算结果到文件。从实用菜单中选择 Utility Menu > File > Save as，弹出"Save Database"对话框，在"Save Database to"下面的文本框中输入文件名"ForceCal_2D_resu.db"，单击"OK"按钮。

5. 查看计算结果

1）进入通用后处理读取分析结果。从主菜单中选择 Main Menu >General Postproc > Read Results > Last Set 命令。

2）计算载流导体的麦克斯韦（Maxwell）力。从实用菜单中选择 Utility Menu > Select > Entities，弹出"Select Entities"对话框。在最上边的下拉列表框中选取"Elements"，在第二个下拉列表框中选择"By Attributes"，再在下边的单选按钮中选择"Material num"，在"Min,Max,Inc"下面的文本框中输入 2，单击"Apply"按钮。

- 在"Select Entities"对话框最上边的下拉列表框中选取"Nodes"，在第二个下拉列表框中选择"Attached to"，在下边的单选按钮中选择"Elements"，单击"Apply"按钮。
- 在"Select Entities"对话框最上边的下拉列表框中选取"Elements"，在第二个下拉列表框中选择"Attached to",在下边的单选按钮中选择"Nodes",单击"OK"按钮。
- 在命令行中输入如下命令:

EMFT!列出磁力

弹出信息窗口,其中列出了磁力和磁力矩的大小,如图 2-79 所示,单击信息窗口中单击 File > Close,或者直接单击窗口右上角的⊠按钮,关闭窗口。
- 定义总的 Maxwell 力参数。从实用菜单中选择 Utility Menu > Parameters > Scalar Parameters,弹出"Scalar Parameters"对话框,在"Selection"文本框中输入"FMXW=_FXSUM*2",单击"Accept"按钮,如图 2-80 所示。单击"Close"按钮,关闭此对话框。

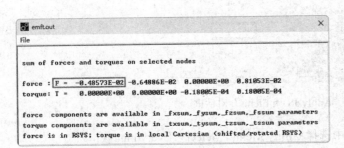

图 2-79 显示磁力和磁力矩大小

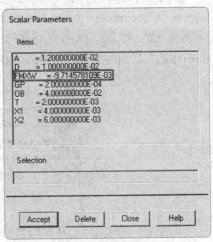

图 2-80 "Scalar Parameters"对话框

3)选择所有的实体。从实用菜单中选择 Utility Menu > Select > Everything。

4)计算载流导体的洛伦兹(Lorentz)力。从主菜单中选择 Main Menu > Preprocessor > Element Type > Add/Edit/Delete,弹出"Element Types"对话框,采用默认选中的"PLANE233"单元,单击"Options"按钮,弹出如图 2-81 所示的"PLANE233 element type options"对话框,在"Electromagnetic force calc"的下拉列表框中选择"Lorentz",即计算 Lorentz 力。单击"OK"按钮,关闭对话框。单击"Element Types"对话框中的"Close"按钮,关闭对话框。

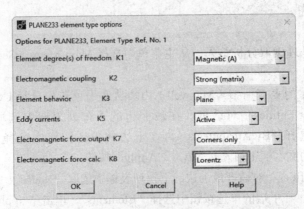

图 2-81 "PLANE233 element type options"对话框

- 求解运算。从主菜单中选择 Main Menu > Solution > Solve > Current LS，弹出对话框和一个信息窗口，浏览信息窗口中的信息，确认无误后，在信息窗口中的 File > Close，或者直接单击窗口右上角的×按钮，关闭窗口。单击对话框中的"OK"按钮，弹出验证对话框，单击"Yes"按钮，开始求解运算，直到出现"Solution is done！"对话框，表示求解结束。单击"Close"按钮，关闭对话框。
- 进入通用后处理读取分析结果。从主菜单中选择 Main Menu> General Postproc > Read Results > Last Set 命令。
- 从实用菜单中选择 Utility Menu > Select > Entities，弹出"Select Entities"对话框。在最上边的下拉列表框中选取"Elements"，在第二个下拉列表框中选择"By Attributes"，再在下边的单选按钮中选择"Material num"，在"Min,Max,Inc"下面的文本框中输入 2，单击"Apply"按钮。
- 在"Select Entities"对话框最上边的第一个下拉列表框中选取"Nodes"，在第二个下拉列表框中选择"Attached to"，在下边的单选按钮中选择"Elements"，单击"OK"按钮。
- 在"Select Entities"对话框最上边的下拉列表框中选取"Elements"，在第二个下拉列表框中选择"Attached to"，在下边的单选按钮中选择"Nodes"，单击"OK"按钮。
- 在命令行中输入如下命令：

EMFT！列出磁力

弹出信息窗口，其中列出了磁力和磁力矩的大小，如图 2-82 所示。在信息窗口中单击 File > Close，或者直接单击窗口右上角的×按钮，关闭窗口。

- 定义总的 Lorentz 力参数。从实用菜单中选择 Utility Menu > Parameters > Scalar Parameters，弹出"Scalar Parameters"对话框，在"Selection"文本框中输入"FJXB=_FXSUM*2"，单击"Accept"按钮，如图 2-83 所示。单击"Close"按钮，关闭此对话框。

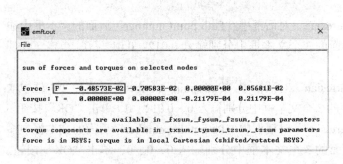

图 2-82　显示磁力和磁力矩大小

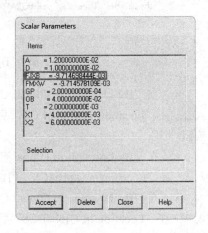

图 2-83　"Scalar Parameters"对话框

5）选择所有的实体。从实用菜单中选择 Utility Menu > Select > Everything。

6）定义路径。从主菜单中选择 Main Menu > General Postproc > Path Operations > Define Path > By Location，弹出"By Location（路径设置）"对话框，如图 2-84 所示。在"Define Path Name"后面的文本框中输入"MAXWELL"，在"Number of points"后面的文本框中输入

4，在"Number of divisions"后面的文本框中输入 48。单击"OK"按钮，弹出"By Location in Clobal Cartesian"对话框。在"Path point number"后面的文本框中输入 1，在"Location in Global CS"后面的三个文本框中分别输入 0.012、0、0，如图 2-85 所示。单击"OK"按钮。

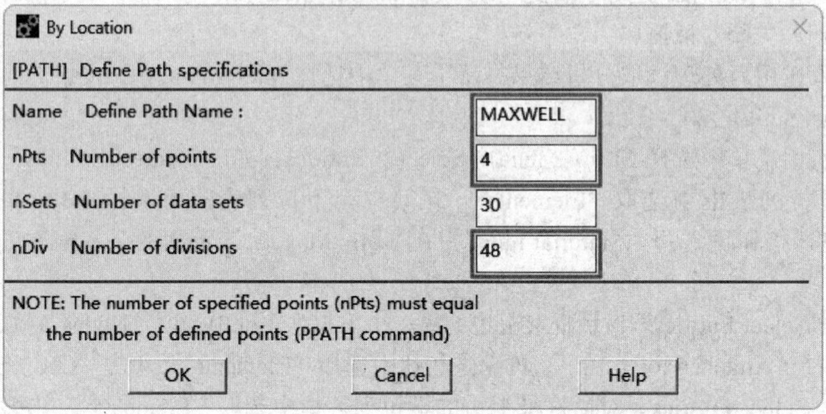

图 2-84 "By Location"对话框

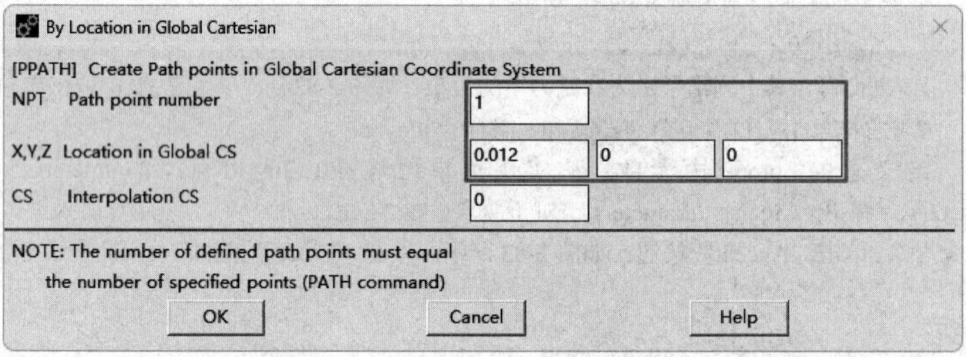

图 2-85 "By Location in Global Cartesian"对话框

- 在"By Location in Global Cartesian"对话框中"Path point number"后面的文本框中输入 2，在"Location in Global CS"后面的 3 个文本框中分别输入 0.012、0.012、0，单击"OK"按钮。

- 在"By Location in Global Cartesian"对话框中"Path point number"后面的文本框中输入 3，在"Location in Global CS"后面的 3 个文本框中分别输入 0、0.012、0，单击"OK"按钮。

- 在"By Location in Global Cartesian"对话框中"Path point number"后面的文本框中输入 4，在"Location in Global CS"后面的 3 个文本框中分别输入 0、0、0，单击"OK"按钮。然后单击"Cancel"按钮，关闭对话框。

7）显示磁力线分布。从主菜单中选择 Main Menu > General Postproc > Plot Results > Contour Plot > 2D Flux Lines，弹出显示磁力线的控制对话框，单击"OK"按钮，出现磁力线分布图，也就是自由度 AZ 的等值线图。

8）显示路径在模型上的位置。从主菜单中选择 Main Menu > General Postproc > Path Operations > Plot Paths，在模型上显示 4 个"MAXWELL"路径点，磁力线分布如图 2-86 所示。

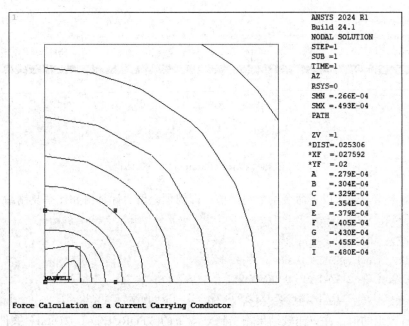

图 2-86 磁力线分布

9）定义数组。从实用菜单中选择 Utility Menu > Parameters > Array Parameters > Define/Edit，弹出"Array Parameters（数组类型）"对话框，单击"Add"按钮，弹出"Add New Array Parameter（定义数组类型）"对话框，如图 2-87 所示。在"Parameter name"后面的文本框中输入"LABEL"，在"Parameter type"后面的单选按钮中选择"Character Array"，在"No. of rows,cols,planes"后面的 3 个文本框中分别输入 2、2 和 0，单击"OK"按钮，回到"Array Parameters"对话框。这样就定义了一个数组名为"LABEL"的 2×2 字符数组。

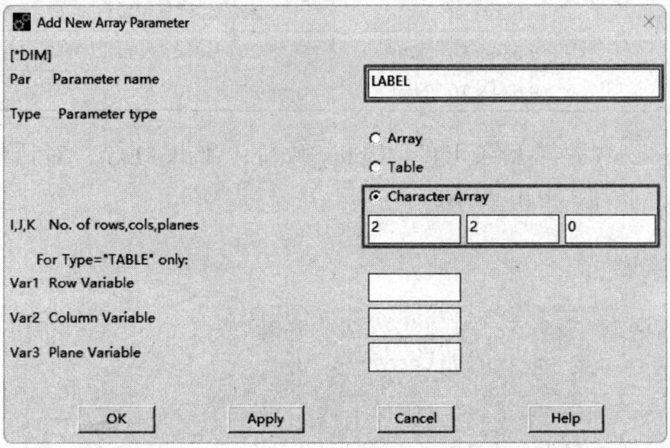

图 2-87 "Add New Array Parameter"对话框

- 采用同样的步骤，定义一个数组名为"VALUE"的 2×3 一般数组。"Array Parameters（数组类型）"对话框中列出了已经定义的数组，如图 2-88 所示。单击"Close"按钮，关闭对话框。

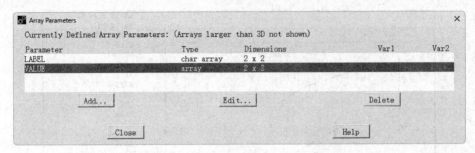

图 2-88 "Array Parameters" 对话框

10）在命令窗口输入以下命令给数组赋值，即把理论值、计算值和比率复制给一般数组：

LABEL(1,1) = ' F (LRNZ)',' F (MAXW)'
LABEL(1,2) = ' N/m',' N/m'
*VFILL,VALUE(1,1),DATA,-9.684E-3,-9.684E-3
*VFILL,VALUE(1,2),DATA,FJXB,FMXW
*VFILL,VALUE(1,3),DATA,ABS(FJXB/(9.684E-3)),ABS(FMXW/(9.684E-3))

11）查看数组的值，并将比较结果输出到 C 盘下的 "FORCECAL_2D.txt" 文件中（命令流实现，没有对应的 GUI 形式，且必须是从实用菜单中选择 Utility Menu > File > Read Input from 读入命令流），见表 2-9。命令流文件内容如下：

*CFOPEN,FORCECAL_2D,TXT,C:\
*VWRITE,LABEL(1,1),LABEL(1,2),VALUE(1,1),VALUE(1,2),VALUE(1,3)
(1X,A8,A8,' ',F10.6,' ',F18.6,' ',1F15.3)
*CFCLOS

表 2-9 理论值与计算值对比

类型	理论值	Ansys 计算值	比率
Lorentz 力	-9.684×10^{-3} N/m	-9.715×10^{-3} N/m	1.003
Maxwell 力	-9.684×10^{-3} N/m	-9.715×10^{-3} N/m	1.003

12）退出 Ansys。单击工具条上的 "Quit" 按钮，弹出 "Exit" 对话框，选取 "Quit-No Save!"，单击 "OK" 按钮，退出 Ansys。

2.4.3 命令流实现

```
KEYW,MAGNOD,1                    !指定电磁场分析
/TITLE,Force Calculation on a Current Carrying Conductor
!定义工作标题
/FILNAME,ForceCal_2D,0           !定义工作文件名
/PREP7
ET,1,PLANE233                    !指定单元类型
KEYOPT,1,7,1                     !指定单元选型
ET,2,INFIN110                    !指定单元类型
EMUNIT,MKS                       !指定单位制
```

```
MP,MURX,1,1                          !定义空气区域材料特性
MP,MURX,2,1                          !定义导体区域材料特性
D=0.01                               !定义参数
A=0.012
T=0.002
OB=0.04                              !远场边界参数
X1=D/2-T/2
X2=D/2+T/2
GP=0.0002                            !导体周围一个气隙厚度
/PNUM,AREA,1                         !打开面区域编号
RECTNG,0,OB,0,OB                     !建立模型
RECTNG,0,.012,0,.012
RECTNG,X1,X2,0,A/2
RECTNG,X1-GP,X2+GP,0,A/2+GP
AOVLAP,ALL                           !布尔叠分操作
SAVE,ForceCal_2D_geom.db             !保存几何模型到文件
ASEL,S,AREA,,3
AATT,2                               !给导体赋予材料特性
ASEL,ALL
KSEL,S,LOC,X,0,.012                  !选择关键点
KSEL,R,LOC,Y,0,.012
KESIZE,ALL,A/8                       !指定关键点附近单元大小
KSEL,INVE
KESIZE,ALL,OB/5
ALLSEL,ALL
K,22,0.08,0,0,                       !创建关键点
K,23,0.08,0.08,0,
K,24,0,0.08,0,
NUMSTR,LINE,31,                      !设置线的起始编号
NUMSTR,AREA,11,                      !设置面的起始编号
L,2,22                               !创建线
L,3,23
L,4,24
L,22,23
L,23,24
LSEL,S,,,31,33                       !选择线
LESIZE,ALL,,,1                       !指定线的单元数
LSEL,S,,,34,35                       !选择线
LESIZE,ALL,,,5                       !指定线的单元数
LSEL,ALL
A,2,22,23,3                          !创建面
A,3,23,24,4
TYPE,2
```

```
MAT,1
AMESH,11,12                        !划分远场单元
ALLSEL,ALL
ASEL,S,AREA,,3,7,1                 !选择面
MSHK,0                             !划分自由面网格
MSHA,0,2D                          !用四边形面单元划分网格
TYPE,1
AMESH,ALL                          !划分二维电磁单元网格
ALLSEL,ALL
LSEL,S,LINE,,34,35
NSLL,S,1
SF,ALL,INF                         !指定 INFIN110 远场单元的外表面
SAVE,ForceCal_2D_Mesh.db           !保存网格单元数据到文件
FINISH
/SOLU
ANTYPE,STATIC                      !指定静态磁场分析
ESEL,S,MAT,,2                      !选择导体单元
BFE,ALL,JS,,,,1E6                  !给导体单元施加电流密度
ESEL,ALL
SOLVE
SAVE,ForceCal_2D_resu.db           !保存计算结果
FINISH
/POST1
SET,LAST
ESEL,S,MAT,,2                      !选择导体单元
NSLE
ESLN
EMFT                               !计算导体上的总 Maxwell 力
*SET,FMXW,_FXSUM*2                 !总的 Maxwell 力值
ALLSEL,ALL
FINISH
/PREP7
KEYOP,1,8,1                        !计算 Lorentz 力
FINISH
/SOLU
SOLVE
FINISH
/POST1
SET,LAST
ESEL,S,MAT,,2
NSLE
EMFT                               !计算导体上的总 Lorentz 力
*SET,FJXB,_FXSUM*2                 !总的 Lorentz 力值
```

```
ALLSEL,ALL
PATH,MAXWELL,4,30,48,                    !定义一个名为 "Maxwell" 的路径
PPATH,1,0,0.012,0,0,0,                   !定义路径点的位置
PPATH,2,0,0.012,0.012,0,0,
PPATH,3,0,0,0.012,0,0,
PPATH,4,0,0,0,0,0,
PLF2D,27,0,10,1                          !显示磁力线图
/PBC,PATH,1                              !在模型中显示路径位置
*DIM,LABEL,CHAR,2,2,0, , ,                !定义参数并对理论值和计算值比较
*DIM,VALUE,ARRAY,2,3,0, , ,
LABEL(1,1) = 'F (LRNZ) ','F (MAXW)'
LABEL(1,2) = 'N/m','N/m'
*VFILL,VALUE(1,1),DATA,−9.684E-3,−9.684E-3
*VFILL,VALUE(1,2),DATA,FJXB,FMXW
*VFILL,VALUE(1,3),DATA,ABS(FJXB/(9.684E-3)),ABS(FMXW/(9.684E-3))
*CFOPEN,FORCECAL_2D,TXT,C:\              !在指定路径下打开 FORCECAL_2D.TXT 文本文件
*VWRITE,LABEL(1,1),LABEL(1,2),VALUE(1,1),VALUE(1,2),VALUE(1,3)
(1X,A8,A8,' ',F10.6,' ',F18.6,' ',1F15.3) !以指定格式把上述参数写入打开的文件
*CFCLOS                                  !关闭打开的文本文件
FINISH
```

第 3 章

二维谐波磁场分析

二维谐波磁场分析是谐波磁场分析中最基础的部分。本章介绍 Ansys 二维谐波磁场分析的流程步骤，详细讲解了其中各种参数的设置方法与功能，最后通过计算自由空间中由 AC 电压激励的厚绞线型线圈上电磁场分布实例和二维非线性磁场分析实例，对 Ansys 二维谐波磁场分析进行了具体演示。

通过本章的学习，读者可以完整深入地掌握 Ansys 二维谐波磁场分析的各种功能和应用方法。

- 二维谐波磁场分析中要用到的单元
- 二维谐波磁场分析的步骤

谐波效应来自于电磁设备和运动导体中的交流电（AC）和外加谐波电磁场，包括：
- 涡流。
- 集肤效应（携带外加电流导体中的涡流）。
- 涡流致使的能量损耗。
- 力和力矩。
- 阻抗和电感。
- 具有不同网格的两个接触体（如转子/定子结构中的气隙）。

谐波分析的典型应用为变压器、感应电动机、涡流制动系统和大多数 AC 设备。

谐波分析中不允许存在永磁体，忽略磁滞效应。

线性与非线性谐波分析应注意以下的原则：

对于低饱和状态，进行线性的时间-谐波分析时，可假设磁导率为常数。对于中高饱和条件，应考虑进行非线性的时间-谐波分析或时间-瞬态求解。

对于交流稳态激励的设备，在中等到高饱和状态，分析人员最感兴趣的是获得总的电磁力、力矩和功率损失，很少涉及实际磁通密度具体波形。在这种情况下，可进行非线性时间-谐波分析，这种分析能计算出具有很好精度的"时间平均"力矩和功率损失，又比进行瞬态-时间分析所需的计算量小得多。

非线性时间-谐波分析的基本原则是以用户假定或基于能量等值方法的有效 B-H 曲线来替代直流 B-H 曲线。利用这种有效 B-H 曲线，一个非线性瞬态问题能有效地简化为一个非线性时间-谐波问题。

在这种非线性分析中，除了要进行非线性求解计算外，其他都与线性谐波分析类似。在给定正弦电源时，非线性瞬态分析中的磁通密度 B 是非正弦波形。而在非线性谐波分析中，B 被假定为是正弦变化的。因此，它不是真实波形，只是一个真实磁通密度波形的时间基谐波近似值。时间平均总力、力矩和损失是由近似的磁场基谐波来确定的，逼近于真实值。

3.1 二维谐波磁场分析中要用到的单元

在涡流区域，谐波模型只能用矢量位方程描述，故只能用表 3-1 ~ 表 3-3 所列单元类型来模拟涡流区。

表 3-1 二维实体单元

单元	维数	形状或特性	自由度
PLANE13	2-D	四边形、4 节点或三角形、3 节点	每节点最多 4 个：磁矢势 (AZ)、位移、温度或时间积分电势
PLANE233	2-D	四边形、8 节点或三角形、6 节点	每节点最多 3 个：磁矢势 (AZ)、电势/电压降或时间积分电势/电压降 (VOLT)、电动势降或时间积分电动势降（EMF）

表 3-2 远场单元

单元	维数	形状或特性	自由度
INFIN110	2-D	四边形、4 个或 8 个节点	磁矢势 (AZ)、电势、温度

表 3-3 通用电路单元

单元	维数	形状或特性	自由度
CIRCU124	无	6个节点	每节点最多可2个，可以是电势、电流

3.2 二维谐波磁场分析的步骤

正如 Ansys 其他分析类型一样，对于谐波磁场分析，也要建立物理环境、建模、给模型区赋予属性、划分网格、施加边界条件和载荷、求解，然后观察结果。二维谐波磁场分析的大多数步骤都与二维静态磁场分析的步骤相似。本章只讨论与谐波分析相关的特殊步骤。

二维谐波磁场分析采用与第 2 章 "二维静态磁场分析" 同样的步骤来设置 GUI 选项、分析标题、单元类型和 KEYOPT（单元选项）、单元坐标系、实常数和单位制。

定义材料性质时，可使用在第 2 章中描述的方法，即使用 Ansys 材料库所定义的材料性质或 Ansys 用户自己定义的材料性质。

3.2.1 创建物理环境

下面介绍在进行二维谐波磁场分析时对模型设置物理区域的某些准则。

1. 利用自由度来控制导体上的终端条件

Ansys 提供了几种选项来控制导体上的终端条件，在建模中，这些选项提供了足够的方便性。例如，线绕和块状导体、短路和开路情况、线路供电装置等，要模拟这些实体，可执行下列操作：

- 在导体区增加额外的自由度（DOF）。
- 赋予所需的实常数、材料性质和对自由度的特殊处理。单元类型和选项、材料性质、实常数以及单元坐标系都是实体模型的属性，用 AATT 和 VATT 命令或其等效的 GUI 路径指定。

2. AZ 选项

由于没有标量电势，即导体内电压降为 0，故可通过设定 AZ 自由度（DOF）来模拟短路条件的导体。

在谐波和瞬态分析中，对 PLANE233 单元不设定 VOLT 自由度时（KEYOPT(1)=0），该单元总是用来模拟绞合导体（不考虑涡流效应）。

3. AZ-VOLT 选项

AZ-VOLT 选项通过在全域电场计算中引入电势来模拟具有各种终端情况的块状导体：

$$E = \partial A / \partial t - \nabla V$$

注意：在 Ansys 中，V 由 $v = \int V dt$（时间积分电势）代替。

该选项通过允许控制其电场（VOLT），使用户可更方便地模拟开路、电流供电块导体和共端点多导体等情况。

电位 v 的单位为 "V"，其在 Ansys 中的自由度为 VOLT。在轴对称分析中，$v = r \times$ VOLT。在平面或轴对称分析中，整个导体截面的 v 是常数（即电压降只发生在出平面方向上），为了保证这一点，必须耦合各个导体区的节点。

命令：**CP**

GUI：Main Menu > Preprocessor > Coupling/Ceqn > Couple DOFs

由于所有节点的电压一样，进行耦合操作可减少未知数。

默认情况下，PLANE233 单元 VOLT 自由度代表电势。在电磁场分析中，如果需要 PLANE233 单元 VOLT 自由度的含义是时间积分电势，应将单元选项设置成 KEYOPT(2)=2。

4. 模型物理区域的特征和设置

Ansys 提供了几个选择来处理在 2-D 磁分析中导体上的终端条件，如图 3-1～图 3-6 所示为二维磁场分析中带终端条件导体的物理区域。下面对各种终端条件做简要介绍。

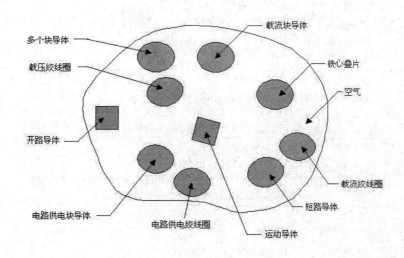

图 3-1 带终端条件导体的物理区域

块状导体—短路条件	自由度：AZ 材料特性：μ_r(MURX)，ρ(RSVX) 注：涡流形成闭合回路，由于短路，导体中不存在电压降

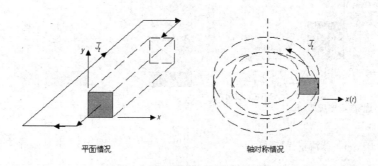

图 3-2 块状导体—短路条件

块状导体—开路条件	自由度：AZ，VOLT 材料特性：μ_r(MURX)，ρ(RSVX) 特殊特性：耦合 VOLT 自由度 注：导体中不存在净电流，在轴对称分析中模拟有缺口的导体

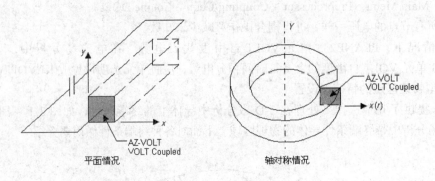

图 3-3 块状导体—开路条件

载流块导体	自由度：AZ，VOLT 材料特性：μ_r(MURX)，ρ(RSVX) 特殊特性：耦合 VOLT 自由度，再给某个节点加总电流 (F,amps 命令) 注：假定由电流源发出的净电流为短路回流，该电流不受外界影响
共地多导体	自由度：AZ，VOLT 材料特性：μ_r(MURX)，ρ(RSVX) 特殊特性：所有导体域节点电压自由度耦合到一个耦合节点集中 注：用于模拟如端部效应能忽略的鼠笼转子等设备

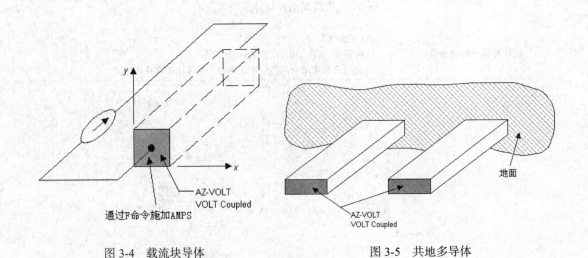

图 3-4 载流块导体　　　　　　　图 3-5 共地多导体

载压绞线圈	自由度：AZ 材料特性：μ_r(MURX) 特殊特性：没有涡流，通过 "BFE,,JS" 命令可以施加源电流密度（JS）（也可使用 BFL 或 BFA 命令加载，然后再通过 BFTRAN 或 SBCTRAN 命令将载荷传递到有限元模型上） 注：假定线圈中的电流为一恒定的交流电流，其值不受外界影响。电流密度可根据线圈匝数、每匝中的电流值和线圈横截面积来确定

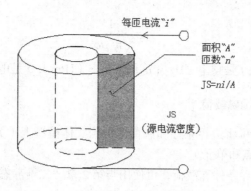

图 3-6 载流绞线圈

铁芯叠片	自由度：AZ 材料特性：μ_r(MURX) 或 B-H 曲线 模拟可以忽略涡流的导磁材料，只要求 AZ 自由度
空气	自由度：AZ 材料特性：μ_r(MURX=1)
运动导体（速度效应）	用 PLANE233 单元可模拟以恒定速度运动的导体的速度效应

5. 速度效应

在交流（AC）激励下，可以求解运动导体在某些特殊情况下的电磁场。对于静态、谐波和瞬态分析，速度效应都是有效的。第 2 章 "二维静态磁场分析" 讨论了运动导体分析的应用例子和限制条件。

对单元的 KEYOPT 选项和体载荷加载（PLANE233），运动导体二维谐波分析步骤与二维静态磁场分析完全类似。在谐波分析中，速度设置为常数，不是正弦变化（与线圈和场激励不同）。

在后处理中可计算磁雷诺数（Reynolds），磁雷诺数表征速度效应和问题的数值稳定性。其计算公式如下：

$$M_{re}=\mu v d/\rho$$

式中，μ 为磁导率；ρ 为电阻率；v 为速度；d 为导体单元特征矢度（运动方向上）。

磁雷诺数只在静态或瞬态分析时有意义。

在相对小磁雷诺数值时，运动方程才有效和准确，一般量级为 1.0。在较高磁雷诺数值时，求解精度随问题而变化。除求解场之外，还能求出由于运动产生的导体电流（运动电流可在后处理器中获得）。

3.2.2 建立模型、赋予特性、划分网格

关于建模、给模型区域予属性和划分网格的详细内容，可参见第 2 章。下面介绍有关集肤深度的内容。

电磁场在导体中的穿透深度是频率、磁导率和电导率的函数，当对场和焦耳热损失的计算精度要求较高时，在导体表面附近必须要划分足够细的有限元网格，以模拟这种集肤现象。通常，在集肤深度内至少要划分一层或两层单元。趋肤深度可以按下式进行估算：

$$\delta = \frac{1}{\sqrt{\pi f \mu \sigma}}$$

式中，δ 是集肤深度（m）；f 是频率（Hz）；μ 是磁导率（H/m）；σ 是电导率（S/m）。

3.2.3 加边界条件和励磁载荷

在谐波磁场分析中，可将边界条件和载荷施加到实体模型上（关键点、线和面），也可以施加到有限元模型上（节点和单元）。

给二维谐波分析加边界条件和载荷，可使用与第 2 章"二维静态磁场分析"中完全相同的 GUI 路径和宏命令。

对于一个谐波磁场分析，可定义 3 种类型的载荷步选择：动态选项、通用选项和输出控制。

对于静态分析，可应用 Ansys 的周期性对称分析功能。对于谐响应和瞬态响应分析，可用 PERBC2D 宏在节点上创建奇对称或偶对称周期性边界条件。

1. 使用 PERBC2D 宏命令

使用 PERBC2D 宏，可对 2-D 分析自动定义周期性边界条件。PERBC2D 可对两个周期对称面施加必要的约束方程或定义节点耦合。使用该宏命令的方式如下：

命令：PERBC2D

GUI：Main Menu > Preprocessor > Loads > Define Loads > Apply > Magnetic > Boundary >Vector Poten > Periodic BCs

2. 幅值、相位角和工作频率

根据定义，谐波分析假定任何外加载荷都是随时间呈谐波（正弦）变化的，这样的载荷需要说明幅值（0 到峰值）、相位角和工作频率。

1）幅值：所加载荷的最大值（0 到峰值）。

2）相位角：是载荷相对于参考值在时间上的落后（或超前）量。在复平面中，相位角就是和实轴的夹角。只有存在多个不同相载荷时，才需要用到相位角（如三相电动机分析）。

施加不同相的电流密度或电压时，在 BF、BFE 或 BFK 命令（或它们的等效菜单路径）中的相位（PHASE）区域，输入度数来表示各自的相位角。

对于不同相的矢量位或电流段，在相应的加载命令（或等效菜单路径）的 VALUE1 和 VALUE2 区域中，分别输入复数载荷的实部和虚部分量。图 3-7 所示的实部/虚部分量和幅值/相位角关系图显示了如何计算实部和虚部分量。

3）工作频率：就是交流电的频率（单位 Hz）。可按如下定义：

命令：HARFRQ

GUI：Main Menu > Solution > Load Step Opts > Time/Frequenc > Freq and Substps

3. 给绞线型导体加源电流密度

将源电流密度（JS）作为载荷直接施加到绞线型导体的单元上，可按如下定义：

命令：BFE,,JS

GUI：Main Menu > Preprocessor > Loads > Define Loads > Apply > Magnetic > Excitation > Curr Density > On Elements

也可用 BFA 命令对实体模型上的面加源电流密度，然后再通过 BFTRAN 或 SBCTRAN 命令将特定的加源电流密度从实体模型传递到有限元模型上。

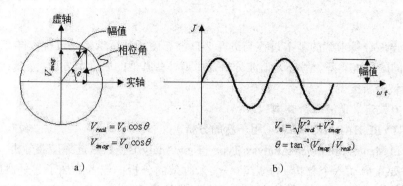

图 3-7 实轴 / 虚轴分量和幅值 / 相位角关系图

4. 给块状导体加电流

电流（AMPS）是节点电流载荷，仅用于施加给带有强加电流的块导体区域。在 2-D 分析中，这种载荷要求 PLANE13 单元和 PLANE233 单元的自由度设置为 AZ 和 VOLT。电流表示通过导体的总的电流值，仅仅用于 2-D 平面或轴对称模型分析。

要想给具有集肤效应的横截面上加均匀电流，必须对横截面上的 VOLT 自由度进行耦合。

命令：**CP**

GUI：Main Menu > Preprocessor > Coupling/Ceqn > Couple DOFs

在 2-D 平面或轴对称模型中，可选择集肤效应区域内的所有节点，并耦合其 VOLT 自由度后，再给横截面上某一个节点加电流。

命令：**F**

GUI：Main Menu > Preprocessor > Loads > Define Loads > Apply > Electric > Excitation > Impressed Curr > On Nodes

给 2-D 模型施加强加电流的另一种方法是加均匀电流密度（JS 体载荷），这可由通过集肤效应区的总的强加电流除以横截面积得到，也可用 BFL 和 BFA 命令分别对实体模型上的线和面加源电流密度。用 BFTRAN 或 SBCTRAN 命令可以把施加在实体模型上源电流密度转换到有限元模型上。

5. 给绞线圈加电压载荷

这种载荷定义绞线圈上的总电压降（幅值和相位角），使用 MKS 单位制，只能使用带有 AZ、CURR 自由度的 PLANE233 单元。可按照如下方式加电压降载荷：

命令：**BFE**

GUI：Main Menu > Preprocessor > Loads > Define Loads > Apply > Magnetic > Excitation > Voltage drop

要想得到正确的解，必须将线圈所有节点的 CURR 自由度耦合起来（否则将导致求解错误），因为 CURR 是代表线圈中每匝的电流值，是唯一的。

6. 加标志

无限远表面标志（INF）并不是实际载荷，但有限元计算要求把无限远单元的指向开放区域的外表面做上此标志。

7. 其他载荷

Maxwell 面和磁虚位移（MVDI）标志不是真正的载荷，可参考第 2 章中的相关内容。

3.2.4 求解

进行 2-D 谐波分析求解的基本过程与进行 2-D 静态磁场分析求解的过程一样。主要不同在于定义一个不同的分析类型。另外，谐波分析要用到一些其他的后处理方法。

1. 定义谐波分析类型

可按如下方式定义谐波分析类型：

命令：**ANTYPE,HARMIC,NEW**（用于新的分析）

GUI：Main Menu> Solution> Analysis Type> New Analysis，然后选择谐波分析

如果是需要重启动一个分析（重启动一个未收敛的分析，或者施加了另外激励的分析），使用命令 ANTYPE,HARMIC,REST。如果先前分析的结果文件 Jobname.EMAT、Jobname.ESAV 和 Jobname.DB 还可用，就可以重启动分析。

2. 定义分析选择项

可以用下面的"Full"全波方法来求解。这是默认值。

1）定义分析方法：

命令：**HROPT**

GUI：Main Menu > Solution > Analysis Options

2）定义谐波自由度解在打印输出（Jobname.out）文件中的显示方式（以实部/虚部的形式或幅值/相角的形式，前者为默认值），该选项主要用于采用 CURR 和 EMF 自由度的电路耦合问题。

命令：**HROUT**

GUI：Main Menu > Solution > Analysis Options

3. 选择求解器

可以选用 SPARSE（稀疏矩阵求接器，默认）、JCG（雅克比共轭梯度）或 ICCG（不完全乔勒斯基共轭梯度）求解器，对大多数 2-D 分析推荐使用 SPARSE 求解器。

命令：**EQSLV**

GUI：Main Menu > Solution > Analysis Options

对于非线性问题，在收敛准则满足后（或达到最大迭代次数），程序才会停止迭代计算。设置收敛准则的方式如下：

命令：**CNVTOL**

GUI：Main Menu> Preprocessor> Loads> Load Step Opts> Nonlinear> Convergence Crit. 或 Main Menu> Solution> Load Step Opts> Nonlinear> Convergence Crit.

读者既可以利用默认的收敛准则，也可定义自己的收敛准则。

默认情况下，程序将检查三个自由度（AZ、VOLT、EMF）的收敛情况。检查方式是将各自由度不平衡量的 SRSS 值（平方和的平方根）与收敛准则值（VALUE × TOLER）进行比较。

4. 设置分析频率

很多电磁问题是做单频分析。使用下列方式设置分析频率（Hz）：

命令：**HARFRQ**

GUI：Main Menu > Preprocessor > Loads > Load Step Opts > Time/Frequenc > Freq and Substps

当只有一个频率时，使用该命令的"FREQB"区域或"FREQE"区域都可以。

5. 设置通用选项

可定义谐波解的数目，这些谐波解（或子步）是平均分布在所定义的频率范围（HARFRQ 命令）上的。例如，定义谐波频率为 30～40Hz，要求解 10 个子步，则程序会计算在频率为 31Hz、32Hz、…、40Hz 处的解，范围的最低端（即此处的 30Hz）不做计算。定义谐波解数目的方式如下：

命令：**NSUBST**

GUI：Main Menu > Preprocessor > Loads > Load Step Opts > Time/Frequenc > Freq and Substps

还可定义激励载荷是阶跃变化或是斜坡变化。默认值是斜坡变化，也就是说，激励的幅值在每个载荷子步是逐渐变化的。若设置为阶跃变化，则在整个频率范围内的各个子步上，激励的幅值保持不变。对于电磁场问题，激励通常都是阶跃变化的，斜坡变化有助于加快单一频率作用下的非线性问题的收敛。

命令：**KBC**

GUI：Main Menu > Preprocessor > Loads > Load Step Opts > Time/Frequency > Freq and Substps

对于非线性谐波分析，可以定义每个频率的平衡迭代次数，默认值是 25，建议将该值设置为 50 或更高，以保证收敛。

命令：**NEQIT**

GUI：Main Menu > Preprocessor > Loads > Load Step Opts > Nonlinear > Equilibrium Iter

6. 开始求解

1）线性问题：

命令：**SOLVE**

GUI：Main Menu > Solution > Solve > Current LS

2）非线性分析：建议在每个频率按照下列步骤分两步求解，以保证收敛。

- 把激励在 3～5 个子步斜坡变化，每个子步只执行一次平衡迭代。

用下列方式定义斜率或阶跃激励：

命令：**KBC**

GUI：Main Menu > Preprocessor > Loads > Load Step Opts > Time/Frequency > Freq and Substps

用下列方式定义 3～5 个子步：

命令：**NSUBST**

GUI：Main Menu > Preprocessor > Loads > Load Step Opts > Time/Frequenc > Freq and Substps

用下列方式定义一次平衡迭代：

命令：**NEQIT**

GUI：Main Menu > Preprocessor > Loads > Load Step Opts > Nonlinear > Equilibrium Iter

用下列方式开始求解：

命令：**SOLVE**

GUI：Main Menu > Solution > Solve > Current LS

- 在一个子步内，执行 50 次以上的平衡迭代，获得最终解。

用下列方式定义 1 个子步：

命令：**NSUBST**

GUI：Main Menu > Preprocessor > Loads > Load Step Opts > Time/Frequenc > Freq and Substps

用下列方式定义 50 次平衡迭代：

命令：NEQIT

GUI：Main Menu > Preprocessor > Loads > Load Step Opts > Nonlinear > Equilibrium Iter

用下列方式定义自己的收敛准则（替代默认值）：

命令：CNVTOL

GUI：Main Menu > Preprocessor > Loads > Load Step Opts > Nonlinear > Convergence Crit.

Main Menu > Solution > Load Step Opts > Nonlinear > Convergence Crit.

用下列方式开始求解：

命令：SOLVE

GUI：Main Menu > Solution > Solve > Current LS

7. 完成求解

命令：FINISH

GUI：Main Menu > Finish

3.2.5 观察结果

Ansys/Multiphysics 和 Ansys/Emag 模块把谐波电磁分析结果写到磁场分析结果文件 Jobname.RMG 中，如果激活了电位（VOLT）或 EMF 自由度，写入 Jobname.RST 文件。结果包括下面所列数据，所有结果都在所计算的工作频率下谐波变化。

基本数据：节点自由度（AZ、VOLT）。

导出数据：

- 节点磁通密度（BX、BY、BSUM）。
- 节点磁场强度（HX、HY、HSUM）。
- 节点磁力（FMAG：X、Y、SUM 分量）。
- 节点洛伦兹力（Lorentz）（FMAG：X、Y、SUM 分量）。
- 节点感生电流段（CSGZ）。
- 总电流密度（JT）。
- 单位体积焦耳热（JHEAT）。

注意：对于线性谐波分析，磁通密度 B 有可能超出 B-H 曲线输入的值，这些值只是真实波形基频谐波分量的近似值，而不是实际的值。

参看具体单元的帮助可以提取更多的数据。

在 POST1 通用后处理器或 POST26 时间历程后处理器中都能检察分析结果。由于计算结果与输入负载有相差（即输出滞后于输入），因而结果值是复数形式的，以实部和虚部分量的形式来计算和存储。

POST1 通用后处理器用以检查在给定频率下整个模型的结果，而 POST26 时间历程后处理器用以检查在整个频率范围内模型中给定位置处的结果。

对于谐波磁场分析，频率范围通常只由 AC 频率组成，因此常用 POST1 检查分析结果。选择后处理器的方式如下：

命令：/POSTI，/POST26

GUI：Main Menu > General Postproc

Main Menu > TimeHist Postpro

后处理常用的命令及其 GUI 路径见表 3-4。

表 3-4　后处理常用命令及其 GUI 路径

功能	命令	GUI 路径
选择实数解	SET,1,1,,0	Main Menu > General Postproc > List Results > Results Summary
选择虚数解	SET,1,1,,1	Main Menu > General Postproc > List Results > Results Summary
打印矢量势自由度 (AZ)[5]	PRNSOL,AZ	Main Menu > General Postproc > List Results > Nodal Solution
打印时间积分电势 (VOLT)[5]	PRNSOL,VOLT	Main Menu > General Postproc > List Results > Nodal Solution
打印角节点上的磁通密度[1][5]	PRVECT,B	Main Menu > General Postproc > List Results > Vector Data
打印角节点上的磁场强度[1][5]	PRVECT,H	Main Menu > General Postproc > List Results > Vector Data
打印中心总电流密度[5]	PRVECT,JT	Main Menu > General Postproc > List Results > Vector Data
打印角节点力[2][6]	PRVECT,FMAG	Main Menu > General Postproc > List Results > Vector Data
打印单元节点磁通密度[5]	PRESOL,B	Main Menu > General Postproc > List Results > Element Solution
打印单元节点磁场强度[5]	PRESOL,H	Main Menu > General Postproc > List Results > Element Solution
打印单元质心总电流密度[5]	PRESOL,JT	Main Menu > General Postproc > List Results > Element Solution
打印单元节点力[2][6]	PRESOL,FMAG	Main Menu > General Postproc > List Results > Element Solution
打印磁能[3][5]	PRESOL,SENE	Main Menu > General Postproc > List Results > Element Solution
打印单位体积焦耳热[4][6]	PRESOL,JHEAT	Main Menu > General Postproc > List Results > Element Solution
建立质心磁通密度[5]的 X 分量（Y 分量和 SUM 分量与此类似）单元表	ETABLE,Lab,B,X	Main Menu > General Postproc > Element Table > Define Table
建立质心磁场强度[5]的 X 分量（Y 分量和 SUM 分量与此类似）单元表	ETABLE,Lab,H,X	Main Menu > General Postproc > Element Table > Define Table
建立单位体积焦耳热的单元表选项[4][6]	ETABLE,Lab,JHEAT	Main Menu > General Postproc > Element Table > Define Table
建立质心电流密度[5]的 X 分量（Y 分量和 SUM 分量与此类似）单元表	ETABLE,Lab,JT,X	Main Menu > General Postproc > Element Table > Define Table
建立单元磁力[5]的 X 分量（Y 分量和 SUM 分量与此类似）单元表	ETABLE,Lab,FMAG,X	Main Menu > General Postproc > Element Table > Define Table
建立单元储能[3]的单元表选项	ETABLE,Lab,SENE	Main Menu > General Postproc > Element Table > Define Table
打印所选单元选项	PRETAB,Lab,1,...	Main Menu > General Postproc > List Results > Elem Table Data

[1] 与该节点相邻的所有已选单元的平均值。
[2] 力是在整个单元上求和的，但分布在其各个节点上，以便用于耦合分析。
[3] 磁能为单元总和。
[4] 乘以单元体积得功率损失。
[5] 对于谐波分析是瞬间值（在 $\omega t = 0$ 和 $\omega t = -90$ 时的实部/虚部）。
[6] RMS 值：存放在实部解集里的一种可比较值（对有速度效应的区域要进行实部和虚部的求和）。

用 ETABLE 命令或对应的 GUI 路径可以得到很多不常用的项。

关于读入结果数据、等值线显示、矢量显示、列表显示、磁力、磁力矩等详细内容可以参考第 2 章中的相关内容。

可利用命令宏计算其他感兴趣的项：
- EMAGERR 宏计算静电场或电磁场分析中的相对误差。
- FLUXV 宏计算通过闭合回路的磁通量。
- MMF 宏计算沿某指定路径的电动势降。
- PLF2D 宏生成等势线。
- POWERH 宏计算在导体中的 rms（均方根）功率损失。时间平均（rms）功率损失代表焦耳（Joule）热损失。Ansys 利用实部和虚部总电流密度来进行计算，用下列方式：

命令：**POWERH**

GUI：Main Menu > General Postproc > Elec & Mag Calc > Element Based > Power Loss

在热 - 电磁耦合分析中，功率损失项被表示为焦耳热生成率，可用在后续的热分析中，为此，使用 LDREAD 命令（或使用 Main Menu > Solution > Define Loads > Apply > Thermal > Heat Generat > From Mag Analy）从磁场分析结果文件中读取数据。

- SENERGY 宏确定 rms（均方根）存储磁能或共能。

3.3 实例 1——二维自由空间线圈的谐波磁场的分析

本实例为计算自由空间中由 AC 电压激励的厚绞线型线圈上的电磁场分布。

3.3.1 问题描述

考虑一个载压线圈，电压为余弦交流电压，试分析计算线圈周围空间的电磁场情况，给出线圈电流和线圈总能量。本实例中用到的参数见表 3-5。

表 3-5 参数说明

材料特性	几何特性	载荷
相对磁导率 $\mu_r = 1.0$（线圈）	$n = 500$ 匝（线圈匝数）	$V = V_0 \cos\omega t$
相对磁导率 $\mu_r = 1.0$（空气）	$s = 0.02\text{m}$（线圈宽度）	$V_0 = 12\text{V}$
电阻率 $\rho = 3 \times 10^{-8} \Omega \cdot \text{m}$	$r = (3 \times s)/2\text{m}$（线圈平均半径）	$\omega = 60\text{Hz}$

该线圈为圆形对称，产生的电磁场在线圈的任一竖直截面（见图 3-8 左图）上是相同的，而对于截面上的电磁场是对称的，因此计算截面的 1/4 区域即可。假设大圆外已经几乎没有电磁场，把小圆与大圆之间的区域看成是远场区域，即里面电磁场较小。于是得到如图 3-8 右图所示的模型。在 $r = (6 \sim 12)s$ 区域为远场区，$r = 12s$ 以外区域几乎无电磁场，忽略不计。

实例中使用了 3 种单元类型：
1）PLANE233，模拟空气。
2）带有 CURR 和 AZ 自由度的 PLANE233，模拟载压线圈。
3）INFIN110，模拟远场单元。

二维谐波磁场分析 第3章

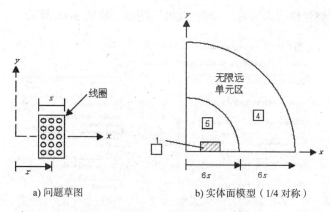

a) 问题草图　　　　b) 实体面模型（1/4 对称）

图 3-8　自由空间线圈谐波磁场分析

3.3.2　GUI 操作方法

1. 创建物理环境

1）过滤图形界面。从主菜单中选择 Main Menu > Preferences，弹出"Preferences for GUI Filtering"对话框，选中"Magnetic-Nodal"来对后面的分析进行菜单及相应的图形界面过滤。

2）定义工作标题。从实用菜单中选择 Utility Menu > File > Change Title，在弹出的对话框的"Enter new title"中输入"Voltage-fed thick stranded coil in free space"，单击"OK"按钮。

3）指定工作名。从实用菜单中选择 Utility Menu > File > Change Jobname，在弹出的对话框的"Enter new jobname"后面输入"Vol_coil_2D"，单击"OK"按钮。

4）定义单元类型和选项。从主菜单中选择 Main Menu > Preprocessor > Element Type > Add/Edit/Delete，弹出"Element Types"对话框，单击"Add"按钮，弹出"Library of Element Types"对话框。在该对话框中左边下拉列表框中选择"Magnetic Vector"，在右边的下拉列表框中选择"Quad 8 node 233"，如图 3-9 所示。单击"Apply"按钮，生成第一个"PLANE233"单元。再单击"Apply"按钮，生成第二个"PLANE233"单元。在"Library of Element Types"对话框左边下拉列表框中选择"InfiniteBoundary"，在右边的下拉列表框中选择"2D Inf Quad 110"，生成第三个"INFIN110"单元，单击"OK"按钮，回到"Element Types"对话框，如图 3-10 所示。

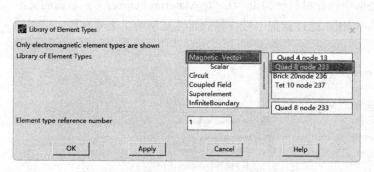

图 3-9　"Library of Element Types"对话框　　图 3-10　"Element Types"对话框

- 在"Element Types"对话框中选择单元类型1，单击"Options"按钮，弹出"PLANE233 element type options"对话框。在"Element behavior"后面的下拉列表框中选择"Axisymmetric"，

将 PLANE233 单元属性修改为对称，单击"OK"按钮，如图 3-11 所示。

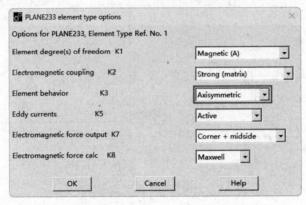

图 3-11 "PLANE233 element type options"对话框

- 在"Element Types"对话框中选择单元类型 2，单击"Options"按钮，弹出"PLANE233 element type options"对话框，在"Element degree(s)of freedom"后面的下拉列表框中选择"Coil（A+VOLT+EMF）"，在"Element behavior"后面的下拉列表框中选择"Axisymmetric"，单击"OK"按钮。

- 在"Element Types"对话框中选择单元类型 3，单击"Options"按钮，弹出"INFIN110 element options"对话框，在"Element behavior"后面的下拉列表框中选择"Axisymmetric"，单击"OK"按钮。得到如图 3-10 所示的结果。最后单击"Close"按钮，关闭"Element Types"对话框。

5）设置电磁单位制。从主菜单中选择 Main Menu > Preprocessor > Material Props > Electromag Units，在弹出的对话框中选择"MKS system"，单击"OK"按钮。

6）定义材料特性。从主菜单中选择 Main Menu > Preprocessor > Material Props > Material Models，弹出"Define Material Model Behavior"对话框，在右边的列表框中连续单击 Electromagnetics > Relative Permeability > Constant，弹出"Permeability for Material Number 1"对话框，在"MURX"后面的文本框输入 1，如图 3-12 所示。单击"OK"按钮。

- 单击 Edit > Copy，弹出"Copy Material Model"对话框，如图 3-13 所示。在"from Material number"后面的下拉列表框中选择材料号为 1，在"to Material number"栏后面的文本框中输入材料号为 2，单击"OK"按钮。这样就把 1 号材料的属性复制给了 2 号材料。得到的结果如图 3-14 所示。

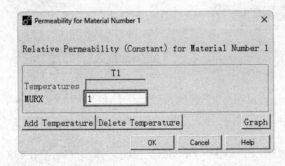

图 3-12 "Permeability for Material Number1"对话框

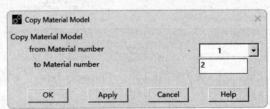

图 3-13 "Copy Material Model"对话框

二维谐波磁场分析 | 第3章

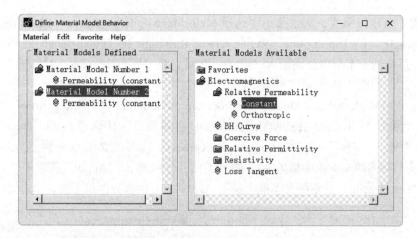

图 3-14 "Define Material Model Behavior" 对话框

- 单击菜单栏中的 Material > Exit，或单击右上角的 ⊠ 按钮，关闭对话框。

7）查看材料列表。从实用菜单中选择 Utility Menu > List > Properties > All Materials，弹出 "MPLIST Command" 信息窗口，其中列出了所有已经定义的材料及其属性，确认无误后，单击 File > Close 关闭窗口，或者直接单击窗口右上角的 ⊠ 按钮，关闭窗口。

2. 建立模型、赋予特性、划分网格

1）定义分析参数。从实用菜单中选择 Utility Menu > Parameters > Scalar Parameters，弹出 "Scalar Parameters" 对话框，如图 3-15 所示。在 "Selection" 文本框中输入 "s = 0.02"，单击 "Accept" 按钮。然后依次在 "Selection" 文本框中分别输入 "n = 500" "r = 3*s/2" "rho = 3e−8" "Sc = s**2" "Vc = 2*acos(−1)*r*Sc" "Rcoil = rho*(n/Sc)**2*Vc" 并单击 "Accept" 按钮确认，结果如图 3-15 所示。单击 "Close" 按钮，关闭 "Scalar Parameters" 对话框。

2）打开面积区域编号显示。从实用菜单中选择 Utility Menu > PlotCtrls > Numbering，弹出 "Plot Numbering Controls" 对话框，如图 3-16 所示。选中 "Area numbers"，后面的选项由 "Off" 变为 "On"，单击 "OK" 按钮关闭窗口。

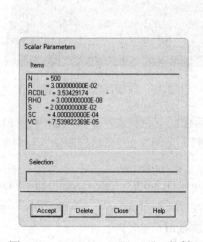

图 3-15 "Scalar Parameters" 对话框

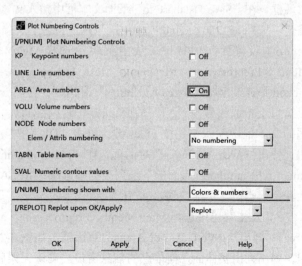

图 3-16 "Plot Numbering Controls" 对话框

3）创建平面几何模型。从主菜单中选择 Main Menu > Preprocessor > Modeling > Create > Areas > Rectangle > By Dimensions，弹出"Create Rectangle by Dimensions"对话框。在"X-coordinates"后面的文本框中分别输入"s"和"2*s"，在"Y-coordinates"后面的文本框中分别输入 0 和"s/2"，如图 3-17 所示。单击"OK"按钮。

- 从主菜单中选择 Main Menu > Preprocessor > Modeling > Create > Areas > Circle > By Dimensions，弹出"Circular Area by Dimensions（创建圆）"对话框。在"Outer radius"后面的文本框中输入"6*s"，在"Starting angle(degrees)"后面的文本框中输入 0，在"Ending angle(degrees)"后面的文本框中输入 90，如图 3-18 所示。单击"Apply"按钮。

- 在"Outer radius"后面的文本框中输入"12*s"，其他参数保持不变，单击"OK"按钮。

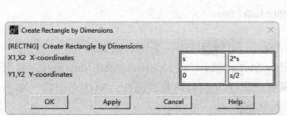

图 3-17 "Create Rectangle by Dimensions"对话框

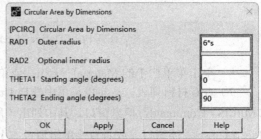

图 3-18 "Circular Area by Dimensions"对话框

4）重叠实体面。从主菜单中选择 Main Menu > Preprocessor > Modeling > Operate > Booleans > Overlap > Areas，弹出"Overlap Areas"对话框，单击"Pick All"按钮，对所有的面进行叠分操作。

生成的线圈计算几何模型如图 3-19 所示。

5）保存几何模型文件。从实用菜单中选择 Utility Menu > File > Save as，弹出"Save DataBase"对话框，在"Save Database to"下面文本框中输入文件名"Vol_coil_2D_geom.db"，单击"OK"按钮。

6）设置面实体特性。从主菜单中选择 Main Menu > Preprocessor > Meshing > Mesh Attributes > Picked Areas，弹出"Area Attributes"对话框，在图形窗口上拾取编号为"A1"的面，或者直接在对话框的文本框中输入 1 并按 Enter 键，单击"OK"按钮，弹出"Area Attributes"对话框，在"Material number"后面的下拉列表框中选取 2，在"Element type number"后面的下拉列表框中选取"2 PLANE233"（见图 3-20），给线圈输入材料属性和单元类型。单击"OK"按钮。

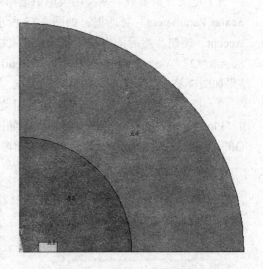

图 3-19 线圈计算几何模型

- 从主菜单中选择 Main Menu > Preprocessor > Modeling > Operate > Calc Geom Items > Of Areas，弹出"Calc Geom of Areas"对话框，如图 3-21 所示。选择"Normal"，单击"OK"按钮，弹出列出实体面几何信息的信息窗口。确认无误后关闭信息窗口。

- 从实用菜单中选择 Utility Menu > Parameters > Get Scalar Data，弹出"Get Scalar Data"

对话框，在"Type of data to be retrieved"后面的左边列表框中选择"Model data"，在右边列表框中选择"Areas"，如图 3-22 所示。单击"OK"按钮，弹出如图 3-23 所示的"Get Area Data"对话框，在"Name of parameter to be defined"后面的文本框中输入"a"，在"Area number N"后面的文本框中输入 1，"Area data to be retrieved"后面的文本框中选择"Area"，单击"OK"按钮。

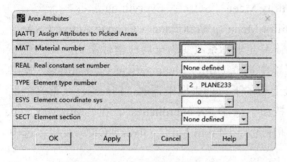

图 3-20　"Area Attributes"对话框

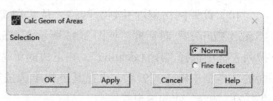

图 3-21　"Calc Geom of Areas"对话框

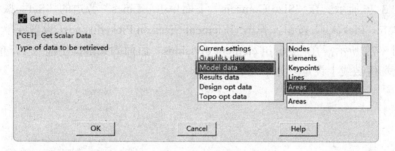

图 3-22　"Get Scalar Data"对话框

- 从实用菜单中选择 Utility Menu > Scalar Parameters，弹出"Scalar Parameters"对话框，如图 3-24 所示，可以看到线圈模型面积参数"A = 2E−4"。

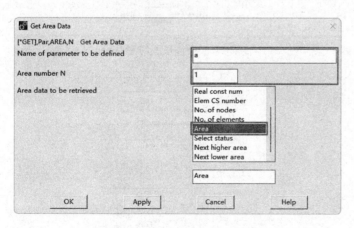

图 3-23　"Get Area Data"对话框

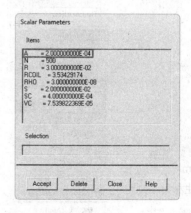

图 3-24　"Scalar Parameters"对话框

- 从主菜单中选择 Main Menu > Preprocessor > Meshing > Mesh Attributes > Picked Areas，弹出"Area Attributes"对话框，在图形窗口上拾取编号为"A4"的面，或者直接在对话框的文

本框中输入4并按Enter键。单击"OK"按钮，弹出"Area Attributes"对话框，在"Material number"后面的下拉列表框中选取1，在"Element type number"后面的下拉列表框中选取"3 INFIN110"，给远场区域输入材料属性和单元类型。单击"OK"按钮。

- 剩下的空气面默认被赋予了1号材料属性和1号单元类型。

7）保存数据结果。单击工具栏上的"SAVE_DB"。

8）选择所有的实体。从实用菜单中选择 Utility Menu > Select > Everything。

9）改变坐标系。从实用菜单中选择 Utility Menu > WorkPlane > Change Active CS to > Global Cylindrical，把当前的活动坐标系由全局笛卡儿坐标系改变为全局柱坐标系。

10）设置网格密度并划分网格。从实用菜单中选择 Utility Menu > Select > Entities，弹出"Select Entities"对话框，如图3-25所示。在最上边的下拉列表框中选取"Lines"，在第二个下拉列表框中选择"By Location"，在下边的单选按钮中选择"X coordinates"，在"Min,Max"下面的文本框中输入"9*s"，再在其下的单选按钮中选择"From Full"，单击"OK"按钮，选中半径在"9*s"处的两根线。

- 从主菜单中选择 Main Menu > Preprocessor > Meshing > MeshTool，弹出"MeshTool"对话框，如图3-26所示。在"Size Controls"下面单击"Lines"旁边的"Set"按钮，弹出线拾取对话框。单击"Pick All"按钮，弹出"Element Sizes on Picked Lines（设置线单元网格密度）"对话框，如图3-27所示。在"No. of element divisions"后面的文本框中输入1，单击"OK"按钮，给所选远场区域线上设定划分单元数为1。

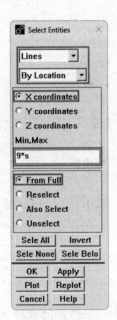

图3-25 "Select Entities"对话框

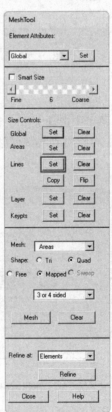

图3-26 "MeshTool"对话框

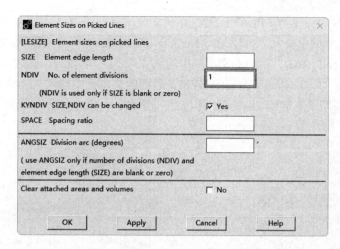

图 3-27 设"Element Sizes on Picked Lines"对话框

- 在"MeshTool"对话框中的"Size Controls"下面单击"Global"旁边的"Set"按钮，弹出"Global Element Sizes（设置所有单元网格密度）"对话框，如图 3-28 所示。在"No. of element divisions"后面的文本框中输入 8，单击"OK"按钮，设置模型上所有区域网格数为 8。

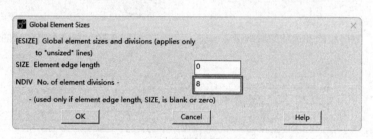

图 3-28 "Global Element Sizes"对话框

- 在"MeshTool"对话框中的"Mesh"后面的下拉列表框中选择"Areas"，在"Shape"后面选择"Quad""Mapped"和"3 or 4 sided"，单击"Mesh"按钮，弹出面拾取对话框，拾取线圈区域"A1"和远场区域"A4"，单击"OK"按钮，划分线圈和远场区域网格如图 3-29 所示。
- 在"MeshTool"对话框中勾选"Smart Size"前面的复选框，并将"Fine～Coarse"工具条拖到 2 的位置。在"Size Controls"下面单击"Global"旁边的"Set"按钮，弹出"Global Element Sizes"对话框，在"Element edge length"后面的文本框中输入"s/4"，单击"OK"按钮。设置模型上所有区域网格数为"s/4"。
- 在"MeshTool"对话框中"Mesh"后面的下拉列表框中选择"Areas"，在"Shape"后面选择"Tri""Free"，单击"Mesh"按钮，弹出面拾取对话框，拾取面区域"A5"，单击"OK"按钮，划分空气区域的网格如图 3-30 所示。
- 单击"Close"按钮，关闭"MeshTool"对话框。

11）定义线圈实常数。从主菜单中选择 Main Menu > Preprocessor > Real Constants > Add/Edit/Delete，弹出"Real Constants"对话框，单击"Add"按钮，弹出"Element Type for Real Constants"对话框，选择"Type 2 PLANE233"，单击"OK"按钮，弹出"Real Constant Set

Number 1, for PLANE233（为"PLANE233"单元定义实常数）"对话框，在"Coil cross-section area SC"后面的文本框中输入"Sc"，在"Number of coil turns NC"后面的文本框中输入"n"，在"Mean radius of coil RAD"后面的文本框中输入"r"，在"Coil resistance R"后面的文本框中输入"Rcoil"，在"Coil symmetry factor SYM"后面的文本框中输入2，如图3-31所示。单击"OK"按钮，给载压型线圈定义线圈的截面积、线圈匝数、电流方向以及线圈的填充因子。

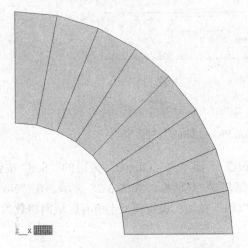

图3-29 划分线圈和远场区域网格

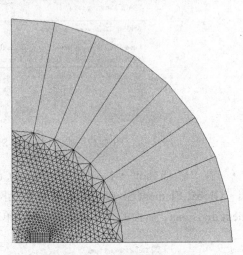

图3-30 划分空气区域的网格

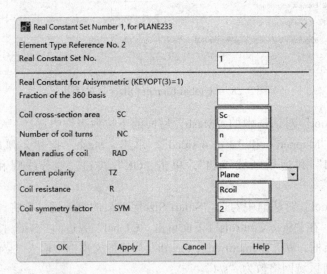

图3-31 "Real Constant Set Number 1, for PLANE233"对话框

- 单击"Close"按钮，关闭"Real Constants Set Number 1, for PLANE233"对话框。

12）保存网格数据。从实用菜单中选择 Utility Menu > File > Save as，弹出"Save DataBase"对话框，在"Save Database to"下面文本框中输入文件名"Vol_coil_2D_mesh.db"，单击"OK"按钮。

13）耦合线圈的电流自由度。从实用菜单中选择 Utility Menu > Parameters > Scalar Parameters，弹出"Scalar Parameters"对话框。在"Selection"下面的文本框中输入"n1 = node(s,0,0)"，

单击"Accept"按钮。然后单击"Close"按钮,关闭"Scalar Parameters"对话框。此时已将位置为(s,0,0)处(线圈左下角)节点号值赋给参数 n1。

- 选择线圈上的所有单元。从实用菜单中选择 Utility Menu > Select > Entities,弹出"Select Entities"对话框。在最上边的下拉列表框中选取"Elements",在第二个下拉列表框中选择"By Attributes",再在下边的单选按钮中选择"Material num",在"Min,Max"下面的文本框中输入 2,再在下边的单选按钮中选择"From Full",单击"Apply"按钮。
- 选择线圈单元上所有节点。在"Select Entities"对话框最上边的下拉列表框中选取"Nodes",在第二个下拉列表框中选择"Attached to",在选取设置上边的单选按钮中选择"Elements",下边的单选按钮中选择"From Full",单击"OK"按钮。
- 耦合线圈电流自由度。从主菜单中选择 Main Menu > Preprocessor > Coupling/Ceqn > Couple DOFs,弹出定义耦合节点自由度的节点对话框,单击"Pick All"按钮,弹出"Define Couple DOFs"对话框。在"Set reference number"后面的文本框中输入 1,在"Degree-of-freedom label"后面的下拉列表框中选择"VOLT",如图 3-32 所示,单击"Apply"按钮。单击"Pick All"。然后在"Set reference number"后面的输入框中输入 2,在"Degree-of-freedom label"后面的下拉列表框中选择"EMF"。单击"OK"按钮。

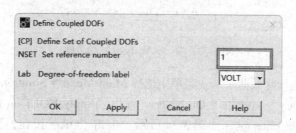

图 3-32 "Define Coupled DOFs"对话框

14)选择所有的实体。从实用菜单中选择 Utility Menu > Select > Everything。

3. 加边界条件和载荷

1)改变坐标系。从实用菜单中选择 Utility Menu > WorkPlane > Change Active CS to > Global Cylindrical,把当前的活动坐标系由笛卡儿坐标系改变为柱坐标系。

2)选择远场边界上的节点。从实用菜单中选择 Utility Menu > Select > Entities,弹出"Select Entities"对话框,在最上边的下拉列表框中选取"Nodes",在第二个下拉列表框中选择"By Location",在下边的单选按钮中选择"X coordinates",在"Min,Max"下面的文本框中输入"12*s",再在其下的单选按钮中选"From Full",单击"OK"按钮,选中半径在"12*s"处远场边界上的所有节点。

3)在远场外边界节点上施加磁标志。从主菜单中选择 Main Menu > Solution > Define Loads > Apply > Magnetic > Flag > Infinite Surf > On Nodes,弹出节点拾取对话框,单击"Pick All"按钮,给远场区域外边界施加磁标志。

4)选择所有的实体。从实用菜单中选择 Utility Menu > Select > Everything。

5)改变坐标系。从实用菜单中选择 Utility Menu > WorkPlane > Change Active CS to > Global Cartesian,把当前的活动坐标系由全局柱坐标系改变为全局笛卡儿坐标系。

6)选择 Y 轴上的节点。从实用菜单中选择 Utility Menu > Select > Entities,弹出"Select

Entities"对话框,在最上边的下拉列表框中选取"Nodes",在第二个下拉列表框中选择"By Location",在下边的单选按钮中选择"X coordinates",在"Min,Max"下面的文本框中输入0,再在其下的单选按钮中选择"From Full",单击"OK"按钮,选中X坐标在0处,即Y轴上的所有节点。

7)施加磁力线平行边界条件。从主菜单中选择 Main Menu > Solution > Define Loads > Apply > Magnetic > Boundary > Vector Poten > Flux Par'l > On Nodes,弹出节点拾取对话框,单击"Pick All"按钮。

8)选择所有的实体。从实用菜单中选择 Utility Menu > Select > Everything。

9)选择分析类型。从主菜单中选择 Main Menu > Solution > Analysis Type > New Analysis,弹出"New Analysis(选择分析类型)"对话框,如图3-33所示。选择"Harmonic",单击"OK"按钮。

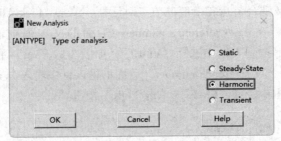

图3-33 "New Analysis"对话框

10)给线圈施加电压降载荷。从主菜单中选择 Main Menu > Solution > Define Loads > Apply > Electric > Boundary > Voltage > On Nodes,弹出"Apply VOLT on Nodes"对话框,在文本框中输入"n1"并按Enter键,如图3-34所示。单击"OK"按钮,弹出"Apply VOLT on nodes(设置激励电压降幅值)"对话框,在"VALUE Real part of VOLT"后面的文本框中输入12,如图3-35所示。单击"OK"按钮。

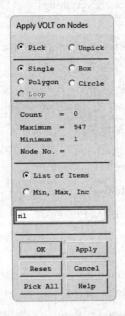
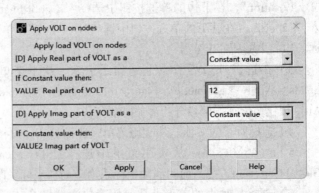

图3-34 "Apply VOLT on Nodes"对话框   图3-35 "Apply VOLT on nodes"对话框

11）设置激励电压频率。从主菜单中选择 Main Menu > Solution > Load Step Opts > Time/Frequenc > Freq and Substps，弹出"Harmonic Frequency and Substep Option（设置激励电压频率）"对话框，在"Harmonic freq range"后面的第一个文本框中输入 60，如图 3-36 所示。单击"OK"按钮。

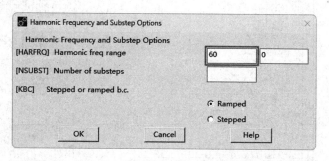

图 3-36 "Harmonic Frequency and Substep Options"对话框

4. 求解

1）求解运算。从主菜单中选择 Main Menu > Solution > Solve > Current LS，弹出对话框和一个信息窗口，浏览信息窗口中的信息，确认无误后，单击 File > Close，或者直接单击窗口右上角的×按钮，关闭窗口。单击对话框中的"OK"按钮，弹出验证对话框，连续单击两次"Yes"按钮，开始求解运算，直到出现一个"Solution is done！"提示对话框，表示求解结束。单击"Close"按钮，关闭对话框。

2）保存计算结果到文件。从实用菜单中选择 Utility Menu > File > Save as，弹出"Save DataBase"对话框，在"Save Database to"下面的文本框中输入文件名"Vol_coil_2D_resu.db"，单击"OK"按钮。

5. 查看结算结果

1）读入结果数据。从主菜单中选择 Main Menu > General Postproc > Read Results > First Set。

2）查看磁力线分布。从主菜单中选择 Main Menu > General Postproc > Plot Results > Contour Plot > 2D Flux Lines，弹出"Plot 2D Flux Lines"对话框，采用默认设置，如图 3-37 所示。单击"OK"按钮，生成的线圈磁力线分布图，如图 3-38 所示。

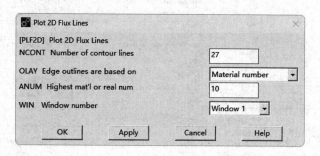

图 3-37 "Plot 2D Flux Lines"对话框

- 这里绘制的磁力线（通量线）是一步载荷所产生的，在谐性分析中，线性谐性分析求解按一步进行。交变电流产生的是交变磁场，所以在这里的默认模式下绘制的是磁通量的实部（交变量可用复数表示）。

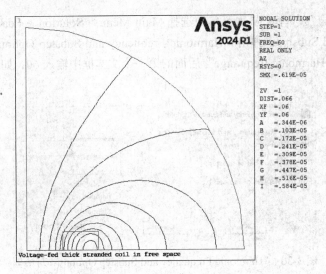

图 3-38　线圈磁力线分布图

3）获取实部电流值。在命令行中输入如下命令：

*get,ireal,node,n1,rf,amps　　　　　　!获取实部电流值

• 从实用菜单中选择 Utility Menu > Parameters > Scalar Parameters，弹出"Scalar Parameters"对话框，如图 3-39 所示。在列出的标量参数中会看到"IREAL = 1.19219758"，此值就是电流的实部，单击"Close"按钮，关闭对话框。

4）获取虚部电流值。从主菜单中选择 Main Menu > General Postproc > Read Results > By Load Step，弹出"Read Results by Load Step Number"对话框，如图 3-40 所示。在"Real or imaginary part"后面的下拉列表框中选择"Imaginary part"，单击"OK"按钮，把实部显示改为虚部显示。

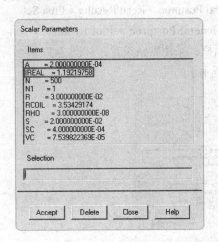

图 3-39　"Scalar Parameters"对话框　　　图 3-40　"Read Results by Load Step Number"对话框

• 查看虚部磁力线分布。从主菜单中选择 Main Menu > General Postproc > Plot Results > Contour Plot > 2D Flux Lines，弹出"Plot 2D Flux Lines"对话框，单击"OK"按钮，生成线圈磁力线分布图，如图 3-41 所示。

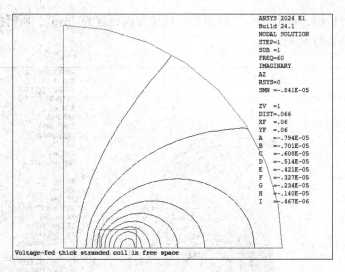

图 3-41 线圈磁力线分布

- 这里绘制的是磁通量的虚部。
- 获取虚部电流值：

在命令行中输入如下命令：

```
*get,imag,node,n1,rf,amps          !获取实部电流值
```

- 从实用菜单中选择 Utility Menu > Parameters > Scalar Parameters，弹出"Scalar Parameters"对话框，如图 3-42 所示。在列出的标量参数中会看到"IMAG = −1.62066032"，此值就是电流的虚部。单击"Close"按钮，关闭对话框。

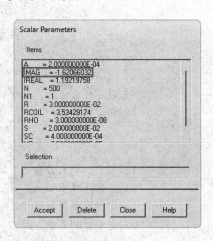

图 3-42 "Scalar Parameters"对话框

5）获得三维实体的磁力线分布。从实用菜单中选择 Utility Menu > PlotCtrls > Style > Symmetry Expansion > 2D Axi-Symmetric，弹出"2D Axi-Symmetric Expansion"对话框，选择"1/4 expansion"，单击"OK"按钮，将图 3-38 所示的线圈磁力线分布图绕对称轴旋转 90°成一个三维实体。

- 改变视角方向：从实用菜单中选择 Utility Menu > PlotCtrls > Pan,Zoom,Rotate，弹出移

动、缩放和旋转对话框，单击"Iso"按钮，将视角方向设置为"Iso"，所得的扩展后的三维磁力线等值线图如图 3-43 所示。

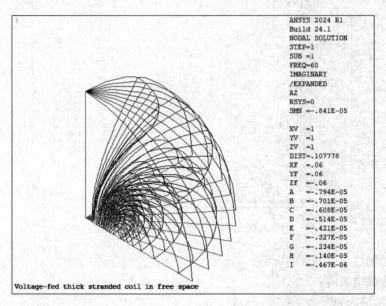

图 3-43 扩展后的三维磁力线等值线图

6）退出 Ansys。单击工具条上的"Quit"按钮，弹出"Exit"对话框，选取"Quit-No Save!"，单击"OK"按钮，退出 Ansys。

3.3.3 命令流实现

```
! /BATCH,LIST
/TITLE, Voltage-fed thick stranded coil in free space
! 定义工作标题
/FILNAM,Vol_coil_2D,0              ! 定义工作文件名
KEYW,MAGNOD,1                      ! 指定磁场分析

/PREP7
ET,1,233,,,1                       ! 指定空气单元类型
ET,2,233,2,,1                      ! 指定载压线圈单元类型
ET,3,110,,,1                       ! 指定远场单元类型
EMUNIT,MKS                         ! 指定单位制
MP,MURX,1,1                        ! 定义空气区域材料特性
MP,MURX,2,1                        ! 定义线圈区域材料特性
MP,RSVX,2,3.00E-8                  ! 定义线圈区域材料特性
! 定义载压线圈参数
s = 0.02                           ! 定义线圈缠绕深度和宽度
n = 500                            ! 定义线圈匝数
r = 3*s/2                          ! 定义线圈平均半径
```

```
rho = 3e-8                              !定义电阻率
!定义载压线圈导出参数
Sc = s**2                               !定义线圈截面积
Vc = 2*acos(-1)*r*Sc                    !定义线圈体积
Rcoil = rho*(n/Sc)**2*Vc                !定义线圈电阻
/PNUM,AREA,1                            !打开面区域编号
RECTNG,s,2*s,0,s/2,                     !生成几何模型
PCIRC,6*s, ,0,90,
PCIRC,12*s, ,0,90,
AOVLAP,ALL
SAVE,'Vol_coil_2D_geom','db'            !保存几何模型到文件
ASEL,S,AREA,,1                          !指定线圈材料特性和单元类型
AATT,2,1,2
ASUM                                    !计算线圈面积
*GET,a,AREA,1,AREA                      !取得的面积是线圈截面积的1/2
ASEL,S,AREA,,4                          !指定远场区域材料特性和单元类型
AATT,1,1,3
ASEL,ALL
CSYS,1                                  !把当前笛儿尔坐标系转变为柱坐标系
LSEL,S,LOC,X,9*s                        !选择坐标位置在9*s 的线
LESIZE,ALL,,,1                          !设定所选线段上的单元个数为1
ESIZE,,8                                !设定全局单元个数为8
MSHAPE,0,2D                             !采用二维四边形划分网格
MSHKEY,1                                !采用映射网格划分
AMESH,1,4,3                             !对远场区域和线圈进行网格划分
SMRTSIZE,2                              !设定智能划分等级为2
ESIZE,s/4                               !设定全局单元边长为s/4
MSHAPE,1,2D                             !采用二维三角形划分网格
MSHKEY,0                                !采用自由网格划分
AMESH,5                                 !对线圈和远场区域之间的空气域进行网格划分
R,1, ,Sc,n,r,1,Rcoil,                   !定义线圈实常数
RMORE,2                                 !定义线圈对称因子
SAVE,'Vol_coil_2D_mesh','db'            !保存网格单元数据到文件
n1 = node(s,0,0)                        !获得线圈左下角节点编号
ESEL,S,MAT,,2                           !获得材料号为2 的所有单元,即线圈单元
NSLE,S                                  !获得所有在线圈上的节点
CP,1,VOLT,ALL                           !将线圈节点上的VOLT 自由度进行耦合
CP,2,EMF,ALL                            !将线圈节点上的EMF 自由度进行耦合
ALLSEL,ALL                              !选中工作区中一切物体
CSYS,1                                  !把当前坐标系改为柱坐标系
NSEL,S,LOC,X,12*s                       !选择远场外边界上的所有节点
SF,ALL,INF                              !在所选节点上施加远场标志
CSYS,0                                  !把当前坐标系改为笛卡儿坐标系
```

```
        NSEL,S,LOC,X,0                  !选择 Y 轴上的所有节点
        D,ALL,AZ,0                      !设定边界条件为磁通量与 Y 轴平行
        ALLSEL,ALL
        FINISH

        /SOLU
        ANTYPE,HARM                     !设定求解类型为谐性
        D,n1,VOLT,12                    !施加 12V 载荷（实数）
        ESEL,ALL
        HARFRQ,60                       !指定谐性频率为 60Hz
        SOLVE                           !求解
        SAVE,'Vol_coil_2D_resu','db'    !保存计算结果
        FINISH

        /POST1
        SET,1                           !读入第一步结果数据
        PLF2D                           !绘制二维磁力线图
        *get,ireal,node,n1,rf,amps      !获得节点号为 n1 的电流实部
        SET,1,1,,1                      !读入第一步求解结果的虚部值
        PLF2D                           !绘制二维虚部磁力线图
        *get,imag,node,n1,rf,amps       !获得节点 n1 电流的虚部
        *STATUS                         !显示所有参数
        /EXPAND, 9,AXIS,,,10            !三维扩展
        /REPLOT
        /VIEW, 1 ,1,1,1                 !改变视角方向
        /ANG, 1
        /REP,FAST
        FINISH
```

3.4 实例 2——二维非线性谐波分析

简单地说，如果导体的磁导率和电导率不是常数，在导体各点都不相同，这时的谐性电磁场分析便为非线性分析。下面以一个实例来讲解 Ansys 非线性谐波分析的方法和步骤。

3.4.1 问题描述

采用非线性谐波分析计算一块厚度为 5mm 无限长钢板在一个线圈产生的磁场强度 H_m = 2644.1A/m 的条件下（50Hz）的焦耳损耗（涡流损耗），如图 3-44 所示。其理论值为 1360.68W/m。本实例采用的参数见表 3-6。

由于具有对称性，故分析模型取板厚的一半，宽度 dx 任意，在 $y = 0$ 处 AZ 设置为 0。上部线圈节点对 AZ 耦合，电流密度为 $J = H_m/dy$，采用两步非线性求解法。

表 3-6 参数说明

材料特性	几何特性	载荷
相对磁导率 μ_r = 1.0（线圈）	dd = 0.0025m	H_m = 2644.1A/m
B-H 曲线（钢板）	dx = dd/6	$J = H_m/\mathrm{d}y$
电阻率 $\rho = 1/5.0\mathrm{e}6\Omega \cdot \mathrm{m}$	dy = dd/6	ω = 50Hz

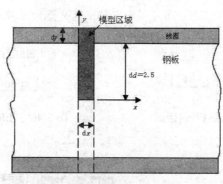

图 3-44 非线性谐波分析

3.4.2 GUI 操作方法

1. 创建物理环境

1）过滤图形界面。从主菜单中选择 Main Menu > Preferences，弹出 "Preferences for GUI Filtering" 对话框，选中 "Magnetic-Nodal" 来对后面的分析进行菜单及相应的图形界面过滤。

2）定义工作标题。从实用菜单中选择 Utility Menu > File > Change Title，在弹出的对话框中输入 "Eddy current loss in thick steel plate (NL harmonic)"，单击 "OK" 按钮。

3）指定工作名。从实用菜单中选择 Utility Menu > File > Change Jobname，在弹出的对话框中 "Enter new jobname" 后面的文本框中输入 "NLHAR_2D"，单击 "OK" 按钮。

4）定义分析参数。从实用菜单中选择 Utility Menu > Parameters > Scalar Parameters，弹出 "Scalar Parameters" 对话框，如图 3-45 所示。在 "Selection" 下面的文本框中输入 "DD = 2.5E-3"，单击 "Accept" 按钮。然后依次在 "Selection" 下面的文本框中分别输入 "HM = 2644.1" "SIGMA = 5.0E6" "FF = 50" "DX = DD/6" "DY = DD/6"，并单击 "Accept" 按钮确认。单击 "Close" 按钮，关闭 "Scalar Parameters" 对话框。输入参数的结果如图 3-45 所示。

5）定义单元类型。从主菜单中选择 Main Menu > Preprocessor > Element Type > Add/Edit/Delete，弹出 "Element Types" 对话框，如图 3-46 所示。单击 "Add" 按钮，弹出 "Library of Element Types" 对话框，如图 3-47 所示。在该对话框中左边的下拉列表框中选择 "Magnetic Vector"，在右边的下拉列表框中选择 "Quad 4 node 13"。单击 "OK" 按钮，生成了 "PLANE13" 单元，如图 3-46 所示。单击 "Element Types" 对话框中的 "Close" 按钮，关闭对话框。

6）定义材料属性。从主菜单中选择 Main Menu > Preprocessor > Material Props > Material Models，弹出 "Define Material Model Behavior" 对话框，在右边的列表框中连续单击 Electromagnetics > Relative Permeability > Constant，弹出 "Permeability for Material Number 1" 对话框，如图 3-48 所示。在该对话框中 "MURX" 后面的文本框中输入 1，单击 "OK" 按钮。

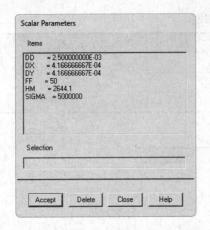

图 3-45 "Scalar Parameters" 对话框

图 3-46 "Element Types" 对话框

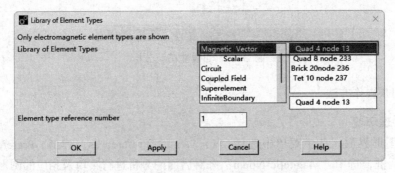

图 3-47 "Library of Element Types" 对话框

- 单击菜单 "Material > New Model...",弹出 "Define Material ID" 对话框,如图 3-49 所示。"Define Material ID" 后面的文本框中默认的材料号为 2,单击 "OK" 按钮,新建 2 号材料。在 "Define Material Model Behavior" 对话框左边的列表框中单击 "Material Model Number 2",在右边的列表框中连续单击 Electromagnetics > BH Curve,弹出 "BH Curve for Material Number 2(定义材料 B-H 曲线)" 对话框,如图 3-50 所示。在 H 和 B 栏中依次输入相应的值(注意,每输入一组 B 和 H 值,都要单击右下角的 "Add point" 按钮),直到输入足够的点为止。如图 3-50 所示为 25 个点。输入完材料的 B 和 H 值后,可以用图形的方式查看 B-H 曲线。单击图 3-50 所示对话框中的 "Graph" 按钮,选择 "BH",便可以显示 B-H 曲线,如图 3-51 所示。

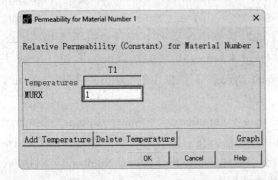

图 3-48 "Permeability for Material Number 1" 对话框

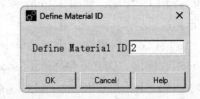

图 3-49 "Define Material ID" 对话框

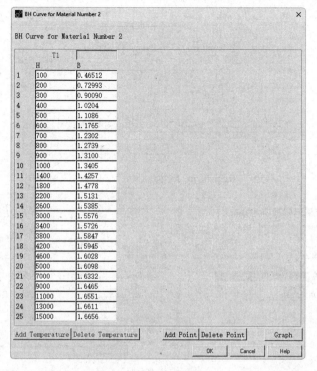

图 3-50 "BH Curve for Material Number 2"对话框

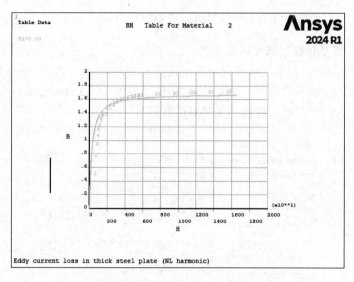

图 3-51 材料 2 的 B-H 曲线

- 在"Define Material Model Behavior"对话框中右边的列表框中连续单击 Electromagnetics > Resistivity > Constant，弹出"Resistivity for Material Number 2（定义材料 2 的电阻率）"对话框，在"RSVX"后面的文本框中输入"1/SIGMA"，如图 3-52 所示。
- 得到的结果如图 3-53 所示。单击菜单栏中的 Material > Exit，或单击右上角的⊠按钮，结束材料属性定义。

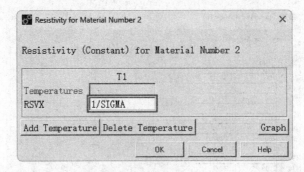

图 3-52 "Resistivity for Material Number 2" 对话框

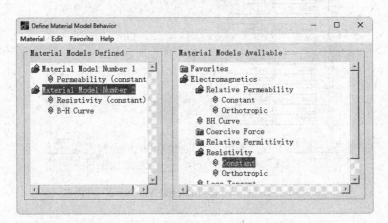

图 3-53 "Define Material Model Behavior" 对话框

2. 建立模型、赋予特性、划分网格

1）打开面积区域编号显示。从实用菜单中选择 Utility Menu > PlotCtrls > Numbering，弹出 "Plot Numbering Controls" 对话框，如图 3-54 所示。选中 "Area numbers"，后面的选项文字由 "Off" 变为 "On"。单击 "OK" 按钮，关闭对话框。

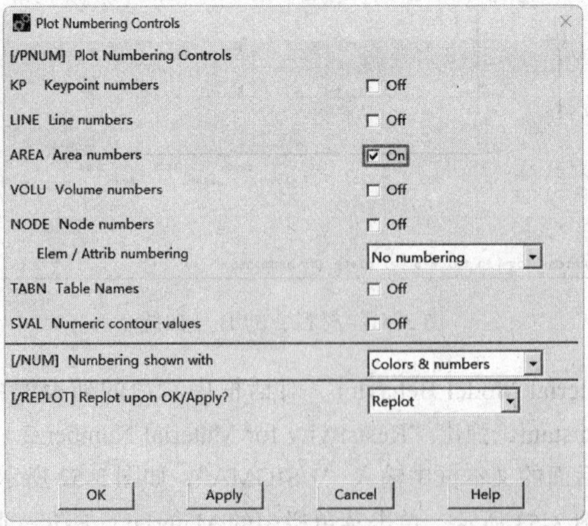

图 3-54 "Plot Numbering Controls" 对话框

2）建立平面几何模型。从主菜单中选择 Main Menu > Preprocessor > Modeling > Create > Areas > Rectangle > By Dimensions，弹出"Create Rectangle by Dimensions"对话框，如图 3-55 所示。在"X-coordinates"后面的文本框中分别输入 0 和"DX"，在"Y-coordinates"后面的文本框中分别输入 0 和"DD"，单击"Apply"按钮。

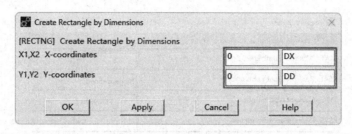

图 3-55 "Create Rectangle by Dimensions"对话框

- 在"X-coordinates"后面的文本框中分别输入 0 和"DX"，在"Y-coordinates"后面的文本框中分别输入"DD"和"DD+DY"，单击"OK"按钮。
- 布尔运算。从主菜单中选择 Main Menu > Preprocessor > Modeling > Operate > Booleans > Glue > Areas，弹出"Glue Areas"对话框，单击"Pick All"按钮，对所有的面进行粘接操作。
- 重新显示。从实用菜单中选择 Utility Menu > Plot > Replot，生成几何模型，如图 3-56 所示。

3）保存几何模型文件。从实用菜单中选择 Utility Menu > File > Save as...，弹出"Save DataBase"对话框，在"Save Database to"下面文本框中输入文件名"NLHAR_2D_geom.db"，单击"OK"按钮。

4）给面赋予特性。从主菜单中选择 Main Menu > Preprocessor > Meshing > Mesh Attributes > Picked Areas，弹出"Area Attributes"对话框，在图形界面上拾取编号为"A3"的面，或者直接在对话框的文本框中输入 3 并按 Enter 键，单击"OK"按钮，弹出如图 3-57 所示的"Area Attributes"对话框，在"Material number"后面的下拉列表框中选取 1，给线圈输入材料属性。单击"Apply"按钮再次弹出"Area Attributes"对话框，在图形界面上拾取编号为"A1"的面，或者直接在对话框的文本框中输入 1 并按 Enter 键，单击"OK"按钮，再次弹出如图 3-57 所示的"Area Attributes"对话框，在"Material number"后面的下拉列表框中选取 2，给钢板输入材料属性。单击"OK"按钮。

5）网格划分。从主菜单中选择 Main Menu > Preprocessor > Meshing > Mesh > Areas > Free，弹出"Mesh Areas"对话框，单击"Pick All"按钮，对面进行自由网格划分。生成的网格如图 3-58 所示。

6）保存网格数据。从实用菜单中选择 Utility Menu > File > Save as...，弹出"Save Database"对话框，在"Save DataBase to"下面文本框中输入文件名"NLHAR_2D_mesh.db"，单击"OK"按钮。

7）耦合线圈磁矢势自由度。从实用菜单中选择 Utility Menu > Select > Entities，弹出"Select Entities"对话框，如图 3-59 所示。在最上边的下拉列表框中选取"Nodes"，在第二个下拉列表框中选择"By Location"，在下边的单选按钮中选择"Y coordinates"，在"Min,Max"下面的文本框中输入"DD+DY"，再在其下的单选按钮中选择"From Full"。单击"OK"按钮。选择线圈外边界上所有的节点。

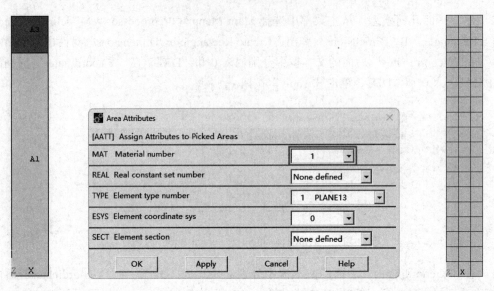

图 3-56 几何模型　　图 3-57 "Area Attributes"对话框　　图 3-58 生成的网格

- 耦合线圈磁矢势自由度：从主菜单中选择 Main Menu > Preprocessor > Coupling/Ceqn > Couple DOFs，弹出定义耦合节点自由度的节点对话框，单击"Pick All"按钮，弹出"Define Coupled DOFs（自由度耦合设置）"对话框，如图 3-60 所示。在"Set reference number"后面的文本框中输入 1，在"Degree-of-freedom label"后面的下拉列表框中选择"AZ"。单击"OK"按钮，可以看到在模型最上面的边界出现标志。

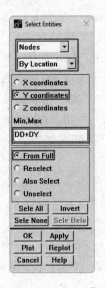

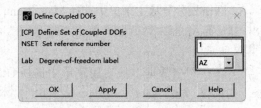

图 3-59 "Select Entities"对话框　　图 3-60 "Define Coupled DOFs"对话框

8）选择所有的实体。从实用菜单中选择 Utility Menu > Select > Everything。

3. 加边界条件和载荷

1）选择分析类型。从主菜单中选择 Main Menu > Solution > Analysis Type > New Analysis，弹出"New Analysis"对话框，选择"Harmonic"，如图 3-61 所示。单击"OK"按钮。

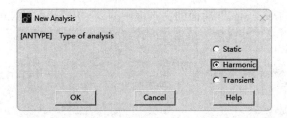

图 3-61 "New Analysis" 对话框

2) 设置边界条件。从实用菜单中选择 Utility Menu > Select > Entities，弹出"Select Entities"对话框，在最上边的下拉列表框中选取"Nodes"，在第二个下拉列表框中选择"By Location"，在下边的单选按钮中选择"Y coordinates"，在"Min,Max"下面的文本框中输入 0，再在其下的单选按钮中选择"From Full"，单击"OK"按钮。选择 X 轴上的所有节点。

- 施加磁力线平行边界条件。从主菜单中选择 Main Menu > Solution > Define Loads > Apply > Magnetic > Boundary > Vector Poten > Flux Par'l > On Nodes，弹出节点拾取对话框，单击"Pick All"按钮。于是加上了边界条件，设置了 X 轴上节点磁矢势为零边界条件。可从模型图中看出在边界上注有标记。

3) 选择所有的实体。从实用菜单中选择 Utility Menu > Select > Everything。

4) 选择线圈上的所有单元。从实用菜单中选择 Utility Menu > Select > Entities，弹出"Select Entities"对话框，在最上边的下拉列表框中选取"Elements"，在第二个下拉列表框中选择"By Attributes"，再在下边的单选按钮中选择"Material num"，在"Min,Max"下面的文本框中输入 1，单击"OK"按钮。

5) 给线圈施加电流密度载荷。从主菜单中选择 Main Menu > Solution > Define Loads > Apply > Magnetic > Excitation > Curr Density > On Elements，在弹出的对话框中单击"Pick All"按钮，弹出"Apply JS on Elems（设置激励电流密度）"对话框，在"Curr density value (JSZ)"后面的文本框中输入"HM/DY"，如图 3-62 所示。

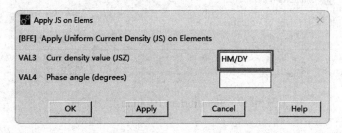

图 3-62 "Apply JS on Elems" 对话框

6) 选择所有的实体。从实用菜单中选择 Utility Menu > Select > Everything。

7) 打开收敛过程的图形跟踪。从主菜单中选择 Main Menu > Solution > Load Step Opts > Output Ctrls > Grph Solu Track，在弹出的对话框中选中"Lab Tracking"后面的"On"，如图 3-63 所示。这样可以显示求解过程的收敛准则和收敛标志。

4. 求解

1) 设置分析频率、子步。从主菜单中选择 Main Menu > Solution > Load Step Opts > Time/Frequenc > Freq and Substeps，弹出如图 3-64 所示的"Harmonic Frequency and Substep Options"

对话框，在"Harmonic freq range"后面的文本框中输入"FF"，在"Number of substeps"后面的文本框中输入3，其余采用默认值，单击"OK"按钮。

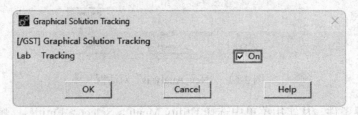

图 3-63 "Graphical Solution Tracking"对话框

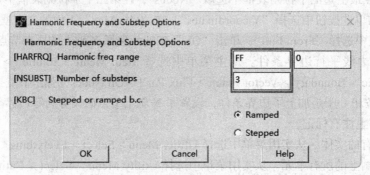

图 3-64 "Harmonic Frequency and Substep Options"对话框

- 定义一次平衡迭代。从主菜单中选择 Main Menu > Solution > Load Step Opts > Nonlinear > Equilibrium Iter，弹出如图 3-65 所示的"Equilibrium Iterations"对话框，在"No. of equilibrium iter"后面的文本框中输入 1。单击"OK"按钮，弹出如图 3-66 所示的对话框。单击"Close"按钮，关闭对话框。

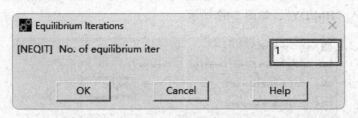

图 3-65 "Equilibrium Iterations"对话框

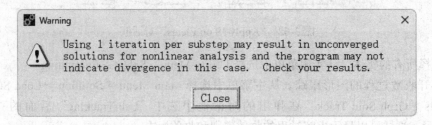

图 3-66 "Warning"对话框

2）求解运算。从主菜单中选择 Main Menu > Solution > Solve > Current LS，弹出对话框和一个信息窗口，浏览信息窗口的信息，确认无误后，单击 File > Close，或者直接单击窗口右上角的⊠按钮,关闭窗口。单击对话框上的"OK"按钮,弹出验证对话框,单击"Yes"按钮,开始求解运算,直到出现"Solution is done!"的提示对话框,表示求解结束。单击"Close"按钮,关闭对话框。

3) 定义一个子步。从主菜单中选择 Main Menu > Solution > Load Step Opts > Time/Frequenc > Freq and Substeps, 弹出"Harmonic Frequency and Substep Options"对话框, 在"Number of substeps"后面的文本框中输入 1,其余采用默认值,单击对话框上的"OK"按钮。

• 定义 50 次平衡迭代。从主菜单中选择 Main Menu > Solution > Load Step Opts > Nonlinear > Equilibrium Iter, 弹出"Equilibrium Iterations"对话框, 在"No. of equilibrium iter"后面的文本框中输入 50, 单击"OK"按钮。

• 定义收敛准则(替代默认值)。从主菜单中选择 Main Menu > Solution > Load Step Opts > Nonlinear > Harmonic, 弹出"Default Nonlinear Convergence Criteria"对话框,单击"Replace"按钮,弹出如图 3-67 所示的"Nonlinear Convergence Criteria"对话框,在左边列表框中选择"Magnetic",在右边列表框中选择"Vector poten A",在"Tolerance about VALUE"后面的文本框中输入 0.01, 单击"OK"按钮。然后单击"Close"按钮, 关闭"Default Nonlinear Convergence Criteria"对话框。

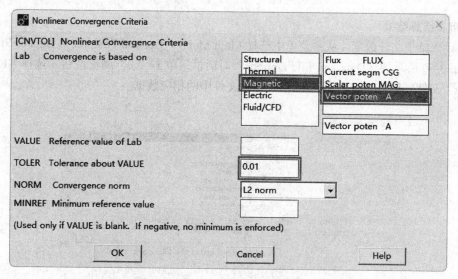

图 3-67 "Nonlinear Convergence Criteria"对话框

4) 求解运算。从主菜单中选择 Main Menu > Solution > Solve > Current LS, 弹出对话框和一个信息窗口,浏览信息窗口的信息,确认无误后,单击 File > Close,或者直接单击窗口右上角的⊠按钮,关闭窗口。单击对话框上的"OK"按钮,开始求解运算, Ansys 图形窗口显示求解过程的图形跟踪界面,如图 3-68 所示,可从中了解迭代次数和求解的收敛情况,直到出现"Solution is done!"对话框,表示求解结束。单击"Close"按钮,关闭对话框。

5) 保存计算结果到文件。从实用菜单中选择 Utility Menu > File > Save as, 弹出"Save DataBase"对话框,在"Save Database to"下面的文本框中输入文件名"NLHAR_2D_resu.db",单击"OK"按钮。

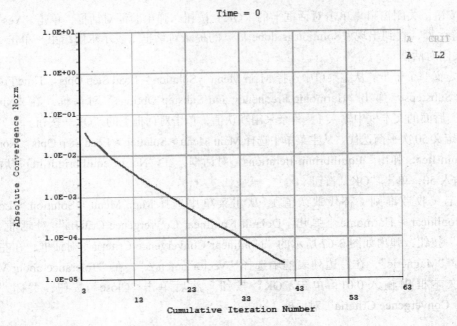

图 3-68　求解过程的图形跟踪界面

5. 查看结算结果

1）读入结果文件数据。从主菜单中选择 Main Menu > General Postproc > Data & File Opts，弹出如图 3-69 所示的"Data and File Options"对话框，单击"..."浏览按钮，选择"NLHAR_2D0.rmg"文件。单击"OK"按钮，读入结果文件中的相应数据。

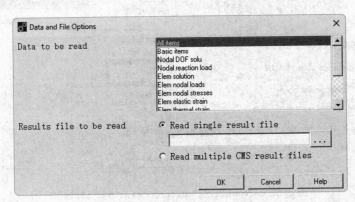

图 3-69　"Data and File Options"对话框

2）读取最后一步求解结果。从主菜单中选择 Main Menu > General Postproc > Read Results > Last Set，读取求解的结果数据库中最后一步求解结果。

3）选择钢板上的所有单元。从实用菜单中选择 Utility Menu > Select > Entities，弹出"Select Entities"对话框，在最上边的下拉列表框中选取"Elements"，在第二个下拉列表框中选择"By Attributes"，再在下边的单选按钮中选择"Material num"，在"Min,Max"下面的文本框中输入 2，单击"OK"按钮。

4）计算能量损耗。从主菜单中选择 Main Menu > General Postproc > Elec&Mag Calc > Element Based > Power Loss，弹出"Calculate Power Loss"对话框，如图 3-70 所示。单击"OK"按钮，弹出如图 3-71 所示的信息窗口，在信息窗口中列出了钢板的能量损耗。此实例的能量损耗为"2.842956742E-03 Watts/m"，此值被自动存储于标量参数"PAVG"中。单击信息窗口 File > Close，或者直接单击窗口右上角的 ![x] 按钮，关闭窗口。

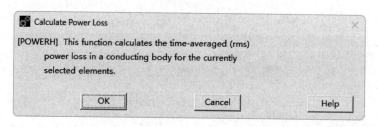

图 3-70 "Calculate Power Loss"对话框

5）功率损耗转换。从实用菜单中选择 Utility Menu > Parameters > Scalar Parameters，弹出"Scalar Parameters"对话框。在"Selection"下面的文本框中输入"PAVG = PAVG*2/DX"，单击"Accept"按钮，再单击"Close"按钮，关闭"Scalar Parameters"对话框。上一步计算的能量损耗为单位长度上的功率损耗，这里将其转化为单位面积上的功率损耗，转化后的 PAVG = 13.6461924 Watts/m^2。

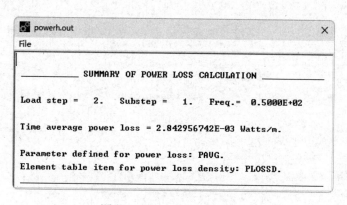

图 3-71 "powerh.out"窗口

6）查看 PAVG 的值并将结果输出到 C 盘下的一个文件中（命令流实现，没有对应的 GUI 形式，且必须是从实用菜单中选择 Utility Menu > File > Read Input from 读入命令流文件），C 盘下的"NLHAR_2D.txt"文件显示结果如下：

"COMPUTED EDDY CURRENT LOSS:13.6462WATTS/M**2"

```
*CFOPEN,NLHAR_2D,TXT,C:\            !在指定路径下打开"NLHAR_2D"文本文件
*VWRITE,PAVG                        !以指定的格式把上述参数写入打开的文件
(/'COMPUTED EDDY CURRENT LOSS:',F9.4,'WATTS/M**2')   !指定的格式
*CFCLOS                             !关闭打开的文本文件
```

7）退出 Ansys。单击工具条上的"Quit"按钮，弹出如图 3-72 所示的"Exit"对话框，选取"Quit-No Save!"，单击"OK"按钮，退出 Ansys。

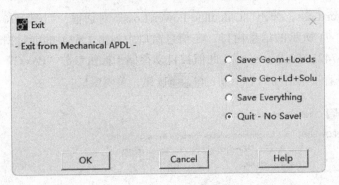

图 3-72 "Exit"对话框

3.4.3 命令流实现

```
!/BACH,LIST
/TITLE,Eddy current loss in thick steel plate (NL harmonic)
!定义工作标题
/FILNAM,NLHAR_2D,1              !定义工作文件名
KEYW,MAGNOD,1                   !指定磁场分析

/PREP7
DD = 2.5E-3                     !输入钢板 1/2 高度
HM = 2644.1                     !输入磁场强度
SIGMA = 5.0E6                   !输入材料的电导率
FF = 50                         !输入频率 (Hz)
DX = DD/6                       !输入钢板模型宽度
DY = DD/6                       !输入线圈高度
!
ET,1,PLANE13                    !指定单元类型
MP,MURX,1,1                     !定义线圈区域材料特性
TB,BH,2,,25                     !定义钢板 B-H 曲线
TBPT,,100,0.46512
TBPT,,200,0.72993
TBPT,,300,0.90090
TBPT,,400,1.0204
TBPT,,500,1.1086
TBPT,,600,1.1765
TBPT,,700,1.2302
TBPT,,800,1.2739
TBPT,,900,1.3100
TBPT,,1000,1.3405
TBPT,,1400,1.4257
TBPT,,1800,1.4778
TBPT,,2200,1.5131
```

```
TBPT,,2600,1.5385
TBPT,,3000,1.5576
TBPT,,3400,1.5726
TBPT,,3800,1.5847
TBPT,,4200,1.5945
TBPT,,4600,1.6028
TBPT,,5000,1.6098
TBPT,,7000,1.6332
TBPT,,9000,1.6465
TBPT,,11000,1.6551
TBPT,,13000,1.6611
TBPT,,15000,1.6656
MP,RSVX,2,1/SIGMA
!
/PNUM,AREA,1                    ! 打开面区域编号
RECT,0,DX,0,DD                  ! 建立钢板模型
RECT,0,DX,DD,DD+DY              ! 建立线圈模型
AGLUE,ALL                       ! 布尔叠分操作
SAVE,NLHAR_2D_GEOM.DB           ! 保存几何模型到文件
!
ASEL,S,LOC,Y,DD,DD+DY
AATT,1,0,1                      ! 给线圈赋予材料特性
ASEL,S,LOC,Y,0,DD
AATT,2,0,1                      ! 给钢板赋予材料特性
ASEL,ALL
AMESH,ALL                       ! 划分自由面网格
SAVE,NLHAR_2D_MESH.DB           ! 保存网格单元数据到文件
!
NSEL,S,LOC,Y,DD+DY
CP,1,AZ,ALL                     ! 将线圈节点上的磁矢势自由度进行耦合
NSEL,ALL
FINISH
!
/SOLU
ANTYPE,HARMIC                   ! 设定求解类型为谐性
NSEL,S,LOC,Y,0
D,ALL,AZ,0                      ! 设定边界条件为磁通量与 X 轴平行
NSEL,ALL
ESEL,S,MAT,,1
BFE,ALL,JS,,0,0,HM/DY,0         ! 给线圈施加电流密度载荷
ESEL,ALL
/GST,1
HARFRQ,FF                       ! 设置分析频率
```

```
KBC,0                          !定义斜率或阶跃激励为默认
NSUBST,3                       !定义 3 个子步
NEQIT,1                        !定义一次平衡迭代
SOLVE                          !第一次求解
NSUBST,1                       !定义 1 个子步
NEQIT,50                       !定义 50 次平衡迭代
CNVTOL,A, ,0.01,2, ,           !定义收敛准则
SOLVE                          !第二次求解
SAVE,NLHAR_2D_RESU.DB          !保存计算结果
FINISH
!
/POST1
INRES,ALL
FILE,'NLHAR_2D0','rmg','.'     !读入结果文件数据
SET,LAST,1,,0                  !读取最后一步求解结果
ESEL,S,MAT,,2                  !选择材料号为 2 的所有单元,即钢板
POWERH                         !计算涡流损耗 (W/m)
PAVG = PAVG*2/DX               !转化涡流损耗 (W/m²)
*CFOPEN,NLHAR_2D,TXT,C:\       !在指定路径下打开"VOL_COIL_2D"文本文件
*VWRITE,PAVG                   !以指定的格式把上述参数写入打开的文件
(/' COMPUTED EDDY CURRENT LOSS:',F9.4,' WATTS/M**2') !指定格式
*CFCLOS                        !关闭打开的文本文件
FINISH
```

第 4 章

二维瞬态磁场分析

瞬态磁场分析处理的既不是静态的也不是谐波的磁场，而是由电压、电流或外加场随时间无规律变化所引起的磁场变化。在瞬态磁场分析中感兴趣的典型物理量是：
- 涡流。
- 涡流致使的磁力。
- 涡流致使的能量损耗。

瞬态磁场分析可以是线性，也可以是非线性。

- 二维瞬态磁场分析中要用到的单元
- 二维瞬态磁场分析的步骤

4.1 二维瞬态磁场分析中要用到的单元

瞬态磁场分析的既不是静态的，也不是谐波的磁场，而是由电压、电流或外加场随时间无规律变化所引起的磁场变化。在瞬态磁场分析中，我们所感兴趣的典型物理量是：
- 涡流。
- 涡流致使的磁力。
- 涡流致使的能量损耗。

在涡流区域，瞬态模型只能用矢量能方程描述。模拟涡流区只能用表 4-1、表 4-2 所列的单元类型。

表 4-1 二维实体单元

单元	维数	形状或特性	自由度
PLANE13	2-D	四边形、4 节点或三角形、3 节点	最多每节点 4 个：磁矢势（AZ）、位移、温度或时间积分电势
PLANE233	2-D	四边形、8 节点或三角形、6 节点	每节点最多 3 个：磁矢势 (AZ)、电势／电压降或时间积分电势／电压降（VOLT）、电动势降或时间积分电动势降（EMF）

表 4-2 通用电路单元

单元	维数	形状或特性	自由度
CIRCU124	无	通用电路单元，最多达 6 节点	每个节点最多 2 个：电势、电流

4.2 二维瞬态磁场分析的步骤

如同 Ansys 其他类型分析一样，瞬态磁场分析要建立物理环境、建模、给模型区域赋属性、划分网格、加边界条件和载荷、求解、检查结果。二维瞬态磁分析的大多数步骤都相同或相似于二维静态磁场分析的步骤，本章将讨论二维瞬态磁场分析中需要特殊处理的部分。

4.2.1 创建物理环境

在二维瞬态磁场分析中设置 GUI 参考框、单元选项（KEYOPTS）、实常数、单位制的方法与二维静态磁场分析的方法（第 2 章中已经做了详细描述）相同。当定义材料性质时，一般也采用与第 2 章中同样的方法。

4.2.2 建立模型、赋予属性、划分网格

建立了模型后，对每个模型区要指定属性，即指定在第一步中定义好的单元类型、单元选项、材料特性、实常数、单元坐标系等。

使用 AATT 或 VATT 命令或其等效路径来指定属性，详见第 2 章中的静态磁场分析部分。

4.2.3 施加边界条件和励磁载荷

在瞬态磁场分析中,可将边界条件和载荷施加到实体模型上(关键点、线和面),也可以施加到有限元模型上(节点和单元)。

加载方式与第 2 章中的静态磁场分析类似,也可以用命令加载和施加边界条件。对二维瞬态磁场分析还可以用加载步选项。

根据定义,瞬态磁场分析中的边界条件和载荷是时间的函数,实际分析计算时,要将"载荷-时间"曲线分解成合适的载荷步,"载荷-时间"曲线上的每个"拐点"就是一个载荷步,如图 4-1 所示。

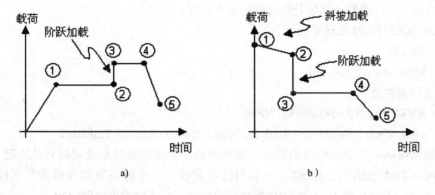

图 4-1 "载荷-时间"曲线示例

在每一个载荷步中,不仅要定义载荷或边界条件的值,而且还要定义它们所对应的时间值和一些载荷步选项(如阶跃变化载荷或斜坡变化载荷、自动时间步长等),重复将这些载荷数据引入到载荷步文件中,直到所有的载荷步结束。

1. 加边界条件

使用 PERBC2D 宏,可对 2-D 分析自动定义周期性边界条件。PERBC2D 可对两个周期对称面施加必要的约束方程或定义节点耦合。使用该宏命令的方式如下:

命令:**PERBC2D**

GUI:Main Menu > Preprocessor > Loads > Define Loads > Apply > Magnetic > Boundary > Vector Poten > Periodic BCs

2. 加载电流

电流(AMPS)是一个节点电流载荷,它作为一个外加电流只能加到块状(实体)导体区域。它代表流过导体的总电流(电流单位),且只对 2-D 平面和轴对称模型以及 3-D 模型有效。在导体区,这种载荷要求 2-D 单元 PLANE13 和 PLANE233 具有 AZ 和 VOLT 自由度。

要在集肤效应区域的横截面上加载一个均匀电流载荷,就必须对该截面耦合电压(VOLT)自由度。方法如下:

命令:**CP**

GUI:Main Menu > Preprocessor > Coupling/Ceqn > Couple DOF

对 2-D 平面和轴对称模型,在集肤区选择所有节点,并耦合它们 VOLT 自由度,再将电流加载到截面上的某个节点上。方法如下:

命令：F,, AMPS

GUI：Main Menu > Preprocessor > Loads > Define Loads > Apply > Electric > Excitation > Impressed Current

　　　　Main Menu > Solution > Define Loads > Apply > Electric > Excitation > Impressed Current

3. 其他载荷

还可以加矢量势载荷、时间积分标量势载荷、电流节载荷、Maxwell 表面载荷、源电流密度载荷和虚位移载荷等，详见第 2 章 "二维静态磁场分析"。

4.2.4 求解

下面介绍进行二维瞬态磁场分析求解的基本过程。

1. 进入 SOLUTION 处理器

命令：/SOLU

GUI：Main Menu > Solution

2. 定义分析类型

命令：**ANTYPE，TRANSIENT，NEW**

GUI：Main Menu > Solution > Analysis Type > New Analysis > Transient

如果想重启动一个前面做过的分析（如重启动一个未收敛分析或求解其他工况），可用命令 ANTYPE、TRANSIENT、REST。只有当已经完成了一个瞬态磁场分析并且文件 Jobname.EMAT、Jobname.ESAV 和 Jobname.DB 都存在的情况下，才能做重启动分析。

3. 定义分析选项

首先选择求解方法：

命令：**TRNOPT**

GUI：Main Menu > Solution > Analysis Type > New Analysis, Transient

瞬态磁场分析需要用 "全波方法（full）" 求解。

其次，选择求解器：

命令：**EQSLV**

GUI：Main Menu > Solution > Analysis Type > Analysis Options

可以选用下列求解器：

- Sparse solver（稀疏矩阵求解器）。
- Jacobi Conjugate Gradient(JCG) solver（雅可比共轭梯度求解器）。
- Incomplete Cholesky Conjugate Gradient(ICCG) solver（不完全乔勒斯基共轭梯度求解器）。
- Preconditioned Conjugate Gradient(PCG) solver（预置条件共轭梯度求解器）。

电压激励模型或包含速度效应的模型由于产生了非对称矩阵，只能使用 Sparse solver、JCG solver 或 ICCG solver，电路激励模型只能使用 Sparse solver。

4. 载荷步选项

1）时间选项。说明载荷步结束时的时间。

命令：**TIME**

GUI：Main Menu > Preprocessor > Loads > Load Step Opts > Time/Frequenc > Time-Time Step

　　　　Main Menu > Solution > Load Step Opts > Time/Frequenc > Time-Time Step

2）子步数或时间步长。积分时间步为时间积分历程中所用的时间增量，可直接通过 DELTIM 命令（或它的等效菜单路径）来定义，或者间接通过 NSUBST 命令（或它的等效菜单路径）来定义。

时间步长决定了求解精度，时间步长越小，精度就越高。当载荷出现较大的阶跃时，紧跟其后的第一个时间积分步长是尤为关键的。通过减小时间步长，可以减小求解大阶跃变化（如温度过热加载）时的误差。

注意：时间步长也不能过小，尤其是在建立初始化条件时。太小的数值会使 Ansys 在计算时产生数值误差。例如，使用小于 1e-10 的时间步长会产生数值误差。

如果选择阶跃（Stepped）加载模式，则程序在第一个子步上就加上全部载荷并一直保持常数；如果选择斜坡（Ramped）加载模式（默认模式），则程序在每个子步上增加载荷值。

命令：**NSUBST**
　　　DELTIM

GUI：Main Menu > Preprocessor > Loads > Load Step Opts > Time/Frequenc > Time and Substps
　　　Main Menu > Solution > Load Step Opts > Time/Frequenc > Time and Substps
　　　Main Menu > Solution > Load Step Opts > Time/Frequenc > Time-Time Step

3）自动时间步长。也叫时间步优化，它使程序自动调整两个子步间的载荷增量，还可以在求解过程中根据模型响应情况增加或减小时间步长。

在大多数情况下，需要打开这个选项，此外为了更好地控制时间步长的变化幅度，还要输入积分时间步的上限和下限。值得注意的是，时间步优化对 CURR 自由度（载压导体）或 EMF 自由度（电路供电模型）无效。

命令：**AUTOTS**

GUI：Main Menu > Preprocessor > Loads > Load Step Opts > Time/Frequenc > Time and Substps
　　　Main Menu > Solution > Load Step Opts > Time/Frequenc > Time and Substps
　　　Main Menu > Solution > Load Step Opts > Time/Frequenc > Time-Time Step

5. 非线性选项

只有当模型中存在非线性时，才有必要定义非线性选项。

1）Newton-Raphson 选项。这些选项定义非线性求解过程中切向矩阵的更新频率，可用的选项有：

- 程序自动选择（默认设置）。
- 全方法（Full）。
- 修正法（Modified）。
- 初刚度法（Initial-stiffness）。

在非线性分析中，推荐使用 Full Newton-Raphson 选项。自适应下降选项可以加快瞬态问题的收敛。可用下列方式定义 Newton-Raphson 选项：

命令：**NROPT**

GUI：Main Menu > Solution > Analysis Type > Analysis Options

2）平衡迭代数。使得在每一个子步都能得到一个收敛解。默认值为 25 次迭代，但应该根据所处理问题的非线性度高低适当增加这个数值。对线性瞬态分析，只需 1 次迭代。

命令：**NEQIT**

GUI：Main Menu > Preprocessor > Loads > Load Step Opts > Nonlinear > Equilibrium Iter

　　　　Main Menu > Solution > Load Step Opts > Nonlinear > Equation Iter

3）收敛容差。只要运算满足定义的收敛准则，Ansys 就认为问题已收敛。收敛检查可以基于磁矢量位（A），也可以基于磁流段（CSG），或者是两者的组合。需要定义一个典型值（VALUE）和收敛容差（TOLER），程序将 VALUE*TOLER 的值视为收敛判据。例如，如果定义磁流段的典型值为 5000，容差为 0.001，则磁流收敛准则为 5.0。

Ansys 推荐 VALUE 值由默认确定（程序自动计算），容差 TOLER 的值为 1.0e-3。

对于矢量位，Ansys 将两次平衡迭代数之间节点上矢量位（$\Delta A = A_i - A_{i-1}$）与收敛准则进行比较来判断是否收敛。

对于磁流段，Ansys 比较不平衡载荷矢量与收敛标准。如果在规定平衡迭代次数内，其解并不收敛，那么 Ansys 程序会根据用户是否激活"终止不收敛解"的选项决定程序停止计算或是继续进行下一个载荷步。

命令：CNVTOL

GUI：Main Menu > Preprocessor > Loads > Load Step Opts > Nonlinear > Convergence Crit.

　　　　Main Menu > Solution > Load Step Opts > Nonlinear > Convergence Crit.

4）终止不收敛解。若程序在指定的平衡迭代次数内无法收敛，则程序根据用户指定的终止判据终止求解，或进行第二个载荷步的求解。

6. 输出控制

1）控制打印输出。控制将哪些数据输出到打印输出文件（Jobname.OUT）。

命令：OUTPR

GUI：Main Menu > Preprocessor > Loads > Load Step Opts > Output Ctrls > Solu Printout.

　　　　Main Menu > Solution > Load Step Opts > Output Ctrls > Solu Printout

2）控制数据库和结果文件输出。控制选择哪些数据输出到结果文件（Jobname.RMG）。默认值为程序将每个载荷步中的最后一个子步的数据写入到结果文件。如果希望把所有加载步（即所有频率下的解）数据写入结果文件，需要定义一个单频，或 ALL，或 1。

命令：OUTRES

GUI：Main Menu > Preprocessor > Loads > Load Step Opts > Nonlinear > Convergence Crit

　　　　Main Menu > Solution > Loads > Load Step Opts > Nonlinear > Convergence Crit

7. 存储备份数据

可单击工具条中的 SAVE_DB 按钮来备份数据库。如果计算机出错，可以方便地恢复需要的模型数据。恢复模型时，用下面的命令：

命令：RESUME

GUI：Utility Menu > File > Resume Jobname.db

8. 开始求解

命令：LSSOLVE

GUI：Main Menu > Solution > Solve > From LS Files

9. 完成求解

命令：FINISH

GUI：Main Menu > Finish

4.2.5 观察结果

Ansys 和 Ansys/Emag 模块把瞬态磁场分析的结果写到结果文件 Jobname.RMG 中。结果中包含下列数据：

主数据：

节点自由度（AZ、CURR、EMF、MAG、VOLT）。

导出数据：

节点磁通密度（BX、BY、BSUM）。

节点磁场强度（HX、HY、HSUM）。

节点磁力（FMAG：分量 X、Y、SUM）。

节点感生电流段（CSGZ）。

总电流密度（JT）。

单位体积的焦耳热（JHEAT）等。

可以在通用后处理器 POST1 中，或者在时间历程后处理器 POST26 中观看结果文件。在通用后处理器 POST1 中，可以看到整个模型在某一个时间点的结果。在时间历程后处理器 POST26 中，可以看到模型中的某一个点在整个瞬态求解的时间范围内的结果。

可用下列方式选择后处理器：

命令：**/POST1** 或 **/POST26**

GUI：Main Menu > General Postproc

　　　Main Menu > TimeHist Postpro

详细操作参阅第 2 章和第 3 章。

1. 在 POST26 处理器中观看结果数据

在时间历程后处理器 POST26 中观看结果数据，必须保证模型进行计算后的结果文件 Jobname.RMG 存在。如果模型不在数据库中，可用下列方式恢复，然后用 SET 命令或者其等效路径读入需要的数据集。

命令：**RESUME**

GUI：Utility Menu > File > Resume Jobname.db

POST26 中观察到的是与时间变量有关的，以表格方式输出的结果值。这些结果值可以定义为变量。每个变量需要指定一个变量号，1 号变量用于专指时间（time）变量。

1）定义主数据变量。

命令：**NSOL**

GUI：Main Menu > TimeHist Postpro > Define Variables

若定义导出数据变量，则用以下方式：

命令：**ESOL**

GUI：Main Menu > TimeHist Postpro > Define Variables

若定义感生数据变量，则用以下方式：

命令：**RFORCE**

GUI：Main Menu > TimeHist Postpro > Define Variables

2）定义好这些变量后，可显示它们的图形（关于时间或其他变量）。

命令：**PLVAR**

GUI：Main Menu > TimeHist Postpro > Graph Variables

3）对变量进行列表，则用以下方式：

命令：**PRVAR**

GUI：Main Menu > TimeHist Postpro > List Variables

4）只列出最大值，则用以下方式：

命令：**EXTREM**

GUI：Main Menu > TimeHist Postpro > List Extremes

通过观察模型中某个重要点的时间历程结果，可以发现其关键的时间点，并在 POST1 处理器中针对这个时间点观察整个模型结果。

5）计算某个组件上的电磁力、能量损耗、能量、电流等，则应该先建立组件（在前处理中用 CM 命令生成，或者用等效路径 Utility Menu > Select > Comp/Assembly > Create Comp/Assembly），然后执行下列操作：

命令：**PMGTRAN**

GUI：Main Menu > TimeHist Postpro > Elec&Mag > Magnetics

POST26 处理器提供了多种后处理函数，如可以对各个变量进行数学运算，或将这些变量放到数组参数中等。

2. 在 POST1 处理器中观看结果数据

在通用后处理器 POST1 中观看结果数据，必须保证模型进行计算后的结果文件是激活的（Jobname.RMG，如果磁标量位或者电位自由度被激活，则放入 Jobname.RST）。如果模型不在数据库中，可用 RESUME 命令恢复，然后用 SET 命令或者其等效路径读入需要的数据集。

将某指定时间点的结果读入到数据库中，可用以下方式：

命令：**SET,,,,,TIME**

GUI：Utility Menu > List > Results > Load Step Summary

如果指定的时间值所对应的数据结果不存在，则程序会自动通过进行线性插值得到。如果指定的时间值超过瞬态分析加载的时间跨度，则程序自动使用最后一个时间点。也可以通过指定载荷步步数及子步步数来得到结果。

1）画等值线，如磁矢量位（AZ、VOLT）、磁通密度（BX、BY）和磁场强度（HX、HY）。

命令：**PLESOL**

　　　PLNSOL

GUI：Main Menu > General Postproc > Plot Results > Contour Plot > Element Solution

　　　Main Menu > General Postproc > Plot Results > Contour Plot > Nodal Solu

2）矢量（arrow）显示，如 A、B 和 H 等矢量。

命令：**PLVECT**

GUI：Main Menu > General Postproc > Plot Results > Vector Plot > Predefined

　　　Main Menu > General Postproc > Plot Results > Vector Plot > User Defined

3）线圈的电阻与电感。程序可以计算载压或载流绞线圈的电阻及电感。每个单元中都有线圈的电阻及电感值，求和即可得到导体区的总的电阻及电感。对于导体区单元，可使用 ETABLE、tablename、NMISC、n（n 为 8 表示电阻，n 为 9 表示电感）命令或其等效路径来存储这些值，并对它们求和（用 SSUM 命令或其等效路径）。

4）计算其他感兴趣的项目。从后处理数据中，可计算许多其他感兴趣的项目（如磁力线、涡流、力矩和力）。Ansys 提供了以下宏命令来完成这些功能：

- CURR2D 宏：在一个 2-D 导体中计算流过的电流。
- EMAGERR 宏：在静电或电磁场分析中计算相对误差。
- FLUXV 宏：计算通过闭合回线的通量。
- FMAGSUM 宏：对单元组件上的电磁场力求和。
- FOR2D 宏：计算一个体上的磁力。
- MMF 宏：计算沿一条路径的磁动力。
- PLF2D 宏：生成等位线图。
- SENERGY 宏：计算存储的磁能或共能。
- TORQ2D 宏：在磁场中计算一个体上力矩。
- TORQC2D 宏：根据环形路径在磁场中计算一个体上力矩。
- TORQSUM 宏：对 2-D 平面问题，在单元组件上对 Maxwell 和虚功力矩进行求和。

4.3 实例 1——二维螺线管制动器内瞬态磁场的分析

本节将介绍一个二维螺线管制动器内瞬态磁场的分析（GUI 方式和命令流方式）。

4.3.1 问题描述

把螺线管制动器作为 2-D 轴对称模型进行分析，计算衔铁部分（螺线管制动器的运动部分）的受力情况、线圈电感和电压激励下的线圈电流。螺线管制动器如图 4-2 所示，参数见表 4-3。

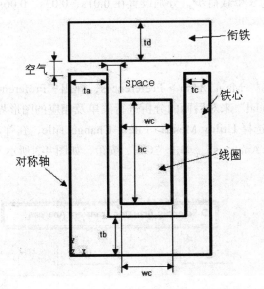

图 4-2 螺线管制动器

表 4-3 参数说明

参数	说明
n = 650	线圈匝数，在后处理中用
ta = 0.75	磁路内支路厚度（cm）
tb = 0.75	磁路下支路厚度（cm）
tc = 0.50	磁路外支路厚度（cm）
td = 0.75	衔铁厚度（cm）
wc = 1	线圈宽度（cm）
hc = 2	线圈高度（cm）
gap = 0.25	间隙（cm）
space = 0.25	线圈周围空间距离（cm）
ws = wc+2*space	
hs = hc+0.75	
w = ta+ws+tc	模型总宽度（cm）
hb = tb+hs	
h = hb+gap+td	模型总高度（cm）
acoil = wc*hc	线圈截面积（cm^2）

此模型与第 2 章"二维静态磁场分析"中的模型完全一致，只不过激励源是随时间变化的电压，不再是稳态直流电流。

在 0.01s 时间内给线圈加电压（斜坡式）0～12V，然后使电压保持常数直到 0.06s。线圈要求定义其他特性，包括横截面面积和填充系数。本实例使用了铜的阻抗，衔铁部分假设为铁质，故也应该输入电阻。

本实例的目的在于研究已知变化电压载荷下，线圈电流、衔铁受力和线圈电感随时间的响应情况（由于衔铁中的涡流效应，线圈电感会有微小变化）。

求解时，使用恒定时间步长，分为 3 个载荷步，分别设置在 0.01s、0.03s、0.06s。

4.3.2 GUI 操作方法

1. 创建物理环境

1) 过滤图形界面。从主菜单中选择 Main Menu > Preferences，弹出 "Preferences for GUI Filtering" 对话框，选中 "Magnetic-Nodal" 来对后面的分析进行菜单及相应的图形界面过滤。

2) 定义工作标题。从实用菜单中选择 Utility Menu > File > Change Title，在弹出的对话框中输入 "2D Solenoid Actuator Transient Analysis"，单击 "OK" 按钮，如图 4-3 所示。

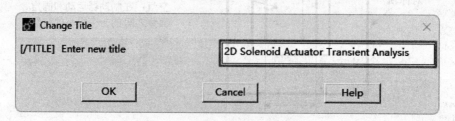

图 4-3 "Change Title" 对话框

- 指定工作名：从实用菜单中选择 Utility Menu > File > Change Jobname，在弹出的对话框"Enter new jobname"后面输入"Emage_2D"，单击"OK"按钮。

3）定义单元类型和选项。从主菜单中选择 Main Menu > Preprocessor > Element Type > Add/Edit/Delete，弹出"Element Types"对话框，如图4-4所示，单击"Add"按钮，弹出"Library of Element Types"对话框，如图4-5所示。在该对话框左边下拉列表框中选择"Magnetic Vector"，在右边下拉列表框中选择"Quad 8 node 233"，单击"Apply"按钮，再单击"OK"按钮，定义两个"PLANE233"单元。在"Element Types"对话框中选择单元类型1，单击"Options"按钮，弹出"PLANE233 element type options"对话框，如图4-6所示，在"Element behavior K3"后面的下拉列表框中选择"Axisymmetric"，单击"OK"按钮回到"Element Types"对话框，选择单元类型2，单击"Options"按钮，弹出"PLANE233 element type options"对话框，在"Element degree(s)of freedom"后面的下拉列表框中选择"Coil(A+VOLT+EMF)"，在"Element behavior"后面的下拉列表框中选择"Axisymmetric"，单击"OK"按钮退出此对话框，得到如图4-4所示的结果。最后单击"Close"按钮，关闭"Element Types"对话框。

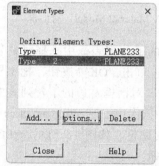

图4-4 "Element Types"对话框　　　　图4-5 "Library of Element Types"对话框

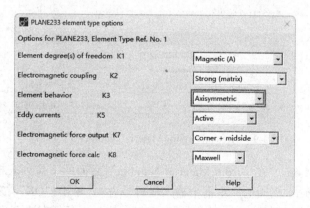

图4-6 "PLANE233 element type options"对话框

4）定义材料属性。从主菜单中选择 Main Menu > Preprocessor > Material Props > Material Models，弹出"Define Material Model Behavior"对话框，在右边的下拉列表框中连续单击 Electromagnetics > Relative Permeability > Constant，弹出"Permeability for Material Number 1"对话框，如图4-7所示，在该对话框中"MURX"后面的文本框输入1，单击"OK"按钮。

- 单击 Edit > Copy，弹出"Copy Material Model"对话框，如图 4-8 所示。在"from Material number"后面的下拉列表框中选择材料号为 1，在"to Material number"后面的文本框中输入材料号为 2，单击"OK"按钮，这样就把 1 号材料的属性复制给了 2 号材料。在"Define Material Model Behavior"对话框左边的下拉列表框中依次单击"Material Model Number 2"和"Permeability (Constant)"，在弹出的"Permeability for Material Number 2"对话框"MURX"后面的文本框中输入 1000，单击"OK"按钮。

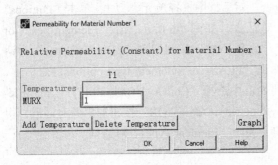 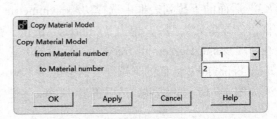

图 4-7 "Permeability for Material Number 1"对话框　　图 4-8 "Copy Material Model"对话框

- 再次单击 Edit > Copy，在"from Material Number"后面的下拉列表框中选择材料号为 1，在"to Material number"后面的文本框中输入材料号为 3，单击"OK"按钮，把 1 号材料的属性复制给 3 号材料。在"Define Material Model Behavior"对话框左边的下拉列表框中单击"Material Model Number 3"和对话框右边的下拉列表框中依次单击 Electromagnetics > Resistivity > Constant，弹出"Resistivity for Material Number 3"对话框，如图 4-9 所示。在该对话框中"RSVX"后面的文本框中输入"3E-8"，单击"OK"按钮。

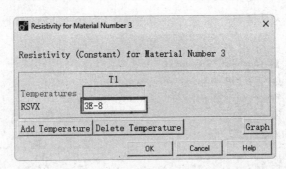

图 4-9 "Resistivity for Material Number 3"对话框

- 单击 Edit > Copy，在"from Material Number"后面的下拉列表框中选择材料号为 3，在"to Material number"后面的文本框中输入材料号为 4，单击"OK"按钮，把 3 号材料的属性复制给 4 号材料。在"Define Material Model Behavior"对话框左边下拉式列表框中依次单击"Material Model Number 4"和"Permeability (Constant)"，在弹出的"Permeability for Material Number 4"对话框中将"MURX"后面的对话框改为 2000，单击"Material Model Number 4"和"Resistivity (Constant)"，在弹出的"Resistivity for Material Number 4"对话框"RSVX"后面的文本框中输入"70E-8"，单击"OK"按钮。
- 得到的结果如图 4-10 所示。单击菜单栏中的 Material > Exit，结束材料属性定义。

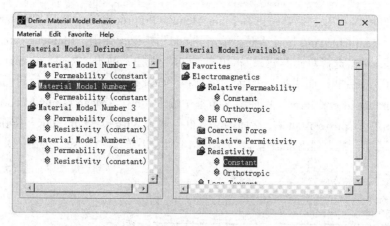

图 4-10 "Define Material Model Behavior" 对话框

5）查看材料列表。从实用菜单中选择 Utility Menu > List > Properties > All Materials，弹出 "MPLIST Command" 信息窗口，其中列出了所有已经定义的材料及其属性，确认无误后，关闭窗口。

2. 建立模型、赋予特性、划分网格

1）定义分析参数。从实用菜单中选择 Utility Menu > Parameters > Scalar Parameters，弹出 "Scalar Parameters" 对话框，在 "Selection" 文本框中输入 "n = 650"，单击 "Accept" 按钮。然后依次在 "Selection" 文本框中分别输入 "ta = 0.75" "tb = 0.75" "tc = 0.50" "td = 0.75" "wc = 1" "hc = 2" "gap = 0.25" "space = 0.25" "ws = wc+2*space" "hs = hc+0.75" "w = ta+ws+tc" "hb = tb+hs" "h = hb+gap+td" "acoil = wc*hc" "Sc = acoil*0.01**2" "pi = acos(−1)" "Ri = (ta+space)*0.01" "Ro = (ta+space+wc)*0.01" "Rm = (Ri+Ro)/2" "Vc = pi*(Ro**2−Ri**2)*(hc*0.01)" "Rc = 3e−8*(n/Sc)**2*(Vc/ 0.95)"，单击 "Accept" 按钮确认。单击 "Close" 按钮，关闭 "Scalar Parameters" 对话框，输入参数的结果如图 4-11 所示。

2）打开面积区域编号显示。从实用菜单中选择 Utility Menu > PlotCtrls > Numbering，弹出 "Plot Numbering Controls" 对话框，如图 4-12 所示。选中 "Area numbers"，后面的选项由 "Off" 变为 "On"。单击 "OK" 按钮，关闭对话框。

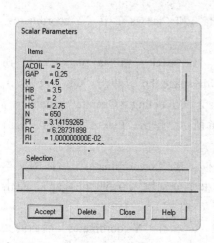

图 4-11 "Scalar Parameters" 对话框

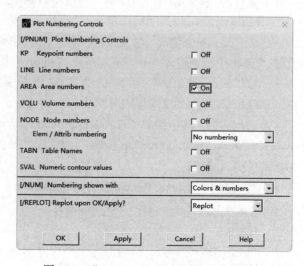

图 4-12 "Plot Numbering Controls" 对话框

3）定义实常数。从主菜单中选择 Main Menu > Preprocessor > Real Constants > Add/Edit/Delete，弹出"Real Constants"对话框，单击"Add"按钮，弹出"Element Type for Real Constants"对话框，单击选择单元类型2，再单击"OK"按钮，弹出"Real Constant Set Number 1, for PLANE233"对话框，如图4-13所示。分别在"Coil cross-section area"后面的文本框中输入"Sc"，"Number of coil turns"后面的文本框中输入"n"，"Mean radius of coil"后面的文本框中输入"Rm"，"Coil resistance"后面的文本框中输入"Rc"。单击"OK"按钮，弹出"Real Constants"对话框，其中列出常数组1，如图4-14所示。单击"Close"按钮，关闭对话框。

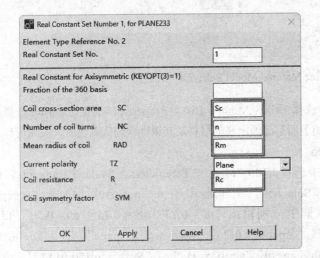 

图 4-13 "Real Constant Set Number 1，for PLANE233"对话框　　图 4-14 "Real Constants"对话框

4）建立平面几何模型。从主菜单中选择 Main Menu > Preprocessor > Modeling > Create > Areas > Rectangle > By Dimensions，弹出"Create Rectangle by Dimensions"对话框，如图4-15所示。在"X-coordinates"后面的文本框中分别输入0和"w"，在"Y-coordinates"后面的文本框中分别输入0和"tb"，单击"Apply"按钮。

• 在"X-coordinates"后面的文本框中分别输入0和"w"，在"Y-coordinates"后面的文本框中分别输入"tb"和"hb"，单击"Apply"按钮。

• 在"X-coordinates"后面的文本框中分别输入"ta"和"ta+ws"，在"Y-coordinates"后面的文本框中分别输入0和"h"，单击"Apply"按钮。

• 在"X-coordinates"后面的文本框中分别输入"ta+space"和"ta+space+wc"，在"Y-coordinates"后面的文本框中分别输入"tb+space"和"tb+space+hc"，单击"OK"按钮。

• 布尔运算。从主菜单中选择 Main Menu > Preprocessor > Modeling > Operate > Booleans > Overlap > Areas，弹出"Overlap Areas"对话框，如图4-16所示。单击"Pick All"按钮，对所有的面进行叠分操作。

• 再次打开"Create Rectangle by Dimensions"对话框，在"X-coordinates"后面的文本框中分别输入0和"w"，在"Y-coordinates"后面的文本框中分别输入0和"hb+gap"，单击"Apply"按钮。

• 在"X-coordinates"后面的文本框中分别输入0和"w"，在"Y-coordinates"后面的文本框中分别输入0和"h"，单击"OK"按钮。

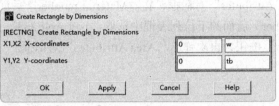
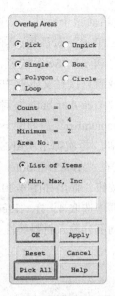

图 4-15 "Create Rectangle by Dimensions" 对话框　　图 4-16 "Overlap Areas" 对话框

- 再次打开"Overlap Areas"对话框，单击"Pick All"按钮，对所有的面进行叠分操作。
- 压缩不用的面号。从主菜单中选择 Main Menu > Preprocessor > Numbering Ctrls > Compress Numbers，弹出"Compress Numbers"对话框，如图 4-17 所示，在"Item to be compressed"后面的下拉列表框中选择"Areas"，将面号重新压缩编排，从 1 开始中间没有空缺。单击"OK"按钮，退出对话框。
- 重新显示。从实用菜单中选择 Utility Menu > Plot > Replot，生成的制动器几何模型如图 4-18 所示。

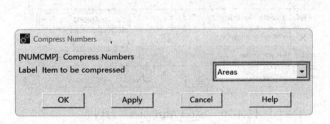
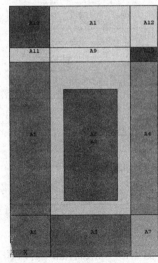

图 4-17 "Compress Numbers" 对话框　　图 4-18 生成的制动器几何模型

5）保存几何模型文件。从实用菜单中选择 Utility Menu > File > Save as，弹出"Save DataBase"对话框，在"Save Database to"下面文本框中输入文件名"Emage_2D_geom.db"，单击"OK"按钮。

6）给面赋予特性。从主菜单中选择 Main Menu > Preprocessor > Meshing > MeshTool，弹出"MeshTool"对话框，如图 4-19 所示。在"Element Attributes"后面的下拉列表框中选择"Areas"，单击"Set"按钮，弹出"Area Attributes"对话框，在图形界面上拾取编号为"A2"的面，或者直接在文本框中输入 2 并按 Enter 键，单击对话框上的"OK"按钮，弹出如图 4-20 所示的"Area Attributes"对话框，在"Material number"后面的下拉列表框中选取 3，在"Element type number"后面的下拉列表框中选取"2 PLANE233"，给线圈输入材料属性。单击"Apply"按钮，再次弹出"Area Attributes"对话框。

- 在"Area Attributes"对话框的文本框中输入"1,12,13"并按 Enter 键，单击对话框上的"OK"按钮，弹出如图 4-20 所示的"Area Attributes"对话框，在"Material number"后面的下拉列表框中选取 4，在"Element type number"后面的下拉列表框中选取"1 PLANE233"，给制动器运动部分输入材料属性。单击"Apply"按钮，再次弹出"Area Attributes"对话框。

图 4-19 "MeshTool"对话框　　图 4-20 "Area Attributes"对话框

- 在"Area Attributes"对话框的文本框中输入"3,4,5,7,8"并按 Enter 键，单击对话框上的"OK"按钮，弹出如图 4-20 所示的"Area Attributes"对话框，在"Material number"后面的下拉列表框中选取 2，给制动器固定部分输入材料属性。单击"OK"按钮。
- 剩下的空气面默认被赋予了 1 号材料属性和 1 号单元类型。

7)选择所有的实体。从实用菜单中选择 Utility Menu > Select > Everything。

8)按材料属性显示面。从实用菜单中选择 Utility Menu > PlotCtrls > Numbering,弹出如图 4-12 所示的"Plot Numbering Controls"对话框。在"Elem/Attrib numbering"后面的下拉列表框中选择"Material numbers",单击"OK"按钮,结果如图 4-21 所示。

9)保存数据结果。单击工具栏上的"SAVE_DB"。

10)制定智能网格划分的等级。勾选"MeshTool"对话框"Smart Size"前面的复选框,并将"Fine~Coarse"工具条拖到 4 的位置(见图 4-19),设定智能网格划分的等级为 4。

11)智能划分网格。在"MeshTool"对话框的"Mesh"后面的下拉列表框中选择"Areas",在"Shape"后面的单选按钮中选择四边形"Quad",在下面的自由划分"Free"和映射划分"Mapped"中选择"Free",如图 4-19 所示。单击"Mesh"按钮,弹出"Mesh Areas"对话框,单击"Pick All"按钮,生成的有限元网格如图 4-22 所示。单击"MeshTool"对话框中的"Close"按钮。

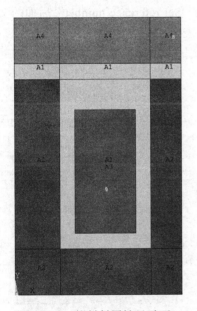 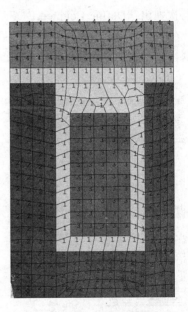

图 4-21 按材料属性显示面　　图 4-22 生成的有限元网格

12)保存网格数据。从实用菜单中选择 Utility Menu > File > Save as,弹出"Save DataBase"对话框,在"Save Database to"下面的文本框中输入文件名"Emage_2D_mesh.db",单击"OK"按钮。

3. 加边界条件和载荷

1)选择衔铁上的所有单元。从实用菜单中选择 Utility Menu > Select > Entities,弹出"Select Entities"对话框,如图 4-23 所示。在最上边的下拉列表框中选取"Elements",在第二个下拉列表框中选择"By Attributes",再在下边的单选按钮中选择"Material num",在"Min, Max, Inc"下面的文本框中输入 4,单击"OK"按钮。

2)将所选单元生成一个组件。从实用菜单中选择 Utility Menu > Select > Comp/ Assembly > Create Component,弹出"Create Component"对话框,如图 4-24 所示。在"Component name"后面的文本框中输入组件名"ARM",在"Component is made of"后面的下拉列表框中选择"Elements",单击"OK"按钮。

3）选择线圈上的所有单元。从实用菜单中选择 Utility Menu > Select > Entities，弹出"Select Entities"对话框，如图 4-23 所示。在最上边的下拉列表框中选取"Elements"，在第二个下拉列表框中选择"By Attributes"，再在下边的单选按钮中选择"Material num"，在"Min, Max, Inc"下面的文本框中输入 3，单击"Apply"按钮。

4）选择线圈上的所有节点。在最上边的第一个下拉列表框中选择"Nodes"，在第二个下拉列表框中选择"Attached to"，在下面的单选按钮中分别选择"Elements"和"From Full"，单击"OK"按钮。

5）耦合线圈节点 VOLT 和 EMF 自由度。从主菜单中选择 Main Menu > Preprocessor > Coupling/Ceqn > Couple DOFs，弹出定义耦合节点自由度的节点对话框，单击"Pick All"按钮，弹出"Define Coupled DOFs（自由度耦合设置）"对话框，如图 4-25 所示。在"Set reference number"后面的文本框中输入 1，在"Degree-of-freedom label"后面的下拉列表框中选择"VOLT"。单击"Apply"按钮，再次弹出定义耦合节点自由度的节点对话框，单击"Pick All"按钮，再次弹出"Define Coupled DOFs"对话框，在"Set reference number"后面的文本框中输入 2，在"Degree-of-freedom label"后面的下拉列表框中选择"EMF"。单击"OK"按钮，可以看到在模型的线圈部分出现标志。图 4-26 所示为耦合自由度后的线圈单元。

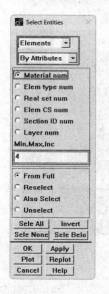

图 4-23 "Select Entities"对话框

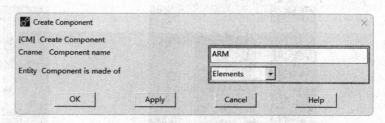

图 4-24 "Create Component"对话框

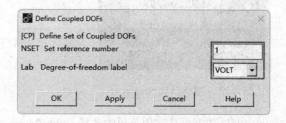

图 4-25 "Define Coupled DOFs"对话框

6）获取线圈单元的最小节点号。从实用菜单中选择 Utility Menu > Parameters > Scalar Parameters，弹出"Scalar Parameters"对话框，在"Selection"文本框输入"NCOIL = NDNEXT(0)"，单击"Accept"按钮。单击"OK"按钮，输入参数的结果如图 4-27 所示，可以看到"NCOIL = 5"。单击"Close"按钮，关闭"Scalar Parameters"对话框。

7）选择所有实体。从实用菜单中选择 Utility Menu > Select > Everything。

8）将模型的单位制改成 MKS 单位制（米）。从主菜单中选择 Main Menu > Preprocessor > Modeling > Operate > Scale > Areas，弹出对话框，单击对话框上的"Pick All"按钮，弹出如图 4-28 所示的对话框，在"RX, RY, RZ Scale factors"后面的文本框中依次输入 0.01、0.01、1，在"Existing areas will be"后面的下拉列表框中选择"Moved"，单击"OK"按钮。

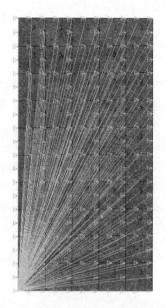
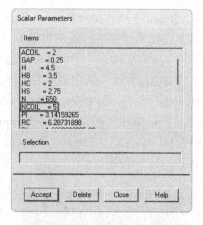

图 4-26　耦合自由度后的线圈单元　　　　图 4-27　"Scalar Parameters" 对话框

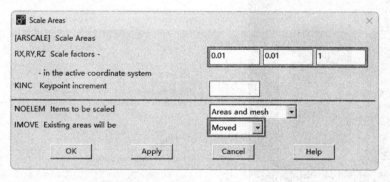

图 4-28　"Scale Areas" 对话框

9）选择分析类型。从主菜单中选择 Main Menu > Solution > Analysis Type > New Analysis，弹出 "New Analysis" 对话框，如图 4-29 所示，选择 "Transient"。单击 "OK" 按钮，弹出 "Transient Analysis" 对话框，如图 4-30 所示。设置求解方法 "Solution method" 为 "Full"，单击 "OK" 按钮。

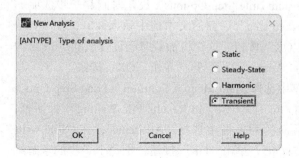
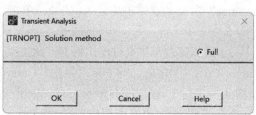

图 4-29　"New Analysis" 对话框　　　　图 4-30　"Transient Analysis" 对话框

10）选择外围节点。从实用菜单中选择 Utility Menu > Select > Entities，弹出"Select Entities"对话框。在最上边的下拉列表框中选取"Nodes"，在第二个下拉列表框中选择"Exterior"，单击"Sele All"按钮，再单击"OK"按钮。

11）施加磁力线平行条件。从主菜单中选择 Main Menu > Solution > Define Loads > Apply > Magnetic > Boundary > Vector Poten > Flux Par'l > On Nodes，弹出节点拾取对话框，单击"Pick All"按钮，施加磁力线平行条件如图 4-31 所示。

12）选择所有实体。从实用菜单中选择 Utility Menu > Select > Everything。

13）施加电压载荷。从主菜单中选择 Main Menu > Solution > Define Loads > Apply > Magnetic > Boundary > Vector Poten > On Nodes，弹出节点拾取对话框，在对话框的文本框中输入"NCOIL"。单击"OK"按钮，弹出"Apply A on Nodes"对话框，在"DOFs to be constrained"列表框中选择"VOLT"选项，在"Vector poten(A) value"后面的文本框中输入 12，如图 4-32 所示，单击"OK"按钮。

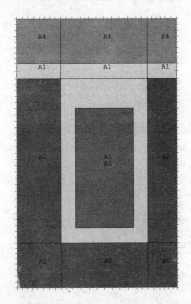

图 4-31 施加磁力线平行条件

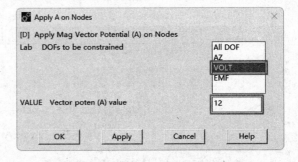

图 4-32 "Apply A on Nodes"对话框

4. 求解

1）设定时间和时间步长选项。从主菜单中选择 Main Menu > Solution > Load Step Opts > Time/Frequenc > Time-Time Step，弹出"Time and Time Step Options（设定时间和子步选项）"对话框，如图 4-33 所示，在"Time at end of load step"后面的文本框中输入 0.01，在"Time step size"后面的文本框中输入 0.002，单击"OK"按钮。这样将加载时间设置成 0~0.01s 内分为 5 个子步求解，每一步加载方式为斜坡式（Ansys 默认设置）。单击"OK"按钮。

2）数据库和结果文件输出控制。从主菜单中选择 Main Menu > Solution > Load Step Opts > Output Ctrls > DB/Results File，弹出"Controls for Database and Results File Writing"对话框，如图 4-34 所示，在"Item to be controlled"后面的列表框中选择"All items"，在"File write frequency"后面的单选按钮中选择"Every substep"，单击"OK"按钮，把每个子步的求解结果写到数据库中。

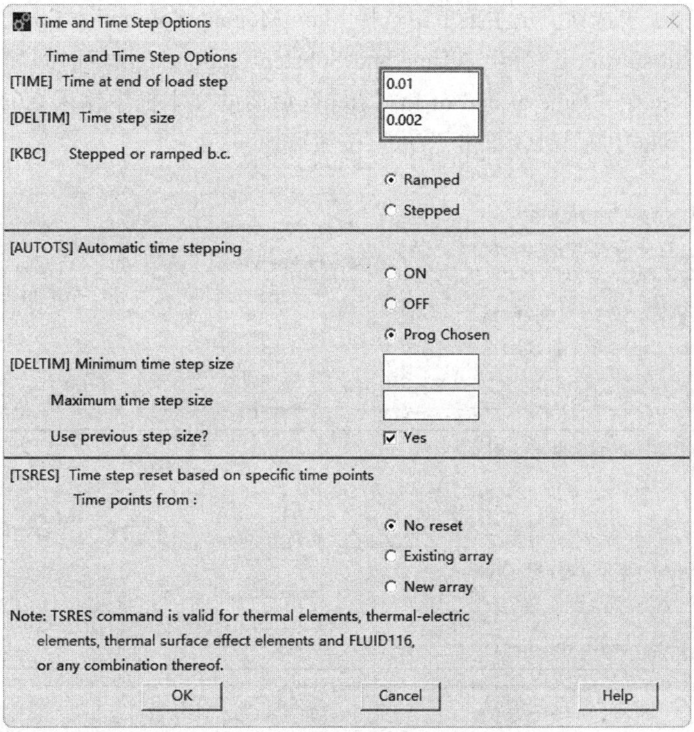

图 4-33 "Time and Time Step Options"对话框

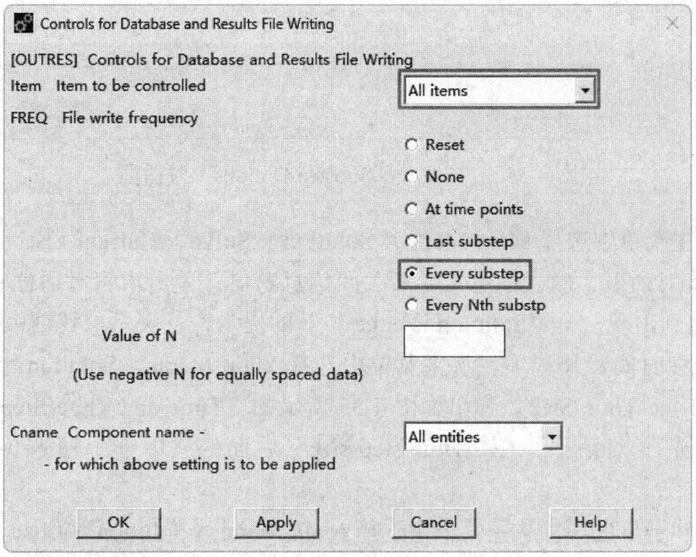

图 4-34 Controls for Database and Results File Writing"对话框

3）求解。从主菜单中选择 Main Menu > Solution > Solve > Current LS，弹出信息窗口和一个求解当前载荷步对话框，确认信息无误后关闭信息窗口，单击求解对话框中的"OK"按钮，开始求解运算，弹出确认对话框，单击"Yes"按钮将其关闭，直到出现一个"Solution is done！"的提示栏，表示求解结束。单击"Close"按钮将其关闭。

4)设定时间和子步选项。从主菜单中选择 Main Menu > Solution > Load Step Opts > Time/Frequenc > Time and substeps,弹出"Time and Substep Options(设定时间和子步选项)"对话框,如图 4-35 所示,在"Time at end of load step"后面的文本框中输入 0.03,在"Number of substps"后面的文本框中输入 1,单击"OK"按钮。

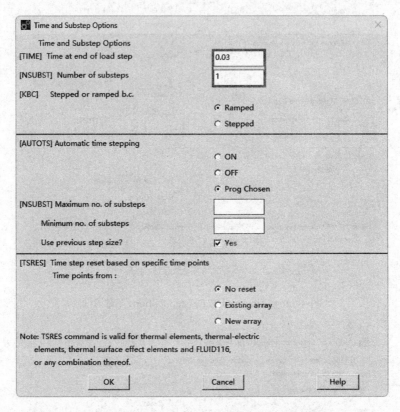

图 4-35 "Time and Substep Options"对话框

5)求解。从主菜单中选择 Main Menu > Solution > Solve > Current LS,弹出信息窗口和一个求解当前载荷步对话框,确认信息无误后关闭信息窗口,单击求解对话框中的"OK"按钮,开始求解运算,直到出现一个"Solution is done!"的提示栏,表示求解结束。

6)设定时间和时间步长选项。从主菜单中选择 Main Menu > Solution > Load Step Opts > Time/Frequenc > Time-Time Step,弹出如图 4-33 所示的"Time and Time Step Options(设定时间和时间步长选项)"对话框,在"Time step size"后面的文本框中输入 0.005,单击"OK"按钮。

7)设定时间和子步选项。从主菜单中选择 Main Menu > Solution > Load Step Opts > Time/Frequenc > Time and Substeps,弹出如图 4-35 所示的"Time and Subsetp Options"对话框,在"Time at end of load step"后面的文本框中输入 0.06,在"Number of substeps"后面的文本框中输入 1,单击"OK"按钮。

8)求解:从主菜单中选择 Main Menu > Solution > Solve > Current LS,弹出信息窗口和求解当前载荷步对话框,确认信息无误后关闭信息窗口,单击求解对话框中的"OK"按钮,开始求解运算,直到出现一个"Solution is done!"的提示栏,表示求解结束。

9）保存计算结果到文件：从实用菜单中选择 Utility Menu > File > Save as，弹出"Save DataBase"对话框，在"Save Database to"下面的文本框中输入文件名"Emage_2D_resu.db"，单击"OK"按钮。

5. 查看结算结果

1）选择后处理器。从主菜单中选择 Main Menu > General Postproc。

2）获取子步总数标量。在命令窗口输入以下命令，将子步总数的标量赋给标量 _NSET。

*GET,_NSET,ACTIVE,,SET,NSET

3）定义数组。从实用菜单中选择 Utility Menu > Parameters > Array Parameters > Define/Edit，弹出"Array Parameters（数组类型）"对话框，单击"Add"按钮，弹出"Add New Array Parameter（定义数组类型）"对话框，如图 4-36 所示。在"Parameter name"后面的文本框输入"CURTIME"，在"Parameter type"后面的单选按钮中选择"Array"，在"No. of rows, cols, planes"后面的 3 个文本框中分别输入"_NSET"、1、0，单击"Apply"按钮。在"Parameter name"后面的文本框中分别输入"FORCEY""CUR""IND"，单击"Apply"按钮。单击"OK"按钮，回到"Array Parameters"对话框。这样就定义了四个数组名分别为 CURTIME（时间）、FORCEY（力）、CUR（电流）、IND（电感）的 7×1 数组，如图 4-37 所示。单击"Close"按钮，关闭对话框。

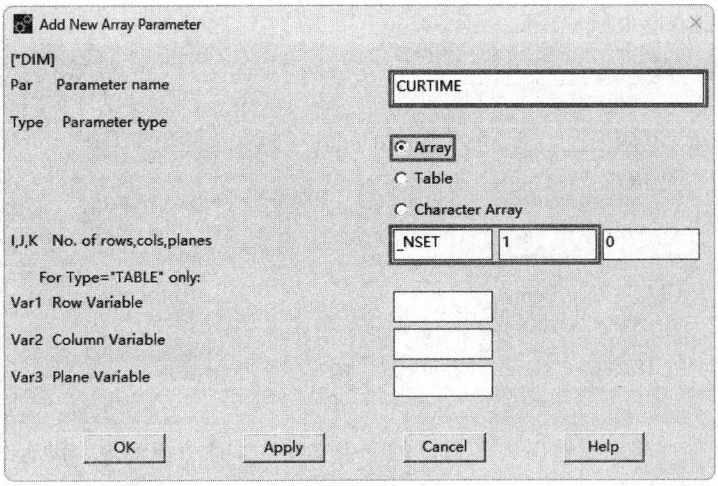

图 4-36 "Add New Array Parameter"对话框

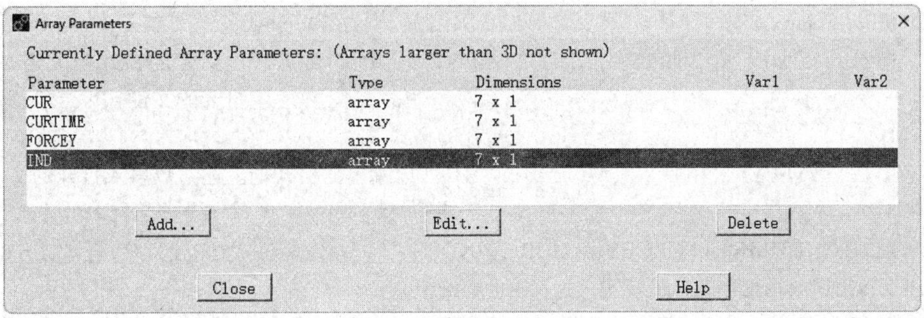

图 4-37 "Array Parameters"对话框

4）给数组赋值并运算。从实用菜单中选择 Utility Menu > Select > Comp/Assembly > Select Comp/Assembly，弹出"Select Component or Assembly"对话框，采用默认"by component name"选项，单击"OK"按钮，弹出新的对话框，采用默认的"Name Comp/Assemb to be selected"选项为"ARM"，单击"OK"按钮。

- 选择线圈上的所有节点。从实用菜单中选择 Utility Menu > Select > Entities，弹出"Select Entities"对话框。在最上边的下拉列表框选择"Nodes"，在第二个下拉列表框中选择"Attached to"，在下面的单选按钮中分别选择"Elements"和"From Full"，单击"Apply"按钮。
- 选择线圈上的所有单元。在最上边的下拉列表框选择"Elements"，在第二个下拉列表框中选择"Attached to"，在下面的单选按钮中分别选择"Nodes"和"From Full"，单击"OK"按钮。

在命令窗口输入以下命令，赋值给 FORCEY 数组：

```
*DO,_ISET,1,_NSET
SET,,,,,,,_ISET
EMFT
FORCEY(_ISET) = _FYSUM
*ENDDO
```

- 选择所有实体：从实用菜单中选择 Utility Menu > Select > Everything。
- 赋值给 CURTIME、CUR 和 IND 数组。

在命令窗口输入以下命令：

```
*DO,_ISET,1,_NSET
SET,,,,,,,_ISET
*GET,_CUR,NODE,NCOIL,RF,AMPS ! amps per turn
CUR(_ISET) = _CUR*n
ETABLE,_ENER,MENE
SSUM
*GET,ENER,SSUM,,ITEM,_ENER
IND(_ISET) = 2*ENER/_CUR**2
*GET,CURTIME(_ISET),ACTIVE,,SET,TIME
*ENDDO
```

5）查看数组值并将结果输出到 C 盘下的一个文件中（命令流实现，没有对应的 GUI 形式，且必须是从实用菜单中选择 Utility Menu > File > Read Input from 读入命令流文件）。C 盘下的"Emage_2D.txt"文件显示结果如图 4-38 所示。命令流文件内容如下：

```
*CFOPEN,Emage_2D,TXT,C:\            ! 在指定路径下打开 Emage_2D 文本文件
*VWRITE,' TIME ',' FORCE-Y ',' CURRENT ',' INDUCT '  ! 以指定的格式把上述参数写入
                                                      打开的文件
(/4a14)                             ! 指定的格式
*VWRITE,' (SEC)',' (N)',' (A-turn)',' (H)'  ! 以指定的格式把上述参数写入打开的文件
(4a14)                              ! 指定的格式
*VWRITE,CURTIME(1),FORCEY(1),CUR(1),IND(1)   ! 以指定的格式把上述参数写入打开的文件
(E14.5,1x,E14.5,1x,E14.5,1x,E14.5)  ! 指定的格式
*CFCLOS                             ! 关闭打开的文本文件
```

6）退出 Ansys：单击工具条上的"Quit"按钮，弹出如图 4-39 所示的"Exit"对话框，选取"Quit-No Save!"，单击"OK"按钮，则退出 Ansys 软件。

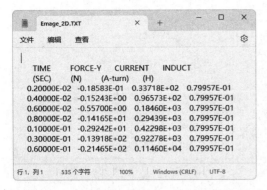

图 4-38 "Emage_2D.TXT"文件显示结果　　　　图 4-39 "Exit"对话框

4.3.3 命令流实现

```
!/BACH,LIST
/TITLE, 2D Solenoid Actuator Transient Analysis  !定义工作标题
/FILNAME,Emage_2D,0              !定义工作文件名
KEYW,MAGNOD,1                    !指定磁场分析
/PREP7
ET,1,PLANE233,,,1                !指定单元类型并定义单元选项
ET,2,PLANE233,2,,1               !指定单元类型并定义单元选项
MP,MURX,1,1                      !定义空气材料属性
MP,MURX,2,1000                   !定义铁心材料属性
MP,MURX,3,1                      !定义线圈材料属性
MP,MURX,4,2000                   !定义衔铁材料属性
MP,RSVX,3,3e-8                   !定义线圈电阻率
MP,RSVX,4,70e-8                  !定义衔铁电阻率
n = 650                          !定义参数
ta = 0.75
tb = 0.75
tc = 0.50
td = 0.75
wc = 1
hc = 2
gap = 0.25
space = 0.25
ws = wc+2*space
hs = hc+0.75
w = ta+ws+tc
hb = tb+hs
h = hb+gap+td
```

```
acoil = wc*hc                                    !线圈横截面积（cm**2）
Sc = acoil*0.01**2                               !线圈横截面积（m**2）
pi = acos(-1)
Ri = (ta+space)*0.01                             !线圈内径
Ro = (ta+space+wc)*0.01                          !线圈外径
Rm = (Ri+Ro)/2                                   !线圈平均直径
Vc = pi*(Ro**2-Ri**2)*(hc*0.01)                  !线圈体积
Rc = 3e-8*(n/Sc)**2*(Vc/0.95)                    !线圈电阻
R,1,,Sc,n,Rm,1,Rc                                !定义线圈实常数
/PNUM,AREA,1                                     !打开面区域编号
RECTNG,0,w,0,tb                                  !生成几何模型
RECTNG,0,w,tb,hb
RECTNG,ta,ta+ws,0,h
RECTNG,ta+space,ta+space+wc,tb+space,tb+space+hc
AOVLAP,ALL
RECTNG,0,w,0,hb+gap
RECTNG,0,w,0,h
AOVLAP,ALL
NUMCMP,AREA                                      !压缩编号
APLOT
SAVE,'Emage_2D_geom','db'                        !保存几何模型到文件
ASEL,S,AREA,,2                                   !给线圈区域赋予材料特性
AATT,3,1,2,0
ASEL,S,AREA,,1                                   !给衔铁区域赋予材料特性
ASEL,A,AREA,,12,13
AATT,4,1,1
ASEL,S,AREA,,3,5                                 !给铁心区域赋予材料特性
ASEL,A,AREA,,7,8
AATT,2,1,1,0
/PNUM,MAT,1                                      !打开材料编号
ALLSEL,ALL
APLOT
SAVE
SMRTSIZE,4                                       !设置智能化划分网格等级
AMESH,ALL                                        !划分自由网格
SAVE,'Emage_2D_mesh','db'                        !保存网格单元数据到文件
ESEL,S,MAT,,4                                    !选择衔铁上的所有单元
CM,ARM,ELEM                                      !将衔铁单元定义为一个组件
ESEL,S,MAT,,3
NSLE,S
CP,1,VOLT,ALL
CP,2,EMF,ALL                                     !将线圈单元定义为一个组件
NCOIL = NDNEXT(0)                                !将线圈的最小节点号赋给NCOIL
```

```
ALLSEL,ALL
ARSCAL,ALL,,,0.01,0.01,1,,0,1          !改变单位制为MSK单位（米）
FINISH

/SOLU
ANTYP,TRANS
NSEL,EXT                                !选择外层节点
D,ALL,AZ,0                              !施加磁力线平行边界条件
ALLSEL,ALL
D,NCOIL,VOLT,12                         !施加电压载荷
TIME,0.01                               !定义时间和子步选项
DELTIM,0.002                            !定义时间和时间步长选项
OUTRES,ALL,ALL
SOLVE
TIME,0.03
NSUBST,1
SOLVE
TIME,0.06
DELTIM,0.005
NSUBST,1
SOLVE
SAVE,Emage_2D_resu.db                   !保存计算结果
FINISH
/POST1
*GET,_NSET,ACTIVE,,SET,NSET
*DIM,CURTIME,ARRAY,_NSET
*DIM,FORCEY,ARRAY,_NSET
*DIM,CUR,ARRAY,_NSET
*DIM,IND,ARRAY,_NSET
!计算合力数值
CMSEL,S,ARM,ELEM
NSLE
ESLN
*DO,_ISET,1,_NSET
SET,,,,,,,_ISET
EMFT
FORCEY(_ISET) = _FYSUM
*ENDDO
ALLS
*DO,_ISET,1,_NSET
SET,,,,,,,_ISET
!获取电流数值
*GET,_CUR,NODE,NCOIL,RF,AMPS  ! amps per turn
```

```
CUR(_ISET) = _CUR*n
!计算电感数值
ETABLE,_ENER,MENE
SSUM
*GET,ENER,SSUM,,ITEM,_ENER
IND(_ISET) = 2*ENER/_CUR**2
*GET,CURTIME(_ISET),ACTIVE,,SET,TIME
*ENDDO
*CFOPEN,Emage_2D,TXT,C:\          !在指定路径下打开 Emage_2D 文本文件
*VWRITE,'TIME','FORCE-Y','CURRENT','INDUCT'!以指定的格式把上述参数写入
                                                          打开的文件
(/4a14)                           !指定的格式
*VWRITE,'(SEC)','(N)','(A-turn)','(H)'     !以指定的格式把上述参数写入打开的文件
(4a14)                            !指定的格式
*VWRITE,CURTIME(1),FORCEY(1),CUR(1),IND(1) !以指定的格式把上述参数写入打开的文件
(E14.5,1x,E14.5,1x,E14.5,1x,E14.5)    !指定的格式
*CFCLOS                           !关闭打开的文本文件
FINISH
```

4.4 实例 2——带缝导体瞬态分析

本实例将介绍一个带缝导体瞬态磁场的分析（GUI 方式和命令流方式）。

4.4.1 问题描述

一个镶嵌在钢制电动机槽中的实心导体承载正弦变化的电流，计算在 3/4 和 1 个振荡周期后的磁矢势解，并且显示随时间变化的总输入电流、源电流分量和涡流分量。二维带缝导体瞬态磁场分析如图 4-40 所示，参数见表 4-4。

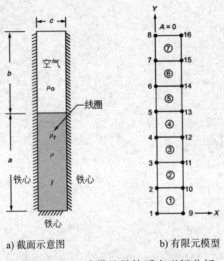

a) 截面示意图　　　　　b) 有限元模型

图 4-40　二维带缝导体瞬态磁场分析

表 4-4 二维带缝导体参数

材料特性	模型参数	载荷
$\mu_0 = 1.0$	$a = 4$	$I = 4\text{A}$
$\mu_r = 1.0$	$b = 3$	$\omega = 1\text{rad/s}$
$\rho = 1.0$	$c = 1$	

为了忽略端部效应，假设狭缝无限长，从而可以将三维问题简化为二维平面分析。假设铁心是无限可渗透的，可用磁力线法向边界条件代替；假设磁力线仅限于在狭缝内，可沿狭缝顶部放置磁力线平行边界条件。材料属性以无量纲和单位值形式来描述。

求解此问题需要将 VOLT 和 AZ 自由度进行耦合，为正确求解总电流密度的源电流分量，对导体的所有 VOLT 自由度进行了耦合。总电流密度的涡流分量由 AZ 自由度解确定。由于导体的所有 VOLT 自由度已经被耦合在一起，故电流激励可以施加在导体指定的一个节点上。

初始求解在 $1 \times 10^{-8}\text{s}$ 的时间步长内进行。由于不存在非线性特性，可通过 NEQIT 命令将平衡迭代数设置为 1，从而压缩平衡每个时间点的迭代。这里以恒定的时间增量设置了 81 个负载阶跃，以精确模拟瞬态磁场。求解器指定为雅可比共轭梯度求解器。

4.4.2 GUI 操作方法

1. 创建物理环境

1）过滤图形界面。从主菜单中选择 Main Menu > Preferences，弹出"Preferences for GUI Filtering"对话框，选中"Magnetic-Nodal"来对后面的分析进行菜单及相应的图形界面过滤。

2）定义工作标题。从实用菜单中选择 Utility Menu > File > Change Title，在弹出的对话框中输入"TRANSIENT ANALYSIS OF A SLOT EMBEDDED CONDUCTOR"，单击"OK"按钮，如图 4-41 所示。

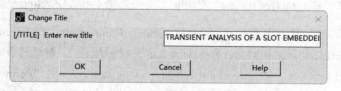

图 4-41 "Change Title"对话框

- 指定工作名：从实用菜单中选择 Utility Menu > File > Change Jobname，在弹出的对话框中"Enter new jobname"后面文本框中输入"Transient_2D"，单击"OK"按钮。

3）定义单元类型和选项。从主菜单中选择 Main Menu > Preprocessor > Element Type > Add/Edit/Delete，弹出"Element Types"对话框，如图 4-42 所示。单击"Add"按钮，弹出"Library of Element Types"对话框，如图 4-43 所示。在该对话框中左边下拉列表框中选择"Magnetic Vector"，在右边的下拉列表框中选择"Quad 4 node 13"，单击"Apply"按钮，再单击"OK"按钮，这样就定义了两个"PLANE13"单元。在"Element Types"对话框中选择单元类型 2，单击"Options"按钮，弹出"PLANE13 element type options"对话框，如图 4-44 所示。在"Element degrees of freedom"后面的下拉列表框中选择"VOLT AZ"，给单元类型 2 定义节点自由度为"VOLT"和"AZ"。单击"OK"按钮退出此对话框，得到如图 4-42 所示的结果。单击"Close"按钮，关闭"Element Types"对话框。

图 4-42 "Element Types" 对话框

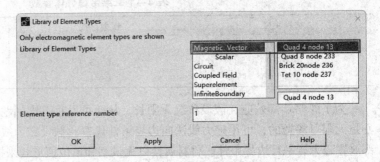
图 4-43 "Library of Element Types" 对话框

4）设置电磁单位制。从主菜单中选择 Main Menu > Preprocessor > Material Props > Electromag Units，弹出指定单位制的对话框，选择 "User-defined" 单选按钮。单击 "OK" 按钮，弹出 "Electromagnetic Units" 对话框，在 "Specify free-space permeability" 后面的文本框中输入 1，如图 4-45 所示。单击 "OK" 按钮。

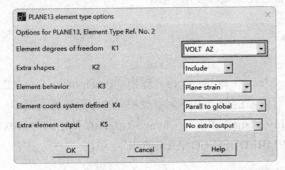
图 4-44 "PLANE13 element type options" 对话框

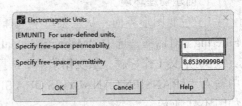
图 4-45 "Electromagnetic Units" 对话框

5）定义材料属性。从主菜单中选择 Main Menu > Preprocessor > Material Props > Material Models，弹出 "Define Material Model Behavior（定义材料属性）" 对话框，在右边的列表框中连续单击 Electromagnetics > Relative Permeability > Constant，弹出 "Permeability for Material Number 1（为1号材料定义相对磁导率）" 对话框，如图 4-46 所示，在该对话框中 "MURX" 后面的文本框中输入 1，单击 "OK" 按钮。

- 单击 Edit > Copy，弹出 "Copy Material Model（复制材料属性）" 对话框，如图 4-47 所示。在 "from Material number" 后面下拉列表框中选择材料号为 1，在 "to Material number" 后面的文本框中输入材料号为 2，单击 "OK" 按钮，把 1 号材料属性复制给 2 号材料。

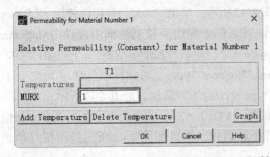
图 4-46 "Permeability for Material Number 1" 对话框

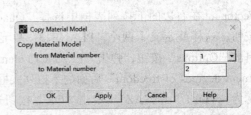
图 4-47 "Copy Material Model" 对话框

- 在"Define Material Model Behavior"对话框左边的列表框中单击"Material Model Number 2",在右边的列表框中依次单击 Electromagnetics > Resistivity > Constant,弹出"Resistivity for Material Number 2"对话框,如图 4-48 所示。在该对话框中"RSVX"后面的文本框输入 1,单击"OK"按钮。

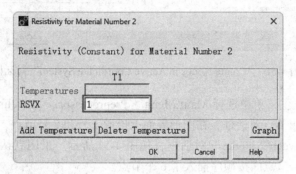

图 4-48 "Resistivity for Material Number 2"对话框

- 得到的结果如图 4-49 所示。单击菜单栏中的 Material > Exit,结束材料属性定义。

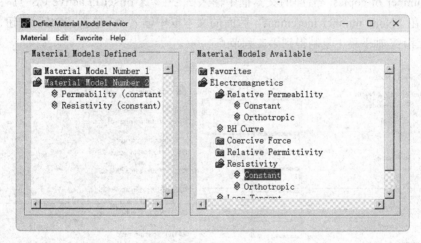

图 4-49 "Define Material Model Behavior"对话框

6)查看材料列表。从实用菜单中选择 Utility Menu > List > Properties > All Materials,弹出"MPLIST Command"信息窗口,其中列出了所有已经定义的材料及其属性,确认无误后关闭窗口。

2. 建立模型、赋予特性、划分网格

1)创建节点(用节点法建立模型)。从主菜单中选择 Main Menu > Preprocessor > Modeling > Create > Nodes > In Active CS,弹出"Create Nodes in Active Coordinate System(在当前激活坐标系下建立节点)"对话框,如图 4-50 所示。在"Node number"后面的文本框中输入 1,单击"Apply"按钮,这样就创建了 1 号节点,坐标为(0,0,0)。

- 将"Node number"后面的文本框中的 1 改为 8,在"Location in active CS"后面的 3 个文本框中分别输入 0、7 和 0,单击"OK"按钮,这样创建了第二个节点,也就是图 4-40b 中的 8 号节点。

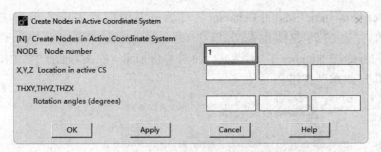

图 4-50 "Create Nodes in Active Coordinate System" 对话框

- 插入节点。从主菜单中选择 Main Menu > Preprocessor > Modeling > Create > Nodes > Fill between Nds，弹出节点对话框，在图形界面上拾取 1 号和 8 号节点，单击"OK"按钮，弹出"Create Nodes Between 2 Nodes"对话框，如图 4-51 所示。采用默认设置，单击"OK"按钮，即可在 1 号和 8 号节点间按顺序插入了 6 个节点。
- 复制一列节点。从主菜单中选择 Main Menu > Preprocessor > Modeling > Copy > Nodes > Copy，弹出节点对话框，单击"Pick All"按钮，弹出"Copy nodes"对话框，如图 4-52 所示。在"Total number of copies"后面的文本框中输入 2，在"X-offset in active CS"后面的文本框中输入 1，在"Node number increment"后面的文本框中输入 8，单击"OK"按钮，这样就将 1～8 号节点沿 X 轴平移 1 复制得到第二列节点。

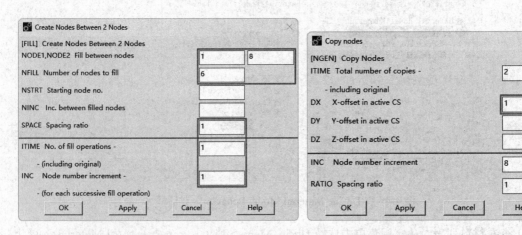

图 4-51 "Create Nodes Between 2 Nodes" 对话框   图 4-52 "Copy nodes" 对话框

2）定义单元默认属性。从主菜单中选择 Main Menu > Preprocessor > Meshing > Mesh Attributes > Default Attribs，弹出"Meshing Attributes（定义单元属性）"对话框，如图 4-53 所示。在"Element type number"后面的下拉列表框中选择"2 PLANE13"，在"Material number"后面的下拉列表框中选择 2，单击"OK"按钮。

3）创建线圈单元。从主菜单中选择 Main Menu > Preprocessor > Modeling > Create > Elements > Auto Numbered > Thru Nodes，弹出节点对话框，在图形界面上选取节点 1、2、10 和 9 节点，单击对话框上的"OK"按钮，即可创建第一个单元，如图 4-54 所示。此单元属性就是步骤 2）所定义的默认属性。注意：用节点法建模时，每得到一个单元应立即给此单元分配属性。

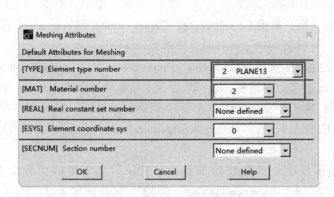
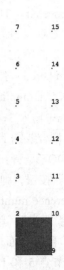

图 4-53 "Meshing Attributes"对话框　　　　图 4-54 创建第一个单元

- 复制单元。从主菜单中选择 Main Menu > Preprocessor > Modeling > Copy > Elements > Auto Numbered，弹出单元对话框，在图形界面上拾取单元 1，单击"OK"按钮，弹出"Copy Elements (Automatically-Numbered)"对话框，如图 4-55 所示。在"Total number of copies"后面的文本框中输入 4，单击"OK"按钮，得到的所有线圈单元如图 4-56 所示。

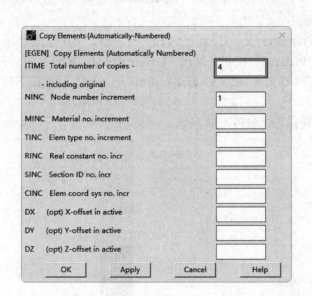

图 4-55 "Copy Elements (Automatically-Numbered)"对话框　　　　图 4-56 线圈单元

4）修改单元默认属性。从主菜单中选择 Main Menu > Preprocessor > Meshing > Mesh Attributes > Default Attribs，弹出"Meshing Attributes"对话框，如图 4-53 所示，在"Element type number"后面的下拉列表框中选择"1 PLANE13"，在"Material number"后面的下拉列表框中选择 1，单击"OK"按钮。

5）创建空气单元：从主菜单中选择 Main Menu > Preprocessor > Modeling > Create > Elements > Auto Numbered > Thru Nodes，弹出节点对话框，在图形界面上选取节点 5、6、14 和 13，单击对话框上"OK"按钮，即可创建第五个单元，此单元属性就是步骤 2）所修改的默认属性。

- 复制单元：从主菜单中选择 Main Menu > Preprocessor > Modeling > Copy > Elements > Auto Numbered，弹出单元对话框，在图形界面上拾取单元 5，单击"OK"按钮，弹出"Copy Elements (Automatically-Numbered)"对话框，如图 4-55 所示。在"Total number of copies"后面的文本框中输入 3，单击"OK"按钮，这样就创建了所有的空气单元。

6）耦合线圈节点 AZ 自由度。从主菜单中选择 Main Menu > Preprocessor > Coupling/Ceqn > Couple DOFs，弹出定义耦合节点自由度的节点对话框，在图形界面上拾取线圈节点 1 和 9，单击"OK"按钮，弹出"Define Coupled DOFs（自由度耦合设置）"对话框，如图 4-57 所示。在"Set reference number"后面的文本框中输入 1，在"Degree-of-freedom label"后面的下拉列表框中选择"AZ"，单击"Apply"按钮。

- 重复上面的操作步骤，在图形界面上拾取线圈节点 2 和 10、节点 3 和 11、节点 4 和 12、节点 5 和 13 分别进行耦合，在"Set reference number"的输入框分别输入 2、3、4、5，"Degree-of-freedom label"的下拉列表框中均选择"AZ"，单击"OK"按钮。

7）耦合线圈节点 VOLT 自由度。从实用菜单中选择 Utility Menu > Select > Entities，弹出"Select Entities"对话框。在最上边的下拉列表框中选取"Elements"，在第二个下拉列表框中选择"By Attributes"，再在下边的单选按钮中选择"Material num"，在"Min,Max"下面的对话框中输入 2，在下边的单选按钮中选择"From Full"，单击"Apply"按钮。在最上边的下拉列表框中选取"Nodes"，在其下的第二个下拉列表框中选择"Attached to"，再在下边的单选按钮中选择"Elements"，单击"OK"按钮。

- 从主菜单中选择 Main Menu > Preprocessor > Coupling/Ceqn > Couple DOFs，弹出定义耦合节点自由度的节点对话框，单击"Pick All"按钮，弹出"Define Couple DOFs"对话框。在"Set reference number"后面的文本框中输入 6，在"Degree-of-freedom label"后面的下拉列表框中选择"VOLT"，单击"OK"按钮。

此时可以看到在模型的线圈部分出现标志，如图 4-58 所示。

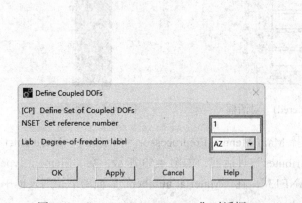

图 4-57 "Define Coupled DOFs"对话框

图 4-58 耦合线圈节点 VOLT 自由度后的单元

8）选择所有的实体：从实用菜单中选择 Utility Menu > Select > Everything。

3. 加边界条件和载荷

1）选择分析类型。从主菜单中选择 Main Menu > Solution > Analysis Type > New Analysis，弹出"New Analysis（选择分析类型）"对话框，如图 4-59 所示，选择"Transient"。单击"OK"按钮，弹出"Transient Analysis"对话框，如图 4-60 所示。设置求解方法"Solution method"为"Full"，单击"OK"按钮。

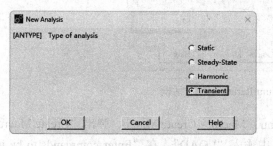
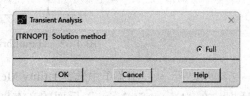

图 4-59 "New Analysis"对话框　　　　图 4-60 "Transient Analysis"对话框

2）选择求解器。从主菜单中选择 Main Menu > Solution > Analysis Type > Analysis Options，弹出"Full Transient Analysis"对话框，在"Equation solver"后面的下拉列表框中选择"Jacobi Conj Grad"，在"Tolerance/Level"后面的文本框中输入"1e-9"，如图 4-61 所示。单击"OK"按钮。

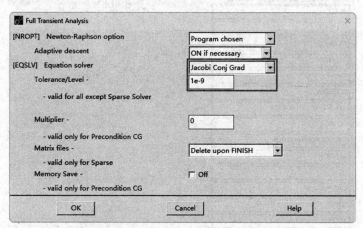

图 4-61 "Full Transient Analysis"对话框

3）施加磁力线平行条件。从主菜单中选择 Main Menu > Solution > Define Loads > Apply > Magnetic > Boundary > Vector Poten > Flux Par'l > On Nodes，弹出节点对话框，在图形界面上拾取节点 8 和 16，单击"OK"按钮，这样就给模型上面的一边施加了磁力线平行边界条件。其他三个边界的通量线是与之垂直的，为自然边界条件，所以以默认方式给定这一边界条件。

4）定义求解用参数。从实用菜单中选择 Utility Menu > Parameters > Scalar Parameters，弹出"Scalar Parameters"对话框，在"Selection"文本框中输入："T = 1e-8"，单击"Accept"按钮。然后依次在"Selection"文本框中分别输入"C = 0""N = 80""PI = 2*ASIN(1)""CON = 2*PI/N"，单击"Accept"按钮确认。单击"Close"按钮，关闭"Scalar Parameters"对话框。

4. 求解

1）设定平衡迭代数。从主菜单中选择 Main Menu > Solution > Load Step Opts > Nonlinear > Equilibrium Iter，弹出"Equilibrium Iterations"对话框，在"No. of equilibrium iter"后面的文本框中输入 1，如图 4-62 所示。单击"OK"按钮，弹出警告对话框，单击"Close"按钮将其关闭。

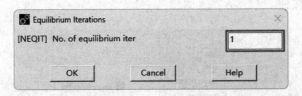

图 4-62 "Equilibrium Iterations"对话框

2）创建宏。从实用菜单中选择 Utility Menu > Macro > Create Macro，弹出"Create Macro"对话框，在"Macro file name"后面的文本框中输入"LOAD"，在"Enter commands to be included in macro"下面的文本框内输入宏内包含的命令，如图 4-63 所示。然后单击"OK"按钮，关闭对话框。

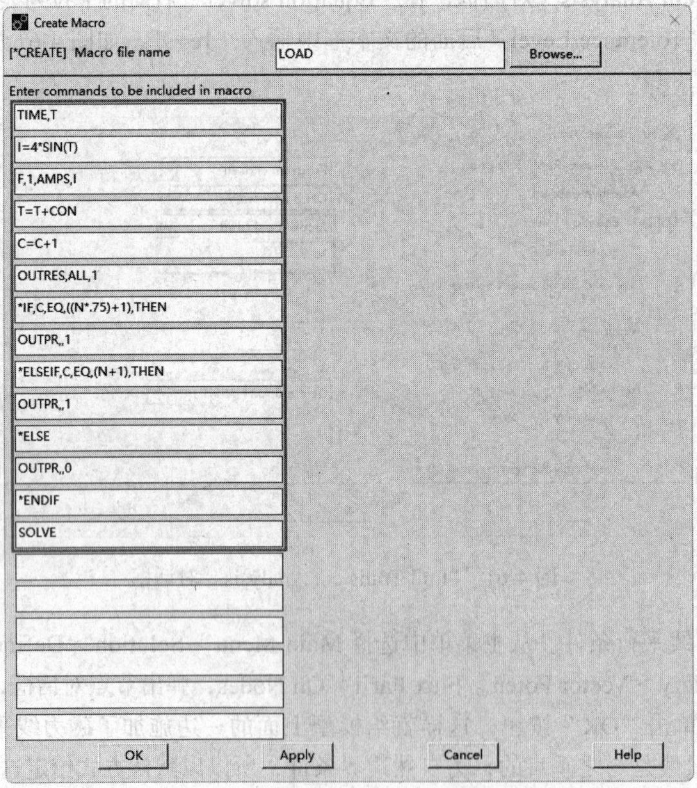

图 4-63 "Create Macro"对话框

3）循环执行宏。在命令窗口输入以下命令，在设置的一个负载周期中，程序将运行 81 次 LOAD 宏命令，并相继弹出"Solution is done!"的提示栏，单击"Close"按钮将其关闭。

*DO,I,1,81	!设置 81 次循环
*USE,LOAD	!执行 LOAD 宏
*ENDDO	

4)保存计算结果到文件。从实用菜单中选择 Utility Menu > File > Save as，弹出"Save DataBase"对话框，在"Save Database to"下面的文本框中输入文件名"Transient_2D_resu.db"，单击"OK"按钮。

5. 查看计算结果

1)设置存储变量文件的列数：从主菜单中选择 Main Menu > TimeHist Postpro，弹出"Time History Variables-Transient_2D.rst"对话框，单击菜单栏上的 File > Close 或右上角的⊠按钮，关闭窗口。然后从主菜单中选择 Main Menu > TimeHist Postpro > Settings > File，弹出"File Settings"对话框，在"Number of variables"后面的文本框中输入 12，如图 4-64 所示。单击"OK"按钮，系统弹出警告对话框，单击"Close"按钮，关闭窗口。

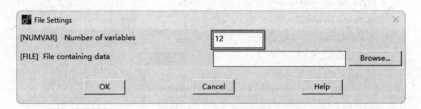

图 4-64 "File Settings"对话框

2)定义一个存放涡流变量的单元表。从主菜单中选择 Main Menu > TimeHist Postpro > Define Variables，弹出"Defined Time-History Variables（定义时间历程变量）"对话框，如图 4-65 所示。此时会看到只有时间"Time"一个变量，单击"Add"按钮，弹出"Add Time-History Variable"对话框，如图 4-66 所示。在单选按钮中选择"...by seq no."，单击"OK"按钮，弹出单元对话框，在图形界面上拾取编号为 1 的单元，或者在对话框中输入 1 并按 Enter 键，单击"OK"按钮，弹出"Define Element Results by Seq No."对话框，如图 4-67 所示。在"Ref number of variable（变量编号）"后面的文本框中默认为 2，在"User-specified label"后面的文本框中输入"JE"，在"Data item"后面的列表框中选择"NMISC"，在"Sequence number"后面的文本框中输入 6，其他采用默认设置，单击"OK"按钮。

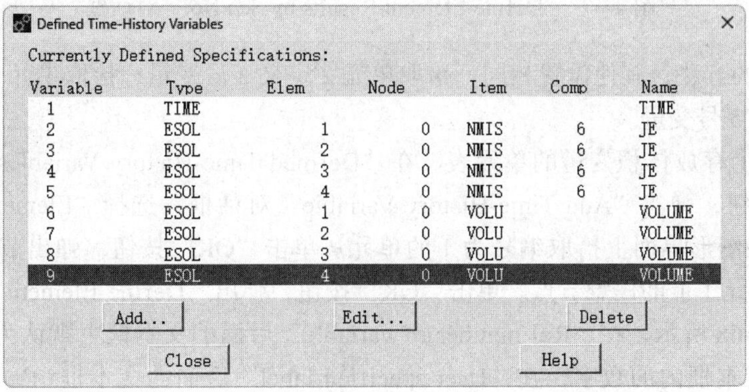

图 4-65 "Defined Time-History Variables"对话框

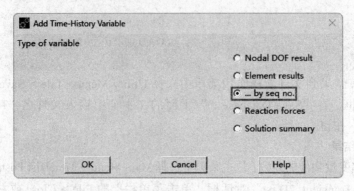

图 4-66 "Add Time-History Variable"对话框

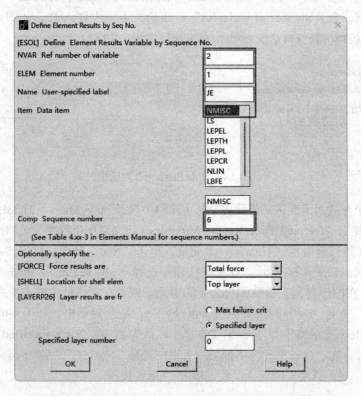

图 4-67 "Define Element Results by Seq No."对话框

• 用同样的方法，其他设置相同，拾取单元 2 定义 3 号变量，拾取单元 3 定义 4 号变量，拾取单元 4 定义 5 号变量。

• 定义一个存放体积变量的单元表。在"Defined Time-History Variables"对话框中继续单击"Add"按钮，弹出"Add Time-History Variable"对话框，选择"Element results"，弹出单元对话框，在图形界面上拾取编号为 1 的单元。单击"OK"按钮，弹出节点对话框，在图形界面上拾取单元 1 上的任意节点。单击"OK"按钮，弹出"Define Element Results Variable"对话框，如图 4-68 所示。在"Ref number of variable"后面的文本框中默认为 6，删除"Node number"后面文本框内的数字，在"User-specified label"后面的文本框中输入"VOLUME"，并在下面的列表框左边选择"Geometry"，右边选择"Elem volume VOLU"。单击"OK"按钮。

二维瞬态磁场分析 | 第4章

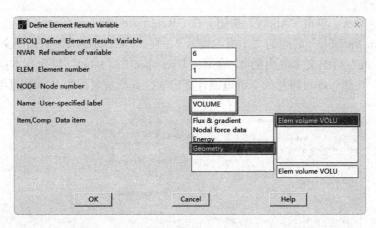

图 4-68 "Define Element Results Variable" 对话框

• 用同样的方法，拾取单元 2 定义 7 号变量，拾取单元 3 定义 8 号变量，拾取单元 4 定义 9 号变量，此时 "Defined Time-History Variables" 对话框如图 4-65 所示。单击 "Close" 按钮，关闭窗口。

3）计算涡旋电流。从主菜单中选择 Main Menu > TimeHist Postpro > Math Operations > Multiply，弹出 "Multiply Time-History Variables" 对话框，在 "Reference number for result" 后面的文本框内输入 2，在 "1st Variable" 后面的文本框内输入 2，在 "2nd Variable" 后面的文本框内输入 6，如图 4-69 所示，单击 "Apply" 按钮。依次将以上输入的三个参数更改为 "3、3、7""4、4、8""5、5、9"，并单击 "Apply" 按钮。然后单击 "Cancel" 按钮，关闭对话框。

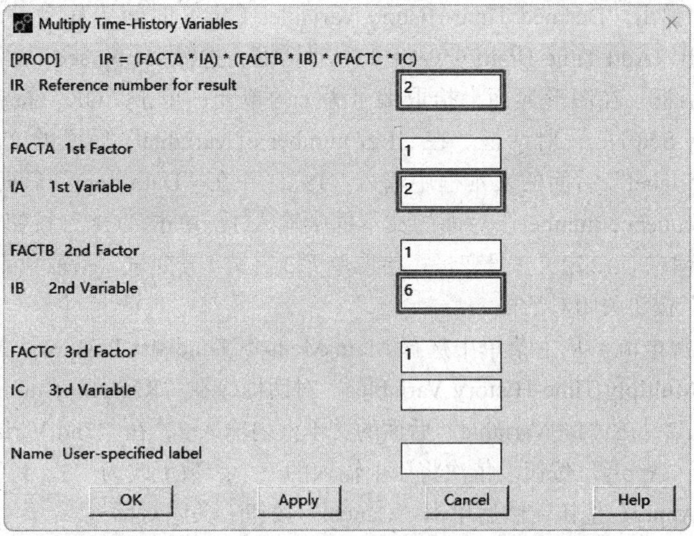

图 4-69 "Multiply Time-History Variables" 对话框

4）计算总的涡旋电流。从主菜单中选择 Main Menu > TimeHist Postpro > Math Operations > Add，弹出 "Add Time-History Variables" 对话框，在 "Reference number for result" 后面的文本框内输入 2，在 "1st Variable" 后面的文本框内输入 2，在 "2nd Variable" 后面的文本框内输入 3，在 "3rd Variable" 后面的文本框内输入 4，在 "User-specified label" 后面的文本框中输入

"IE",如图 4-70 所示,单击"Apply"按钮。在"Reference number for result"后面的文本框内输入 10,在"1st Variable"后面的文本框内输入 2,在"2nd Variable"后面的文本框内输入 5,删除"3rd Variable"后面文本框内的 4,保持"User-specified label"后面文本框中的"IE"不变。单击"OK"按钮。即可将总的涡旋电流计算出来,其变量名称为 IE,变量编号为 10。

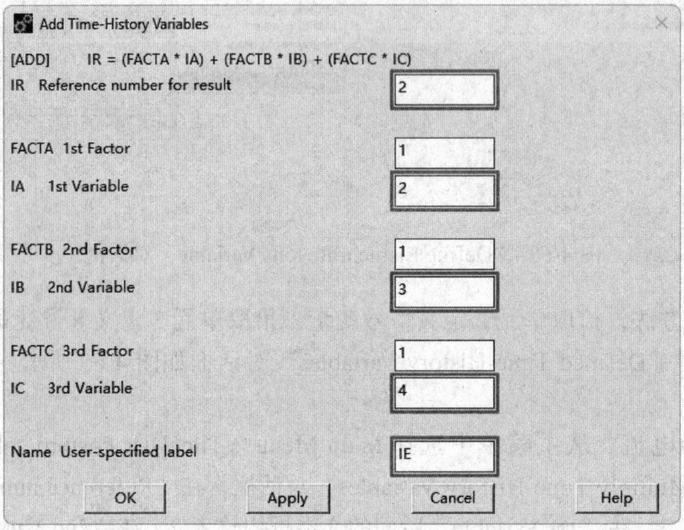

图 4-70 "Add Time-History Variables"对话框

5)定义一个存放源电流变量的单元表。从主菜单中选择 Main Menu > TimeHist Postpro > Define Variables,弹出"Defined Time-History Variables(定义时间历程变量)"对话框,单击"Add"按钮,弹出"Add Time-History Variable"对话框,选择"...by seq no.",单击"OK"按钮,弹出单元对话框,在图形界面上拾取编号为 1 的单元,单击"OK"按钮,弹出"Define Element Results by Seq No."对话框。在"Ref number of variable"后面的文本框中默认为 2,在"User-specified label"后面的文本框中输入"JS",并在"Data item"后面的列表框中选择"SMISC",在"Sequence number"后面的文本框中输入 1,单击"OK"按钮。用同样的方法,其他设置相同,拾取单元 2 定义 3 号变量,拾取单元 3 定义 4 号变量,拾取单元 4 定义 5 号变量。然后单击"Close"按钮关闭对话框。

6)计算单元源电流。从主菜单中选择 Main Menu > TimeHist Postpro > Math Operations > Multiply,弹出"Multiply Time-History Variables"对话框,在"Reference number for result"后面的文本框内输入 2,在"1st Variable"后面的文本框内输入 2,在"2nd Variable"后面的文本框内输入 6,单击"Apply"按钮。依次将以上输入的三个参数更改为"3、3、7""4、4、8""5、5、9",并单击"Apply"按钮。然后单击"Cancel"按钮,关闭对话框。

7)计算总的源电流。从主菜单中选择 Main Menu > TimeHist Postpro > Math Operations > Add,弹出"Add Time-History Variables"对话框,在"Reference number for result"后面的文本框内输入 2,在"1st Variable"后面的文本框内输入 2,在"2nd Variable"后面的文本框内输入 3,在"3rd Variable"后面的文本框内输入 4,在"User-specified label"后面的文本框中输入"IS",单击"Apply"按钮。在"Reference number for result"后面的文本框内输入 11,在"1st Variable"后面的文本框内输入 2,在"2nd Variable"后面的文本框内输入 5,删除"3rd Variable"后面文本框内的4,保持"User-specified label"后面文本框中的"IS"不变。单击"OK"按钮。即可将总的涡旋电流计算出来,其变量名称为IS,变量编号为11。

8)定义一个存放电流变量的单元表。从主菜单中选择 Main Menu > TimeHist Postpro > Define Variables,弹出"Defined Time-History Variables(定义时间历程变量)"对话框,单击"Add"按钮,弹出"Add Time-History Variable"对话框,选择"...by seq no.",单击"OK"按钮,弹出单元对话框,在图形界面上拾取编号为1的单元,单击"OK"按钮,弹出"Define Element Results by Seq No."对话框。在"Ref number of variable"后面的文本框中默认为2,在"User-specified label"后面的文本框中输入"JT",并在"Data item"后面的列表框中选择"NMISC",在"Sequence number"后面的文本框中输入7,单击"OK"按钮。用同样的方法,其他设置相同,拾取单元2定义3号变量,拾取单元3定义4号变量,拾取单元4定义5号变量。然后单击"Close"按钮,关闭对话框。

9)计算单元电流。从主菜单中选择 Main Menu > TimeHist Postpro > Math Operations > Multiply,弹出"Multiply Time-History Variables"对话框,在"Reference number for result"后面的文本框内输入2,在"1st Variable"后面的文本框内输入2,在"2nd Variable"后面的文本框内输入6,单击"Apply"按钮。依次将以上输入的三个参数更改为"3、3、7""4、4、8""5、5、9",并单击"Apply"按钮。然后单击"Cancel"按钮,关闭对话框。

10)计算总的电流。从主菜单中选择 Main Menu > TimeHist Postpro > Math Operations > Add,弹出"Add Time-History Variables"对话框,在"Reference number for result"后面的文本框内输入2,在"1st Variable"后面的文本框内输入2,在"2nd Variable"后面的文本框内输入3,在"3rd Variable"后面的文本框内输入4,在"User-specified label"后面的文本框中输入"IT",单击"Apply"按钮。在"Reference number for result"后面的文本框内输入12,在"1st Variable"后面的文本框内输入2,在"2nd Variable"后面的文本框内输入5,删除"3rd Variable"后面文本框内的4,保持"User-specified label"后面文本框中的"IT"不变。单击"OK"按钮。即可将总的涡旋电流计算出来,其变量名称为IS,变量编号为12。

11)设置坐标轴。从实用菜单中选择 Utility Menu > PlotCtrls > Style > Graphs > Modify Axes,弹出"Axes Modifications for Graph Plots"对话框,在"Y-axis label"后面的文本框中输入"CURRENT",在"Axis number size fact"后面的文本框中输入2,如图4-71所示,单击"OK"按钮。

12)列表显示结果。从主菜单中选择 Main Menu > TimeHist Postpro > List Variables,弹出"List Time-History Variables"对话框,在"1st variable to list"后面的文本框中输入10,在"2nd variable"后面的文本框中输入11,在"3rd variable"后面的文本框中输入12,如图4-72所示。单击"OK"按钮,弹出如图4-73所示的窗口,其中显示了结果。浏览结束后,单击菜单栏 File > Close 或右上角的 ✕ 按钮,关闭窗口。

13)图形显示结果。从主菜单中选择 Main Menu > TimeHist Postpro > Graph Variables,弹出"Graph Time-History Variables"对话框,在"1st variable to graph"后面的文本框中输入10,在"2nd variable"后面的文本框中输入11,在"3rd variable"后面的文本框中输入12,如图4-74所示。单击"OK"按钮,生成变量图形如图4-75所示。

14)读取3/4振荡周期后的磁矢势解。从主菜单中选择 Main Menu > General Postproc > Read Results > By Pick,弹出"Results File:Transient_2D.rst"对话框,选择61载荷步的结果(一共有81个载荷步),如图4-76所示,然后单击"Read"按钮。单击"Close"按钮,关闭对话框。

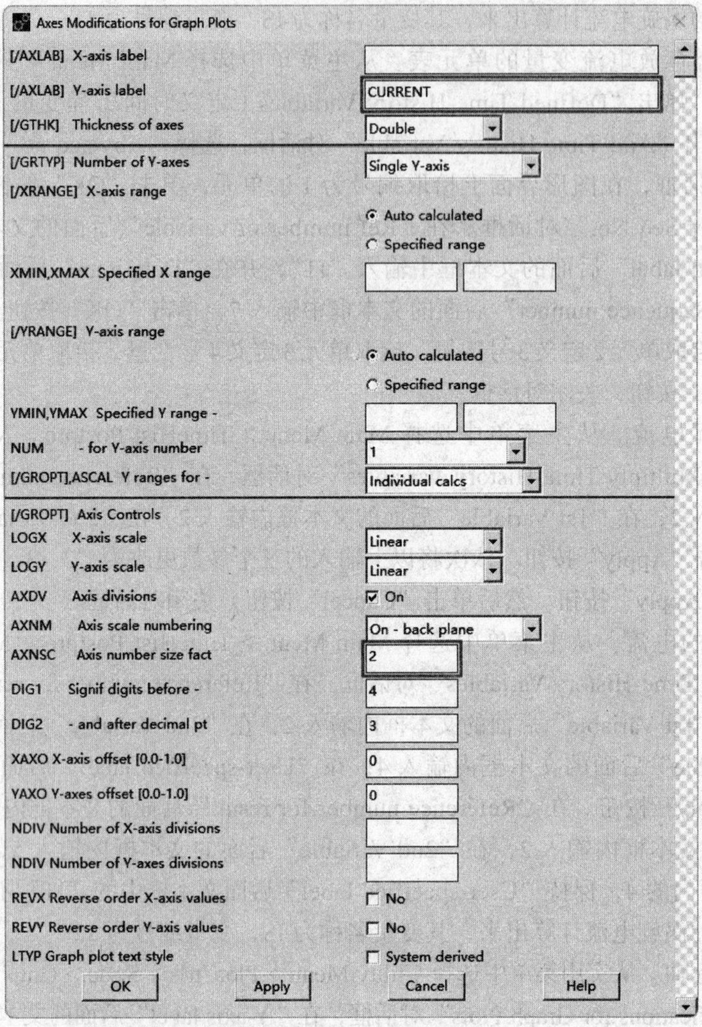

图 4-71 "Axes Modifications for Graph Plots" 对话框

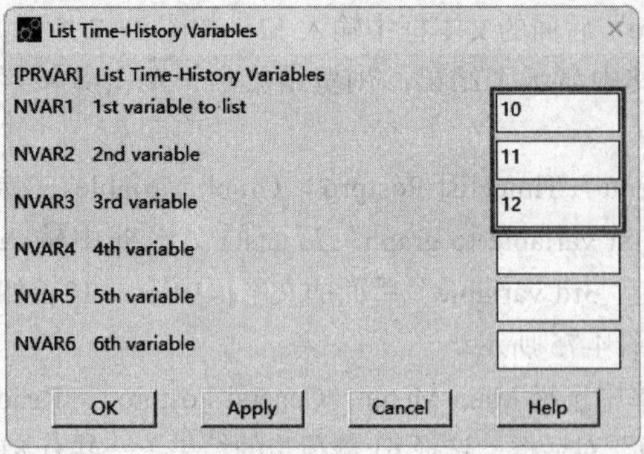

图 4-72 "List Time-History Variables" 对话框

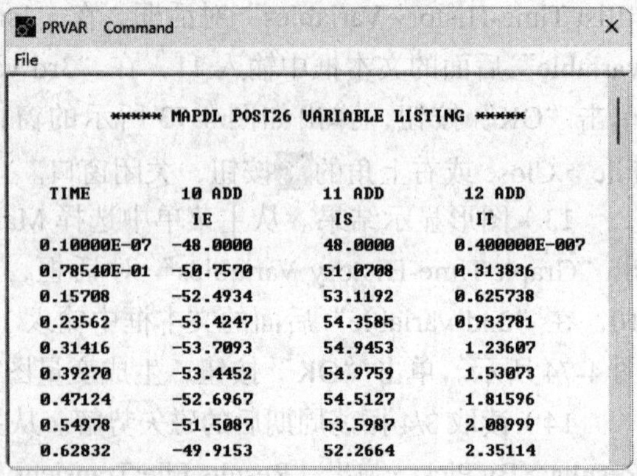

图 4-73 "PRVAR Command" 窗口

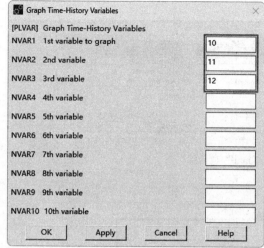

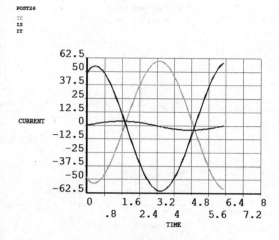

图 4-74 "Graph Time-History Variables" 对话框　　　　图 4-75 生成变量图形

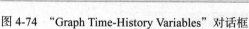

图 4-76 "Results File:Transient_2D.rst" 对话框

• 从实用菜单中选择 Utility Menu > Parameters > Get Scalar Data，弹出 "Get Scalar Data" 对话框，在左边下拉列表框中选择 "Results data"，在右边的下拉列表框中选择 "Nodal results"，如图 4-77 所示。单击 "OK" 按钮。弹出 "Get Nodal Results Data" 对话框，在 "Name of parameter to be defined" 后面的文本框中输入 "A1"，在 "Node number N" 后面的文本框中输入 1，在 "Results data to be retrieved" 后面的左边下拉列表框中选择 "DOF solution"，在右边的下拉列表框中选择 "MagVectPoten AZ"，如图 4-78 所示，单击 "Apply" 按钮，即可将节点 1 的磁矢势解的数值赋给标量 A1。采用同样方法，将节点 4 和节点 7 的磁矢势解的数值分别赋给标量 A2 和 A3，然后单击 "OK" 按钮。

15）读取 1 个振荡周期后的磁矢势解。重复步骤 14），选择 81 载荷步的结果，然后将 1 个振荡周期时的节点 1、节点 4 和节点 7 的磁矢势解的数值分别赋给标量 A4、A5 和 A6。

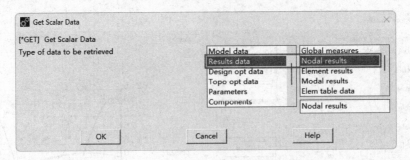

图 4-77 "Get Scalar Data"对话框

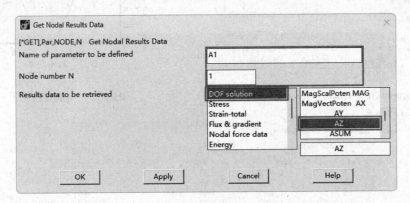

图 4-78 "Get Nodal Results Data"对话框

16）定义数组。从实用菜单中选择 Utility Menu > Parameters > Array Parameters > Define/Edit，弹出"Array Parameters"对话框，单击"Add"按钮，弹出"Add New Array Parameter"对话框，如图 4-79 所示。在"Parameter name"后面的文本框输入"LABEL"，在"Parameter type"后面的单选按钮中选择"Character Array（字符数组）"，在"No. of rows,cols,planes"后面的 3 个文本框中分别输入 3、2 和 0。单击"OK"按钮，回到"Array Parameters"对话框。这样就定义了一个数组名为"LABEL"的 3×2 字符数组。

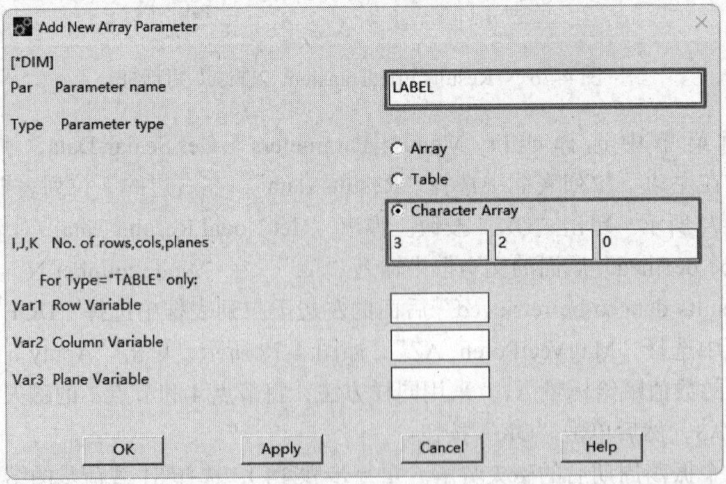

图 4-79 "Add New Array Parameter"对话框

- 采用同样的步骤，定义一个数组名为"VALUE"的 3×2 一般数组。"Array Parameters"对话框中列出了已经定义的数组，如图 4-80 所示。单击"Close"按钮，关闭对话框。

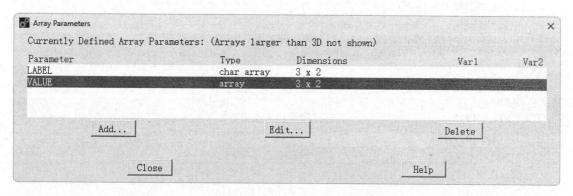

图 4-80　"Array Parameters"对话框

17）在命令窗口输入以下命令给数组赋值，即将磁矢势解复制给一般数组：

```
LABEL(1,1) = 'NODE','NODE','NODE'
LABEL(1,2) = '1','4','7'
*VFILL,VALUE(1,1),DATA,A1,A2,A3
*VFILL,VALUE(1,2),DATA,A4,A5,A6
```

18）查看数组的值，并将比较结果输出到 C 盘下的"Transient_2D.txt"文件中（命令流实现，没有对应的 GUI 形式，且必须是从实用菜单中选择 Utility Menu > File > Read Input from 读入命令流），文档显示结果如图 4-81 所示，从图中可以看出，节点 1、4、7 处在 3/4 振荡周期后的磁矢势解分别为 −15.07、−14.65、−4.00；在 1 个振荡周期后的磁矢势解分别为 −3.10、−0.89、0.00。命令流文件内容如下：

```
*CFOPEN,Transient_2D,TXT,C:\
*VWRITE,LABEL(1,1),LABEL(1,2),VALUE(1,1),VALUE(1,2)
(1X,A8,A8,'',F10.2,'',F14.2,'',1F15.3)
*CFCLOS
```

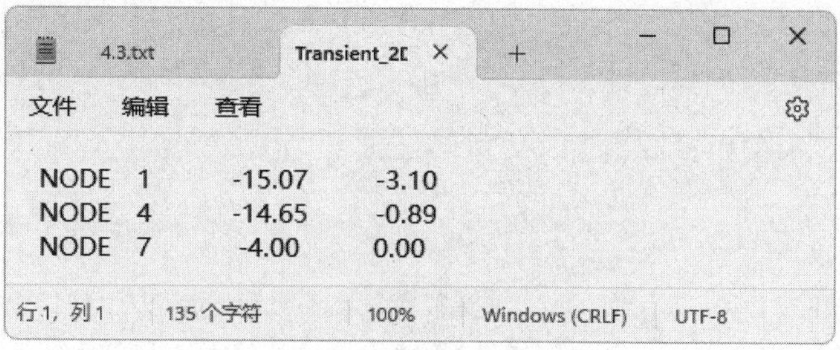

图 4-81　文档显示结果

19）退出 Ansys。单击工具条上的"Quit"按钮，弹出"Exit"对话框，选取"Quit—No Save!"，单击"OK"按钮，退出 Ansys。

4.4.3 命令流实现

```
/TITLE, TRANSIENT ANALYSIS OF A SLOT EMBEDDED CONDUCTOR
!定义工作标题
/FILNAME,TRANSIENT_2D,0         !定义工作文件名
KEYW,MAGNOD,1                   !指定磁场分析

/PREP7
ET,1,PLANE13                    !指定单元类型并定义单元选项（空气）
ET,2,PLANE13,6                  !指定单元类型并定义单元选项（线圈）
EMUNIT,MUZRO,1                  !设置电磁单位制
MP,MURX,1,1                     !定义空气材料属性
MP,MURX,2,1                     !定义线圈材料属性
MP,RSVX,2,1
!用节点法建模
N,1                             !创建第一个节点，在坐标原点
N,8,,7                          !创建第二个节点，Y 坐标为 7
FILL                            !在节点 1 和 8 之间均布插入 6 个节点
NGEN,2,8,1,8,1,1                !复制第一列节点，在 X 轴上的偏移量为 1
MAT,2                           !指定材料属性为 2
TYPE,2                          !指定单元属性为 2
E,1,2,10,9                      !创建第一个单元，且分配了指定材料属性和单元类型
EGEN,4,1,-1                     !复制 4 个与上边相同的单元
MAT,1                           !指定材料属性为 1
TYPE,1                          !指定单元属性为 1
E,5,6,14,13                     !创建第五个单元，且分配了指定材料属性和单元类型
EGEN,3,1,-1                     !复制 3 个与上边相同的单元
CP,1,AZ,1,9                     !对 AZ 自由度进行耦合，变成一维解
*REPEAT,5,1,,1,1
ESEL,,MAT,,2
NSLE
CP,6,VOLT,ALL                   !对导体的 VOLT 自由度进行耦合
ESEL,ALL
FINISH

/SOLU
ANTYPE,TRANS
EQSLV,JCG,1E-9                  !选择雅克比求解器，误差为 $1 \times 10^{-9}$
NSEL,S,LOC,Y,7
D,ALL,AZ,0                      !施加磁力线平行条件
NSEL,ALL
T = 1E-8                        !设置开始求解时间
C = 0                           !定义一个计数器
```

```
N = 80                          !设置一个周期内的时间步长总数
PI = 2*ASIN(1)                  !获得 π 的值
CON = 2*PI/N                    !设置时间增量大小
NEQIT,1                         !设置时间步的迭代次数为 1
*CREATE,LOAD                    !创建宏设置载荷步
TIME,T                          !设置载荷步终止时间
I = 4*SIN(T)                    !计算激励电流
F,1,AMPS,I                      !把电流加到导体的一个节点 1 上
T = T+CON                       !时间递增
C = C+1                         !计数器递增
OUTRES,ALL,1                    !设置输出控制
*IF,C,EQ,((N*.75)+1),THEN       !条件判断
OUTPR,,1                        !输出打印结果
*ELSEIF,C,EQ,(N+1),THEN         !条件转移
OUTPR,,1                        !输出打印结果
*ELSE
OUTPR,,0
*ENDIF                          !结束条件判断
SOLVE                           !进行求解
*END                            !结束宏
*DO,I,1,81                      !循环命令
*USE,LOAD                       !执行宏
*ENDDO
FINISH
/POST26
NUMVAR,12                       !设置存储变量文件的列数
ESOL,2,1,,NMISC,6,JE            !定义涡流变量
*REPEAT,4,1,1
ESOL,6,1,,VOLUME                !定义体积变量
*REPEAT,4,1,1
PROD,2,2,6                      !计算涡旋电流 IE = JE*VOLUME
*REPEAT,4,1,1,1
ADD,2,2,3,4,IE                  !对所有导体单元涡旋电流求和
ADD,10,2,5,,IE                  !总的涡旋电流（IE 的变量编号为 10）
ESOL,2,1,,SMISC,1,JS            !定义源电流变量
*REPEAT,4,1,1
PROD,2,2,6                      !计算 IS = JS*VOLUME
*REPEAT,4,1,1,1
ADD,2,2,3,4,IS                  !对所有导体单元源电流求和
ADD,11,2,5,,IS                  !总的源电流（IS 的变量编号为 11）
ESOL,2,1,,NMISC,7,JT            !定义总的电流变量
*REPEAT,4,1,1
PROD,2,2,6                      !计算 IT = JT*VOLUME
```

```
*REPEAT,4,1,1,1
ADD,2,2,3,4,IT                    !对所有导体单元总电流求和
ADD,12,2,5,,IT                    !总电流（IT 的变量编号为 12）
/AXLAB,Y,CURRENT                  !定义 y 轴标签为电流
/GROPT,AXNSC,2.0                  !坐标轴刻度比例因子。2.0 表示主刻度间有一次刻度
PRVAR,10,11,12                    !打印涡旋电流、源电流和总电流
PLVAR,10,11,12                    !绘制涡旋电流、源电流和总电流
FINISH
/POST1
SET,61,1,,,4.7124                 !读入 61 载荷步的结果
*GET,A1,NODE,1,A,Z                !将节点 1 的磁矢势解的数值赋给标量 A1
*GET,A2,NODE,4,A,Z                !将节点 4 的磁矢势解的数值赋给标量 A2
*GET,A3,NODE,7,A,Z                !将节点 7 的磁矢势解的数值赋给标量 A3
SET,81,1,,,6.2832                 !读入 81 载荷步的结果
*GET,A4,NODE,1,A,Z                !将节点 1 的磁矢势解的数值赋给标量 A4
*GET,A5,NODE,4,A,Z                !将节点 4 的磁矢势解的数值赋给标量 A5
*GET,A6,NODE,7,A,Z                !将节点 7 的磁矢势解的数值赋给标量 A6
*DIM,LABEL,CHAR,3,2               !定义一个数组名为 LABEL 的 3×2 字符数组
*DIM,VALUE,,3,2                   !定义一个数组名为 VALUE 的 3×2 一般数组
LABEL(1,1) = 'NODE','NODE','NODE' !为 LABEL 数组赋值
LABEL(1,2) = '1','4','7'          !为 LABEL 数组赋值
*VFILL,VALUE(1,1),DATA,A1,A2,A3   !为 VALUE 数组赋值
*VFILL,VALUE(1,2),DATA,A4,A5,A6   !为 VALUE 数组赋值
*CFOPEN,Transient_2D,TXT,C:\      !在指定路径下打开 Transient_2D 文本文件
*VWRITE,LABEL(1,1),LABEL(1,2),VALUE(1,1),VALUE(1,2) !把上述参数写入打开的文件
(1X,A8,A8,' ',F10.2,' ',F14.2,' ',1F15.3)    !指定数据格式
*CFCLOS                           !关闭打开的文本文件
FINISH
```

第 5 章

三维静态磁场标量法分析

磁场标量法将电流源以基元的方式单独处理,无须为其建立模型和划分有限元网格。由于电流源不必成为有限元网格模型中的一部分,因此建立模型更容易,用户只需在合适的位置施加电流源基元(线圈型、杆型等)就可以模拟电流对磁场的贡献。对于大多数 3-D 静态分析,请尽量使用标量法。标量法提供以下功能:

- 砖型(六面体)、楔型、金字塔型、四面体单元。
- 电流源以基元的方式定义(线圈型、杆型、弧型)。
- 可含永久磁体激励。
- 求解线性和非线性磁导率问题。
- 可使用节点耦合和约束方程。

◉ 三维静态磁场标量法分析中要用到的单元
◉ 用标量法进行三维静态磁分析的步骤

5.1 三维静态磁场标量法分析中要用到的单元

三维静态磁场标量法分析中要用到的单元见表 5-1～表 5-3。

表 5-1 三维实体单元

单元	维数	形状或特性	自由度
SOLID5	3-D	六面体，8 个节点	每节点最多 6 个：位移、电势、磁标量位或温度
SOLID96	3-D	六面体，8 个节点	磁标量位
SOLID98	3-D	四面体，4 个节点	磁标量位、位移、电势、温度

表 5-2 三维连接单元

单元	维 数	形状或特性	自由度
SOURC36	3D 杆装 (Bar)、弧装 (Arc)、线圈 (Coil) 基元	3 个节点	无

表 5-3 三维远场单元

单元	维数	形状或特性	自由度
INFIN47	3-D	四边形，4 个节点或三角形，3 个节点	磁标量位、温度
INFIN111	3-D	六面体，8 个或 20 个节点	磁矢量位、电势、磁标量位、温度

SOLID96 是磁场分析专用单元，SOLID5 和 SOLID98 更适合耦合场求解。

在磁标量法中，可使用以下分析方法：简化标势法（RSP）、差分标势法（DSP）和通用标势（GSP）法。

- ➢ 若模型中不包含铁区，或有铁区但无电流源时，用 RSP 法。若模型中既有铁区又有电流源时，就不能用这种方法。
- ➢ 若不适用 RSP 法，就选择 DSP 法或 GSP 法。DSP 法适用于单连通铁区，GSP 法适用于多连通铁区。

单连通铁区是指不能为电流源所产生的磁通量提供闭合回路的铁区，而多连通铁区则可以构成闭合回路。连通域如图 5-1 所示。

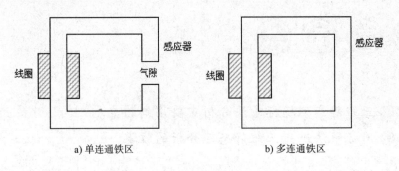

a) 单连通铁区　　　　　　b) 多连通铁区

图 5-1 连通域

数学上通过安培定律来判断是单连通区还是多连通区，即磁场强度沿闭合回路的积分等于包围的电流或是磁动势（MMF）降。

第 5 章 三维静态磁场标量法分析

因为铁的磁导率非常大，所以在单连通区域中的 MMF 降接近于零，几乎全部的 MMF 降都发生在空气隙中。但在多连通区域中，无论铁的磁导率如何，所有的 MMF 降都发生在铁心中。

5.2 用标量法进行三维静态磁分析的步骤

1）建立物理环境。
2）建模、给模型区域赋予属性和划分网格。
3）施加边界条件和载荷（激励）。
4）用 RSP 法、DSP 法或 GSP 法求解。
5）观察结果。

5.2.1 创建物理环境

首先设置分析参数为"Magnetic-Nodal"并给出分析题目，然后用 Ansys 前处理器定义物理环境包含的项目，即单元类型、KEYOPT 选项、材料特性等。三维分析的大部分过程与二维分析相似，本章将介绍三维分析中要特殊注意的事项。

➢ SOLID96 单元可为模型所有的内部区域建模，包括饱和区、永磁区和空气区（自由空间）。对于电流传导区，需用 SOURC36 单元来表示。关于电流传导区建模，后面有详细介绍。

➢ 对于空气单元的外层区域，推荐使用 INFIN47 单元（4 节点边界单元）或 INFIN111 单元（8 节点或 20 节点边界单元）。INFIN47 单元和 INFIN111 单元可很好地描述磁场的远场衰减，通常比使用磁力线垂直或磁力线平行条件得到的结果更准确。与 INFIN47 单元相比，INFIN111 单元更精确一些。

➢ 单位制默认使用 MKS 单位制（米 - 千克 - 秒国际单位制），也可改变成其他单位制。单位制一旦选定，所有输入的数据都应该使用该单位制。为了方便建模，可以先在其他单位制系统下面建模（如毫米或英寸），然后进行缩放。

定义单位制方式如下：

命令：EMUNIT

GUI：Main Menu > Preprocessor > Material Props > Electromag Units

➢ 根据设定的单位制，自由空间的相对磁导率将自动设定。

在 MKS 单位制中，$\mu_0 = 4\pi \times 10^{-7}$，或者根据具体情况用"EMUNIT"命令来设定一个值。

1. 设置 GUI 菜单过滤

如果希望通过 GUI 路径来运行 Ansys，当 Ansys 被激活后第一件要做的事情就是选择菜单路径：Main Menu > Preferences。执行上述命令后，在弹出的对话框中选择"Magnetic-Nodal"，Ansys 便会根据所选择的参数来对 GUI 图形界面进行过滤。选择"Magnetic-Nodal"可在进行二维静态磁场分析时过滤掉一些不必要的菜单及相应图形界面。

2. 定义材料属性和实常数的一般原则

第 2 章"二维静态磁场分析"中讲述的关于设置物理模型区域的一般原则在这里同样适用。

5.2.2 建立模型

对于三维标量法进行磁场分析的建模与普通三维建模差别不大,但是对于电流源的处理有一些特殊考虑。

1. 建立电流传导区

可以用基元模拟电流传导区域,不需要材料性质。

在三维标量法分析中,电流源不是有限元模型的一个组成部分(在二维矢量法分析中是一个组成部分),只需用一个有限元哑元单元(SOURC36)来指明电流源的形状和位置。可以在模型中的任意位置定义线圈、杆状、弧状电流源,电流源的大小和其他电流源数据可以通过哑元单元的实常数定义给出。图 5-2 所示为用 SOURC36 单元表示的线圈电流源。

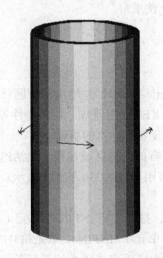

图 5-2 用 SOURC36 单元表示的线圈电流源

注意:即使采用半对称模型或四分之一对称模型,也要为整个电流源建模。线圈和弧单元的内径不能设置为 0。

因为 SOURC36 单元并不是一个真正的有限元,因此只能通过直接生成来定义它们,而不能通过实体建模的方式。

命令:N

GUI:Main Menu > Preprocessor > Modeling > Create > Nodes > In Active CS

Main Menu > Preprocessor > Modeling > Create > Nodes > In Active CS

Main Menu > Preprocessor > Modeling > Create > Nodes > On Working Plane

命令:E

GUI:Main Menu > Preprocessor > Modeling > Create > Elements > Auto Numbered > Thru Nodes

命令:EGEN

GUI:Main Menu > Preprocessor > Modeling > Copy > Elements > Auto Numbered

直接生成的电流源单元在屏幕上是不显示的,可通过以下命令显示:

命令:/ESHAPE

EPLOT

GUI：Utility Menu > PlotCtrls > Style > Size and Shape
　　　Utility Menu > Plot > Elements

下面是一个定义电流源的命令流实例：

```
/PREP7
ET,2,36                    !电流源单元
EMUNIT,MKS                 !MKS 单位制
!定义参数
I = 0.025                  !电流 (amps)
N = 300                    !匝数
S = 0.04                   !螺线管长度
R = 0.01                   !螺线管半径
THK = 0.002                !螺线管厚度

R,2,1,N*1,THK,S            !2 号实常数：线圈类型，电流，厚度，长度
CSYS,1                     !全局圆柱坐标系
N,1001,R                   !为电流源单元定义节点
N,1002,R,90
N,1003
TYPE,2                     !赋予属性
REAL,2
E,1001,1002,1003           !定义单元
/ESHAPE,1
/VIEW,1,2,1,.5
/VUP,1,Z
/TRIAD,LBOT
/TYPE,1,HIDP
EPLOT
```

2. 创建 3D "跑道型" 线圈

命令：**RACE**

GUI：Main Menu > Preprocessor > Modeling > Create > Racetrack Coil
　　　Main Menu > Preprocessor > Loads > Define Loads > Apply > Magnetic > Excitation > Racetrack Coil

用 RACE 宏可在当前工作平面坐标系定义跑道型线圈电流源。Ansys 程序用 SOURC36 单元（被指定为另一种单元类型号）生成由棒状、弧状基元构成的电流源。电流方向为工作平面内的逆时针方向。

删除独立的 SOURC36 单元，用 "EDELE" 命令（Main Menu > Preprocessor > Modeling > Delete > Elements）。在删除前，需列出所有单元，并选择要删除的单元。用下列方式列出所有的单元：

命令：**ELIST**

GUI：Utility Menu > List > Elements > Attributes + RealConst
　　　Utility Menu > List > Elements > Attributes Only

Utility Menu > List > Elements > Nodes + Attributes
Utility Menu > List > Elements > Nodes + Attr + RealConst

5.2.3 施加边界条件和励磁载荷

如果希望分析过程中能进行每步手动控制，那么除了施加边界条件和载荷以外，还需要定义加载步选项。

标量法的施加边界条件和加载方法与矢量法有很大的不同。通过层叠式菜单可以逐级访问所有加载选项。选择菜单路径 Main Menu > Solution > Define Loads > Magnetic 后，Ansys 程序列出一个边界条件分类表，两个加载分类表。可用于 3-D 标量位分析的边界条件和加载见表 5-4。

表 5-4 用于 3-D 标量位分析的边界条件和加载

Boundary	Excitation	Flag	Other
Scalar Poten	(none)①	Comp. Force	Magnetic Flux
On Keypoints		Infinite Surf	On Keypoints
On Nodes		On Lines	On Nodes
On Areas		On Areas	Maxwell Surf
Flux Parallel		On Nodes	On Lines
Flux Normal			On Areas
On Areas			On Nodes
On Nodes			Virtual Disp
			On Keypoints
			On Nodes

① 参见下面"激励"。例如，施加磁力线法向条件，选择 GUI 路径：Main Menu > Solution > Define Loads > Apply > Magnetic > Boundary > Flux Normal > On Areas

在菜单中还可以看到其他可以施加的边界条件和加载，如果它们显示为灰色，则说明在 3-D 静态磁场分析中不可用，或者该单元的"KEYOPT"选项没有进行相关设置（在其他 Ansys 磁场分析中这些灰色选项会成为有效选项，可在 Ansys 的 GUI 过滤器中进行相关设置）。

1. 施加边界条件

用磁标量位（MAG）来说明磁力线垂直、磁力线平行、远场为零、周期性边界条件和外加磁场激励。对每种边界条件的 MAG 值见表 5-5。

表 5-5 每种边界条件的 MAG 值

磁力线垂直	说明 MAG = 0（命令：DSYM,SYMM；GUI：Main Menu > Solution > Define Loads > Apply > Magnetic > Boundary > Scalar Poten > Flux Normal > On Nodes）
磁力线平行	不用说明（自然满足）
远场	用 INFIN47 单元或 INFIN111 单元
远场零	MAG = 0
周期性	命令：**CP**；GUI：Main Menu > Preprocessor > Coupling/Ceqn > Couple DOFs **CE**；GUI：Main Menu > Preprocessor > Coupling/Ceqn > Constraint Eqn
外场	令 MAG 等于非零值

2. 激励

通过前面提到的 SOURC36 单元定义电流激励，可用 RACE 定义。

3. 标记

1）组件受力：Ansys 提供了一个自动施加虚位移和 Maxwell 面标志的宏——FMAGBC，可以直接计算力和力矩。可将需要进行力和虚位移计算的物体上的单元定义成一个组件（参见"CM"命令的描述），再用该宏加力标志：

命令：**FMAGBC,Cname**

GUI：Main Menu > Preprocessor > Loads > Define Loads > Apply > Magnetic > Flag > Comp. Force/Torq

2）无限表面标志（INF）：不算真实意义的加载，是有限元方法计算开域问题时加给无限远（代表物理模型最边缘的单元）的标志。

3）其他加载：Maxwell 面（MXWF）、磁虚位移（MVDI）。

这两个载荷并不是真正意义上的载荷，与二维静态磁场分析完全一致。

5.2.4 求解

下面分别介绍 3 种标量法的求解过程。

1. 用 RSP 法求解

1）进入 SOLUTION 求解器。

命令：**/SOLU**

GUI：Main Menu > Solution

2）定义分析类型。

命令：**ANTYPE，STATIC，NEW**

GUI：Main Menu > Solution > Analysis Type > New Analysis

如果需要重启动一个分析（重启动一个未收敛的求解过程，或者施加了另外的激励），使用命令 ANTYPE，STATIC，REST。如果先前分析的结果文件 Jobname.EMAT，Jobname.ESAV 和 Jobname.DB 还可用，就可以重启动 3-D 静态磁场分析。

3）定义分析选项。可选择下列任何一种求解器：

- Sparse solver（稀疏矩阵求解器，默认）；
- Jacobi Conjugate Gradient（JCG）solver（雅可比共轭梯度求解器）；
- Incomplete Cholesky Conjugate Gradient（ICCG）solver（不完全乔勒斯基共轭梯度求解器）；
- Preconditioned Conjugate Gradient solver（PCG）（预置条件共轭梯度求解器）。

可用下列方式选择求解器：

命令：**EQSLV**

GUI：Main Menu > Solution > Analysis Type > Analysis Options

对于 3D 模型，推荐使用 JCG solver 或 PCG solver。

4）备份。用工具条中的 SAVE_DB 按钮来备份数据库，如果计算机出错，可以方便地恢复需要的模型数据。恢复模型时，用下面的命令：

命令：**RESUME**

GUI：Utility Menu > File > Resume Jobname.db

5）开始求解。

命令：**MAGSOLV**（设 OPT 域为 2）

GUI：Main Menu > Solution > Solve > Electromagnet > Static Analysis > Opt&Solv

6）完成求解。

命令：**FINISH**

GUI：Main Menu > Finish

2. 用 DSP 法求解

只有当模型中有单连通铁区时才建议使用 DSP 方法。DSP 方法中的模型建立与结果观察均与 RSP 方法一样，只是加载和求解的方式不同。

DSP 方法需二步求解：

- 在第一个载荷步中，近似认为铁区中的磁导率无限大，只对空气求解。
- 在第二个载荷步中，恢复原有的材料特性，得到最终解。

按照下列步骤进行求解：

1）进入 SOLUTION 求解器。如同 RSP 方法一样定义分析类型、分析选项及施加载荷。

2）备份数据。

命令：**SAVE**

GUI：Utility Menu > File > Save as Jobname.db

注意：如果在求解后或后处理时，使用 BIOT 选项并且使用 SAVE 命令，则根据毕奥-萨发特定律计算的数据存储在数据库中。但如果执行了退出操作，数据会丢失。若希望退出后保存这些数据，在使用 SAVE 命令后，执行 /EXIT，NOSAVE 命令。也可以通过执行 /EXIT，SOLU 命令退出 Ansys，并且存储所有求解数据，包括毕奥-萨发特计算数据。否则，在执行 RESUME 命令后，毕奥-萨发特计算的数据会丢失（结果中为 0 值）。

3）定义磁场分析选项，进行两步求解。

命令：**MAGSOLV**（设 OPT 域为 3）

GUI：Main Menu > Solution > Solve > Electromagnet > Static Analysis > Opt&Solv

4）完成求解。

命令：**FINISH**

GUI：Main Menu > Finish

3. 用 GSP 法求解

如果模型中又有多连通铁区又有电流源时，GSP 方法是最佳方法。与 RSP 方法和 DSP 方法不同的是，GSP 方法需 3 步求解：

- 在第一个载荷步中，只对铁区求近似解；
- 住第二个载荷步中，只对空气求近似解；
- 在第三个载荷步中，计算最终解。

按照下列步骤进行 GSP 方法求解：

1）进入 SOLUTION 求解器。按照 5.2.5 "检查分析结果（RSP、DSP 或 GSP 方法分析）"，定义分析类型，分析选项，施加载荷。确认铁区中至少一个节点的标量位被定义为 0 值。

2）备份数据。

命令：**SAVE**

GUI：Utility Menu > File > Save as Jobname.db

注意：如果在求解后或后处理时，使用 BIOT 选项并且使用 SAVE 命令，则根据毕奥-萨发特定律计算的数据存储在数据库中。但如果执行了退出操作，数据会丢失。若希望退出后保存这些数据，可在使用 SAVE 命令后，执行 /EXIT，NOSAVE 命令。也可以通过执行 /EXIT，SOLU 命令退出 Ansys，并且存储所有求解数据，包括毕奥-萨发特计算的数据。否则，在执行 RESUME 命令后，毕奥-萨发特计算的数据会丢失（结果中为 0 值）。

3）定义磁场分析选项。进行 3 步求解：

命令：**MAGSOLV**（设 OPT 域为 4）

GUI：Main Menu > Solution > Solve > Electromagnet > Static Analysis > Opt&Solv

4）完成求解。

命令：**FINISH**

GUI：Main Menu > Finish

5.2.5 观察结果（RSP、DSP 或 GSP 方法分析）

3-D 静态磁场分析（标量法）的计算结果包括：
- 主数据：节点磁标势（MAG）。
- 导出数据：节点磁通量密度（BX、BY、BZ、BSUM），节点磁场强度（HX、HY、HZ、HSUM），节点磁力（FMAG：X、Y、Z 分量和 SUM），节点感生磁通量（FLUX）等。

每个单元都有其他特定的输出数据。

计算结果可在通用后处理器中观看：

命令：POST1

GUI：Main Menu > General Postproc

关于读入结果数据、等值线显示、矢量显示、列表显示、磁力等详细内容可参考第 2 章中的相关内容。

在后处理中，从数据库获得的数据能计算其他感兴趣的项目。Ansys 提供的下面的宏命令可自动地执行计算：
- EMAGERR 宏在电磁场或静电场分析中计算相对误差。
- SENERGY 宏计算存储磁能。
- MMF 宏沿一路径计算磁动势。

5.3 实例 1——带空气隙的永磁体

本节将介绍一个带空气隙永磁体磁场的分析（GUI 方式和命令流方式）。

如图 5-3 所示，磁路是由高导磁铁心、永磁（磁路示意图中黑色部分）和空气隙组成。假定这是一个没有漏磁的理想磁路，决定磁通密度和磁场强度的是永磁和空气隙。

5.3.1 问题描述

在分析中要用到的材料属性和模型几何属性见表 5-6。

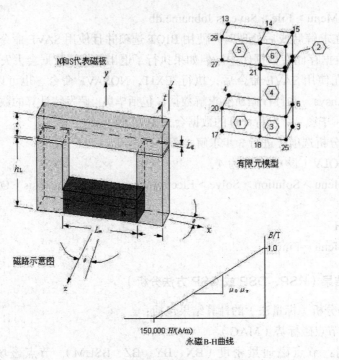

图 5-3 带空气隙永磁体磁场分析

表 5-6 材料属性和模型几何属性

材料属性	几何属性
$B_r = 1.0$T	$L_m = 0.03$m
$H_c = 150000$A/m	$L_g = 0.001$m
$\theta = -30°$（X-Z 平面）	$h_L = 0.03$m
$\mu_r = 1 \times 10^5$（铁心）	$t = 0.01$m

在分析对使用具有耦合场的 SOLID98 单元，永磁的极化方向在 X-Z 平面内与 Z 轴形成 $\theta = -30°$ 的夹角，如图 5-3 中的磁路示意图所示。永磁的矫顽力分量：MGXX = $H_c \cos\theta$ = 129900，MGZZ = $H_c \sin\theta$ = −75000，由于永磁 B-H 曲线是直线，其相对磁导率 μ_r 可通过以下方法计算：

$$\mu_r = \frac{B_r}{\mu_0 H_0} = \frac{1}{4\pi \times 10^{-7} \times 150000} = 5.30504$$

式中，B_r 为剩余磁感应强度；μ_0 为真空的磁导率；H_0 为磁感矫顽力（磁感应强度降低至零所需要的反向磁场强度）。

铁心具有高的导磁性，其相对磁导率为 $\mu_r = 1 \times 10^5$。

由于磁路是对称的，故只需要建立一半的模型即可。在对称平面内，磁力线垂直通过，所以在这个位置施加磁力线垂直的边界条件。由于已假设没有漏磁，所有的磁通量沿着磁路通过，所以在所有其他外表面应施加磁力线平行的边界条件。本实例中无电流源，因此采用简化标势法（RSP）法求解。

此实例的理论值和 Ansys 计算值比较见表 5-7。

表 5-7 理论值和 Ansys 计算值比较

使用 SOLID98	理论值	Ansys	比率
$|B|$, T（永磁）	0.7387	0.7387	1.000
$|H|$, A/m（永磁）	39150	39207.5541	1.001
$|B|$, T（空气隙）	0.7387	0.7386	1.000
$|H|$, A/m（空气隙）	587860	587791.6563	1.000

5.3.2 GUI 操作方法

1. 创建物理环境

1）过滤图形界面。从主菜单中选择 Main Menu > Preferences，弹出 "Preferences for GUI Filtering" 对话框，选中 "Magnetic-Nodal" 来对后面的分析进行菜单及相应的图形界面过滤。

2）定义工作标题。从实用菜单中选择 Utility Menu > File > Change Title，在弹出的对话框中输入 "PERMANENT MAGNET CIRCUIT WITH AN AIR GAP"，单击 "OK" 按钮，如图 5-4。

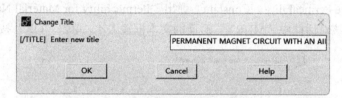

图 5-4 "Change Title" 对话框

- 指定工作名：从实用菜单中选择 Utility Menu > File > Change Jobname，在弹出的对话框 "Enter new jobname" 后面的文本框中输入 "Permanent_3D"，单击 "OK" 按钮。

3）定义单元类型和选项。从主菜单中选择 Main Menu > Preprocessor > Element Type > Add/Edit/Delete，弹出 "Element Types" 对话框，如图 5-5 所示。单击 "Add" 按钮，弹出 "Library of Element Types" 对话框，如图 5-6 所示。在该对话框中左边下拉列表框中选择 "Scalar"，在右边的下拉列表框中选择 "Scalar Tet 98"，单击 "OK" 按钮，定义一个 "SOLID98" 单元。

图 5-5 "Element Types" 对话框

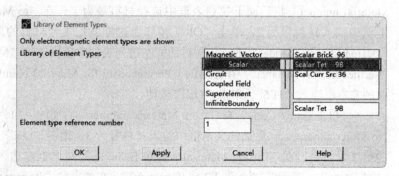

图 5-6 "Library of Element Types" 对话框

- 单击 "Options" 按钮，弹出 "SOILD98 element type options" 对话框，如图 5-7 所示，在 "Degree of freedom selection" 后面的下拉列表框中选择 "MAG"，单击 "OK" 按钮，回到 "Element Types" 对话框，结果如图 5-5 所示。单击 "Close" 按钮，关闭对话框。

4）设置单位制。从主菜单中选择 Main Menu > Preprocessor > Material Props > Electromag Units，弹出"Electromagnetic Units"对话框，如图5-8所示。选择"MKS system"，单击"OK"按钮。

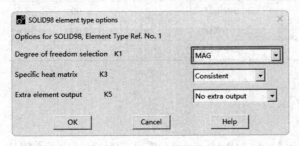

图5-7 "SOILD98 element type options"对话框

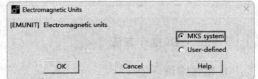

图5-8 "Electromagnetic Units"对话框

5）定义材料属性。从主菜单中选择 Main Menu > Preprocessor > Material Props > Material Models，弹出"Define Material Model Behavior"对话框，在右边的列表框中连续单击 Electromagnetics > Relative Permeability > Constant，弹出"Permeability for Material Number 1"对话框，如图5-9所示。在该对话框中"MURX"后面的文本框输入1，单击"OK"按钮。

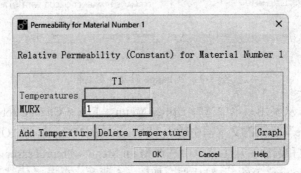

图5-9 "Permeability for Material Number 1"对话框

- 单击 Edit > Copy，弹出"Copy Material Model"对话框，如图5-10所示。在"from Material number"栏后面下拉列表框中选择材料号为1；在"to Material number"栏后面的文本框中输入材料号为2，单击"OK"按钮，这样就把1号材料的属性复制给了2号材料。在"Define Material Model Behavior"对话框左边列表框中依次单击"Material Model Number 2"和"Permeability (constant)"，在弹出的"Permeability for Material Number 2"对话框"MURX"后面的文本框输入"1E5"，单击"OK"按钮。

- 单击 Edit > Copy，在"from Material number"后面的下拉列表框中选择材料号为1，在"to Material number"后面的文本框中输入材料号为3，单击"OK"按钮，把1号材料的属性复制给3号材料。在"Define Material Model Behavior"对话框左边列表框中依次单击"Material Model Number 3"和"Permeability (Constant)"，在弹出的"Permeability for Material Number 3"对话框"MURX"后面的文本框中输入5.30504，单击"OK"按钮。在右边列表框中依次单击 Electromagnetics > Coercive Force > Orthotropic，弹出"Coercive Force for Material Number 3"对话框，如图5-11所示。在"MGXX"后面的文本框中输入129900，在"MGZZ"后面的文本框中输入 −75000，单击"OK"按钮。

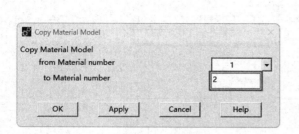
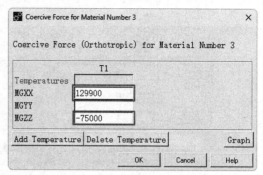

图 5-10 "Copy Material Model"对话框　　　图 5-11 "Coercive Force for Material Number 3"对话框

- 结果如图 5-12 所示，单击菜单栏中的 Material > Exit，结束材料属性定义。

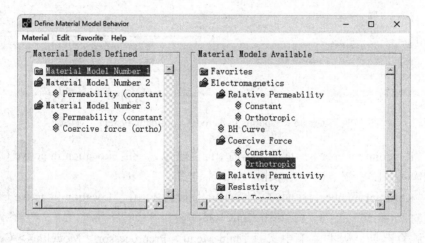

图 5-12 "Define Material Model Behavior"对话框

6）查看材料列表。从实用菜单中选择 Utility Menu > List > Properties > All Materials，弹出"MPLIST Command"信息窗口，其中列出了所有已经定义的材料及其属性。确认无误后关闭信息窗口。

2. 建立模型、赋予特性、划分网格

1）创建局部坐标系。从实用菜单中选择 Utility Menu > WorkPlane > Local Coordinate Systems > Create Local CS > At Specified Loc+，弹出"Create CS at Location"对话框，在文本框中输入坐标点"0,0,0"。单击"OK"按钮，弹出"Create Local CS at Specified Location（在指定位置创建局部坐标系）"对话框，如图 5-13 所示。在"Ref number of new coord sys"后面的文本框中默认为 11，在"Rotation about local Y"后面的文本框中输入 30，其他采用默认设置，单击"OK"按钮。

2）创建关键点。从主菜单中选择 Main Menu > Preprocessor > Modeling > Create > Keypoints > In Active CS，弹出"Create Keypoints in Active Coordinate System"对话框，如图 5-14 所示。在"Keypoint number"后面的文本框中输入 1，在"Location in active CS"后面的文本框分别输入 0、0、0，单击"Apply"按钮。

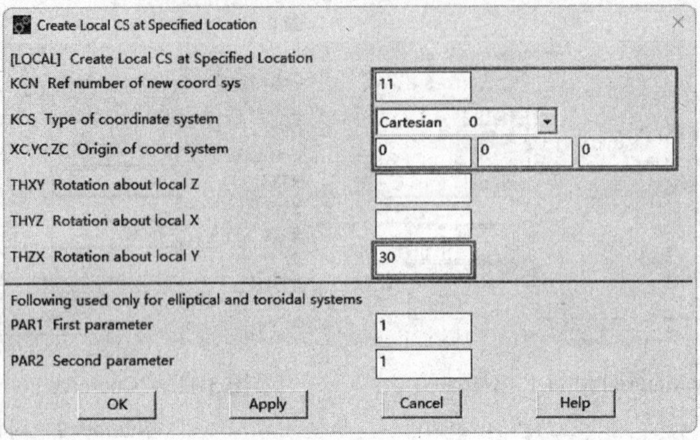

图 5-13 "Create Local CS at Specified Location" 对话框

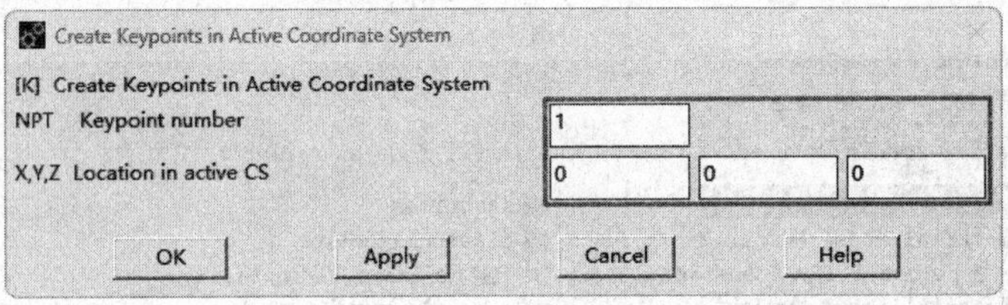

图 5-14 "Create Keypoints in Active Coordinate System" 对话框

• 把 "Keypoint number" 后面的文本框中的值改为 2，在 "Location in active CS" 后面的文本框分别输入 "1.5E-2"、0、0，单击 "Apply" 按钮。

• 把 "Keypoint number" 后面的文本框中的值改为 3，在 "Location in active CS" 后面的文本框分别输入 "2.5E-2"、0、0，单击 "OK" 按钮。

3）复制关键点。从主菜单中选择 Main Menu > Preprocessor > Modeling > Copy > Keypoints，弹出关键点对话框，选择 "Min,Max,Inc"，在文本框中输入 "1,3,1"，单击 "OK" 按钮，则拾取了 1 ~ 3 号关键点，弹出 "Copy Keypoints" 对话框，如图 5-15 所示。"Number of copies" 后面的文本框中默认为 2（如输入 1 相当于移动），在 "Y-offset in active CS" 后面的文本框中输入 0.01，单击 "Apply" 按钮。

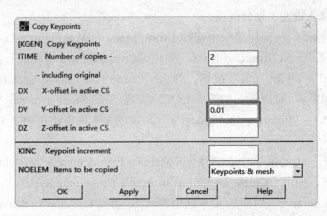

图 5-15 "Copy Keypoints" 对话框

• 复制关键点。再次弹出关键点对话框，选择"Min,Max,Inc"，在文本框中输入"4,6,1"，单击"OK"按钮，则拾取了4~6号关键点，弹出"Copy Keypoints"对话框，在"Y-offset in active CS"后面的文本框中输入0.02，单击"Apply"按钮。

• 复制关键点。再次弹出关键点对话框，选择"Min,Max,Inc"，在文本框中输入"7,9,1"，单击"OK"按钮，则拾取了7~9号关键点，弹出"Copy Keypoints"对话框，在"Y-offset in active CS"后面的文本框中输入0.001，单击"Apply"按钮。

• 复制关键点。再次弹出关键点对话框，选择"Min,Max,Inc"，在文本框中输入"10,12,1"，单击"OK"按钮，则拾取了10~12号关键点，弹出"Copy Keypoints"对话框，在"Y-offset in active CS"后面的文本框中输入0.01，单击"OK"按钮，结束复制关键点操作。

4）创建面。从主菜单中选择Main Menu > Preprocessor > Modeling > Create > Areas > Arbitrary > Through KPs，弹出"Create Area thru KPs"对话框，在图形界面上拾取1、2、5和4号关键点，单击"Apply"按钮，则创建了面1。

• 创建面。继续在图形界面上拾取2、3、6和5号关键点，单击"Create Area thru KPs"对话框中的"Apply"按钮，则创建了面2。

• 创建面。继续在图形界面上拾取5、6、9和8号关键点，单击"Create Area thru KPs"关键点对话框中的"Apply"按钮，则创建了面3。

• 创建面。继续在图形界面上拾取10、11、14和13号关键点，单击"Create Area thru KPs"对话框中的"Apply"按钮，则创建了面4。

• 创建面。继续在图形界面上拾取11、12、15和14号关键点，单击"Create Area thru KPs"对话框中的"Apply"按钮，则创建了面5。

• 创建面。继续在图形界面上拾取8、9、12和11号关键点，单击"Create Area thru KPs"对话框中的"OK"按钮，则创建了面6，并结束创建面的操作。

5）改变视角方向。从实用菜单中选择Utility Menu > PlotCtrls > Pan, Zoom, Rotate，弹出移动、缩放和旋转对话框，单击"Iso"按钮设置视角方向，然后单击"Close"按钮关闭对话框。

6）创建关键点。从主菜单中选择Main Menu > Preprocessor > Modeling > Create > Keypoints > In Active CS，弹出"Create Keypoints In Active Coordinate System"对话框，如图5-14所示，在"Keypoint number"后面的文本框中输入16，在"Location in active CS"后面的文本框分别输入"0,0,0.01"，单击"OK"按钮。

7）创建线。从主菜单中选择Main Menu > Preprocessor > Modeling > Create > Lines > Lines > In Active Coord，在弹出的对话框的文本框中输入"1,16"，单击"OK"按钮。

8）打开体积区域编号显示。从实用菜单中选择Utility Menu > PlotCtrls > Numbering，弹出"Plot Numbering Controls"对话框，如图5-16所示。选中"Volume numbers"，后面的选项由"Off"变为"On"，单击"OK"按钮，关闭对话框。

9）将面沿线段偏移生成体。从主菜单中选择Main Menu > Preprocessor > Modeling > Operate > Extrude > Areas > Along Lines，弹出"Sweep Areas along Lines"对话框，单击"Pick All"按钮，弹出线对话框，在文本框输入20，单击"OK"按钮，由面沿着线20偏移生成体，结果如图5-17所示。

10）保存几何模型文件。从实用菜单中选择Utility Menu > File > Save as，弹出"Save DataBase"对话框，在"Save Database to"下面的文本框中输入文件名"Permanen_3D_geom.db"，单击"OK"按钮。

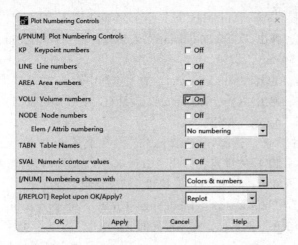
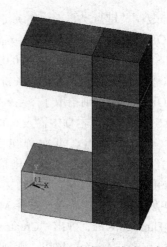

图 5-16 "Plot Numbering Controls" 对话框　　　图 5-17 由面沿着线 20 偏移生成的体

11）设置几何体的属性。从主菜单中选择 Main Menu > Preprocessor > Meshing > Mesh Attributes > Picked Volumes，弹出 "Volume Attributes（体属性）" 对话框，在图形窗口中拾取体 1（永磁），或者直接在对话框的文本框输入 1，单击 "OK" 按钮，弹出如图 5-18 所示的 "Volume Attributes" 对话框，在 "Material number" 后面的下拉列表框中选取 3，给永磁赋予材料属性。单击 "Apply" 按钮，再次弹出 "Volume Attributes" 对话框。

• 在对话框的文本框中输入 6，单击 "OK" 按钮，弹出如图 5-18 所示的 "Volume Attributes" 对话框，在 "Material number" 后面的下拉列表框中选取 1，给空气隙赋予材料属性。单击 "Apply" 按钮，再次弹出 "Volume Attributes" 对话框。

• 在对话框的文本框输入 "2,3,4,5" 并按 Enter 键，单击 "OK" 按钮，弹出如图 5-18 所示的 "Volume Attributes" 对话框，在 "Material number" 后面的下拉列表框中选取 2，给铁心赋予材料属性。单击 "OK" 按钮。

12）划分网格。从实用菜单中选择 Utility Menu > Select > Entities，弹出 "Select Entities" 对话框，如图 5-19 所示。在最上边的下拉列表框中选取 "Volumes"，在第二个下拉列表框中选择 "By Num/Pick"。单击 "OK" 按钮，在弹出的体对话框中选择 "Min,Max,Inc"，在文本框中输入 "1,5,1"，单击 "OK" 按钮，则拾取了 1～5 号体，这样也就选择了永磁和铁心体。

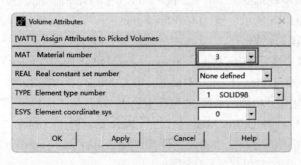
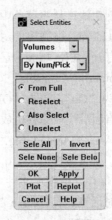

图 5-18 "Volume Attributes" 对话框　　　图 5-19 "Select Entities" 对话框

- 从主菜单中选择 Main Menu > Preprocessor > Meshing > Size Cntrls > ManualSize > Global > Size，弹出"Global Element Sizes"对话框，在"No. of element divisions"后面的文本框中输入 1，如图 5-20 所示，单击"OK"按钮。

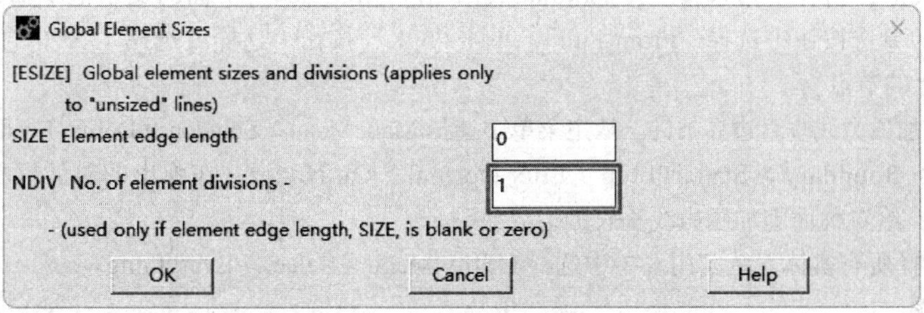

图 5-20 "Global Element Sizes"对话框

- 从主菜单中选择 Main Menu > Preprocessor > Meshing > MeshTool，弹出"MeshTool"对话框，在"Mesh"后面的下拉列表框中选择"Volumes"，在"Shape"后面的单选按钮中选择四面体"Tet"，在下面的自由划分"Free"和映射划分"Mapped"中选择"Free"，单击"Mesh"按钮，弹出"Mesh Volumes"对话框，单击"Pick All"按钮，在图形窗口显示生成的网格。单击"MeshTool"对话框中的"Close"按钮，关闭网格划分工具。
- 选择所有实体。从实用菜单中选择 Utility Menu > Select > Everything。
- 给空气隙体划分网格。从主菜单中选择 Main Menu > Preprocessor > Meshing > Mesh > Volumes > Free，在弹出的对话框的文本框中输入 6，单击"OK"按钮，结果如图 5-21 所示。

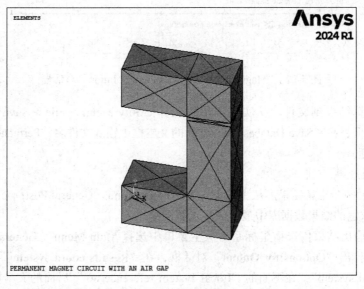

图 5-21 单元模型

13）保存网格数据。从实用菜单中选择 Utility Menu > File > Save as，弹出"Save DataBase"对话框，在"Save Database to"下面的文本框中输入文件名"Permanent_3D_mesh.db"，单击"OK"按钮。

3. 加边界条件和载荷

1）选择衔铁上的所有单元。从实用菜单中选择 Utility Menu > Select > Entities，弹出"Select Entities"对话框，在最上边的下拉列表框中选取"Nodes"，在第二个下拉列表框中选择"By Location"，再在下边选择"X coordinates"，在"Min,Max"下面的文本框中输入 0，在文本框下面的单选按钮中选择"From Full"，单击"OK"按钮。这样就选择了 X=0 的所有节点，即对称面上的节点。

2）施加磁力线垂直边界条件。从主菜单中选择 Main Menu > Solution > Define Loads > Apply > Magnetic > Boundary > ScalarPoten > Flux Normal > On Nodes，在弹出的对话框单击"Pick All"按钮，给对称面施加磁力线垂直的边界条件。

3）选择所有实体。从实用菜单中选择 Utility Menu > Select > Everything。

4. 求解

1）求解运算。从主菜单中选择 Main Menu > Solution > Solve > Electromagnet > Static Analysis > Opt&Solv，弹出如图 5-22 所示的对话框，在"Formulation option"后面的下拉列表框中默认为"RSP"，其他也采用默认设置。单击"OK"按钮，开始求解运算，直到出现一个"Solution is done！"的提示栏，表示求解结束。单击"Close"按钮，将其关闭。

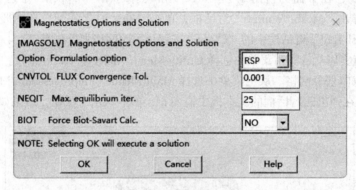

图 5-22 "Magnetostatics Options and Solution"对话框

2）保存计算结果到文件。从实用菜单中选择 Utility Menu > File > Save as，弹出"Save DataBase"对话框，在"Save Database to"下面的文本框中输入文件名"Permanent_3D_resu.db"，单击"OK"按钮。

5. 查看计算结果

1）读取最后一步求解结果。从主菜单中选择 Main Menu > General Postproc > Read Results > Last Set，读取求解的结果数据库中最后一步求解结果。

2）为列出输出结果值选择坐标系。从主菜单中选择 Main Menu > General Postproc > Options for Outp，弹出"Options for Output"对话框，在"Results coord system"后面的下拉列表框中选择"Local system"，在下面的"Local system reference no."后面的文本框中输入 11，如图 5-23 所示，单击"OK"按钮。

3）改变视角。从实用菜单中选择 Utility Menu > PlotCtrls > View Settings > Viewing Direction，弹出"Viewing Direction"对话框，在"XV""YV""ZV coords of view point"后面的文本框中分别输入"6E-2,5E-2,6E-2"，如图 5-24 所示。单击"OK"按钮。

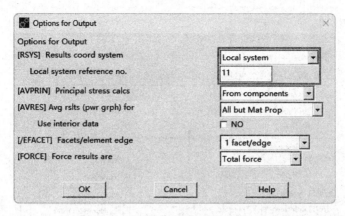

图 5-23 "Options for Output"对话框

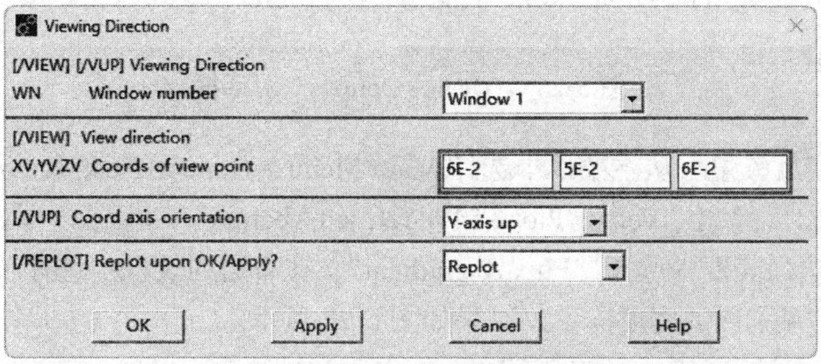

图 5-24 "Viewing Direction"对话框

4）改变显示方式。从实用菜单中选择 Utility Menu > PlotCtrls > Style > Edge Options，弹出"Edge Options"对话框，如图 5-25 所示，在"Element outline for non-contour/contour plots"后面的下拉列表框中选择"Edge Only/All"，单击"OK"按钮，显示非共面的线，即只显示体外表面轮廓线。

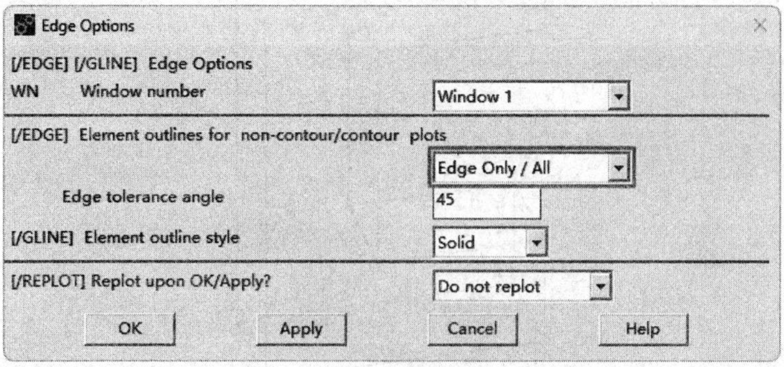

图 5-25 "Edge Options"对话框

5）打开矢量显示模式。从实用菜单中选择 Utility Menu > PlotCtrls > Device Options，弹出"Device Options"对话框，如图 5-26 所示，检查并确认"Vector mode (wireframe)"后面的复选框"On"已被勾选（否则是光栅显示模式，矢量模式显示图形的线框，光栅模式显示图形实体)。单击"OK"按钮。

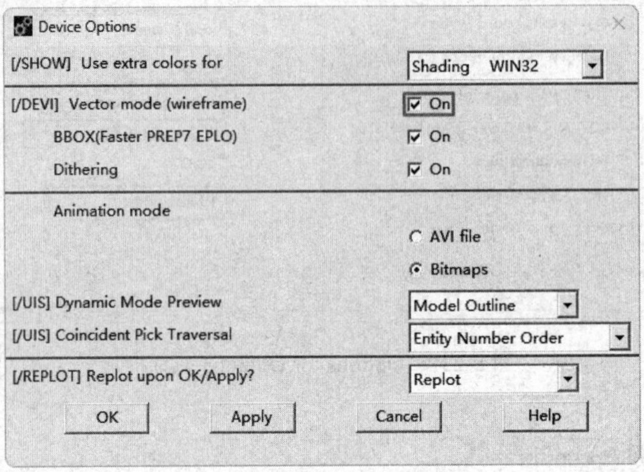

图 5-26 "Device Options"对话框

6)显示磁通密度矢量。从主菜单中选择 Main Menu > General Postproc > Plot Results > Vector Plot > Predefined,弹出"Vector Plot of Predefined Vectors"对话框,在"Vector item to be plotted"后面的左边列表框中选择"Flux & gradient",在右边列表框中选择"Mag flux dens B"。单击"OK"按钮,显示磁通密度矢量,结果如图 5-27 所示。

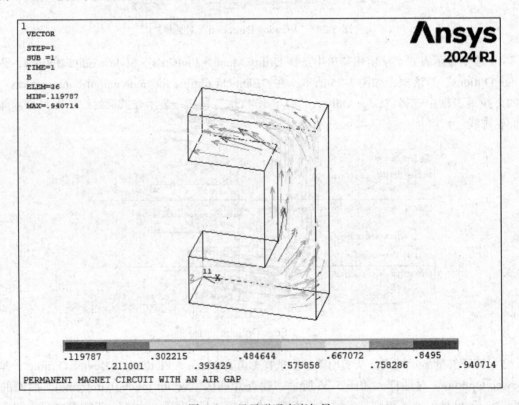

图 5-27 显示磁通密度矢量

7）显示磁场强度矢量。从主菜单中选择 Main Menu > General Postproc > Plot Results > Vector Plot > Predefined，弹出"Vector Plot of Predefined Vectors"对话框，在"Vector item to be plotted"后面的左边列表框中选择"Flux & gradient"，在右边列表框中选择"Mag filed H"，并在"Vector scaling will be"后面的下拉列表框中选择"Uniform"，设定统一的缩放比例，单击"OK"按钮，显示磁场强度矢量，结果如图 5-28 所示。

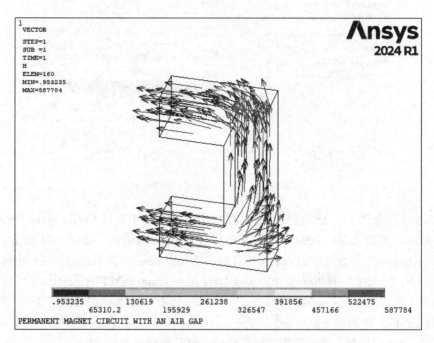

图 5-28　显示磁场强度矢量

8）选择空气单元。从实用菜单中选择 Utility Menu > Select > Entities，弹出"Select Entities"对话框。在最上边的下拉列表框中选取"Elements"，在第二个下拉列表框中选择"By Attributes"，再在下边的单选按钮中选择"Material num"，在"Min,Max"下面的文本框中输入1，在文本框下面的单选按钮中选择"From Full"，单击"OK"按钮。

9）列出空气节点磁通密度。从主菜单中选择 Main Menu > General Postproc > List Results > Nodal Solution，弹出"List Nodal Solution"对话框，如图 5-29 所示，顺序选择 Nodal Solution > Magnetic Flux Density > Magnetic flux density vector sum，单击"OK"按钮，弹出信息窗口，其中按节点号顺序列出了磁通密度的值。确认无误后，关闭信息窗口。

• 按降序排列空气节点磁通密度值。从主菜单中选择 Main Menu > General Postproc > List Results > Sorted Listing > Sort Nodes，弹出"Sort Nodes"对话框，如图 5-30 所示，在"Sort nodes

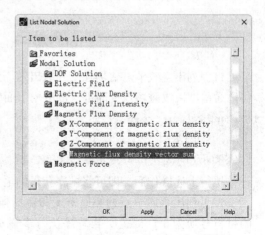

图 5-29　"List Nodal Solution"对话框

based on"后面的左边列表框中选择"Flux & gradient",右边列表框中选择"BSUM",其他采用默认设置。单击"OK"按钮,再次列出空气节点的磁通密度,可以查看排序结果。

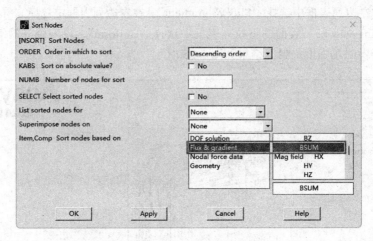

图 5-30 "Sort Nodes"对话框

10)取出排序结果(空气磁通密度最大值)。从实用菜单中选择 Utility Menu > Parameters > Get Scalar Data,弹出"Get Scalar Data(获取标量参数)"对话框,如图 5-31 所示。在"Type of data to be retrieved"后面左边的列表框中选择"Results data",在右边的列表框中选择"Other operations"。单击"OK"按钮,弹出"Get Data from Other POST1 Operations"对话框,如图 5-32 所示。在"Name of parameter to be defined"后面的文本框中输入"B1",在"Data to be retrieved"后面左边的列表框中选择"From sort oper'n",在右边列表框中选择"Maximum value"。单击"OK"按钮,即可将排序获得的最大值赋给标量参数"B1"。

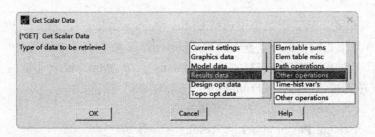

图 5-31 "Get Scalar Data"对话框

11)列出空气节点磁场强度并取出磁场强度排序最大值。操作步骤同步骤 9)与 10),只需将磁通密度换成磁场强度即可。也可用下面的命令从命令窗口直接输入:

```
PRNSOL,H,COMP
NSORT,H,SUM
*GET,H1,SORT,,MAX
```

执行上述操作后,即可将排序获得的最大值赋给标量参数"H1"。

12)列出永磁节点的磁通密度和磁场强度并取出它们的排序最大值。将步骤 8)中要选择的材料号换为 3(永磁,再顺序执行步骤 9)~ 11)即可。也可用下面的命令从命令窗口直接输入。

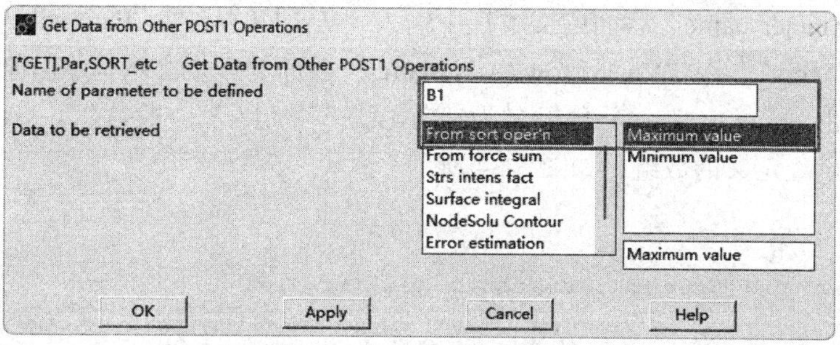

图 5-32 "Get Data from Other POST1 Operations" 对话框

```
ALLSEL,ALL
ESEL,,MAT,,3
PRNSOL,B,COMP
NSORT,B,SUM
*GET,B2,SORT,,MAX
PRNSOL,H,COMP
NSORT,H,SUM
*GET,H2,SORT,,MAX
ALLSEL,ALL
```

注意：步骤 9）~ 12）列出的值都是在 11 号局部坐标系下完成的。

13）列出已定义的参数。从实用菜单中选择 Utility Menu > List > Other > Parameters，弹出信息窗口，里面列出了上面所获取的 B1、H1、B2 和 H2 值。确认无误后，关闭信息窗口。

14）定义数组。从实用菜单中选择 Utility Menu > Parameters > Array Parameters > Define/Edit，弹出 "Array Parameters" 对话框，单击 "Add" 按钮，弹出 "Add New Array Parameter" 对话框，如图 5-33 所示。在 "Parameter name" 后面的文本框中输入 "LABEL"，在 "Parameter type" 后面的单选按钮中选择 "Character Array"，在 "No. of rows,cols,planes" 后面的三个文本框中分别输入 4、2 和 0。单击 "Apply" 按钮，即可定义一个数组名为 "LABEL" 的 4×2 字符数组。

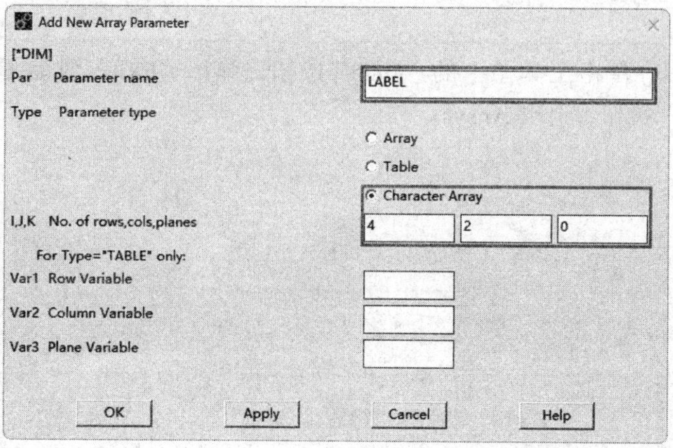

图 5-33 "Add New Array Parameter" 对话框

- 在"Parameter name"后面的文本框中输入"VALUE",在"Parameter type"后面的单选按钮中选择"Array",在"No. of rows,cols,planes"后面的三个文本框中分别输入4、3和0。单击"OK"按钮,即可定义一个数组名为"VALUE"的4×3一般数组。"Array Parameters"对话框中列出了已经定义的数组,如图5-34所示。

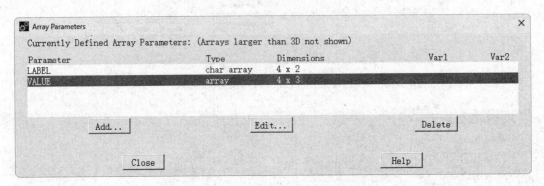

图5-34 "Array Parameters"对话框

- 在命令窗口输入下列命令给数组赋值,即将理论值与从以上步骤获取的四个值以及它们之间的比率赋给数组,其结果见表5-7。

```
LABEL(1,1) = ' B T ',' H A/m ',' B T ',' H A/m '
LABEL(1,2) = ' PMAG ',' PMAG ',' AIR ',' AIR '
*VFILL,VALUE(1,1),DATA,0.7387,39150,0.7387,587860
*VFILL,VALUE(1,2),DATA,B2,H2,B1,H1
*VFILL,VALUE(1,3),DATA,ABS(B2/0.7387),ABS(H2/39150),ABS(B1/0.7387),ABS(H1/587860)
```

15)查看数组的值,并将比较结果输出到C盘下的一个文件中(命令流实现,没有对应的GUI形式,且必须是从从实用菜单中选择Utility Menu > File > Read Input from读入命令流文件),结果见表5-7。

```
*CFOPEN,Fermanent_3D,TXT,C:\
*VWRITE,LABEL(1,1),LABEL(1,2),VALUE(1,1),VALUE(1,2),VALUE(1,3)
(1X,A8,A8,' ',F12.4,' ',F12.4,' ',1F5.3)
*CFCLOS
```

16)退出Ansys。单击工具条上的"Quit"按钮,弹出"Exit"对话框,选取"Quit - No Save!",单击"OK"按钮,退出Ansys。

5.3.3 命令流实现

```
/TITLE,PERMANENT MAGNET CIRCUIT WITH AN AIR GAP
!定义工作标题
/FILNAM,Permanent_3D,0            !定义工作文件名
KEYW,MAGNOD,1                     !指定磁场分析

/PREP7
ET,1,SOLID98,10                   !四面体耦合场单元
```

```
EMUNIT,MKS                          !MKS 单位制
MP,MURX,1,1                         !空气相对磁导率
MP,MURX,2,1E5                       !铁心相对磁导率
MP,MURX,3,5.30504                   !永磁相对磁导率
MP,MGXX,3,129900                    !矫顽力 MGXX
MP,MGZZ,3,-75000                    !矫顽力 MGZZ
LOCAL,11,0,,,,,30                   !定义局部坐标系 11,将全局笛卡儿坐标系旋转 30°
K,1                                 !创建关键点
K,2,1.5E-2
K,3,2.5E-2
KGEN,2,1,3,1,,1E-2
KGEN,2,4,6,1,,2E-2
KGEN,2,7,9,1,,1E-3
KGEN,2,10,12,1,,1E-2
A,1,2,5,4                           !创建面
A,2,3,6,5
A,5,6,9,8
A,10,11,14,13
A,11,12,15,14
A,8,9,12,11
/VIEW,,1,1,1                        !改变视角
K,16,,,1E-2                         !创建关键点
L,1,16                              !创建线
/PNUM,VOLU,1                        !显示体编号
VDRAG,1,2,3,4,5,6,20                !沿线段偏移面形成体
SAVE,'Permanen_3D_geom','db'
VSEL,S,,,1
VATT,3                              !为永磁设置材料属性
VSEL,S,,,6
VATT,1                              !为空气隙设置材料属性
VSEL,S,,,2,3
VSEL,A,,,4,5
VATT,2                              !为铁心设置材料属性
VSEL,S,,,1,5
ESIZE,,1
SMRT,OFF
MSHK,0                              !自由体划分
MSHA,1,3D                           !使用四面体单元
VMESH,ALL
VSEL,ALL                            !选择所有体
VMESH,6                             !划分空气隙网格
SAVE,'Permanent_3D_mesh','db'
NSEL,,LOC,X,0
```

```
D,ALL,MAG,0                      !设置磁力线垂直边界条件
NSEL,ALL
FINISH

/SOLU
MAGSOLV,2                        !RSP方法求解
SAVE,'Permanent_3D_resu','db'
FINISH

/POST1
SET,LAST                         !读取求解结果
RSYS,11                          !为输出结果选择坐标系
/VIEW,,6E-2,5E-2,6E-2            !改变视角
/EDGE,1,1                        !改变显示方式
/DEVICE,VECTOR,1                 !打开矢量显示模式
PLVECT,B                         !绘出磁通密度矢量
/VSCALE,,,1                      !设置统一的矢量缩放因子
PLVECT,H                         !绘出磁场强度矢量
ESEL,,MAT,,1                     !选择空气单元
PRNSOL,B,COMP                    !列出磁通密度
NSORT,B,SUM
*GET,B1,SORT,,MAX                !将磁通密度最大值赋给B1
PRNSOL,H,COMP                    !列出磁场强度
NSORT,H,SUM
*GET,H1,SORT,,MAX                !将磁场强度最大值赋给H1
ALLSEL,ALL                       !选择所有实体
ESEL,,MAT,,3                     !选择永磁单元
PRNSOL,B,COMP                    !列出磁通密度
NSORT,B,SUM
*GET,B2,SORT,,MAX                !将磁通密度最大值赋给B2
PRNSOL,H,COMP                    !列出磁场强度
NSORT,H,SUM
*GET,H2,SORT,,MAX                !将磁场强度最大值赋给H2
ALLSEL,ALL                       !选择所有实体
*DIM,LABEL,CHAR,4,2
*DIM,VALUE,,4,3
LABEL(1,1) = 'B T','H A/M','B T','H A/M'
LABEL(1,2) = 'PMAG','PMAG','AIR','AIR'
*VFILL,VALUE(1,1),DATA,0.7387,39150,0.7387,587860
*VFILL,VALUE(1,2),DATA,B2,H2,B1,H1
*VFILL,VALUE(1,3),DATA,ABS(B2/0.7387),ABS(H2/39150),ABS(B1/0.7387),ABS(H1/587860)
*CFOPEN,Permanent_3D,TXT,C:\     !在指定路径下打开Permanent_3D.TXT文本文件
*VWRITE,LABEL(1,1),LABEL(1,2),VALUE(1,1),VALUE(1,2),VALUE(1,3)
```

```
(1X,A8,A8,' ',F12.4,' ',F12.4,' ',1F5.3)    !以指定格式把上述参数写入打开文件
*CFCLOS                                      !关闭打开的文本文件
FINISH
```

5.4 实例2——三维螺线管制动器静态磁分析

本节将介绍一个三维螺线管制动器静态磁场的分析（GUI方式和命令流方式）。

5.4.1 问题描述

三维螺线管制动器如图5-35所示，衔铁受磁力作用，线圈为直流激励，电流为6A产生力驱动衔铁。线圈为500匝。由于该制动器具有对称性，所以只分析第一象限的1/4模型。

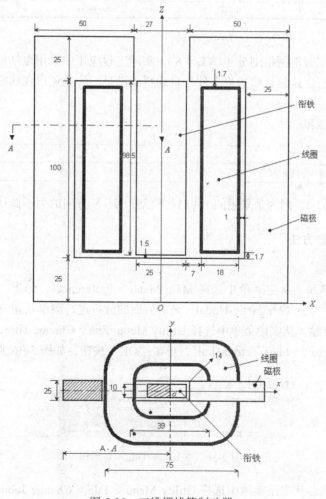

图 5-35 三维螺线管制动器

1. 材料性质

空气相对磁导系数为1.0，磁极和衔铁B-H曲线数据见表5-8（工作范围B ≥ 0.7T）。

表 5-8 磁极和衔铁 B-H 曲线数据

H/(A/m)	B/T	H/(A/m)	B/T
355	0.70	7650	1.75
405	0.80	10100	1.80
470	0.90	13000	1.85
555	1.00	15900	1.90
673	1.10	21100	1.95
836	1.20	26300	2.00
1065	1.30	32900	2.05
1220	1.35	42700	2.10
1420	1.40	61700	2.15
1720	1.45	84300	2.20
2130	1.50	110000	2.25
2670	1.55	135000	2.30
3480	1.60	200000	2.41
4500	1.65	400000	2.69
5950	1.70	800000	3.22

2. 方法与假定

本实例分析使用智能网格划分（LVL = 8），实际工程应用中采用更细网格（LVL = 6）。设定全部面为通量平行，这是自然边界条件，自动得到满足。为避免出现病态矩阵，要对其中一个几何点施加约束，即 Mag = 0。

3. 希望的计算结果

虚功力（Z 方向）= -12.77N

Maxwell 力（Z 方向）= -11.87N

计算结果要乘以 4，因为是采用的 1/4 对称模型，X、Y 方向的力不做计算。

5.4.2 GUI 操作方法

1. 创建物理环境

1）过滤图形界面。从主菜单中选择 Main Menu > Preferences，弹出"Preferences for GUI Filtering"对话框，选中"Magnetic-Nodal"来对后面的分析进行菜单及相应的图形界面过滤。

2）定义工作标题。从实用菜单中选择 Utility Menu>File > Change Title，在弹出的对话框中输入"3D Static Force Problem-Tetrahedral"，单击"OK"按钮，如图 5-36 所示。

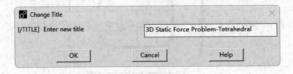

图 5-36 "Change Title"对话框

- 指定工作名。从实用菜单中选择 Utility Menu > File > Change Jobname，在弹出的对话框"Enter new jobname"后面的文本框中输入"Emage_3D"，单击"OK"按钮。

3）定义分析参数。从实用菜单中选择 Utility Menu > Parameters > Scalar Parameters，弹出"Scalar Parameters"对话框，在"Selection"下面的文本框中输入"n = 500"（线圈匝数），单

击"Accept"按钮。然后再在"Selection"下面的文本框中分别输入"i = 6"（每匝电流），单击"Accept"按钮确认。单击"Close"按钮，关闭"Scalar Parameters"对话框，输入参数的结果如图 5-37 所示。

4）打开体积区域编号显示。从实用菜单中选择 Utility Menu > PlotCtrls > Numbering，弹出"Plot Numbering Controls"对话框，如图 5-38 所示。选中"Volume numbers"，后面的选项由"Off"变为"On"。单击"OK"按钮，关闭对话框。

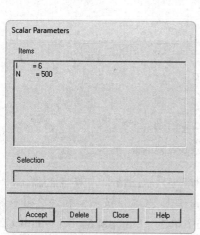
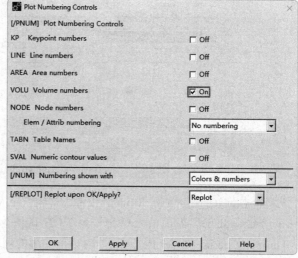

图 5-37 "Scalar Parameters"对话框　　　图 5-38 "Plot Numbering Controls"对话框

5）定义单元类型。从主菜单中选择 Main Menu > Preprocessor > Element Type > Add/Edit/Delete，弹出"Element Types"对话框，如图 5-39 所示，单击"Add"按钮，弹出"Library of Element Types"对话框，如图 5-40 所示。在该对话框左边下拉列表框中选择"Scalar"，在右边的下拉列表框中选择"Scalar Brick 96"，单击"OK"按钮，生成"SOLID96"单元，如图 5-39 所示。单击"Element Types"对话框中的"Close"按钮，关闭对话框。

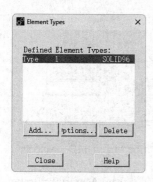
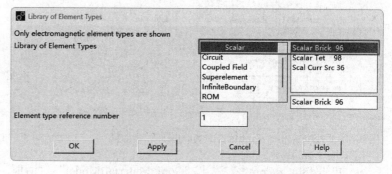

图 5-39 "Element Types"对话框　　　图 5-40 "Library of Element Types"对话框

6）定义材料属性。从主菜单中选择 Main Menu > Preprocessor > Material Props > Material Models，弹出"Define Material Model Behavior"对话框，如图 5-41 所示，在右边的列表框中

连续单击 Electromagnetics > Relative Permeability > Constant，弹出"Permeability for Material Number1"对话框，如图 5-42 所示。在该对话框中"MURX"后面的文本框输入 1，单击"OK"按钮。

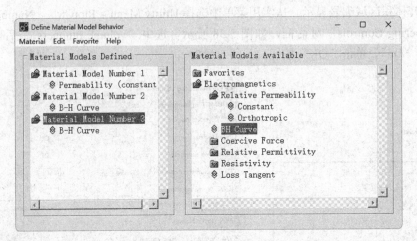

图 5-41 "Define Material Model Behavior"对话框

- 单击 Material > New Model...，弹出"Define Material ID"对话框，如图 5-43 所示。在"Define Material ID"后面输入材料号为 2（默认值为 2），单击"OK"按钮，新建 2 号材料。在"Define Material Model Behavior"对话框左边的列表框中单击"Material Model Number 2"，在右边的列表框中连续单击 Electromagnetics > BH Curve，弹出"BH Curve for Material Number 2"对话框，如图 5-44 所示。按照表 5-8 中的数据，在 H 栏和 B 栏里依次输入相应的值，注意每输入一组 B、H 值，都要单击右下角的"Add point"按钮，然后继续输入，直到输入足够的点为止，如图 5-44 所示为输入 30 个点。输入完材料的 B、H 值，可以用图形的方式查看 B-H 曲线。单击图 5-44 中的"Graph"按钮，选择"BH"，便可以显示 B-H 曲线，如图 5-45 所示。单击"OK"按钮，关闭对话框。

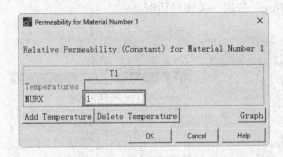

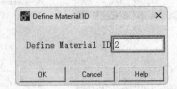

图 5-42 "Permeability for Material Number1"对话框　　图 5-43 "Define Material ID"对话框

- 单击 Edit > Copy...，弹出"Copy Material Model"对话框，在"from Material number"后面的下拉列表框中选择材料号为 2，在"to Material number"后面的文本框中输入材料号为 3，如图 5-46 所示。单击"OK"按钮，即可把 2 号材料的属性复制给 3 号材料。

- 得到的结果如图 5-41 所示。单击菜单栏中的 Material > Exit，结束材料属性定义。

第 5 章 三维静态磁场标量法分析

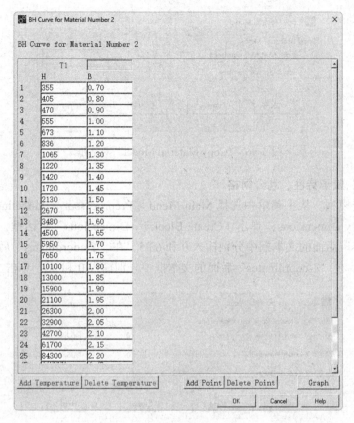

图 5-44 "BH Curve for Material Number 2" 对话框

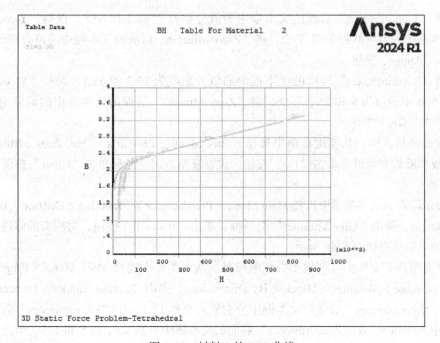

图 5-45 材料 2 的 B-H 曲线

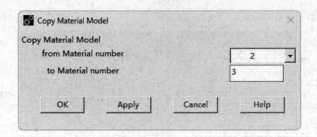

图 5-46 "Copy Material Model" 对话框

2. 建立模型、赋予特性、划分网格

1) 建立电极模型。从主菜单中选择 Main Menu > Preprocessor > Modeling > Create > Volumes > Block > By Dimensions，弹出 "Create Block by Dimensions" 对话框，如图 5-47 所示。在 "X-coordinates" 后面的文本框中分别输入 0 和 63.5，在 "Y-coordinates" 后面的文本框中分别输入 0 和 25/2，在 "Z-coordinates" 后面的文本框中分别输入 0 和 25，单击 "Apply" 按钮。

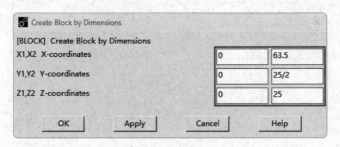

图 5-47 "Create Block by Dimensions" 对话框

- 将 "X-coordinates" 后面的文本框中的值分别改为 38.5 和 63.5，保持 "Y-coordinates" 后面的文本框中的值为 0 和 25/2 不变，将 "Z-coordinates" 后面的文本框中的值分别改为 25 和 125，单击 "Apply" 按钮。
- 将 "X-coordinates" 后面的文本框中的值分别改为 13.5 和 63.5，保持 "Y-coordinates" 后面的文本框中的值为 0 和 25/2 不变，将 "Z-coordinates" 后面的文本框中的值分别改为 125 和 150，单击 "OK" 按钮。
- 改变视角方向：从实用菜单中选择 Utility Menu > PlotCtrls > Pan, Zoom, Rotate，弹出移动、缩放和旋转对话框，单击 "Iso" 按钮，设置视角方向，然后单击 "Close" 按钮，关闭对话框。
- 布尔运算。从主菜单中选择 Main Menu > Preprocessor > Modeling > Operate > Booleans > Glue > Volumes，弹出 "Glue Volumes" 对话框，单击 "Pick All" 按钮，对所有的体进行粘接操作。生成的电极模型如图 5-48 所示。

2) 建立衔铁、空气的几何模型并压缩编号。从主菜单中选择 Main Menu > Preprocessor > Modeling > Create > Volumes > Block > By Dimensions，弹出 "Create Block by Dimensions" 对话框，在 "X-coordinates" 后面的文本框中分别输入 0 和 12.5，在 "Y-coordinates" 后面的文本框中分别输入 0 和 5，在 "Z-coordinates" 后面的文本框中分别输入 26.5 和 125。单击 "Apply" 按钮，即可创建衔铁体（Volume 1），如图 5-49 所示。

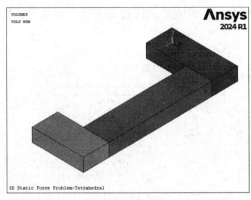

图 5-48　电极模型　　　　　图 5-49　电极体和衔铁体

- 将"X-coordinates"后面的文本框中的值分别改为 0 和 13,将"Y-coordinates"后面的文本框中的值分别改为 0 和 5.5,将"Z-coordinates"后面的文本框中的值分别改为 26 和 125.5。单击"OK"按钮,即可在图形窗口显示电极、衔铁及周围空气组成的实体。
- 布尔运算。从主菜单中选择 Main Menu > Preprocessor > Modeling > Operate > Booleans > Overlap > Volumes,弹出"Overlap Volumes"对话框,在图形窗口拾取体 1 和 2,或者直接在对话框的文本框中输入"1,2"并按 Enter 键,单击"OK"按钮,即可对所有的体 1 和 2 进行体叠分操作。
- 压缩不用的体号。从主菜单中选择 Main Menu > Preprocessor > Numbering Ctrls > Compress Numbers,弹出"Compress Numbers"对话框,如图 5-50 所示,在"Item to be compressed"后面的下拉列表框中选择"Volumes",将体号重新压缩编排,从 1 开始中间没有空缺。单击"OK"按钮,退出对话框。
- 从实用菜单中选择 Utility Menu > Plot > Replot,重新显示体模型。
- 从主菜单中选择 Main Menu > Preprocessor > Modeling > Create > Volumes > Cylinder > Partial Cylinder,弹出"Partial Cylinder(建立部分圆柱体)"对话框,如图 5-51 所示。在"Rad-1"后面的文本框中输入 0,在"Theta-1"后面的文本框中输入 0,在"Rad-2"后面的文本框中输入 100,在"Theta-2"后面的文本框中输入 90,在"Depth"后面的文本框中输入 175,单击"OK"按钮,这样就创建了角度为 0°~90°、半径为 0~100、长度为 175 的一个部分圆柱体。
- 布尔运算。从主菜单中选择 Main Menu > Preprocessor > Modeling > Operate > Booleans > Overlap > Volumes,弹出"Overlap Volumes"对话框,单击"Pick All"按钮,对所有的体进行体叠分操作。
- 压缩不用的体号。从主菜单中选择 Main Menu > Preprocessor > Numbering Ctrls > Compress Numbers,弹出"Compress Numbers"对话框,如图 5-50 所示,在"Item to be compressed"后面的下拉列表框中选择"Volumes",将体号重新压缩编排,从 1 开始中间没有空缺,单击"OK"按钮,退出对话框。创建好的完整的几何模型如图 5-52 所示。

3)保存几何模型文件。从实用菜单中选择 Utility Menu > File > Save as,弹出"Save Database"对话框,在"Save Database to"下面的文本框中输入文件名"Emage_3D_geom.db",单击"OK"按钮。

4)设置几何体的属性。从实用菜单中选择 Utility Menu > PlotCtrls > Pan Zoom Rotate,弹

出移动、缩放和旋转对话框，旋转模型，改变视角方向，以便拾取电极和衔铁，单击"Close"按钮，关闭对话框。

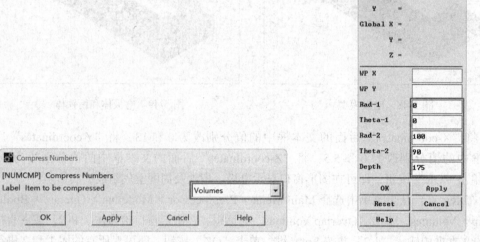

图 5-50 "Compress Numbers" 对话框   图 5-51 "Partial Cylinder" 对话框

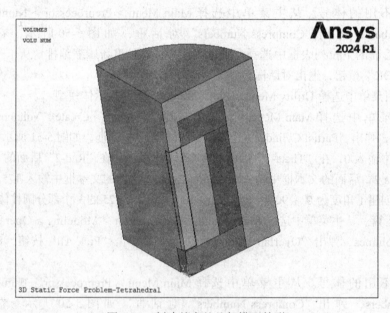

图 5-52 创建的完整几何模型外形

- 从主菜单中选择 Main Menu > Preprocessor > Meshing > Mesh Attributes > Picked Volumes，弹出"Volume Attributes"对话框，如图 5-53 所示。在图形窗口拾取体 1（衔铁），或者直接在对话框的文本框中输入 1 并按 Enter 键，单击对话框上的"OK"按钮，弹出如图 5-54 所示的"Volume Attributes"对话框，在"Material number"后面的下拉列表框中选取 3，给衔铁赋予材料属性。单击"Apply"按钮，再次弹出"Volume Attributes"对话框。

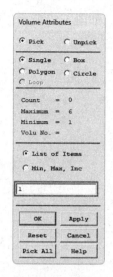

图 5-53 "Volume Attributes" 对话框

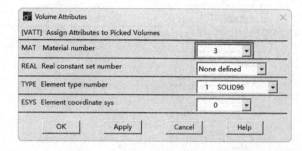

图 5-54 "Volume Attributes" 对话框

- 在"Volume Attributes"对话框的文本框中输入"3,4,5"并按 Enter 键,或图形界面上拾取体 3、4 和 5,单击对话框上的"OK"按钮,弹出如图 5-54 所示的"Volume Attributes"对话框,在"Material number"后面的下拉列表框中选取 2,给电极实体部分输入材料属性。单击"OK"按钮。
- 剩下的空气体默认被赋予了 1 号材料属性。
- 选择所有的实体:从实用菜单中选择 Utility Menu > Select > Everything。

5)划分网格。从主菜单中选择 Main Menu > Preprocessor > Meshing > MeshTool,弹出"MeshTool"对话框,如图 5-55 所示,勾选"Smart Size"前面的复选框,并将"Fine ~ Coarse"工具条拖到 8 的位置,设定智能网格划分的等级为 8(对于实际工程问题,需选择更精细的等级,比如 6)。在"Mesh"后面的下拉列表框中选择"Volumes",在"Shape"后面的单选按钮中选择四面体"Tet",在下面的自由划分"Free"和映射划分"Mapped"中选择"Free",如图 5-55 所示。单击"Mesh"按钮,弹出"Mesh Volumes"对话框,单击"Pick All"按钮,在图形窗口显示生成的网格。单击"MeshTool"对话框中的"Close"按钮,关闭网格划分工具。

6)按材料属性显示体单元。从实用菜单中选择 Utility Menu > PlotCtrls > Numbering,弹出如图 5-38 所示的"Plot Numbering Controls"对话框。在"Elem/Attrib numbering"后面的下拉列表框中选择"Material numbers",在"Numbering shown with"后面的下拉列表框中选择"Colors only"。单击"OK"按钮,按材料属性显示体单元,结果如图 5-56 所示。

7)保存网格数据。从实用菜单中选择 Utility Menu > File > Save as,弹出"Save DataBase"对话框,在"Save Database to"下面文本框中输入文件名"Emage_3D_mesh.db",单击"OK"按钮。

3. 加边界条件和载荷

1)选择衔铁上的所有单元。从实用菜单中选择 Utility Menu > Select > Entities,弹出"Select Entities"对话框。在最上边的第一个下拉列表框中选取"Elements",在第二个下拉列表框中选择"By Attributes",再在下边的单选按钮中选择"Material num",在"Min, Max"下面的文本框中输入 3，在文本框下面的单选按钮中选择"From Full"，如图 5-57 所示，单击"OK"按钮。

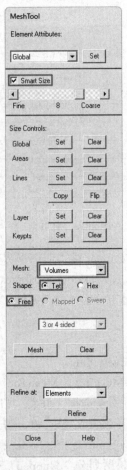

图 5-55 "MeshTool"对话框　　　　　图 5-56 按材料属性显示体单元

2）将所选单元生成一个组件。从实用菜单中选择 Utility Menu > Select > Comp/Assembly > Create Component，弹出"Create Component"对话框，如图 5-58 所示。在"Component name"后面的文本框中输入组件名"ARM"，在"Component is made of"后面的下拉列表框中选择"Elements"，单击"OK"按钮。

3）选择衔铁上的所有节点。从实用菜单中选择 Utility Menu > Select > Entities，弹出"Select Entities"对话框。在最上边的下拉列表框中选取"Nodes"，在其下的第二个下拉列表框中选择"Attached to"，在下边的单选按钮中选择"Elements"，再在下面的单选按钮中选择"From Full"，单击"OK"按钮。

4）给衔铁施加虚位移标志。从主菜单中选择 Main Menu > Preprocessor > Loads > Define Loads > Apply > Magnetic > Other > Virtual Disp > On Nodes，弹出"Apply MVDI on Nodes"对话框，单击"Pick All"按钮，弹出如图 5-59 所示的对话框，在"Virtual displacement value"后面的文本框中输入 1。单击"OK"按钮，即可给衔铁上的节点施加虚位移标志。

图 5-57 "Select Entities" 对话框

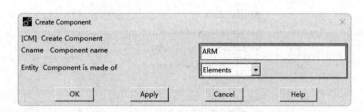

图 5-58 "Create Component" 对话框

5）选择环绕衔铁周围的空气单元。从实用菜单中选择 Utility Menu > Select > Entities，弹出 "Select Entities" 对话框。在最上边的下拉列表框中选取 "Nodes"，在第二个下拉列表框中选择 "Exterior"，在下边的单选按钮中选择 "Reselect"，单击 "Apply" 按钮。再次

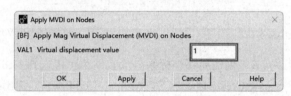

图 5-59 "Apply MVDI on Nodes" 对话框

在最上边的下拉列表框中选取 "Elements"，在第二个下拉列表框中选择 "Attached to"，在下边的单选按钮中选择 "Nodes"，再在下面的单选按钮中选择 "From Full"，单击 "OK" 按钮。

• 从实用菜单中选择 Utility Menu > Select > Comp/Assembly > Select Comp/ Assembly，在弹出的对话框的单选按钮中选择 "by component name"，单击 "OK" 按钮，弹出 "Select Component or Assembly" 对话框，唯一的组件 "ARM" 被默认选中，在 "Type of selection" 后面的下拉列表框中选择 "Unselect"，如图 5-60 所示。单击 "OK" 按钮。

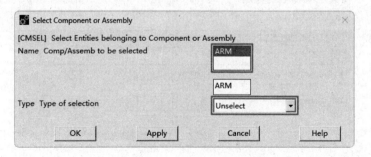

图 5-60 "Select Component or Assembly" 对话框

6）给环绕衔铁周围的空气单元施加 Maxwell 面标志。从实用菜单中选择 Main Menu > Preprocessor > Loads > Define Loads > Apply > Magnetic > Other > Maxwell Surf > On Nodes，弹

出"Apply MXWF on Nodes"对话框，单击"Pick All"按钮，给环绕衔铁周围的空气单元施加 Maxwell 面标志。

7）选择所有实体。从实用菜单中选择 Utility Menu > Select > Everything。

8）将模型单位制改成 MKS 单位制（米）。从主菜单中选择 Main Menu > Preprocessor > Modeling > Operate > Scale > Volumes，在弹出的对话框中单击"Pick All"按钮，弹出如图 5-61 所示的对话框，在"RX，RY，RZ Scale factors"后面的文本框中依次输入 0.001、0.001、0.001，在"Items to be scaled"后面的下拉列表框中选择"Volumes and mesh"，在"Existing volumes will be"后面的下拉列表框中选择"Moved"，单击"OK"按钮。

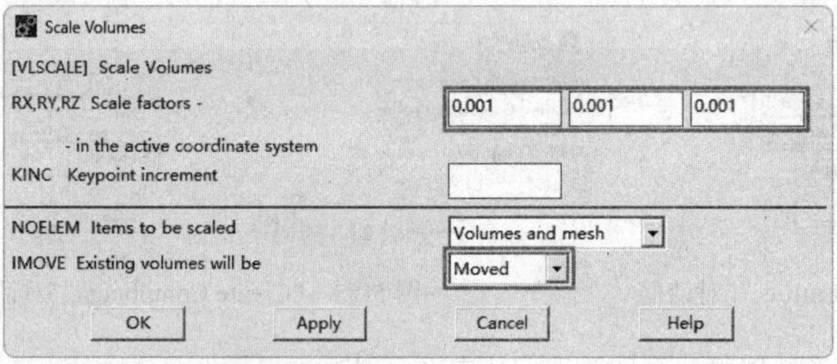

图 5-61 "Scale Volumes"对话框

9）创建局部坐标系。从实用菜单中选择 Utility Menu > WorkPlane > Local Coordinate Systems > Create Local CS > At Specified Loc +，弹出"Create CS at Location"对话框，在文本框中输入坐标点"0,0,75/1000"并按 Enter 键，单击"OK"按钮，弹出"Create Local CS at Specified Location"对话框，如图 5-62 所示，在"Ref number of new coord sys"后面的文本框输入 12，其他采用默认设置，单击"OK"按钮，在 (0,0,75/1000) 处创建一个坐标号为 12 的用户自定义笛卡儿坐标系。

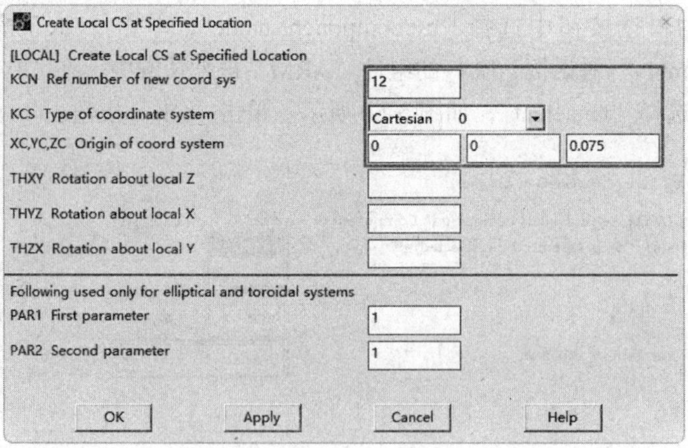

图 5-62 "Create Local CS at Specified Location"对话框

10）移动工作平面。从实用菜单中选择 Utility Menu > WorkPlane > Align WP with > Specified Coord Sys，弹出"Align WP with Specified CS"对话框，如图 5-63 所示，在"Coordinate system number"后面的文本框中输入 12,将工作平面移动到 12 号局部坐标系处。

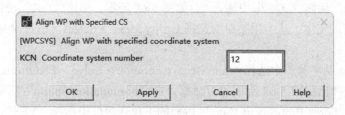

图 5-63 "Align WP with Specified CS"对话框

11)建立线圈。从主菜单中选择 Main Menu > Preprocessor > Modeling > Create > Racetrack Coil,弹出"Racetrack Current Source for 3-D Magnetic Analysis"对话框,如图 5-64 所示,分别在下列域后面输入相应的值:
- 在"X-loc of vertical leg"后面的文本框中输入 0.0285;
- 在"Y-loc of horizontal leg"后面的文本框中输入 0.0285;
- 在"Radius of curvature"后面的文本框中输入 0.014;
- 在"Total current flow"后面的文本框中输入"n*i";
- 在"In-plane thickness"后面的文本框中输入 0.018;
- 在"Out-of-plane thickness"后面的文本框中输入 0.0966;
- 在"Component name"后面的文本框中输入"coil1"。

单击"OK"按钮,创建一个名为"coil1"的线圈。

12)从实用菜单中选择 Utility Menu > PlotCtrls > Style > Size and Shape,弹出"Size and Shape"对话框,检验并确认"Display of element"是打开的,即勾选后面的单选按钮"On",单击"OK"按钮。

13)显示线圈。从实用菜单中选择 Utility Menu > Plot > Elements,在合适的视角可看见线圈,如图 5-65 所示。

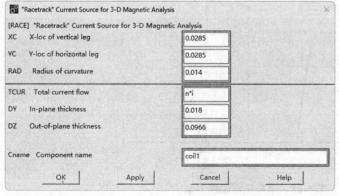

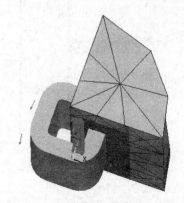

图 5-64 "Racetrack Current Source for 3-D Magnetic Analysis"对话框

图 5-65 线圈单元

14)保存数据。单击"Ansys Toolbar"上的"SAVE_DB"按钮。

15)施加边界条件。从主菜单中选择 Main Menu > Solution > Define Loads > Apply > Magnetic > Boundary > Scalar Poten > On Nodes,在弹出的对话框的文本框中输入 2 并按 Enter 键,2

号节点的坐标为 (0,0,0)。单击"OK"按钮，弹出"Apply MAG on Nodes"对话框，在"Scalar poten (MAG) value"后面的文本框中输入 0，如图 5-66 所示，单击"OK"按钮。

16）选择所有的实体。从实用菜单中选择 Utility Menu > Select > Everything。

4. 求解

1）求解运算。从主菜单中选择 Main Menu > Solution > Solve > Electromagnet > Static Analysis > Opt&Solv，弹出如图 5-67 所示的对话框，在"Formulation option"后面的下拉列表框中选择"DSP"，在"Force Biot-Savart Calc."后面的下拉列表框中选择"YES"，其他采用默认设置，单击"OK"按钮，开始求解运算，直到出现一个"Solution is done！"提示栏，表示求解结束，单击"Close"按钮，将其关闭。显示的求解图形跟踪界面如图 5-68 所示。

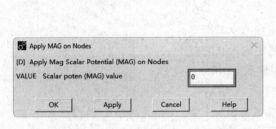
图 5-66 "Apply MAG on Nodes"对话框

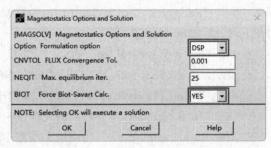
图 5-67 "Magnetostatics Options and Solution"对话框

2）保存计算结果到文件。从实用菜单中选择 Utility Menu > File > Save as，弹出"Save DataBase"对话框，在"Save Database to"下面的文本框中输入文件名"Emage_3D_resu.db"，单击"OK"按钮。

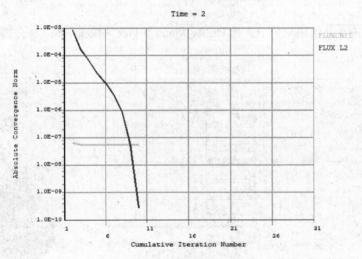
图 5-68 求解图形跟踪界面

5. 查看结算结果

1）读取最后一步求解结果。从主菜单中选择 Main Menu > General Postproc > Read Results > Last Set，读取求解的结果数据库中最后一步求解结果。

2）选择衔铁和空气交接处的单元。从实用菜单中选择 Utility Menu > Select > Comp/Assembly > Select Comp/Assembly，在弹出的对话框的单选按钮中选择"by component name"，单击"OK"按钮，在弹出"Select Component or Assembly"对话框，在"Comp/Assemb to be selected"后面的列表框中选择组件"ARM"，在"Type of selection"后面的下拉列表框中选择"From full set"，单击"OK"按钮。

• 从实用菜单中选择 Utility Menu > Select > Entities，弹出"Select Entities"对话框。在最上边的下拉列表框中选取"Nodes"，在第二个下拉列表框中选择"Exterior"，在下边的单选按钮中选择"From Full"，单击"Apply"按钮。再次在最上边的下拉列表框中选取"Elements"，在第二个下拉列表框中选择"Attached to"，在下边的单选按钮中选择"Nodes"，再在下面的单选按钮中选择"From Full"，单击"OK"按钮。

3）定义存放 Maxwell 力的单元表。从主菜单中选择 Main Menu > General Postproc > Element Table > Define Table，弹出"Element Table Data"对话框，单击"Add"按钮，弹出"Define Additional Element Table Items"对话框，在"User label for item"后面的文本框中输入"FMX_X"，在"Results data item"后面的左边列表框中选择"Nodal force data"，在右边列表框中选择"Mag force FMAGX"，如图 5-69 所示。单击"Apply"按钮。

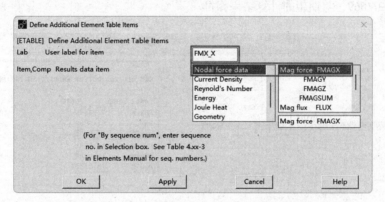

图 5-69 "Define Additional Element Table Items"对话框

• 按照上面的方法，在"Use label for item"后面的文本框中输入"FMX_Y"，在右边列表框中选择"Mag force FMAGY"，单击"Apply"按钮。

• 按照上面的方法，在"Use label for item"后面的文本框中输入"FMX_Z"，在右边列表框中选择"Mag force FMAGZ"，单击"Apply"按钮。

4）定义存放虚功力的单元表：在"Use label for item"后面的文本框中输入"FVW_X"，在"Results data item"后面的左边列表框中选择"By sequence num"，在右边列表框中选择"NMISC,"，并在这个列表框下面的文本框中输入顺序号"NMISC,4"，如图 5-70 所示。单击"Apply"按钮。

• 按照上面的方法，在"Use label for item"后面的文本框中输入"FVW_Y"，在右边列表框下面的文本框中输入顺序号"NMISC,5"，单击"Apply"按钮。

• 按照上面的方法，在"Use label for item"后面的文本框中输入"FVW_Z"，在右边列表框下面的文本框中输入顺序号"NMISC,6"，单击"OK"按钮。

定义结束后的"Element Table Data"对话框如图 5-71 所示，单击"Close"按钮将其关闭。

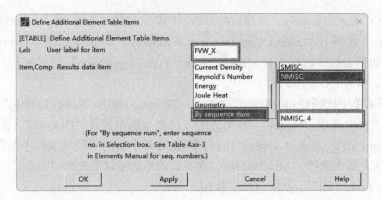

图 5-70 "Define Additional Element Table Items"对话框

5）对单元表进行求和。从主菜单中选择 Main Menu > General Postproc > Element Table > Sum of Each Item，弹出"Tabular Sum of Each Element Table Item"对话框，单击"OK"按钮，弹出如图 5-72 所示的信息列表窗口。可以看出，Z 向 Maxwell 力 FMX_Z=-11.8733，Z 向虚功力 FVW_Z=-12.7669，与期望的计算结果相符。

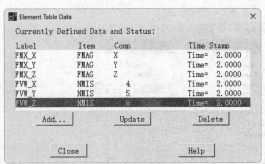

图 5-71 "Element Table Data"对话框

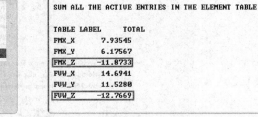

图 5-72 "SSUM Command"窗口

6）退出 Ansys。单击工具条上的"Quit"按钮，弹出"Exit"对话框，选取"Quit-No Save!"，单击"OK"按钮，退出 Ansys。

5.4.3 命令流实现

```
/TITLE,3-D STATIC FORCE PROBLEM-TETRAHEDRAL
!定义工作标题
/FILNAME,Emage_3D,0              !定义工作文件名
KEYW,MAGNOD,1                    !指定磁场分析

!创建物理环境
/PREP7
!定义分析参数
N=500                            !线圈匝数
I=6                              !每匝通过的电流
/PNUM,VOLU,1                     !打开体编号
```

```
!定义单元类型
ET,1,96
!给空气和衔铁定义材料属性
MP,MURX,1,1
TB,BH,2,,40
TBPT,,355,0.7
,,405,0.8
,,470,0.9
,,555,1.0
,,673,1.1
,,836,1.2
,,1065,1.3
,,1220,1.35
,,1420,1.4
,,1720,1.45
,,2130,1.5
,,2670,1.55
,,3480,1.6
,,4500,1.65
,,5950,1.7
,,7650,1.75
,,10100,1.8
,,13000,1.85
,,15900,1.9
,,21100,1.95
,,26300,2.0
,,32900,2.05
,,42700,2.1
,,61700,2.15
,,84300,2.2
,,110000,2.25
,,135000,2.3
,,200000,2.41
,,400000,2.69
,,800000,3.22
TBCOPY,BH,2,3
!创建电极体
BLOCK,0,63.5,0,25/2,0,25
BLOCK,38.5,63.5,0,25/2,25,125
BLOCK,13.5,63.5,0,25/2,125,150
/VIEW,1,1,1,1                    !改变视角方向
/REPLOT
VGLUE,ALL
```

```
!创建衔铁、空气体并压缩编号
BLOCK,0,12.5,0,5,26.5,125            !衔铁体
BLOCK,0,13,0,5.5,26,125.5            !空气体
VOVLAP,1,2
NUMCMP,VOLU                          !压缩体编号
CYL4,,,0,0,100,90,175
VOVLAP,ALL
NUMCMP,VOLU                          !压缩体编号
SAVE,'Emage_3D_geom','db'
!设置几何体的属性
VSEL,S,VOLU,,1
VATT,3,1,1                           !设置衔铁属性
VSEL,S,VOLU,,3,5
VATT,2,1,1                           !设置电极属性
!给模型划分网格
ALLSEL,ALL
SMRT,8                               !定义网格智能划分等级为8,实际工程问题可选6
MSHAPE,1,3D
MSHKEY,0
VMESH,ALL
/PNUM,MAT,1
/NUMBER,1
EPLOT
SAVE,'Emage_3D_mesh','db'
!把衔铁定义成一个组件并施加力标志
ESEL,S,MAT,,3                        !选择衔铁材料单元
CM,ARM,ELEM                          !创建衔铁组件
CMSEL,,ARM
NSLE
BF,ALL,MVDI,1                        !给衔铁施加虚位移标志
NSEL,R,EXT
ESLN
CMSEL,U,ARM
SF,ALL,MXWF                          !给空气单元施加Maxwell面标志
!转换模型单位制为米
ALLSEL,ALL
VLSCALE,ALL,,,0.001,0.001,0.001,,0,1
!创建线圈
LOCAL,12,0,0,0,75/1000
WPCSYS,-1,12
RACE,0.0285,0.0285,0.014,N*I,0.018,0.0966,,,'COIL1'
/ESHAPE,1
EPLOT
```

```
SAVE
FINISH

!施加边界条件并求解
/SOLU
D,2,MAG,0                          !施加边界条件
ALLSEL,ALL
MAGSOLV,3,,,,,1                    !求解
SAVE,'Emage_3D_resu','db'
FINISH

!对衔铁受力求和
/POST1
SET,LAST
CMSEL,,ARM                         !选择衔铁和空气交接处的单元
NSEL,,EXT
ESLN
ETAB,FMX_X,FMAG,X                  !定义存放 Maxwell 力的单元表
ETAB,FMX_Y,FMAG,Y
ETAB,FMX_Z,FMAG,Z
ETAB,FVW_X,NMISC,4                 !定义存放虚功力的单元表
ETAB,FVW_Y,NMISC,5
ETAB,FVW_Z,NMISC,6
SSUM                               !对单元表进行求和
FINISH
```

第 6 章

三维静态磁场棱边单元法分析

在三维静态磁场中，当存在非均匀介质时。用基于节点的连续矢量位 A 来进行有限元计算会产生不精确的解，此时可通过使用棱边单元法分析予以消除这种理论上的缺陷。本章介绍了 Ansys 进行三维静态磁场棱边单元法分析的步骤，并通过用棱边单元法计算电动机沟槽中的静态磁场分布实例，对 Ansys 三维静态磁场棱边单元法分析进行了具体演示。

通过本章的学习，读者可以深入地掌握 Ansys 三维静态磁场棱边单元法分析的各种功能和应用方法。

- 棱边单元法中用到的单元
- 用棱边单元法进行静态分析的步骤

在理论上，当存在非均匀介质时，用基于节点的连续矢量位 A 来进行有限元计算会产生不精确的解。这种理论上的缺陷可通过使用棱边单元法予以消除。这种方法不但适用于静态分析，还适用于谐波和瞬态磁场分析，在大多数实际三维分析中，推荐使用这种方法。在棱边单元法中，电流源是整个网格的一个部分，虽然建模比较困难，但对导体的形状没有控制，约束更少。另外，正因为对电流源也要划分网格，所以可以计算焦耳热和洛伦兹力。

用棱边单元法分析的典型使用情况有：

- 电动机；
- 感应加热；
- 强场磁体；
- 磁搅动；
- 粒子加速器；
- 变压器；
- 螺线管电磁铁；
- 非破坏性试验；
- 电解装载；
- 医疗和地球物理仪器。

对于 Ansys 的棱边单元，AZ 表示边通量自由度，它在 MKS 单位制中的单位是韦伯（V·S）。边通量自由度是矢量位 A 沿单元边切向分量的积分。物理解释为：沿闭合环路对边自由度（通量）求和，得到通过封闭环路的磁通量。正的通量值表示单元边通量是由较低节点号指向较高节点号（由单元边连接）。磁通量方向由封闭环路的方向根据右手法则来判定。

Ansys 可用棱边单元法分析三维静态、谐波和瞬态磁场问题（实体模型与其他分析类型一样，只是边界条件不同）。

6.1 棱边单元法中用到的单元

Ansys 提供了两种实体棱边单元——SOLID236、SOLID237（见表 6-1）。

表 6-1 三维实体单元

单元	维数	形状	自由度
SOLID236	3-D	六面体 20 节点	中间边节点处的边通量 AZ、节点处的电势/电压降或时间积分电势/电压降（VOLT）、电动势降或时间积分电动势降（EMF）
SOLID237	3-D	四面体 10 节点	中间边节点处的边通量 AZ、节点处的电势/电压降或时间积分电势/电压降（VOLT）、电动势降或时间积分电动势降（EMF）

对于包括空气、铁、永磁体、源电流的静态磁场分析模型，可以通过设置不同区域的不同材料特性（见表 6-2）来完成。

表 6-2 材料特性

空气	DOF：AZ 材料特性：μ_0（MURX）
铁	DOF：AZ 材料特性：μ_r（MURX）或 B-H 曲线（TB 命令）
永磁体	DOF：AZ 材料特性：μ_r（MURX）或 B-H 曲线（TB 命令），Hc（矫顽力矢量 MGXX,MGYY,MGZZ） 注：永磁体的极化方向由矫顽力矢量和单元坐标系共同控制
载流绞型线圈	DOF：AZ 材料特性：μ_r（MURX） 特殊特性：加源电流密度 JS（用 BFE,JS 命令）

6.2 用棱边单元法进行静态分析的步骤

6.2.1 创建物理环境、建模分网、加边界条件和载荷

1）在 GUI 菜单过滤项中选择"Magnetic-Edge"选项。

GUI：Main Menu > Preferences > Electromagnetics: Magnetic-Edge

2）定义任务名和题目。

命令：/FILNAME

/TITLE

GUI：Utility Menu > File > Change Jobname

Utility Menu > File > Change Title

3）选择 SOLID236 或 SOLID237 单元。

命令：ET

GUI：Main Menu > Preprocessor > Element Type > Add/Edit/Delete

4）KEYOPT 选项设置、定义材料特性、建立模型、赋予特性、划分网格、给模型施加磁力线平行和垂直边界条件等内容与其他章节类似，在这里不一一说明。

5）加电流密度载荷（JS）。当使用 SOLID236 或 SOLID237 单元（KEYOPT(1)=0）建立绞线圈模型时，此处通过 BFE 命令施加的源电流密度必须是无散的（即∇JS=0）。

"无散的"是指任何实际电流回路的闭合特性。源电流密度的幅值和方向都是恒定的（如杆状、弧状电流源），自然满足无散条件，此时就可以用下面描述的 BFE 命令施加电流。在其他很多复杂情况下，源电流密度的分布事先是不知道的（如两个直杆连接处弯形连接段内的电流弯曲），此时就需要先执行一个静态电流传导分析，一旦确定了电流，就可以用 LDREAD 命令将其读入磁场分析中。

通常，直接把源电流密度施加到单元上。使用下列方式之一：

命令：BFE,,JS

GUI：Main Menu > Solution > Define Loads > Apply > Magnetic > Excitation > AppCurrDens > On Elements

关于其他加载的更多信息，可参看第 2 章"二维静态磁场分析"。单元密度由 ESYS 命令在单元坐标系中设定。

6.2.2 求解

1）选择静态分析类型。

命令：ANTYPE，STATIC，NEW

GUI：Main Menu > Solution > Analysis Type > New Analysis > Static

注意：如果是需要重启动一个分析（重启动一个未收敛的求解过程，或者施加了另外的激励），可使用命令 ANTYPE，STATIC，REST。如果先前分析的结果文件 Jobname.EMAT、Jobname.ESAV 和 Jobname.DB 还可用，就可以重启动三维静态磁场分析。

2）选择求解器，可以使用稀疏矩阵求解器（Sparse）（默认值）、雅可比共轭梯度求解器

（JCG）及不完全乔勒斯基共轭梯度求解器（ICCG）。用下列方式选择求解器：

命令：**EQSLV**

GUI：Main Menu > Solution > Analysis Type > Analysis Options

推荐使用 Sparse 求解器。

3）选择载荷步选项。

4）求解。对于非线性分析，采用两步求解：
- 先用斜坡载荷计算 3～5 子步，每步一次平衡迭代。
- 用一个子步计算最后的解，具有 5～10 次平衡迭代。

当使用棱边单元列式时，在默认情况下，Ansys 先估算待分析区域所有单元和节点。估算时，把不需要的自由度值设置为零，使计算更快进行。

命令：**GAUGE**

GUI：Main Menu > Solution > Load Step Opts > Magnetics > Options Only > Gauging

使用棱边单元做电磁分析必须要求估算，因此在大多数情况下，不要关闭自动估算。

可使用下面的命令进行两步求解：

命令：**SOLVE**

GUI：Main Menu > Solution > Solve > Current LS

5）退出 SOLUTION 处理器。

命令：**FINISH**

GUI：Main Menu > Finish

6.2.3 后处理

Ansys 和 Ansys/Emag 程序将三维静态分析数据结果记入 Jobname.RMG 文件中，将动态分析数据结果记入 Jobname.RST 文件中。数据有两类：

➢ 主数据：磁场自由度（AZ，VOLT、EMF）。
➢ 导出数据：
- 节点磁通量密度（BX、BY、BZ、BSUM）。
- 节点磁场强度（HX、HY、HZ、HSUM）。
- 节点电场强度（EFX、EFY、EFZ、EFSUM）。
- 节点导电电流密度 JC（JCX、JCY、JCZ、JCSUM）。
- 节点磁力（FMAG：X、Y、Z 分量和 SUM）。
- 单元总电流密度（JTX、JTY、JTZ）。
- 单位体积生成的焦耳热（JHEAT）。
- 单元磁能（SENE、MENE）。
- 单元磁共能（COEN）。
- 单元表观磁能（AENE）。
- 单元增量磁能（IENE）（仅对线性材料才有效）。

可以进入通用后处理器（POST1）中观察结果。方式如下：

命令：**/POST1**

GUI：Main Menu > General Postproc

读入结果数据、磁力线、等值线显示、矢量显示、列表显示和磁力等三维静态磁场分析与二维静态磁场分析的后处理基本一致。关于后处理的相关信息可参见第2章"二维静态磁场分析"。

从后处理可用的数据库中还可以计算其他感兴趣的项目（如源的输入能量、电感、磁力线连接和终端电压）。Ansys 设置了下列宏来进行这些计算：
- MMF 宏计算沿一路径的磁动势。
- PMGTRAN 宏显示瞬态电磁场的概要信息。
- POWERH 宏计算导体的均方根（RMS）能耗。

6.3 实例——计算电动机沟槽中的静态磁场分布

本实例介绍用棱边单元法计算电动机沟槽中的静态磁场分布（GUI 方式和命令流方式）。

6.3.1 问题描述

本实例将计算电动机沟槽在确定电流作用下的静态磁场、储能、焦耳热损耗和洛伦兹（Lorentz）力等。铁区内沟槽中的载流导体和沟槽导体的三维实体模型分别如图 6-1 和图 6-2 所示。

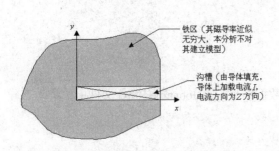

图 6-1 铁区内沟槽中的载流导体（分析问题的简图）

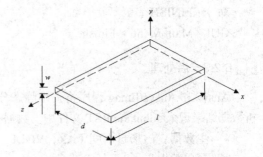

图 6-2 沟槽导体的三维实体模型

实例中用到的沟槽导体参数见表 6-3。

表 6-3 沟槽导体参数说明

几何特性	材料特性	载荷
$l = 0.3$m $d = 0.1$m $w = 0.01$m	$\mu_r = 1.00$ $\rho = 1e-8 \Omega \cdot m$	$I = 1000$A

假定沟槽顶部和底部的铁材料都是理想的，可加磁力线垂直条件。

在位于 $x = d$、$z = 0$ 和 $z = l$ 的开放面上加磁力线平行边界条件，这无法自动满足，需要说明面上的边通量自由度（AZ）为常数，通常使之为零。

使用 MKS 单位制（默认值）。

计算的目标值：

体积（m³）：$V_t = d\,w\,l = 3e-4$

磁场（A/m）：$H_y = i/w \cdot x/d = 1e5 \cdot x/d$

通量（T）：$B_y = \mu_r \mu_0 H = 4e - 2\pi \, x/d$

电流密度（A/m^2）：$J_z = i/(d\,w) = 1e6$

焦耳热损耗（W）：$J_{loss} = 3.000$

总的受力（N）：$F_x = -\int J_z dV = -18.85$

能量（J）：SENE = 0.622

6.3.2 GUI 操作方法

1. 创建物理环境

1）过滤图形界面。从主菜单中选择 Main Menu > Preferences，弹出 "Preferences for GUI Filtering" 对话框，选中 "Magnetic-Edge" 来对后面的分析进行菜单及相应的图形界面过滤。

2）定义工作标题。从实用菜单中选择 Utility Menu > File > Change Title，在弹出的对话框中输入 "DC Current in a Slot"，单击 "OK" 按钮，如图 6-3 所示。

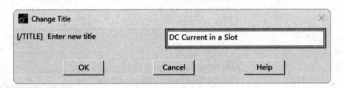

图 6-3 "Change Title" 对话框

• 指定工作名。从实用菜单中选择 Utility Menu > File > Change Jobname，在弹出的对话框 "Enter new jobname" 后面的文本框中输入 "Slot_3D"，单击 "OK" 按钮。

3）定义分析参数。从实用菜单中选择 Utility Menu > Parameters > Scalar Parameters，弹出 "Scalar Parameters" 对话框，在 "Selection" 下面的文本框中输入："l=0.3"，单击 "Accept" 按钮。然后依次在 "Selection" 下面的文本框中分别输入 "d=0.1" "w=0.01" "I=1000" "mur=1" "rho=1.0e-8" "n=5" "jx=0" "jy=0" "jz=I/d/w"，并单击 "Accept" 按钮确认。单击 "Close" 按钮，关闭 "Scalar Parameters" 对话框，输入参数的结果如图 6-4 所示。

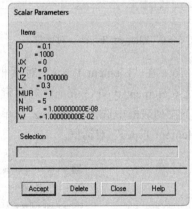

图 6-4 "Scalar Parameters" 对话框

4）打开体积区域编号显示。从实用菜单中选择 Utility Menu > PlotCtrls > Numbering，弹出 "Plot Numbering Controls" 对话框，如图 6-5 所示。选中 "Volume numbers"，后面的选项由 "Off" 变为 "On"。单击 "OK" 按钮，关闭对话框。

5）定义单元类型。从主菜单中选择 Main Menu > Preprocessor > Element Type > Add/Edit/Delete，弹出 "Element Types" 对话框，如图 6-6 所示。单击 "Add" 按钮，弹出 "Library of Element Types" 对话框，如图 6-7 所示。在该对话框左面的下拉列表框中选择 "Magnetic-

Edge",在右边的下拉列表框中选择"3D Brick 236"。单击"OK"按钮,生成"SOLID236"单元,如图6-6所示。

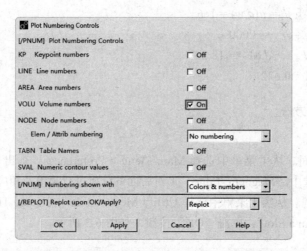

图6-5 "Plot Numbering Controls"对话框

 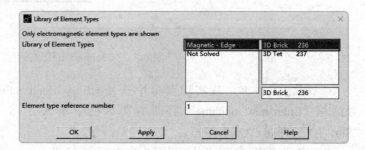

图6-6 "Element Types"对话框　　　　图6-7 "Library of Element Types"对话框

6)在"Element Types"对话框中选择单元类型1,单击"Options"按钮,弹出"SOLID236 element type options"对话框,如图6-8所示,在"Electromagnetic force calc K8"后面的下拉列表框中选择"Lorentz",单击"OK"按钮,退出此对话框。单击"Close"按钮,关闭"Element Types"对话框。

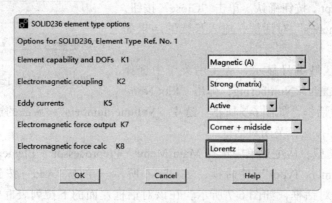

图6-8 "SOLID236 element type options"对话框

7）定义材料属性。从主菜单中选择 Main Menu > Preprocessor > Material Props > Material Models，弹出"Define Material Model Behavior"对话框，如图 6-9 所示，在右边的下拉列表框中连续单击 Electromagnetics > Relative Permeability > Constant，弹出"Permeability for Material Number 1"对话框，如图 6-10 所示。在该对话框中"MURX"文本框中输入"mur"，单击"OK"按钮。在右边的栏中连续单击"Electromagnetics > Resistivity > Constant"后，又弹出"Resistivity > for Material Number 1"对话框，如图 6-11 所示，在该对话框中"RSVX"文本框输入"rho"，单击"OK"按钮。单击菜单栏中的 Material > Exit，结束材料属性定义，结果如图 6-9 所示。

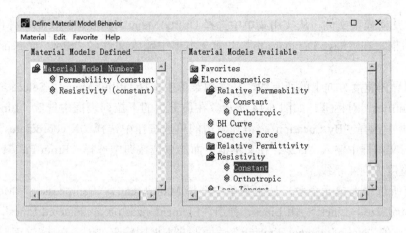

图 6-9 "Define Material Model Behavior"对话框

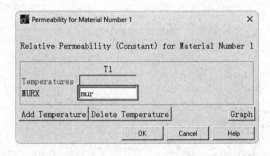

图 6-10 "Permeability for Material Number 1"对话框

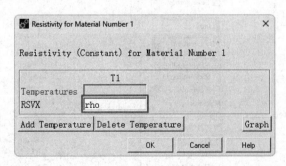

图 6-11 "Resistivity for Material Number 1"对话框

2. 建立模型、赋予特性、划分网格

1）建立导体模型。从主菜单中选择 Main Menu > Preprocessor > Modeling > Create > Volumes > Block > By Dimensions，弹出"Create Block by Dimensions"对话框，如图 6-12 所示。在"X-coordinates"后面的文本框中分别输入 0 和"d"，在"Y-coordinates"后面的文本框中分别输入 0 和"w"，在"Z-coordinates"后面的文本框中分别输入 0 和 1，单击"OK"按钮。

• 改变视角方向：从实用菜单中选择 Utility Menu > PlotCtrls > Pan, Zoom, Rotate，弹出移动、缩放和旋转对话框，单击"Iso"按钮，调整视角方向，可以在（1,1,1）方向观察模型。单击"Close"按钮，关闭对话框。生成的导体模型如图 6-13 所示。

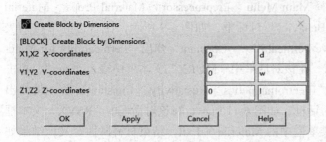

图 6-12 "Create Block by Dimensions" 对话框　　　　图 6-13 导体模型

2）保存几何模型文件。从实用菜单中选择 Utility Menu > File > Save as，弹出 "Save DataBase" 对话框，在 "Save Database to" 下面文本框中输入文件名 "Slot_3D_geom.db"，单击 "OK" 按钮。

3）选择导体宽度方向上的所有线。从实用菜单中选择 Utility Menu > Select > Entities，弹出 "Select Entities" 对话框，如图 6-14 所示。在最上边的下拉列表框中选取 "Lines"，在第二个下拉列表框中选择 "By Location"，再在下边的单选按钮中选择 "X coordinates"，在 "Min,Max" 下面的文本框中输入 "d/2"，在文本框下面的单选按钮中选择 "From Full"，单击 "OK" 按钮，选择宽度方向 4 条线。

4）设定所选线上单元个数。从主菜单中选择 Main Menu > Preprocessor > Meshing > Size Cntrls > ManualSize > Lines > All Lines，弹出 "Element sizes on all selected Lines" 对话框，如图 6-15 所示。在 "No. of element division" 后面的文本框中输入 "n"，单击 "OK" 按钮。

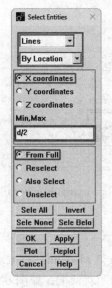
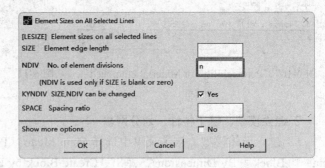

图 6-14 "Select Entities" 对话框　　　　图 6-15 "Element Sizes on All Selected Lines" 对话框

5）选择所有的实体。从实用菜单中选择 Utility Menu > Select > Everything。

6）设定全局单元个数。从主菜单中选择 Main Menu > Preprocessor > Meshing > Size Cntrls > ManualSize > Global > Size，弹出 "Global Element Sizes" 对话框，如图 6-16 所示。在 "No. of element divisions"后面的文本框中输入1,单击"OK"按钮。

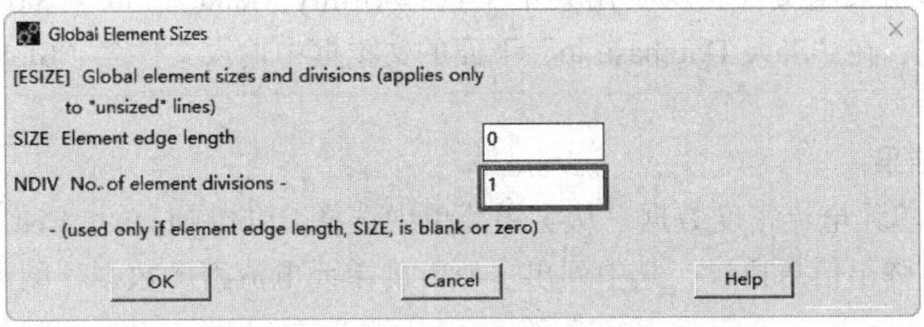

图 6-16 "Global Element Sizes"对话框

7)划分网格。从主菜单中选择 Main Menu > Preprocessor > Meshing > Mesh > Volumes > Mapped > 4 to 6 sided,在弹出的对话框中单击"Pick All"按钮,在图形窗口显示生成的网格,如图 6-17 所示。

8)保存网格数据。从实用菜单中选择 Utility Menu > File > Save as,弹出"Save DataBase"对话框,在"Save Database to"下面文本框中输入文件名"Slot_3D_mesh.db",单击"OK"按钮。

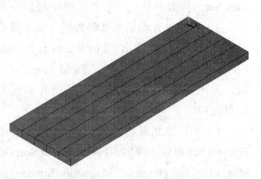

图 6-17 显示生成的网格

3. 加边界条件和载荷

1)选择面。从实用菜单中选择 Utility Menu > Select > Entities,弹出"Select Entities"对话框,如图 6-14 所示。在最上边的下拉列表框中选取"Areas",在第二个下拉列表框中选择"By Location",再在下边的单选按钮中选择"Xcoordinates",在"Min,Max"下面的文本框中输入"d",再在其下的单选按钮中选择"From Full",单击"Apply"按钮,选择x=d位置的面。

• 选择"Zcoordinates",在"Min,Max"下面的文本框中输入0,在其下面的单选按钮中选择"Also Select",单击"Apply"按钮,又选择了 z=0 位置的面。

• 选择"Zcoordinates",在"Min,Max"下面的文本框中输入1,在其下面的单选按钮中选择"Also Select"。单击"OK"按钮,选择 z=l 位置的面。这样总共选了 3 个面。

2)施加磁力线平行边界条件。在命令行中输入如下命令,给所选面施加了磁力线平行边界条件,在导体模型上出现标记。

DA,ALL,AZ,0   !施加磁力线平行边界条件

3)选择所有的实体。从实用菜单中选择 Utility Menu > Select > Everything。

4)施加电流密度载荷。在命令行中输入如下命令,给整个导体施加电流密度,系统会弹出警告提示信息,单击"Close"按钮将其关闭。

BFE,ALL,JS,,JX,JY,JZ   !施加电流密度

4. 求解

1)求解运算。从主菜单中选择 Main Menu > Solution > Solve > Current LS,弹出信息窗口和一个求解当前载荷步对话框,确认信息无误后关闭信息窗口,单击求解对话框中的"OK"按钮,开始求解运算,直到出现"Solution is done!"的提示栏,表示求解结束,单击"Close"按

钮将其关闭。

2）保存计算结果到文件。从实用菜单中选择 Utility Menu > File > Save as，弹出"Save DataBase"对话框，在"Save Database to"下面的文本框中输入文件名"Slot_2D_resu.db"，单击"OK"按钮。

5. 查看计算结果

1）查看所有单元电流密度数据。从实用菜单中选择 Utility Menu > List > Loads > Body > On All Elements，弹出信息窗口，其中列出了所有的单元电流密度数据，阅读完毕并确认无误后关闭信息窗口。

2）读取最后一步求解结果。从主菜单中选择 Main Menu > General Postproc > Read Results > Last Set，读取求解的结果数据库中最后一步求解结果。

3）列出单元磁场强度解数据。从主菜单中选择 Main Menu > General Postproc > List Results > Element Solution，弹出"List Element Solution"列出单元解数据对话框，如图 6-18 所示。选择 Element Solution > Magnetic Field Intensity > Magnetic field intensity vector sum，单击"OK"按钮，弹出信息窗口，其中列出了所有单元角节点处磁场强度的解，阅读完毕并确认无误后关闭信息窗口。

4）列出单元磁通密度解数据。从主菜单中选择 Main Menu > General Postproc > List Results > Element Solution，弹出"List Element Solution"对话框，如图6-18所示。选择 Element Solution > Magnetic Flux Density > Magnetic flux density vector sum，单击"OK"按钮，弹出信息窗口，其中列出了所有单元角节点处磁通量密度的解，阅读完毕并确认无误后关闭信息窗口。

5）列出单元形心处的电流密度数据。从主菜单中选择 Main Menu > General Postproc > List Results > Element Solution，弹出"List Element Solution"对话框，如图 6-18 所示，选择 Element Solution > Current Density > Total current Density vector sum (JT)，单击"OK"按钮，弹出信息窗口，其中列出了所有单元形心处电流密度的解，阅读完毕并确认无误后关闭信息窗口。

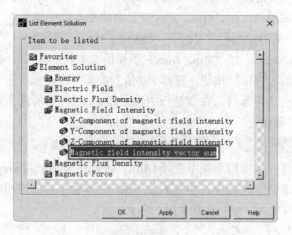

图 6-18 "List Element Solution"对话框

6）列出单元内单位体积焦耳热数据。从主菜单中选择 Main Menu > General Postproc > List Results > Element Solution，弹出"List Element Solution"对话框，如图 6-18 所示。选择 Element Solution > Joule heat generation，单击"OK"按钮，弹出信息窗口，其中列出了所有单元

内单位体积焦耳热的解，阅读完毕并确认无误后关闭信息窗口。

7）列出单元角节点处的磁力数据。从主菜单中选择 Main Menu > General Postproc > List Results > Element Solution，弹出"List Element Solution"对话框，如图 6-18 所示。选择 Element Solution > Magnetic Force > Magnetic force vector sum，单击"OK"按钮，弹出信息窗口，其中列出了所有单元角节点处磁力的解，阅读完毕并确认无误后关闭信息窗口。

8）计算磁力和磁力矩。在命令行中输入如下命令：

| EMFT | !列出磁力和磁力矩 |

弹出信息窗口，其中列出了磁力和磁力矩的大小，如图 6-19 所示，查看无误后，单击信息窗口 File > Close，或者直接单击窗口右上角的 ✕ 按钮，关闭窗口。

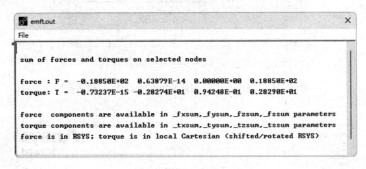

图 6-19 "emft.out"窗口

9）重新定向图形输出。从实用菜单中选择 Utility Menu > PlotCtrls > Redirect Plots > To Screen，将图形输出重新定向于屏幕。

10）改变视线方向。从实用菜单中选择 Utility Menu > PlotCtrls > View Settings > Viewing Direction，弹出"Viewing Direction"对话框，如图 6-20 所示，在"XV, YV, ZV Coords of view point"后面的文本框中分别输入"1,0.4,0.5"，单击"OK"按钮，即可将图形窗口中的图改变了视线方向。

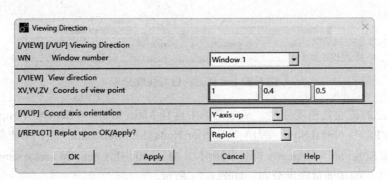

图 6-20 "Viewing Direction"对话框

11）显示总的磁场强度。从主菜单中选择 Main Menu > General Postproc > Plot Results > Contour Plot > Nodal Solu，弹出"Contour Nodal Solution Data"对话框，如图 6-21 所示。选择 Nodal Solution > Magnetic Field Intensity > Magnetic field intensity vector sum，单击"OK"按钮，绘出导体总的磁场强度分布，如图 6-22 所示。

图 6-21 "Contour Nodal Solution Data"对话框

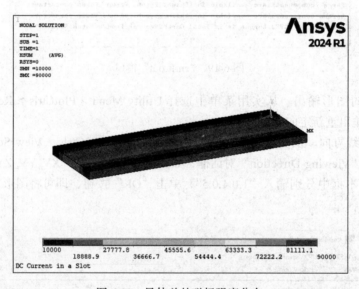

图 6-22 导体总的磁场强度分布

12)显示总的磁通量密度强度。从主菜单中选择 Main Menu > General Postproc > Plot Results > Contour Plot > Nodal Solu,弹出"Contour Nodal Solution Data(绘出节点解数据)"对话框,选择 Nodal Solution > Magnetic Flux Density > Magnetic flux density vector sum,单击"OK"按钮,绘出导体总的磁通量密度分布,如图 6-23 所示。

13)显示磁场强度矢量。从主菜单中选择 Main Menu > General Postproc > Plot Results > Vector Plot > Predefined,弹出"Vector Plot of Predefined Vectors(矢量绘图)"对话框,如图 6-24 所示。在"Vector item to be plotted"后面的左边列表框中选择"Flux & gradient",在右边列表框中选择"Mag field H",在"Vector location for results"后面的单选按钮中选择"Elem Nodes",单击"OK"按钮,绘出导体磁场强度矢量,图形界面显示如图 6-25 所示。

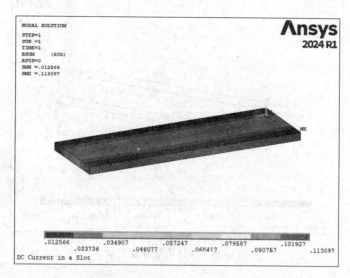

图 6-23 导体总的磁通量密度分布

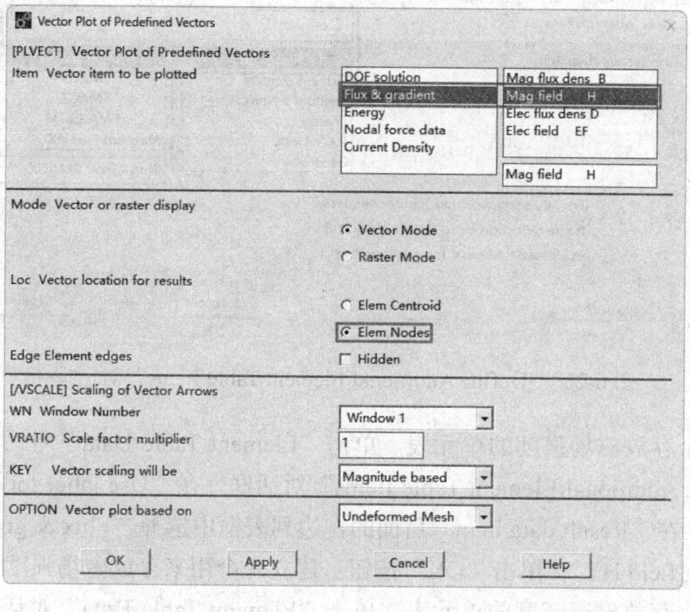

图 6-24 "Vector Plot of Predefined Vectors" 对话框

14）定义一个存放磁力的单元表。从主菜单中选择 Main Menu > General Postproc > Element Table > Define Table，弹出 "Element Table Data" 对话框，单击 "Add" 按钮，弹出如图 6-26 所示的 "Define Additional Element Table Items（单元表定义）"对话框。在 "User label for item" 后面的文本框中输入 "FE"，在 "Results data item" 后面的左边列表框中选择 "Nodal force data"，右边列表框中选择 "Mag force FMAGX"，单击 "OK" 按钮，建立一个用来存放磁力 FX 的单元表。

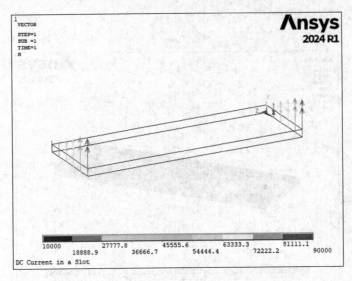

图 6-25 导体磁场强度矢量

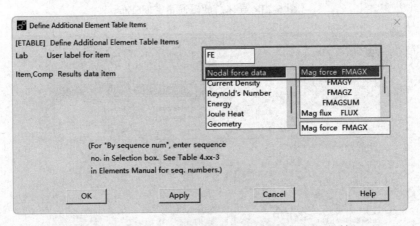

图 6-26 "Define Additional Element Table Items" 对话框

15) 定义一个存放磁场强度的单元表。单击 "Element Table Data" 对话框中的 "Add" 按钮,弹出 "Define Additional Element Table Items" 对话框。在 "Use label for item" 后面的文本框中输入 "HY",在 "Result data item" 后面的左边列表框中选择 "Flux & gradient",在右边列表框中选择 "Mag field HY",单击 "OK" 按钮。建立一个用来存放磁场强度 "HY" 的单元表。

16) 定义一个存放磁通密度的单元表。单击 "Element Table Data" 对话框中的 "Add" 按钮,弹出 "Define Additional Element Table Items" 对话框。在 "Use label for item" 后面的文本框中输入 "BY",在 "Result data item" 后面的左边列表框中选择 "Flux & gradient",在右边列表框中选择 "MagFluxDens BY",单击 "OK" 按钮。建立一个用来存放磁通强度 "BY" 的单元表。

17) 定义一个存放电流密度的单元表。单击 "Element Table Data" 对话框中的 "Add" 按钮,弹出 "Define Additional Element Table Items" 对话框。在 "User label for item" 后面的文本框中输入 "JZ",在 "Result data item" 后面的左边列表框中选择 "Current density",在右边

列表框中选择"Total JTZ",单击"OK"按钮。建立一个用来存放电流密度"JZ"的单元表。

18)定义一个存放单位体积焦耳热的单元表。单击"Element Table Data"对话框中的"Add"按钮,弹出"Define Additional Element Table Items"对话框。在"Use label for item"后面的文本框中输入"PD",在"Result data item"后面的左边列表框中选择"Joule Heat",在右边列表框中选择"Joule heat JHEAT",单击"OK"按钮。建立一个用来存放单元的单位体积焦耳热"PD"的单元表。

19)定义一个存放单元体积的单元表。单击"Element Table Data"对话框中的"Add"按钮,弹出"Define Additional Element Table Items"对话框。在"User label for item"后面的文本框中输入"VE",在"Result data item"后面的左边列表框中选择"Geometry",在右边列表框中选择"Elem volume VOLU",单击"OK"按钮。建立一个用来存放单元体积"VE"的单元表。

20)定义一个存放单元的磁能分量的单元表。单击"Element Table Data"对话框中的"Add"按钮,弹出"Define Additional Element Table Items"对话框。在"Use label for item"后面的文本框中输入"WE",在"Result data item"后面的左边列表框中选择"Energy",在右边列表框中选择"Elec energy SENE",单击"OK"按钮。建立一个用来存放单元磁能"WE"的单元表。

定义单元表结束后,"Element Table Data"对话框中列出了已定义的单位表,如图6-27所示。单击"Close"按钮,关闭对话框。

21)获得系统总的焦耳热损失。从主菜单中选择 Main Menu > General Postproc > Element Table > Multiply,弹出"Multiply Element Table Items(对单元表项作乘积运算)"对话框,如图6-28所示,在"User label for result"后面的文本框中输入"PE",在"1st Element table item"后面的下拉列表框中选择单元表"PD",在"2nd Element table item"后面的下拉列表框中选择单元表"VE",单击"OK"按钮,对单元表项"PD"和"VE"做乘积运算并将结果存在单元表"PE"内。

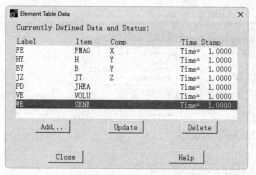

图6-27 "Element Table Data"对话框

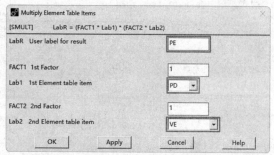

图6-28 "Multiply Element Table Items"对话框

22)列出单元表的值。从主菜单中选择 Main Menu > General Postproc > Element Table > List Elem Table,弹出"List Element Table Data"对话框,如图6-29所示。在"Items to be listed"后面的列表框中选择"VE,BY,HY,WE",单击"OK"按钮,弹出信息窗口,其中列出了单元表"VE,BY,HY,WE"的值,确认无误后关闭信息窗口。

- 采用同样的方法，列出"VE, JZ, HY, PE"和"VE, JZ, BY, FE"单元表的值。

23）单元表求和。从主菜单中选择 Main Menu > General Postproc > Element Table > Sum of Each Item，在弹出的"Sum of Each Item（对每个单元表进行求和）"对话框中单击"OK"按钮，弹出信息窗口，如图 6-30 所示，里面列出了所有单元表求和的结果。可得到磁力、总焦耳热、系统储能、体积和焦耳热损等，阅读完毕并确认无误后关闭信息窗口。

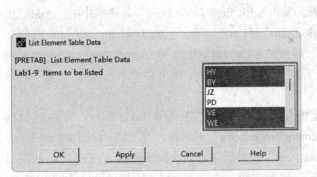
图 6-29 "List Element Table Data"对话框

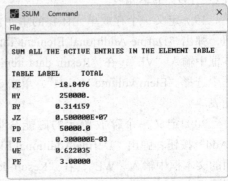
图 6-30 "SSUM Command"窗口

24）获取单元表求和结果参数的值。从实用菜单中选择 Utility Menu > Parameters > Get Scalar Data，弹出"Get Scalar Data（获取标量参数）"对话框，如图 6-31 所示。在"Type of data to be retrieved"后面左边的列表框中选择"Results data"，在右边列表框中选择"Elem table sums"，单击"OK"按钮，弹出"Get Element Table Sum Results（获取单元表求和结果）"对话框，如图 6-32 所示。在"Name of parameter to be defined"后面的文本框中输入"FT"，在"Element table item whose summation is to be retrieved"后面的下拉列表框中选择"FE"。单击"Apply"按钮，即可将单元表中"FE"的求和结果赋给标量参数"FT"。

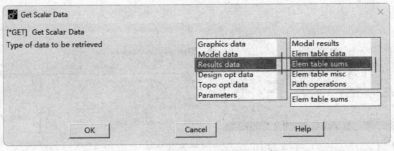
图 6-31 "Get Scalar Data"对话框

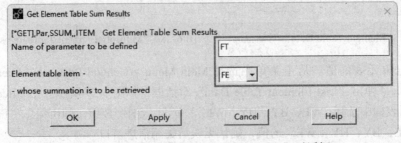
图 6-32 "Get Element Table Sum Results"对话框

• 重复上面的步骤，在"Get Element Tables Sum Results"对话框中，在"Name of parameter to be defined"后面的文本框中将"FT"修改为"WT"，在"Element table item whose summation is to be retrieved"后面的下拉列表框中选择"WE"。单击"Apply"按钮，即可将单元表中"WE"的求和结果赋给了标量参数"WT"。

• 重复上面的步骤，在"Get Element Table Sum Results"对话框"Name of parameter to be defined"后面的文本框中将"WT"修改为"PT"，在"Element table item whose summation is to be retrieved"后面的下拉列表框中选择"PE"。单击"Apply"按钮，即可将单元表中"PE"的求和结果赋给标量参数"PT"。

• 重复上面的步骤，在"Get Element Table Sum Results"对话框"Name of parameter to be defined"后面的文本框中将"PT"修改为"VT"，在"Element table item whose summation is to be retrieved"后面的下拉列表框中选择"VE"。单击"OK"按钮。即可将单元表中"VE"的求和结果赋给标量参数"VT"。

25）查看上述参数的值并将结果输出到 C 盘下的一个文件中（命令流实现，没有对应的 GUI 形式，且必须是从实用菜单中选择 Utility Menu > File > Read Input from 读入命令流文件），结果如下：

VOLUME	FORCE	ENERGY	LOSS
0.300E-03	−0.188E+02	0.622E+00	0.300E+01

```
*CFOPEN,Slot_3D,TXT,C:\           ! 在指定路径下打开 Slot_3D.TXT 文本文件
*VWRITE,VT,FT,WT,PT               ! 以指定的格式把上述参数写入打开的文件
(/' VOLUME=',E10.3,' FORCE=',E10.3,' ENERGY=',E10.3,' LOSS=',E10.3/)  ! 指定的格式
*CFCLOS                           ! 关闭打开的文本文件
```

26）退出 Ansys。单击工具条上的"Quit"按钮，弹出"Exit"对话框，选取"Quit-No Save!"，单击"OK"按钮，退出 Ansys。

6.3.3 命令流实现

```
!/BACH,LIST
/TITLE, DC Current in a Slot
! 定义工作标题
/FILNAME,Slot_3D,0            ! 定义工作文件名
KEYW,MAGEDG,1                 ! 指定磁场分析

/PREP7
! 定义分析的参数
l=0.3                         ! 长
d=0.1                         ! 高
w=0.01                        ! 宽
I=1000                        ! 电流
mur=1                         ! 相对磁导率
rho=1.0E-8                    ! 电阻率
```

```
n=5                              !宽度方向单元划分个数
jx=0                             !电流密度
jy=0
jz=I/d/w

ET,1,236                         !定义单元
KEYOPT,1,8,1                     !使用 Lorentz 力选项
MP,MURX,1,mur                    !定义材料相对磁导率属性
MP,RSVX,1,rho                    !定义材料电阻率属性
BLOCK,0,d,0,w,0,l                !创建模型
SAVE,'Slot_3D_geom','db'         !保存
/VIEW,,1,1,1                     !改变视角
LSEL,S,LOC,X,D/2                 !选择宽度方向上的线
LESIZE,ALL,,,n                   !设定所选线段上单元个数
LSEL,ALL                         !选择所有线
ESIZE,,1                         !设定全局单元个数
VMESH,ALL                        !体网格划分
SAVE,'Slot_3D_mesh','db'         !保存
FINISH

/SOLU
ASEL,S,LOC,X,d                   !选择 X=d 位置处的面
ASEL,A,LOC,Z,0                   !增加选择 Z=0 位置处的面
ASEL,A,LOC,Z,l                   !增加选择 Z=l 位置处的面
DA,ALL,AZ,0                      !施加磁力线平行边界条件
ASEL,ALL                         !选择所有面
BFE,ALL,JS,,jx,jy,jz             !施加电流密度激励载荷
SOLVE                            !求解
FINISH

/POST1
SET,LAST
BFELIST                          !列出外加体力
PRESOL,H                         !对单元节点磁场强度列表
PRESOL,B                         !对单元节点磁通密度列表
PRESOL,JT                        !对单元形心处的电流密度列表
PRESOL,JHEAT                     !对单元的单位体积焦耳热列表
PRESOL,FMAG                      !对单元角节点处的磁力列表
EMFT                             !对磁力求和
/VIEW,1,1,0.4,0.5                !设定视角方向
PLNSOL,H,SUM                     !绘制磁场强度分布图
PLNSOL,B,SUM                     !绘制磁通密度分布图
PLVECT,H,,,,VECT,NODE,ON         !绘制节点磁场强度矢量图
```

```
ETABLE,FE,FMAG,X              !把单元的磁力分量存入表 FE 中
ETABLE,HY,H,Y                 !把单元的磁场强度分量存入表 HY 中
ETABLE,BY,B,Y                 !把单元的磁通密度分量存入 BY 中
ETABLE,JZ,JT,Z                !把单元的电流密度分量存入表 JZ 中
ETABLE,PD,JHEAT               !存入单元的单位体积焦耳热到表 PD 中
ETABLE,VE,VOLU                !存入单元体积到表 VE 中
ETABLE,WE,SENE                !存入单元的磁能分量到表 WE 中
SMULT,PE,PD,VE                !单位体积焦耳热与模型的体积求和，得到系统总焦耳热
                               损耗
PRETAB,VE,BY,HY,WE            !列表显示 VE、BY、HY 和 WE
PRETAB,VE,JZ,HY,PE            !列表显示 VE、JZ、HY 和 PE
PRETAB,VE,JZ,BY,FE            !列表显示 VE、JZ、BY 和 FE
SSUM                          !对所有单元表进行求和
*GET,FT,SSUM,,ITEM,FE         !把单元求和获得的磁力读入到参数 FT 中
*GET,WT,SSUM,,ITEM,WE         !把单元求和获得的总能量读入到参数 WT 中
*GET,PT,SSUM,,ITEM,PE         !把单元求和获得的总功率读入到参数 PT 中
*GET,VT,SSUM,,ITEM,VE         !把单元求和获得的总体积读入到参数 VT 中
*CFOPEN,Slot_3D,TXT,C:\       !在指定路径下打开 Slot_3D.TXT 文本文件
*VWRITE,VT,FT,WT,PT           !以指定的格式把上述参数写入打开的文件
(/' VOLUME=',E10.3,' FORCE=',E10.3,' ENERGY=',E10.3,' LOSS=',E10.3/)  !指定的格式
*CFCLOS                       !关闭打开的文本文件
FINISH
```

利用以上磁场分析的结果，将磁场分析的结果耦合到下面的热场分析和结构分析中。下面给出了这两种耦合场的命令流。

```
!耦合热场分析
/PREP7
ET,1,90
LDREAD,HGEN,,,,,,rmg
BFELIST,ALL,HGEN
FINISH
!耦合结构分析
/PREP7
ET,1,186
LDREAD,FORC,,,,,,rmg
FLIST
FINISH
```

第 7 章

三维谐波磁场棱边单元法分析

三维谐波磁场棱边单元法分析与静态磁场分析的特点基本相同，但前者只支持线性材料特性分析。电阻和相对磁导率可以是正交各向异性，也可以与温度相关。

- 棱边单元法中用到的单元
- 用棱边单元法进行谐波磁场分析的步骤

第7章 三维谐波磁场棱边单元法分析

7.1 棱边单元法中用到的单元

棱边单元法谐波分析仍使用 SOLID236 和 SOLID237 单元（表6-1）。

Ansys 提供了几个选用于处理三维磁场分析中的不同终端条件，图 7-1 ~ 图 7-7 所示为导体的不同终端条件。

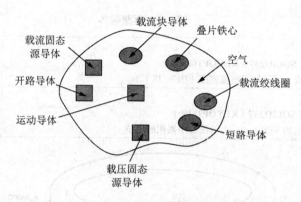

图 7-1 含不同终端条件导体的物理模型

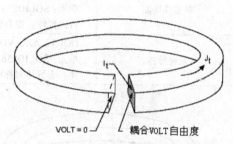

图 7-2 载流块导体（3-D）

叠片铁心 空气 永磁体	自由度：AZ 单元：SOLID236 或 SOLID237（KEYOPT(1)=1）
载流块导体	自由度：AZ，VOLT 单元：SOLID236 或 SOLID237（KEYOPT(1)=1） 特殊特性：耦合 VOLT 自由度，给单个节点加总电流 (F,,AMPS) 注：带有净电流的短路条件，净电流不受环境影响

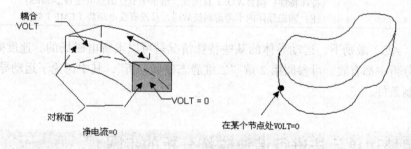

图 7-3 开路导体（3-D）

开路导体	自由度：AZ、VOLT 单元：SOLID236 或 SOLID237（KEYOPT(1)=1） 注：对对称性结构，令一面的 VOLT=0，再耦合另一个面的节点。对 3D 结构，令一个节点的 VOLT=0

225

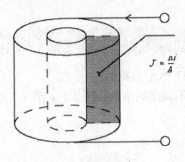
图 7-4 载流绞线圈

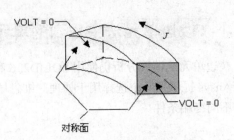
图 7-5 短路导体

载流绞线圈	自由度：AZ 单元：SOLID236 或 SOLID237（KEYOPT(1)=0） 特殊特性：没有涡流，可以加源电流密度（BFE,,JS）
短路导体	DOFS：AX，VOLT 单元：SOLID236 或 SOLID237（KEYOPT(1)=1） 注：令导体对称面上的 VOLT=0，表示没有净累积的电位

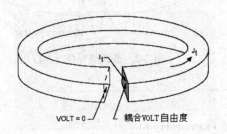
图 7-6 载压固态源导体

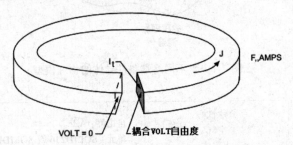
图 7-7 载流固态源导体

载压固态源导体	自由度：AZ、VOLT 单元：SOLID236 或 SOLID237（KEYOPT(1)=1）
载流固态源导体	自由度：AZ、VOLT 单元：SOLID236 或 SOLID237（KEYOPT(1)=1） 特殊特性：耦合 VOLT 自由度，给单个节点加总电流（F,,AMPS） 注：固态导体内不考虑涡流效应，且没有反电动势（EMF）效应

在交流（AC）激励下，运动导体的某些特殊情况是可以求解电磁场的。速度效应在静态、谐波和瞬态分析中都有效。可参阅第 2 章"二维静态磁场分析"，其中讨论了运动导体分析的应用情况和限制条件。

7.2 用棱边单元法进行谐波磁场分析的步骤

7.2.1 创建物理环境、建模分网、加边界条件和载荷

1）在 GUI 菜单过滤项中选定"Magnetic-Edge"项。

GUI：Main Menu > Preferences > Electromagnetics: Magnetic-Edge

2）定义任务名和题目。

命令：/FILNAME
　　　　/TITLE

GUI：Utility Menu > File > Change Jobname
　　　Utility Menu > File > Change Title

3）进入 Ansys 前处理器。

命令：/PREP7

GUI：Main Menu > Preprocessor

4）选择 SOLID236 或 SOLID237 单元。

命令：ET

GUI：Main Menu > Preprocessor > Element Type > Add/Edit/Delete

5）选择 SOLID236 单元选项。对导电区用 AZ-VOLT 自由度，对不导电区用 AZ 自由度。

命令：KEYOPT

GUI：Main Menu > Preprocessor > Element Type > Add/Edit/Delete

6）定义材料特性。详见第 2 章"二维静态磁场分析"。

7）建立模型。建立几何模型和划分网格的内容与其他章节相同。

8）赋予特性。

命令：VATT

GUI：Main Menu > Preprocessor > Meshing > Mesh Attributes

9）划分网格（用 Mapped 网格）。

命令：VMESH

GUI：Main Menu > Preprocessor > Meshing > Mesh > Volumes > Mapped

10）进入求解器。

命令：/SOLU

GUI：Main Menu > Solution

11）给模型边界加磁力线平行和磁力线垂直边界条件。

命令：DA

GUI：Main Menu > Solution > Define Loads > Apply > Magnetic > Boundary

用 AZ=0 来模拟磁力线平行边界条件，磁力线垂直边界条件自然发生，无需说明。在 AZ=0 无法模拟磁力线平行边界条件的罕见条件下，可以单独使用 D 命令来施加约束条件。

12）加电流密度载荷。

命令：BFE,,JS

除了加电流密度载荷外，还可以给一个块导体加总电流。

命令：F,,AMPS

注意：在加总电流之前需耦合节点 VOLT 自由度。

13）选择谐波分析类型和工作频率。

命令：ANTYPE,HARMIC,NEW

GUI：Main Menu > Solution > Analysis Type > New Analysis > Harmonic

命令：HARFRQ

GUI：Main Menu > Solution > Load Step Opts > Time/Frequenc > Freq and Substps

7.2.2 求解

1）选择求解器（推荐使用 Sparse 求解器或 ICCG 求解器）。

命令：**EQSLV**

GUI：Main Menu > Solution > Analysis Type > Analysis Options

2）选择载荷步选项。

3）求解。

命令：**SOLVE**（设置 OPT 域为 0）

GUI：Main Menu > Solution > Solve > Current LS

当使用棱边单元方程时，在默认情况下，Ansys 先自动估算整个选择了单元和节点的计算区域。此时可通过把自由度的值设置为零来去掉不需要的自由度，这使 Ansys 能更快地进行解算。

命令：**GAUGE**

GUI：Main Menu > Solution > Load Step Opts > Magnetics > Options Only > Gauging

使用棱边单元做电磁分析必须要求估算，因此在大多数情况下，不要关闭自动估算。

4）退出 SOLUTION 处理器。

命令：**FINISH**

GUI：Main Menu > Finish

7.2.3 后处理

Ansys 和 Ansys/Emag 程序将棱边单元法谐波磁场分析的数据结果写入 Johname.RMG（若选择了时间积分电势（VOLT）选项，则写入到 Jobname.RST）文件中。由于谐波分析的很多结果数据是以工作频率 ω 呈谐波变化的，计算结果与输入载荷有相位差（即滞后于输入载荷），所以要写成实部和虚部两部分（可以通过实部解乘以 $\cos(\omega t)$ 再减去虚部解乘以 $\sin(\omega t)$ 求模，模是可测量的量）。结果数据包括：

- 主数据：节点自由度（AZ、VOLT、EMF）。
- 导出数据。
  - 节点磁通量密度（BX、BY、BZ、BSUM）。
  - 节点磁场强度（HX、HY、HZ、HSUM）。
  - 节点电场强度（EFX、EFY、EFZ、EFSUM）。
  - 节点导电电流密度 JC（JCX、JCY、JCZ、JCSUM）。
  - 节点磁力（FMAG：X、Y、Z 分量和 SUM）。
  - 单元总电流密度（JTX，JTY，JTZ，JTSUM）。
  - 单位体积生成的焦耳热（JHEAT）。
  - 单元磁能（SENE）。

在后处理磁场分析的结果时，在 POST1 通用后处理器中可观察整个模型在给定频率处的响应解。在 POST26 时间历程后处理器中可观察在一个频率范围内某节点或单元的响应解，但在谐波分析中，频率是固定值，所以通常只用 POST1 来观看数据。可按照如下方式选择后处理器：

命令：/POST1
　　　　/POST26
GUI：Main Menu > General Postproc
　　　　Main Menu > TimeHist Postpro

1）常用的后处理命令及相应的 GUI 见表 7-1。

表 7-1　常用的后处理命令及相应的 GUI

任务	命令	GUI 路径
选择实部解	SET,1,1,,0	Main Menu > General Postproc > List Results > Detailed Summary
选择虚部解	SET,1,1,,1	Main Menu > General Postproc > List Results > Detailed Summary
列出边通量自由度 AZ[5]	PRNSOL,AZ	Main Menu > General Postproc > List Results > Nodal Solution
列出边电势[6]或时间积分电势 VOLT[5]	PRNSOL,VOLT	Main Menu > General Postproc > List Results > Nodal Solution
列出角节点处的磁通量密度[1][5]	PRVECT,B	Main Menu > General Postproc > List Results > Vector Data
列出角节点处的磁场强度[1][5]	PRVECT,H	Main Menu > General Postproc > List Results > Vector Data
列出角节点处的电场强度[1][5]	PRVECT,EF	Main Menu > General Postproc > List Results > Vector Data
列出角节点处的导电电流密度[1][5]	PRVECT,JC	Main Menu > General Postproc > List Results > Vector Data
列出单元形心处总电流密度[5]	PRVECT,JT	Main Menu > General Postproc > List Results > Vector Data
列出单元节点处的力[2][6]	PRVECT,FMAG	Main Menu > General Postproc > List Results > Vector Data
列出单元节点上的边通量密度[5]	PRESOL,B	Main Menu > General Postproc > List Results > Vector Data
列出单元节点上的电场强度[5]	PRESOL,EF	Main Menu > General Postproc > List Results > Vector Data
列出单元节点上的导电电流密度[5]	PRESOL,JC	Main Menu > General Postproc > List Results > Vector Data
列出单元节点上的磁场强度[5]	PRESOL,H	Main Menu > General Postproc > List Results > Vector Data
列出单元形心处总电流密度[5]	PRESOL,JT	Main Menu > General Postproc > List Results > Vector Data
列出单元节点力[2][6]	PRESOL,FMAG	Main Menu > General Postproc > List Results > Vector Data
列出磁能[3][5]	PRESOL,SENE	Main Menu > General Postproc > List Results > Vector Data
列出焦耳热密度[4][6]	PRESOL,JHEAT	Main Menu > General Postproc > List Results > Vector Data

（续）

任务	命令	GUI 路径
创建单元中心磁通密度[5]的 X 分量单元表（Y、Z 和 SUM 分量类似）	ETABLE,LAB,B,X	Main Menu > General Postproc > Element Table > Define Table
创建单元中心磁场强度[5]的 X 分量单元表（Y、Z 和 SUM 分量类似）	ETABLE,LAB,H,X	Main Menu > General Postproc > Element Table > Define Table
创建单元中心电场强度[5]的 X 分量单元表（Y、Z 和 SUM 分量类似）	ETABLE,LAB,EF,X	Main Menu > General Postproc > Element Table > Define Table
创建单元中心导电电流密度[5]的 X 分量单元表（Y、Z 和 SUM 分量类似）	ETABLE,LAB,JC,X	Main Menu > General Postproc > Element Table > Define Table
创建焦耳热密度的单元表[4][6]	ETABLE,LAB,JHEAT	Main Menu > General Postproc > Element Table > Define Table
创建单元中心电流密度[5]的 X 分量单元表（Y、Z 和 SUM 分量类似）	ETABLE,LAB,JT,X	Main Menu > General Postproc > Element Table > Define Table
创建单元磁力[2][6]的 X 分量单元表（Y、Z 和 SUM 分量类似）	ETABLE,LAB,FMAG,X	Main Menu > General Postproc > Element Table > Define Table
创建单元存储磁能的单元表[3]	ETABLE,LAB,SENE	Main Menu > General Postproc > Element Table > Define Table
列出选定的单元表项	PRETAB,LAB,1	Main Menu > General Postproc > List Results > Elem Table Data

[1] 节点处的导出数据是周围单元解的平均值。
[2] 对于单元解，力是整个单元上的合力，但分布在单元节点上以便于进行耦合分析。
[3] 能量是对所有单元求和的结果。
[4] 乘以单元体积可得到能量损失。
[5] 对于谐波分析，其值为瞬态解（实部 / 虚部，对应 $\omega t = 0$ 和 $\omega t = -90°$）。
[6] 时间平均值存储在实部和虚部的结果数据中。

ETABLE 命令方便用户查看一些不常用的选项。

对于这些选项都可以图形化输出，把以上命令的"PR"替换成"PL"即可（如用 PLNSOL 代替 PRNSOL），见表 7-2。

表 7-2 列表选项对应的绘图选项

命令	替换成的命令	或者 GUI 路径
PRNSOL	PLNSOL	Utility Menu > Plot > Results > Contour Plot > Nodal Solution
PRVECT	PLVECT	Utility Menu > Plot > Results > Vector Plot
PRESOL	PLESOL	Utility Menu > Plot > Results > Contour Plot > Elem Solution
PRETAB	PLETAB	Utility Menu > Plot > Results > Contour Plot > Elem Table Data

还可以画出单元表的各个项目。

下面"从结果文件中读数据"讨论了谐波分析后处理中的一些典型操作。

2）从结果文件中读数据。要在后处理器 POST1 中观察结果，必须保证求解后的模型还在 Ansys 数据库中，而且结果文件（Jobname.RMG 或 Jobname.RST）也必须可用。

谐波分析的结果文件是复数，由实部和虚部组成。用下列方式读入数据：

命令：**SET**

GUI：Utility Menu > List > Results

求实部和虚部二次方和之二次方根得到结果的幅值，这可以通过载荷工况运算完成。

3）画等值线。等值线几乎可以显示任何结果数据（如磁通密度，磁场强度，总电流密度（JTZZ））。

命令：**PLNSOL**

　　　PLESOL

GUI：Utility Menu > Plot > Results > Contour Plot > Elem Solution

　　　Utility Menu > Plot > Results > Contour Plot > Nodal Solution

注意：用 PLNSOL 命令及其等效路径画导出数据（如磁通密度和磁场强度）的等值线时，显示的是在节点上做平均后的数据。确认不需要对跨越材料边界的数据进行平均，使用下列办法：

命令：**AVRES，2**

GUI：Main Menu > General Postproc > Options for Outp

4）列表显示。在列表显示之前，可先对结果按节点或按单元排序。

命令：**ESORT**

　　　NSORT

GUI：Main Menu > General Postproc > List Results > Sorted Listing > Sort Nodes

　　　Main Menu > General Postproc > List Results > Sorted Listing > Sort Elems

再进行列表显示。

命令：**PRESOL**

　　　PRNSOL

　　　PRRSOL

GUI：Main Menu > General Postproc > List Results > Element Solution

　　　Main Menu > General Postproc > List Results > Nodal Solution

　　　Main Menu > General Postproc > List Results > Reaction Solu

5）计算其他感兴趣的项目。从后处理可用的数据库中还可以计算其他感兴趣的项目（如全局磁力、力矩、源的输入能量、电感、磁链和终端电压）。Ansys 设置下列宏来进行这些计算：

- MMF 宏计算沿一路径的磁动势。
- POWERH 宏计算导体的均方根（RMS）能耗。
- EMFT 宏对节点电磁力求和。

6）求时间平均磁力。谐波分析中导体受到的磁力是按实部和虚部的方式分别存储的，计算导体任何区域所受到的时间平均磁力：

```
esel,s,..                    !选择要计算磁力的单元
set,1,1                      !存储实数解
etable,fxr,fmag,x            !存储磁力实数部分
etable,fyr,fmag,y
etable,fzr,fmag,z
set,1,1,,1                   !存储虚数解
etable,fxi,fmag,x            !存储磁力虚数部分
```

```
etable,fyi,fmag,y
etable,fzi,fmag,z
sadd,fxrms,fxr,fxi            ! 计算时间平均分量
sadd,fyrms,fyr,fyi
sadd,fzrms,fzr,fzi
ssum                          ! 对所有单元表求和
*get,fxrms,ssum,,item,fxrms   ! 取出求和结果并赋给一个标量参数
*get,fyrms,ssum,,item,fyrms
*get,fzrms,ssum,,item,fzrms
```

7.3 实例——用棱边单元法计算电动机沟槽中谐波磁场分布

7.3.1 问题描述

本实例将计算电动机沟槽中的谐波磁场分布，即在交流情况下，计算磁场、能量、焦耳热损耗和受力。铁区内沟槽中的载流导体和沟槽导体的三维实体模型分别如图 7-8 和图 7-9 所示。

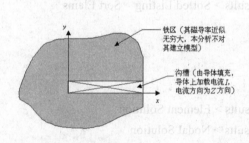

图 7-8 铁区内沟槽中的载流导体（分析问题的简图）   图 7-9 沟槽导体的三维实体模型

本实例中用到的沟槽导体参数见表 7-3。

假定沟槽顶部和底部的铁材料都是理想的，可加磁力线垂直条件。

表 7-3 沟槽导体参数

几何特性	材料特性	载荷
$l = 0.3m$ $d = 0.1m$ $w = 0.01m$	$\mu_r = 1.00$ $\rho = 1e-8\Omega \cdot m$	$I = 2000 + j1000A$ $F_r = 3Hz$

在位于 $x = d$，$z = 0$ 和 $z = 1$ 的开放面上，加磁力线平行边界条件，这无法自动满足，需要说明面上的边通量自由度为常数，通常使之为零。

使用 MKS 单位制（默认值）。

计算的目标值：时间平均力 $FX_{ms} = -46.89N$

时间平均焦耳热 $P_{avg} = 25.9W$

7.3.2 GUI 操作方法

1. 创建物理环境

1）过滤图形界面。从主菜单中选择 Main Menu > Preferences，弹出"Preferences for GUI Filtering"对话框，选中"Magnetic-Edge"来对后面的分析进行菜单及相应的图形界面过滤。

2）定义工作标题。从实用菜单中选择 Utility Menu > File > Change Title，在弹出的对话框中输入"Harmonic analysis of a conducting plate"，单击"OK"按钮，如图 7-10 所示。

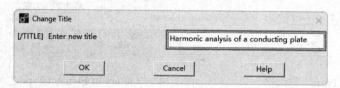

图 7-10 "Change Title"对话框

- 指定工作名。从实用菜单中选择 Utility Menu > File > Change Jobname，在弹出的对话框"Enter new jobname"后面的文本框中输入"H_Slot_3D"，单击"OK"按钮。

3）定义分析参数。从实用菜单中选择 Utility Menu > Parameters > Scalar Parameters，弹出"Scalar Parameters"对话框，在"Selection"下面的文本框中输入："l=0.3"，单击"Accept"按钮。然后依次在"Selection"文本框中分别输入"d=0.1""w=0.01""mur=1""rho=1.0e−8""fr=3""curr=2000""curi=1000""n=20""pi=acos(−1)""mu0=pi*4.0e−7"，并单击"Accept"按钮确认。单击"Close"按钮，关闭"Scalar Parameters"对话框，输入参数的结果如图 7-11 所示。

4）打开体积区域编号显示。从实用菜单中选择 Utility Menu > PlotCtrls > Numbering，弹出"Plot Numbering Controls"对话框，如图 7-12 所示。选中"Volume numbers"，后面的选项由"Off"变为"On"。单击"OK"按钮，关闭对话框。

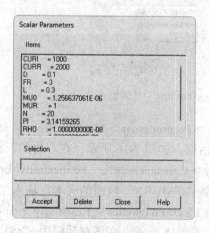

图 7-11 "Scalar Parameters"对话框

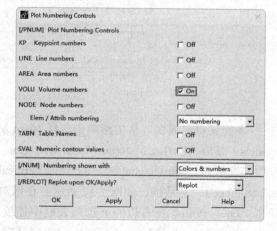

图 7-12 "Plot Numbering Controls"对话框

5）定义单元类型和选项。从主菜单中选择 Main Menu > Preprocessor > Element Type > Add/Edit/Delete，弹出"Element Types"对话框，如图 7-13 所示。单击"Add"按钮，弹出"Library of Element Types"对话框，如图 7-14 所示。在该对话框左面的下拉列表框中选择"Magnetic-

Edge",在右边的下拉列表框中选择"3D Brick 236"。单击"OK"按钮,生成"SOLID236"单元,如图 7-13 所示。

 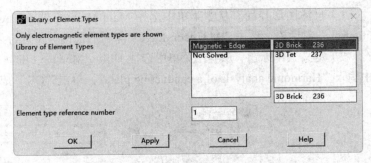

图 7-13 "Element Types"对话框　　　图 7-14 "Library of Element Types"对话框

- 在"Element Types"对话框中单击"Options"按钮,弹出"SOLID236 element type options"对话框,如图 7-15 所示。在"Element capability and DOFs K1"后面的下拉列表框中选择"Elecmag(A+VOLT)",在"Electromagnetic coupling K2"后面的下拉列表框中选择"Strong(t-i VOLT)",在"Electromagnetic force calc K8"后面的下拉列表框中选择"Lorentz"。单击"OK"按钮,退出此对话框,得到如图 7-13 所示的结果。单击"Element Types"对话框中的"Close"按钮,关闭对话框。

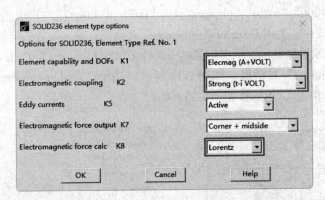

图 7-15 "SOLID236 element type options"对话框

6)定义材料属性。从主菜单中选择 Main Menu > Preprocessor > Material Props > Material Models,弹出"Define Material Model Behavior"对话框,如图 7-16 所示,在右边的下拉列表框中连续单击 Electromagnetics > Relative Permeability > Constant,弹出"Permeability for Material Number 1"对话框,如图 7-17 所示。在该对话框中"MURX"后面的文本框输入"mur",单击"OK"按钮。在右边的下拉列表框中连续单击 Electromagnetics > Resistivity > Constant,弹出"Resistivity for Material Number 1"对话框,如图 7-18 所示。在该对话框中"RSVX"后面的文本框输入"rho",单击"OK"按钮。单击菜单栏中的 Material > Exit,结束材料属性定义,结果如图 7-16 所示。

2. 建立模型、赋予特性、划分网格

1)建立导体模型。从主菜单中选择 Main Menu > Preprocessor > Modeling > Create > Volumes > Block > By Dimensions，弹出"Create Block by Dimensions"对话框，如图 7-19 所示。在"X-coordinates"后面的文本框中分别输入 0 和"d"，在"Y-coordinates"后面的文本框中分别输入 0 和"w"，在"Z-coordinates"后面的文本框中分别输入 0 和 l，单击"OK"按钮。

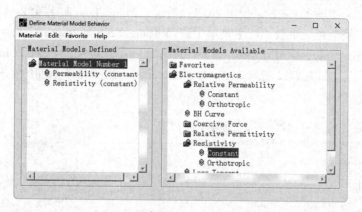

图 7-16 "Define Material Model Behavior"对话框

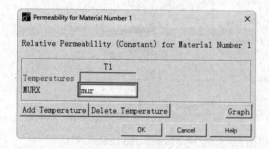

图 7-17 "Permeability for Material Number 1" 对话框

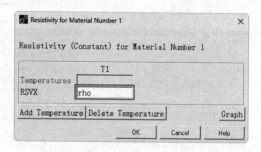

图 7-18 "Resistivity for Material Number 1" 对话框

- 改变视角方向。从实用菜单中选择 Utility Menu > PlotCtrls > Pan, Zoom, Rotate，弹出移动、缩放和旋转对话框，单击视角方向为"Iso"，可以在（1,1,1）方向观察模型。单击"Close"按钮，关闭对话框。生成的导体模型如图 7-20 所示。

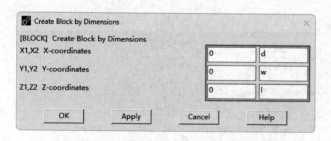

图 7-19 "Create Block by Dimensions"对话框

图 7-20 导体模型

2）保存几何模型文件。从实用菜单中选择 Utility Menu > File > Save as，弹出"Save DataBase"对话框，在"Save Database to"下面文本框中输入文件名"H_Slot_3D_geom.db"，单击"OK"按钮。

3）选择导体宽度方向上的所有线。从实用菜单中选择 Utility Menu > Select > Entities，弹出"Select Entities"对话框，如图 7-21 所示。在最上边的下拉列表框中选取"Lines"，在第二个下拉列表框中选择"By Location"，再在下边的单选按钮中选择"Xcoordinates"，在"Min, Max"下面的文本框中输入"d/2"，单击"OK"按钮，选择宽度方向 4 条线。

4）设定所选线上单元个数，从主菜单中选择 Main Menu > Preprocessor > Meshing > Size Cntrls > ManualSize > Lines > All Lines，弹出"Element Sizes on All Selected Lines（在线上控制单元尺寸）"对话框，如图 7-22 所示。在"No. of element divisions"后面的文本框中输入"n"，单击"OK"按钮。

图 7-21 "Select Entities"对话框

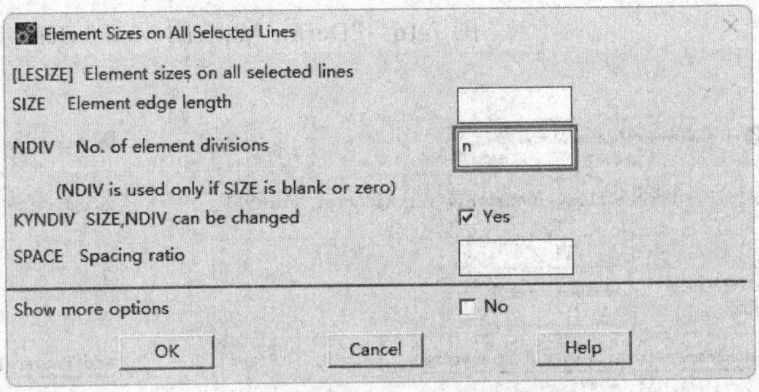

图 7-22 "Element Sizes on All Selected Lines"对话框

5）选择所有的实体。从实用菜单中选择 Utility Menu > Select > Everything。

6）设定全局单元个数。从主菜单中选择 Main Menu > Preprocessor > Meshing > Size Cntrls > ManualSize > Global > Size，弹出"Global Element Sizes（设定全局单元尺寸）"对话框，如图 7-23 所示。在"No. of element divisions"后面的文本框中输入 1，单击"OK"按钮。

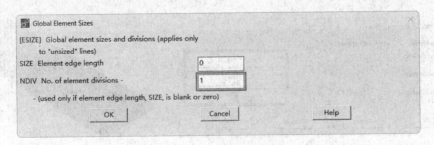

图 7-23 "Global Element Sizes"对话框

7）划分网格。从主菜单中选择 Main Menu > Preprocessor > Meshing > Mesh > Volumes > Mapped > 4 to 6 sided，在弹出的对话框中单击"Pick All"按钮，在图形窗口显示生成的网格，如图 7-24 所示。

8)保存网格数据。从实用菜单中选择 Utility Menu > File > Save as,弹出"Save DataBase"对话框,在"Save Database to"下面文本框中输入文件名"H_Slot_3D_mesh.db",单击"OK"按钮。

3. 加边界条件和载荷

1)选择分析类型。从主菜单中选择 Main Menu > Solution > Analysis Type > New Analysis,弹出"New Analysis"对话框,如图 7-25 所示。选择"Harmonic",单击"OK"按钮。

2)设置分析频率。从主菜单中选择 Main Menu > Solution > Load Step Opts > Time/Frequenc > Freq and

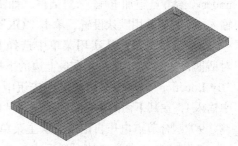

图 7-24　显示生成的网络

Substps,弹出"Harmonic Frequency and Substep Options(谐波频率和子步选项)"对话框,如图 7-26 所示,在"Harmonic freq range"后面的第一个文本框输入"fr",单击"OK"按钮。

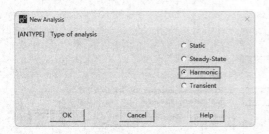

图 7-25　"New Analysis"对话框

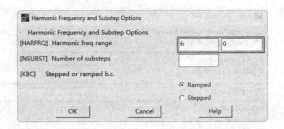

图 7-26　"Harmonic Frequency and Substep Options"对话框

3)选择节点。从实用菜单中选择 Utility Menu > Select > Entities,弹出"Select Entities"对话框,如图 7-21 所示。在最上边的下拉列表框中选取"Nodes",在第二个下拉列表框中选择"By Location",再在下边的单选按钮中选择"X coordinates",在"Min,Max"下面的文本框中输入"d",在其下面的单选按钮中选择"From Full"。单击"Apply"按钮,选择 x=d 位置的节点。

- 选择"Z coordinates",在"Min,Max"下面的文本框中输入 0,在其下面的单选按钮中选择"Also Select"。单击"Apply"按钮,选择 z=0 位置的节点。
- 选择"Z coordinates",在"Min,Max"下面的文本框中输入 l,在其下面的单选按钮中选择"Also Select"。单击"OK"按钮,选择 z=l 位置的节点。这样总共选了 3 个面上的节点。

4)施加磁力线平行边界条件。在命令行中输入如下命令,给所选节点施加磁力线平行边界条件,在导体模型上出现标记。

D,ALL,AZ,0	!施加磁力线平行边界条件

5)选择所有的实体。从实用菜单中选择 Utility Menu > Select > Everything。

6)选择节点。从实用菜单中选择 Utility Menu > Select > Entities,弹出"Select Entities"对话框,如图 7-21 所示。在最上边的下拉列表框中选取"Nodes",在第二个下拉列表框中选择"By Location",再在下边的单选按钮中选择"Z coordinates",在"Min,Max"下面的文本框中输入 0,在其下面的单选按钮中选"From Full"。单击"OK"按钮,选择 Z=0 位置的节点。

7)施加电压边界条件。从主菜单中选择 Main Menu > Solution > Define Loads > Apply >

Electric > Boundary > TimeIntegrated > On Nodes，单击"Pick All"按钮，弹出"Apply VOLT on nodes（给节点施加电压）"对话框，如图 7-27 所示，在"Real part of VOLT"后面的文本框中输入 0，其他采用默认设置，单击"OK"按钮。

8）选择节点。从实用菜单中选择 Utility Menu > Select > Entities，弹出"Select Entities"对话框，如图 7-21 所示。在最上边的下拉列表框中选取"Nodes"，在第二个下拉列表框中选择"By Location"，再在下边的单选按钮中选择"Z coordinates"，在"Min, Max"下面的文本框中输入 1，在其下面的单选按钮中选择"From Full"。单击"OK"按钮，选择 Z=1 位置的节点。

9）耦合节点电压自由度。从主菜单中选择 Main Menu > Preprocessor > Coupling / Ceqn > Coupled DOFs，在弹出的对话框中单击"Pick All"按钮，弹出"Define Coupled DOFs（定义耦合自由度）"对话框，如图 7-28 所示。在"Set reference number"后面的文本框中输入 1，在"Degree-of-freedom label"后面的下拉列表框中选择"VOLT"，单击"OK"按钮。

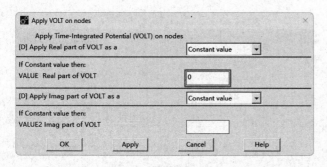

图 7-27 "Apply VOLT on nodes"对话框

图 7-28 "Define Coupled DOFs"对话框

10）获取在 z=1 处节点编号。从实用菜单中选择 Utility Menu > Parameters > Get Scalar Data，弹出"Get Scalar Data（获取标量参数）"对话框，如图 7-29 所示。在"Type of data to be retrieved"后面左边列表框中选择"Model data"，在右边列表框中选择"For selected set"，单击"OK"按钮，弹出"Get Data for Selected Entity Set（获取所选实体集合数据）"对话框，如图 7-30 所示。在"Name of parameter to be defined"后面的文本框中输入"n1"，在"Data to be retrieved"后面的左边列表框中选择"Current node set"，在右边列表框中选择"Lowest node num"。单击"OK"按钮，将所选节点集合中节点号最低的值赋给参数"n1"。

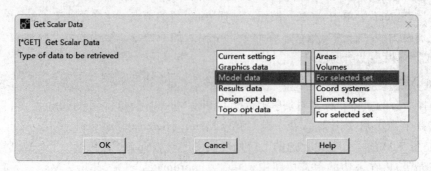

图 7-29 "Get Scalar Data"对话框

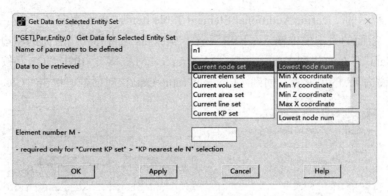

图 7-30 "Get Data for Selected Entity Set" 对话框

11）在指定节点施加电流载荷。从主菜单中选择 Main Menu > Solution > Define Loads > Apply > Electric > Excitation > Impressed Curr > On Nodes，在弹出的对话框的文本框中输入 "n1" 并按 Enter 键，单击 "OK" 按钮，弹出 "Apply AMPS on nodes（给节点施加电流）" 对话框，在 "Real part of AMPS" 后面的文本框中输入 "curr"，在 "Imag part of AMPS" 后面的文本框中输入 "curi"，如图 7-31 所示，单击 "OK" 按钮，给指定节点施加电流的实部和虚部值。

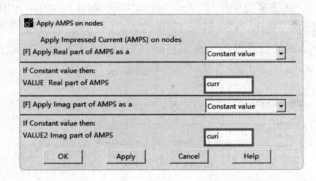

图 7-31 "Apply AMPS on nodes" 对话框

12）选择所有的实体。从实用菜单中选择 Utility Menu > Select > Everything。

4．求解

1）求解运算。从主菜单中选择 Main Menu > Solution > Solve > Current LS，弹出对话框和一个信息窗口，单击对话框上的 "OK" 按钮，开始求解运算，直到出现 "Solution is done !" 提示栏，表示求解结束，单击 "Close" 按钮将其关闭。

2）保存计算结果到文件。从实用菜单中选择 Utility Menu > File > Save as，弹出 "Save Database" 对话框，在 "Save DataBase to" 下面的文本框中输入文件名 "H_Slot_2D_resu.db"，单击 "OK" 按钮。

5．查看结算结果

1）读入实部结果数据。从主菜单中选择 Main Menu > General Postproc > Read Results > First Set。谐波分析提供了两种求解结果，一种是实部解，一种是虚部解，此步是读入实部解。

2）定义一个存放时间平均磁力实部的单元表。从主菜单中选择 Main Menu > General Postproc > Element Table > Define Table，弹出 "Element Table Data" 对话框，单击 "Add" 按钮，

弹出如图 7-32 所示的 "Define Additional Element Table Items（单元表定义）" 对话框。在 "User label for item" 后面的文本框中输入 "FXR"，在 "Results data item" 后面的左边列表框中选择 "Nodal force data"，在右边列表框中选择 "Mag force FMAGX"。单击 "OK" 按钮，建立一个用来存放实部磁力 Fx 的单元表。回到 "Element Table Data" 对话框，单击 "Close" 按钮退出。

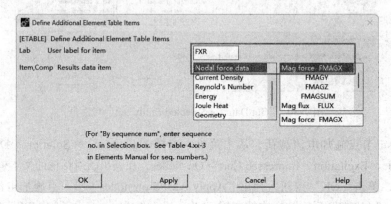

图 7-32 "Define Additional Element Table Items" 对话框

3）计算能量损耗。从主菜单中选择 Main Menu > General Postproc > Elec&Mag Calc > Element Based > Power Loss，弹出 "Calculate Power Loss（计算能量损耗）" 对话框，单击 "OK" 按钮，弹出如图 7-33 所示的信息窗口，在信息窗口中列出了时间平均能量损耗，此实例的能量损耗为 "25.9494185 Watts"，此值被自动存储在标量参数 "PAVG" 中。

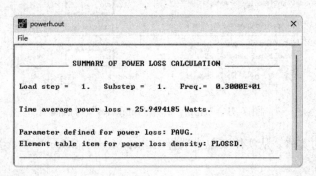

图 7-33 "Powerh.out" 窗口

4）读入虚部结果数据。从主菜单中选择 Main Menu > General Postproc > Read Results > Next Set。

5）定义一个存放时间平均磁力虚部的单元表。从主菜单中选择 Main Menu > General Postproc > Element Table > Define Table，弹出 "Element Table Data" 对话框，单击 "Add" 按钮，弹出如图 7-32 所示的 "Define Additional Element Table Items（单元表定义）" 对话框。在 "User label for item" 后面的文本框中输入 "FXI"，在 "Results data item" 后面的左边列表框中选择 "Nodal force data"，在右边列表框中选择 "Mag force FMAGX"。单击 "OK" 按钮。建立一个用来存放虚部磁力 Fx 的单元表。回到 "Element Table Data" 对话框，单击 "Close" 按钮退出。

6）获取总的时间平均磁力。从主菜单中选择 Main Menu > General Postproc > Element Table >

Add Items，弹出"Add Element Table Items（单元表项相加）"对话框，在"User label for result"后面的文本框中输入"FXRMS"，在"1st Element table item"后面的下拉列表框中选择"FXR"，在"2nd Element table item"后面的下拉列表框中选择"FXI"，如图 7-34 所示。单击"OK"按钮，对单元表项"FXR"和"FXI"做加法运算并将结果存在单元表"FXRMS"。

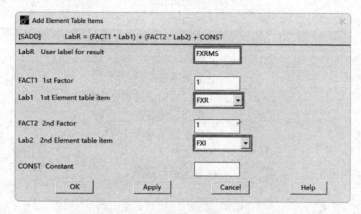

图 7-34 "Add Element Table Items"对话框

7）单元表求和。从主菜单中选择 Main Menu > General Postproc > Element Table > Sum of Each Item，弹出对每个单元表进行求和的对话框，单击"OK"按钮，弹出信息窗口，如图 7-35 所示，里面列出了所有单元表求和的结果。阅读完毕并确认无误后关闭信息窗口。

8）退出 Ansys。单击工具条上的"Quit"按钮，弹出如图 7-36 所示的"Exit"对话框，选取"Quit - No Save!"，单击"OK"按钮，退出 Ansys。

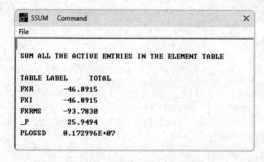

图 7-35 "SSUM Command"信息窗口

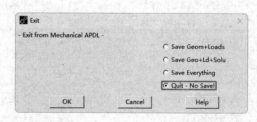

图 7-36 "Exit"对话框

7.3.3 命令流实现

```
!/BACH,LIST
/TITLE, Harmonic analysis of a conducting plate
!定义工作标题
/FILNAME,H_Slot_3D,0          !定义工作文件名
KEYW,MAGEDG,1                 !指定磁场分析

/PREP7
```

```
!定义分析的参数
L=0.3                               !长
D=0.1                               !高
W=0.01                              !宽
MUR=1                               !相对磁导率
RHO=1.0E-8                          !电阻率
FR=3                                !在5%滑移时转动频率
CURR=2000.0                         !电流实部
CURI=1000.0                         !电流虚部
N=20                                !宽度方向单元划分个数
PI=acos(-1)                         !定义π的数值
MU0=PI*4.0E-7                       !真空磁导率
ET,1,236                            !定义单元
KEYOPT,1,1,1                        !定义单元选项
KEYOPT,1,2,2
KEYOPT,1,8,1
MP,MURX,1,MUR                       !定义材料相对磁导率属性
MP,RSVX,1,RHO                       !定义材料电阻率属性
BLOCK,0,D,0,W,0,L                   !创建模型
/VIEW,,1,1,1                        !改变视角
SAVE,'H_Slot_3D_geom','db'
LSEL,S,LOC,X,D/2                    !选择宽度方向上的线
LESIZE,ALL,,,N                      !设定所选线段上单元个数
LSEL,ALL                            !选择所有线
ESIZE,,1                            !设定全局单元个数
VMESH,ALL                           !体网格划分
SAVE,'H_Slot_3D_mesh','db'
FINISH

/SOLU                               !进入求解器
ANTYP,HARM                          !指定谐波磁场分析
HARFR,FR                            !指定谐波频率
NSEL,S,LOC,X,D                      !选择X=D处节点
NSEL,A,LOC,Z,0                      !增加选择Z=O处节点
NSEL,A,LOC,Z,L                      !增加选择Z=L处节点
D,ALL,AZ,0                          !施加磁力线平行边界条件
NSEL,S,LOC,Z,0                      !选择Z=O处节点
D,ALL,VOLT,0                        !给所选节点施加零电压自由度
NSEL,S,LOC,Z,L                      !选择Z=L处节点
CP,1,VOLT,ALL                       !耦合所选节点电压自由度
*GET,N1,NODE,,NUM,MIN               !获得Z=L处最小节点号
F,N1,AMPS,CURR,CURI                 !给指定节点施加电流载荷
NSEL,ALL                            !选择所有的节点
```

```
SOLVE
SAVE,'H_Slot_2D_resu','db'
FINISH                          !退出求解器

/POST1                          !进入通用后处理器
SET,1,1                         !读入实部解
ETABLE,FXR,FMAG,X               !把实部时间平均磁力 FX 存入单元表中
POWERH                          !计算时间平均能量损失
SET,,,,1                        !读入虚部解
ETABLE,FXI,FMAG,X               !把虚部时间平均磁力 FX 存入单元表中
SADD,FXRMS,FXR,FXI              !通过单元表项相加计算总的时间平均磁力
SSUM                            !所有单元表项求和
FINISH
```

第 8 章

三维瞬态磁场棱边单元法分析

用棱边单元法进行三维瞬态磁场分析的步骤与用节点法（MVP）进行瞬态磁场分析的步骤大体一样，只不过使用不同的自由度和运算法则，棱边单元法使用 Frontal、Sparse、JCG 和 ICCG 求解器。

Ansys 支持三维静态、谐波、瞬态磁场棱边单元法分析。第 6 章和第 7 章讨论了三维磁场静态和谐波磁场分析，本章将讨论三维瞬态磁场分析。

◉ 棱边单元法中用到的单元
◉ 用棱边单元法进行三维瞬态磁场分析的步骤

8.1 棱边单元法中用到的单元

棱边单元法三维瞬态磁场分析仍使用 SOLID236 和 SOLID237 单元（参见表 6-1）。

8.2 用棱边单元法进行三维瞬态磁场分析的步骤

8.2.1 创建物理环境、建模分网、加边界条件和载荷

1. 在 GUI 菜单过滤中选定"Magnetic-Edge"项

GUI：Main Menu > Preferences > Electromagnetics: Magnetic-Edge

2. 定义任务名和题目

命令：/FILNAME

　　　/TITLE

GUI：Utility Menu > File > Change Jobname

　　　Utility Menu > File > Change Title

3. 进入 Ansys 前处理器

命令：/PREP7

GUI：Main Menu > Preprocessor

4. 选择 SOLID236 或 SOLID237 单元

命令：ET

GUI：Main Menu > Preprocessor > Element Type > Add/Edit/Delete

5. 定义单元选项

对导电区用 AZ-VOLT 自由度，对不导电区用 AZ 自由度。

命令：KEYOPT

GUI：Main Menu > Preprocessor > Element Type > Add/Edit/Delete

与第 7 章类似。

6. 定义材料特性

对涡流区必须说明电阻值 RSVX。材料定义的过程详见第 2 章。

7. 建立模型

进入 Main Menu > Preprocessor > Modeling 界面。

8. 赋予特性

命令：VATT

GUI：Main Menu > Preprocessor > Meshing > Mesh Attributes > Define

9. 划分网格（用 Mapped 网格）

命令：VMESH

GUI：Main Menu > Preprocessor > Meshing > Mesh > Volumes > Mapped

10. 进入求解器

命令：/SOLU

GUI：Main Menu > Solution

11. 给模型边界加磁力线平行和磁力线垂直边界条件

命令：**DA**

GUI：Main Menu > Solution > Define Loads > Apply > Magnetic > Boundary

用 AZ=0 来模拟磁力线平行边界条件，磁力线垂直边界条件是自然边界条件，无需说明。在 AZ=0 无法模拟磁力线平行边界条件的情况下，可以单独使用 D 命令来施加约束条件。

12. 给绞线圈加电流密度载荷

命令：**BFE，JS**

除了加电流密度载荷外，还可以给一个块导体加总电流。

命令：**F，，AMPS**

GUI：Main Menu > Solution > Define Loads > Apply > Electric > Excitation > Impressed Curr

注意：在加总电流之前需耦合节点 VOLT 自由度。

8.2.2 求解

1. 选择瞬态分析类型

命令：**ANTYPE，TRANSIENT，NEW**

GUI：Main Menu > Solution > Analysis Type > New Analysis > Transient

注意：若要重启动一个先前做过的分析（如施加了另外一种载荷），可使用命令 ANTYPE，TRANSIENT, REST。重启动分析要求先前分析的几个相关文件 Jobname.EMAT、Jobname.ESAV 和 Jobname.DB 还可用。

2. 定义分析选项

定义求解方法和求解器。

选择求解方法。

命令：**TRNOPT**

GUI：Main Menu > Solution > Analysis Type > New Analysis > Transient

瞬态磁场分析要求选择全波求解方法（full）。

棱边单元法可以选用 Sparse（默认值）、JCG 或者 ICCG 求解器。可用下列命令选择求解器：

命令：**EQSLV**

GUI：Main Menu > Solution > Analysis Type > Analysis Options

3. 选择载荷步选项

1）时间选项。说明载荷步终结的时间。

命令：**TIME**

GUI：Main Menu > Preprocessor > Loads > Load Step Opts > Time/Frequenc > Time-Time Step
　　　Main Menu > Solution > Load Step Opts > Time/Frequenc > Time - Time Step

2）子步数和时间步长。积分时间步长是瞬态分析时间积分方程中的时间增量，可用 DELTIM 命令或其等效菜单路径直接定义，或用 NSUBST 或其等效菜单路径间接定义。

时间步长决定了求解精度，时间步长越小，精度就越高。当载荷出现较大的阶跃时，紧跟其后的第一个时间积分步长是尤为关键的。通过减小时间步长，可以减小求解大阶跃变化（如温度过热加载）时的误差。

注意：时间步长也不能过小，尤其是在建立初始化条件时，太小的数值会使 Ansys 在计算时产生数值误差。例如，如果使用小于 1E-10 的时间步长会产生数值误差。

如果选择阶跃（Stepped）加载模式，则在第一个子步上程序会加上全部载荷并一直保持常数；如果选择斜坡（Ramped）加载模式，则程序在每个子步上增加载荷值。

命令：NSUBST

　　　　DELTIM

GUI：Main Menu > Preprocessor > Loads > Load Step Opts > Time/Frequenc > Time and Substps

　　　　Main Menu > Solution > Load Step Opts > Time/Frequenc > Time and Substps
　　　　Main Menu > Solution > Load Step Opts > Time/Frequenc > Time - Time Step

3）自动计算时间步长。在瞬态分析中也叫时间步长最优化，它使程序自动调整两个子步骤间的载荷增量，并在求解过程中根据模型的响应情况增加或减小时间步长。

在大多数情况下，需要打开这个选项，此外为了更好地控制时间步长的变化幅度，还要输入积分时间步长的上限和下限。

命令：AUTOTS

GUI：Main Menu > Preprocessor > Loads > Load Step Opts > Time/Frequenc > Time and Substps

　　　　Main Menu > Solution > Load Step Opts > Time/Frequenc > Time and Substps
　　　　Main Menu > Solution > Load Step Opts > Time/Frequenc > Time - Time Step

4）Newton-Raphson 选项。这些选项定义在非线性求解过程中切向刚度矩阵的更新频率。选项为：

- 程序自动选择（Program-chosen）（系统默认）。
- 全方法（Full）。
- 修正法（Modified）。
- 初刚度法（Initial-stiffness）。

在非线性分析中，推荐使用 Full 选项，其 adaptive descent 选项可有助于瞬态分析收敛。

命令：NROPT

GUI：Main Menu > Solution > Analysis Type > Analysis Options

5）平衡迭代数。使得在每一个子步都能得到一个收敛解，默认为 25 次迭代，但是根据所处理问题的非线性程度，可适当增加次数。对线性瞬态分析，只需 1 次迭代。

命令：NEQIT

GUI：Main Menu > Preprocessor > Loads > Load Step Opts > Nonlinear > Equilibrium Iter
　　　　Main Menu > Solution > Load Step Opts > Nonlinear > Equation Iter

6）收敛容差。只要运算满足所说明的收敛判据，程序就认为它收敛，收敛判据可以基于磁势（A），也可以是磁电流段（CSG），或二者都有。在实际定义时，需要说明一个典型值（VALUE）和收敛容差（TOLER），程序将 VALUE × TOLER 的值视为收敛判据。例如，如果说明磁电流段的典型值为 5000，容差为 0.001，那么收敛判据则为 5.0。Ansys 推荐 VALUE 值由默认确定，TOLER 的值为 1.0e-3。

命令：CNVTOL

GUI：Main Menu > Preprocessor > Loads > Load Step Opts > Nonlinear > Convergence Crit
Main Menu > Solution > Load Step Opts > Nonlinear > Convergence Crit

7）终止不收敛解。若程序在指定的平衡迭代数内无法收敛，则程序将根据用户所指定的终止判据或终止求解或直接进行下一个载荷步的求解。

8）控制打印输出。控制将哪些数据输出到打印输出文件（Jobname.OUT）。

命令：OUTPR

GUI：Main Menu > Preprocessor > Loads > Load Step Opts > Output Ctrls > Solu Printout
Main Menu > Solution > Load Step Opts > Output Ctrls > Solu Printout

9）控制数据库和结果文件输出。控制将哪些数据输出到结果文件（Jobname.RMG）。根据默认，程序将每个载荷步中的最后一个子步的数据写入到结果文件。如果需要将所有子步（指在所有频率下的解）的数据写入到结果文件，需要指定在一个频率下的输出参数设置为 ALL 或者为 1。

命令：OUTRES

GUI：Main Menu > Preprocessor > Loads > Load Step Opts > Nonlinear > Convergence Crit
Main Menu > Solution > Load Step Opts > Nonlinear > Convergence Crit

10）备份数据。用工具条中的 SAVE_DB 按钮来备份数据库，如果计算机出错，可以方便地恢复需要的模型数据。恢复模型时，用下面的命令：

命令：RESUME

GUI：Utility Menu > File > Resume Jobname.db

11）开始求解。如果对所有加载情况一并求解，用下列方式：

命令：LSSOLVE

GUI：Main Menu > Solution > Solve > From LS Files

如果只有一个载荷步，也可以用下列方式：

命令：SOLVE

GUI：Main Menu > Solution > Solve > Current LS

当使用棱边单元方程时，在默认情况下，Ansys 先估算待分析区域所有单元和节点。估算时，把不需要的自由度值设置为零，使计算更快进行。用户也可以通过下列方法来控制估算：

命令：GAUGE

GUI：Main Menu > Solution > Load Step Opts > Magnetics > Options Only > Gauging

使用棱边单元法做电磁分析必须要求估算，因此在大多数情况下不要关闭自动估算。如果是专家级用户，可以用 GAUGE,OFF 关闭估算，并用自己的经验程序进行相应估算。估算后，Ansys 删除进行估算时设置的约束，因此估算过程对用户是透明的。

4. 离开求解器

命令：FINISH

GUI：Main Menu > Finish

5. 后处理

将在 8.2.3 节详细介绍。

8.2.3 后处理

Ansys/Emag 程序将棱边单元法瞬态磁场分析的数据结果写入到 Jobname.RMB 文件，结果数据包括：

主数据：节点自由度（AZ、VOLT、EMF）。

导出数据：
- 节点磁通量密度（BX、BY、BZ、BSUM）。
- 节点磁场强度（HX、HY、HZ、HSUM）。
- 节点电场强度（EFX、EFY、EFZ、EFSUM）。
- 节点导电电流密度 JC（JCX、JCY、JCZ、JCSUM）。
- 节点磁力（FMAG：X、Y、Z 分量和 SUM）。
- 单元总电流密度（JTX、JTY、JTZ）。
- 单位体积生成的焦耳热（JHEAT）。
- 单元磁能（SENE）。

在后处理磁场分析的解时，在 POST1 通用后处理器中可观察整个模型在给定时间点处的解，在 POST26 时间历程后处理器中可观察模型中某一指定点在整个瞬态分析中的历程解，可用下列方式选择后处理器：

命令：/POST1

/POST26

GUI：Main Menu > General Postproc

Main Menu > TimeHist Postpro

1. 在 POST26 时间历程后处理器中观察结果数据

在后处理数据时，数据库中的模型数据一定要与结果数据相统一，结果文件（Jobname.RST）必须可用。如果模型不在数据库中，可用下列方式恢复操作，再用 SET 命令读入想了解结果的数据。

命令：RESUME

GUI：Utility Menu > File > Resume Jobname.db

POST26 后处理器中研究的是各种变量和时间的关系，每个变量都有一个确定的参考号，时间变量为参考号 1，其他变量需定义。

定义主数据变量：

命令：NSOL

GUI：Main Menu > TimeHist Postpro > Define Variables

定义导出数据变量：

命令：ESOL

GUI：Main Menu > TimeHist Postpro > Define Variables

定义感生数据变量：

命令：RFORCE

GUI：Main Menu > TimeHist Postpro > Define Variables

定义好一个变量后，可将它根据时间或其他任何变量进行图形显示：

命令：**PLVAR**

GUI：Main Menu > TimeHist Postpro > Graph Variables

对定义好的一个变量列表：

命令：**PRVAR**

GUI：Main Menu > TimeHist Postpro > List Variables

仅列出最大变量值：

命令：**EXTREM**

GUI：Main Menu > TimeHist Postpro > List Extremes

可用 PMGTRAN 命令计算某个单元组元（Component）总的磁力、能量损耗、能量和电流值：

命令：**PMGTRAN**

GUI：Main Menu > TimeHist Postpro > Elec&Mag > Magnetics

在 POST26 后处理器中，还可以对各种变量进行数学运算，也可将变量的值赋给某数组参数。

2. 在 POST1 时间历程后处理器中观察结果数据

在 POST1 中后处理数据时，数据库中的模型数据一定要与结果数据相统一，结果文件（Jobname.RST）必须可用。

可用 SET 命令将某一指定时间点的数据读入数据库中。

命令：**SET,,,,,TIME**

GUI：Utility Menu > List > Results > Load Step Summary

如果没有数据和指定的时间点对应，程序自动进行线性插值以得到在指定的时间点的数据；如果指定的时间点超出了瞬态分析的时间范围，则程序自动使用瞬态分析的最后一个时间点。除了用时间值指定读入的数据，也可用载荷步和载荷子步来指定读入的数据。

可采用以下方式画出标量电势（VOLT）、磁通量密度（BX、BY、BZ、BSUM）、磁场强度（HX、HY、HZ、HSUM）、电场强度（EFX、EFY、EFZ、EFSUM）、导电电流密度 JC（JCX、JCY、JCZ、JCSUM）数据的等值线。

命令：**PLESOL**

　　　　PLNSOL

GUI：Main Menu > General Postproc > Plot Results > Contour Plot > Element Solution

　　　 Main Menu > General Postproc > Plot Results > Contour Plot > Nodal Solu

3. 计算其他感兴趣的项目

从后处理可用的数据库中，还可以计算其他感兴趣的项目（如全局磁力、力矩、源的输入能量、电感、磁链和终端电压）。Ansys 设置了下列宏来进行这些计算：

- SENERGY 宏计算电磁场中的储能。
- EMFT 宏对节点电磁力求和。
- MMF 宏计算沿一路径的磁动势。
- PMGTRAN 宏计算瞬态电磁场的概要信息。
- POWERH 宏计算导体的均方根（RMS）能耗。

8.3 实例——用棱边单元法计算电动机沟槽中瞬态磁场分布

本实例介绍用棱边单元法计算电动机沟槽中的瞬态磁场分布（GUI方式和命令流方式）。

8.3.1 问题描述

本实例将计算电动机沟槽中的瞬态磁场分布。这里仅假设激励为：在0.05s内给导体加激励电流，以斜坡方式在Z方向电流密度从0增加到$1\times10^7 \text{A/m}^2$，然后保持电流密度不变直到0.08s。试分析在加载时间内导线的磁场分布、响应电流以及交流阻抗情况。铁区内沟槽中的载流导体和沟槽导体的三维实体模型分别如图8-1和图8-2所示。

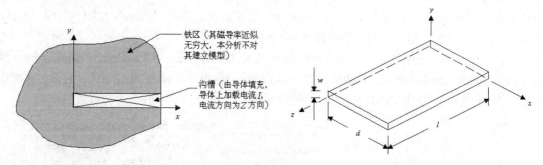

图8-1 铁区内沟槽中的载流导体（分析问题的简图）　　图8-2 沟槽导体的三维实体模型

实例中用到的沟槽导体参数见表8-1。

表8-1 沟槽导体参数

几何特性	材料特性	载荷
$l = 0.3\text{m}$ $d = 0.1\text{m}$ $w = 0.01\text{m}$	$\mu_r = 1.00$	JS： $0\sim0.05\text{s}$：$0\sim1\times10^7 \text{A/m}^2$（斜坡方式加载） $0.05\sim0.08\text{s}$：$1\times10^7 \text{A/m}^2$（保持不变）

假定沟槽顶部和底部的铁材料都是理想的，可加磁力线垂直条件。

在位于$x=d$、$z=0$和$z=l$的开放面上，加磁力线平行边界条件，这无法自动满足，需要说明面上的边通量自由度为常数，通常使之为零。

使用MKS单位制（默认值）。

8.3.2 GUI操作方法

1. 创建物理环境

1）过滤图形界面。从主菜单中选择Main Menu > Preferences，弹出"Preferences for GUI Filtering"对话框，选中"Magnetic-Edge"来对后面的分析进行菜单及相应的图形界面过滤。

2）定义工作标题。从实用菜单中选择Utility Menu > File > Change Title，在弹出的对话框中输入"Transient analysis of a conducting plate"，单击"OK"按钮。如图8-3所示。

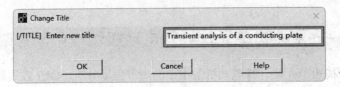

图 8-3 "Change Title"对话框

- 指定工作名：从实用菜单中选择 Utility Menu > File > Change Jobname，在弹出的对话框"Enter new jobname"后面的文本框中输入"T_Slot_3D"，单击"OK"按钮。

3）定义分析参数。从实用菜单中选择 Utility Menu > Parameters > Scalar Parameters，弹出"Scalar Parameters"对话框，在"Selection"文本框中输入"l=0.3"，单击"Accept"按钮。然后依次在"Selection"文本框中分别输入"d=0.1""w=0.01""mur=1""t1=0.05""t2=0.08""ts1=0.001""ts2=0.006""j=1.0e7""n=20"并单击"Accept"按钮确认。单击"Close"按钮，关闭"Scalar Parameters"对话框，输入参数的结果如图 8-4 所示。

4）打开体积区域编号显示。从实用菜单中选择 Utility Menu > PlotCtrls > Numbering，弹出"Plot Numbering Controls"对话框，如图 8-5 所示。选中"Volume numbers"，后面的选项由"Off"变为"On"。单击"OK"按钮，关闭对话框。

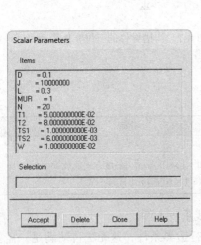

图 8-4 "Scalar Parameters"对话框　　图 8-5 "Plot Numbering Controls"对话框

5）定义单元类型。从主菜单中选择 Main Menu > Preprocessor > Element Type > Add/Edit/Delete，弹出"Element Types"对话框，如图 8-6 所示，单击"Add"按钮，弹出"Library of Element Types"对话框，如图 8-7 所示。在该对话框中左面下拉列表框中选择"Magnetic-Edge"，在右边的下拉列表框中选择"3D Tet 237"。单击"OK"按钮，生成"SOLID237"单元，如图 8-6 所示，单击"Close"按钮，关闭"Element Types"对话框。

6）定义材料属性。从主菜单中选择 Main Menu > Preprocessor > Material Props > Material Models，弹出"Define Material Model Behavior"对话框，如图 8-8 所示，在右边的列表框中连续单击 Electromagnetics > Relative Permeability > Constant，弹出"Permeability for Material

Number 1"对话框,如图 8-9 所示。在该对话框"MURX"后面的文本框输入"mur",单击"OK"按钮,结果如图 8-8 所示。单击菜单栏中的 Material > Exit,结束材料属性定义。

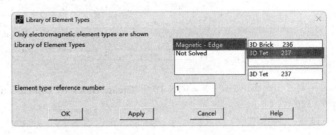

图 8-6 "Element Types"对话框　　图 8-7 "Library of Element Types"对话框

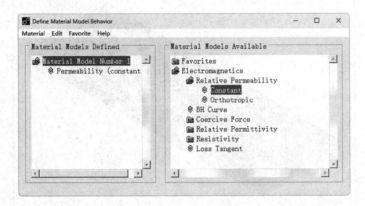

图 8-8 "Define Material Model Behavior"对话框

2. 建立模型、赋予特性、划分网格

1)建立导体模型。从主菜单中选择 Main Menu > Preprocessor > Modeling > Create > Volumes > Block > By Dimensions,弹出"Create Block by Dimensions"对话框,如图 8-10 所示。在"X-coordinates"后面的文本框中分别输入 0 和"d",在"Y-coordinates"后面的文本框中分别输入 0 和"w",在"Z-coordinates"后面的文本框中分别输入 0 和 1,单击"OK"按钮。

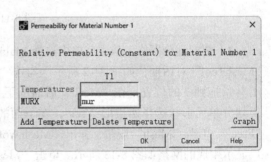

图 8-9 "Permeability for Material Number 1"对话框

- 改变视角方向:从实用菜单中选择 Utility Menu > PlotCtrls > Pan, Zoom, Rotate,弹出移动、缩放和旋转对话框,单击"Iso"按钮设置视角方向,在(1,1,1)方向观察模型。单击"Close"按钮,关闭对话框。生成的导体模型如图 8-11 所示。

2)保存几何模型文件。从实用菜单中选择 Utility Menu > File > Save as,弹出"Save DataBase"对话框,在"Save Database to"下面文本框中输入文件名"T_Slot_3D_geom.db",单击"OK"按钮。

253

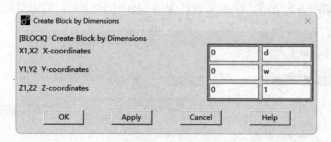

图 8-10 "Create Block by Dimensions" 对话框

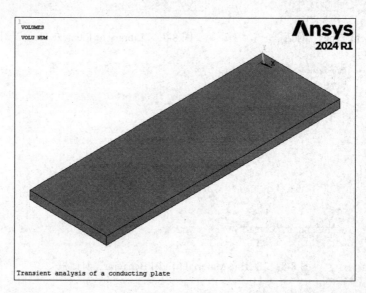

图 8-11 导体模型

3)智能划分网格。从主菜单中选择 Main Menu > Preprocessor > Meshing > MeshTool,弹出 "MeshTool" 对话框,如图 8-12 所示。勾选 "Smart Size" 前面的复选框,并将 "Fine ~ Coarse" 工具条拖到 7 的位置,在 "Mesh" 后面的下拉列表框中选择 "Volumes",在 "Shape" 后面的要划分单元形状选择四边形 "Tet",在下面的自由划分 "Free" 和映射划分 "Mapped" 中选择 "Free"。单击 "Mesh" 按钮,弹出 "Mesh Volumes" 对话框,单击 "Pick All" 按钮,在图形窗口显示生成的网格如图 8-13 所示。单击 "MeshTool" 对话框中的 "Close" 按钮。

4)保存网格数据。从实用菜单中选择 Utility Menu > File > Save as,弹出一个 "Save DataBase" 对话框,在 "Save Database to" 下面文本框中输入文件名 "T_Slot_3D_mesh.db",单击 "OK" 按钮。

3.加边界条件和载荷

1)选择分析类型。从主菜单中选择 Main Menu > Solution > Analysis Type > New Analysis,弹出 "New Analysis" 对话框,选择 "Transient",如图 8-14 所示。单击 "OK" 按钮,弹出 "Transient Analysis" 对话框,如图 8-15 所示,设置求解方法 "Solution method" 为 "Full",单击 "OK" 按钮。

第 8 章 三维瞬态磁场棱边单元法分析

图 8-12 "MeshTool" 对话框

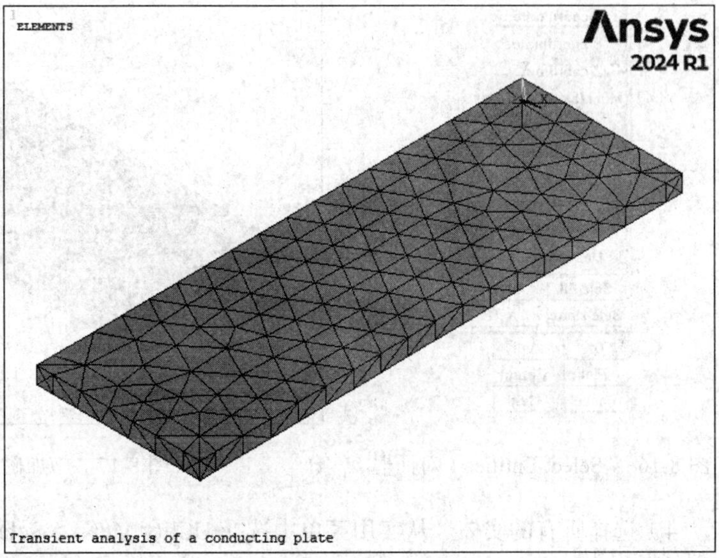

图 8-13 显示生成的网格

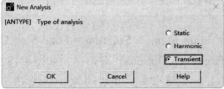

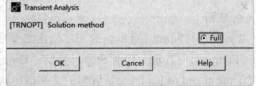

图 8-14 "New Analysis" 对话框

图 8-15 "Transient Analysis" 对话框

2）选择节点。从实用菜单中选择 Utility Menu > Select > Entities，弹出 "Select Entities" 对话框，如图 8-16 所示。在最上边的下拉列表框中选取 "Nodes"，在第二个下拉列表框中选择 "By Location"，再在下边的单选按钮中选择 "X coordinates"，在 "Min, Max" 下面的文本框中输入 "d"，在其下面的单选按钮中选择 "From Full"。单击 "Apply" 按钮，选择 x=d 位置的节点。

- 选择 "Z coordinates"，在 "Min, Max" 下面的文本框中输入 0，在其下面的单选按钮中选择 "Also Select"。单击 "Apply" 按钮，选择 z=0 位置的节点。

- 选择 "Z coordinates"，在 "Min, Max" 下面的文本框中输入 l，在其下面的单选按钮中选择 "Also Select"。单击 "OK" 按钮，选择 z=l 位置的节点。这样总共选择了三个面上的节点。

3）施加磁力线平行边界条件。在命令行中输入如下命令，给所选节点施加了磁力线平行边界条件，在导体模型上出现标记，如图 8-17 所示。

```
D,ALL,AZ,0                              !施加磁力线平行边界条件
```

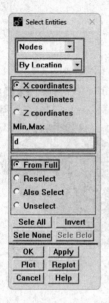
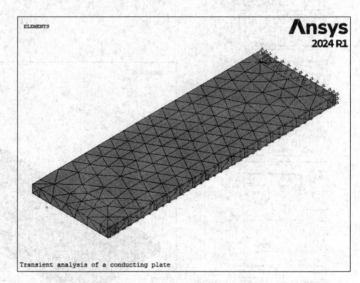

图 8-16 "Select Entities" 对话框　　　　图 8-17 施加磁力线平行边界条件

4）选择所有的实体。从实用菜单中选择 Utility Menu > Select > Everything。

5）施加电流密度载荷。在命令行中输入如下命令，给整个导体施加在 Z 方向上的激励电流密度 10000000。

```
BFE,ALL,JS,,0,0,J                       !施加电流密度
```

4. 求解

1）设定时间和时间步长选项。从主菜单中选择 Main Menu > Solution > Load Step Opts > Time/Frequenc > Time - Time Step，弹出 "Time and Time Step Options" 对话框，如图 8-18 所示。在 "Time at end of load step" 后面的文本框中输入 "t1"，设置载荷终止时间为 0.05s；在 "Time step size" 后面的文本框中输入 "ts1"，设置载荷步长为 0.001s，单击 "OK" 按钮。这样就将加载时间设置成了在 0～0.05s 内分为 50 个子步求解，每一步加载方式为斜坡式（Ansys 默认设置）。

2）数据库和结果文件输出控制。从主菜单中选择 Main Menu > Solution > Load Step Opts > Output Ctrls > DB/Results File，弹出 "Controls for Database and Results File Writing" 对话框，在 "Item to be controlled" 后面的列表框中选择 "All items"，在 "File write frequency" 下面的单选按钮中选择 "Every substep"，如图 8-19 所示。单击 "OK" 按钮，把每个子步的求解结果写入数据库。

3）求解。从主菜单中选择 Main Menu > Solution > Solve > Current LS，弹出一个信息窗口和一个求解当前载荷步对话框，确认信息无误后关闭信息窗口，单击求解对话框中的 "OK" 按钮，开始求解运算，直到出现一个 "Solution is done！" 提示栏，表示求解结束。单击 "Close" 按钮将其关闭。

4）设定时间和时间步长选项。从主菜单中选择 Main Menu > Solution > Load Step Opts >

Time/Frequenc > Time - Time Step，弹出"Time and Time Step Options（设定时间和时间步长选项）"对话框，如图 8-18 所示。在"Time at end of load step"后面的文本框中输入"t2"，设置载荷终止时间为 0.08s；在"Time step size"后面的文本框中输入"ts2"，设置载荷步长为 0.006s；在"Stepped or ramped b.c."后面的单选按钮中选择"Stepped"，单击"OK"按钮。这样就将加载时间设置成立中 0.05～0.08s 内分为 5 个子步求解，加载方式为阶跃式。

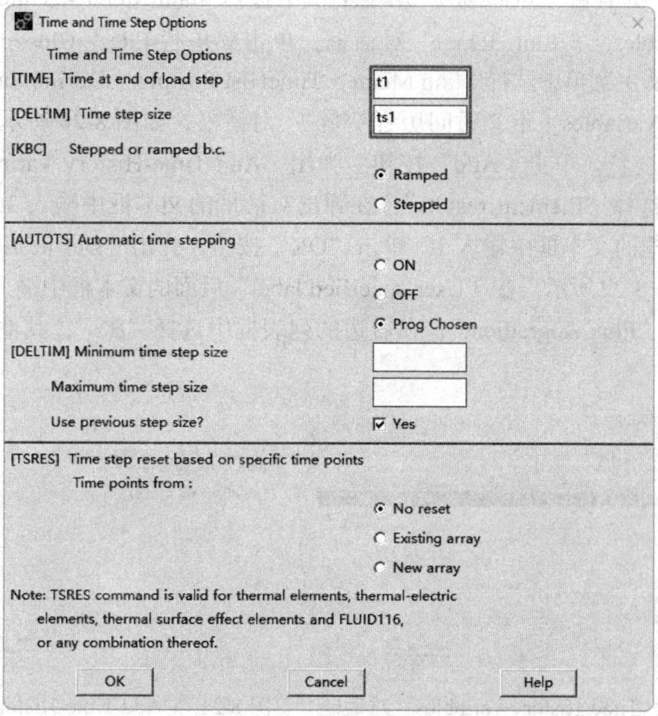

图 8-18 "Time and Time Step Options"对话框

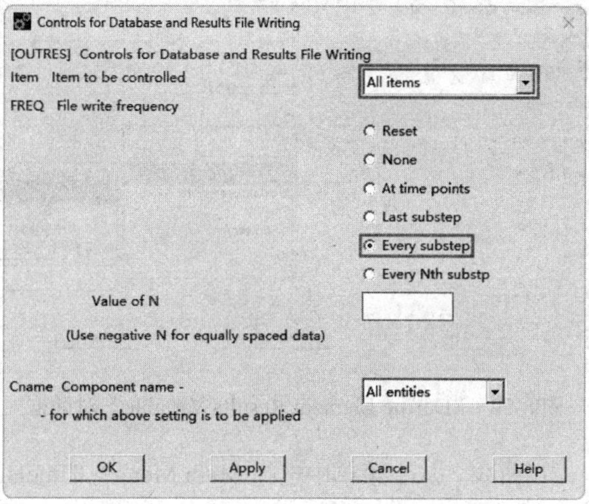

图 8-19 "Controls for Database and Results File Writing"对话框

5)求解。从主菜单中选择 Main Menu > Solution > Solve > Current LS,弹出一个信息窗口和一个求解当前载荷步对话框。确认信息无误后关闭,单击求解对话框中的"OK"按钮,开始求解运算,直到出现"Solution is done!"提示栏,表示求解结束。单击"Close"按钮将其关闭。

5. 查看结算结果

1)定义变量(为查看节点磁场)。从主菜单中选择 Main Menu > TimeHist Postpro,弹出"Time History Variables - T_Slot_3D.rst"对话框,单击菜单栏 File > Close 或右上角的 ✕ 按钮关闭对话框。然后从主菜单中选择 Main Menu > TimeHist Postpro > Define Variables,弹出"Defined Time-History Variables(定义时间历程变量)"对话框,如图 8-20 所示,此时会看到只有时间"Time"一个变量。单击"Add"按钮。弹出"Add Time-History Variable",如图 8-21 所示。在单选按钮中选择"Element results",在弹出对话框的文本框中输入 362。单击"OK"按钮,在弹出的对话框的文本框中输入 1。单击"OK"按钮,弹出"Define Element Results Variable"对话框,如图 8-22 所示。在"User-specified label"后面的文本框中输入"BY",并在下面左边的列表框选择"Flux & gradient",在右边的列表框中选择"BY",其他接受默认设置。单击"OK"按钮。

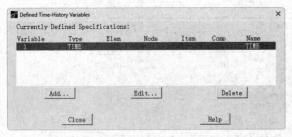

图 8-20 "Defined Time-History Variables"对话框   图 8-21 "Add Time-History Variable"对话框

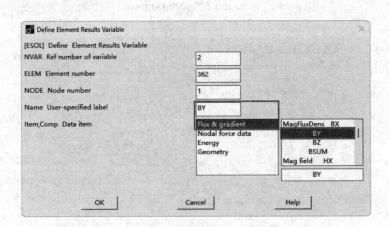

图 8-22 "Define Element Results Variable"对话框

2)绘出节点时间-磁场曲线。从主菜单中选择 Main Menu > TimeHist Postpro > Graph Variables,弹出"Graph Time-History Variables"对话框。在"1st variable to graph"后面的文本框中输入变量名"BY"或者直接输入变量的代号 2,如图 8-23 所示。单击"OK"按钮,生成节点

1 的磁通密度（BY）随时间变化的曲线，如图 8-24 所示。

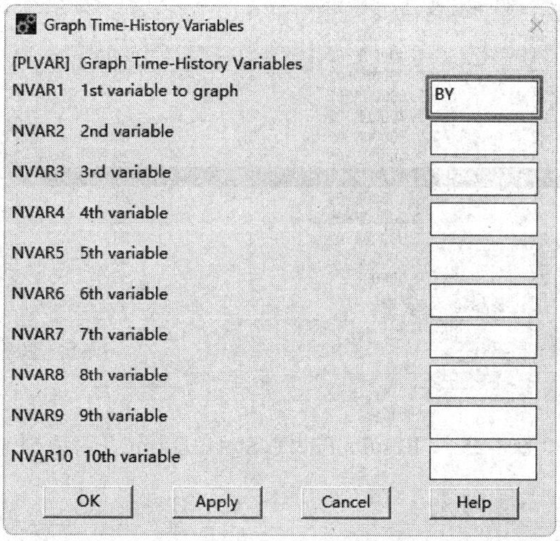

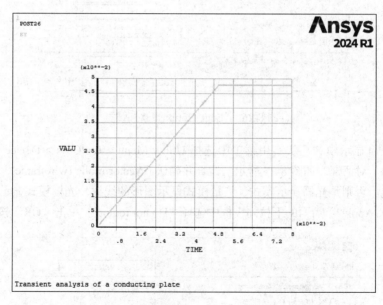

图 8-23 "Graph Time-History Variables" 对话框

图 8-24 节点 1 的 Time-BY 曲线

3）读取第 30 子步的求解结果。从主菜单中选择 Main Menu > General Postproc > Read Results > By Pick，弹出 "Results File:T_Slot_3D.rmg" 对话框，如图 8-25 所示。在该对话框中一共有 55 个子步，选择第 30 子步，单击 "Read" 按钮，再单击 "Close" 按钮关闭对话框。

4）改变显示方式。从实用菜单中选择 Utility Menu > PlotCtrls > Style > Edge Options，弹出 "Edge Options" 对话框，在 "Element outlines for non-contour/contour plots" 后面的下拉列表框中选择 "Edge Only/All"，如图 8-26 所示。单击 "OK" 按钮，显示非共面的线，即只显示体外表面轮廓线。

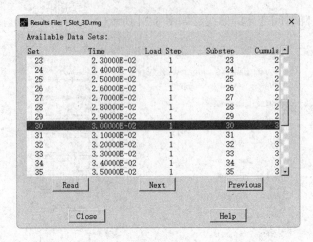

图 8-25 "Results File:T_Slot_3D.rmg" 对话框

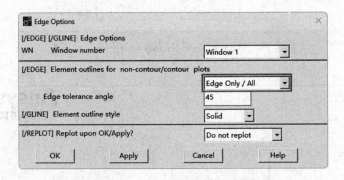

图 8-26 "Edge Options" 对话框

5）打开矢量显示模式。从实用菜单中选择 Utility Menu > PlotCtrls > Device Options，弹出 "Device Options" 对话框，如图 8-27 所示。检查并确认 "Vector mode (wireframe)" 后面的复选框 "On" 已被勾选。否则是光栅显示模式，矢量模式显示图形的线框，光栅模式显示图形实体。在 "Replot upon OK/Apply?" 后面的下拉列表框中选择 "Do not replot"，单击 "OK" 按钮。

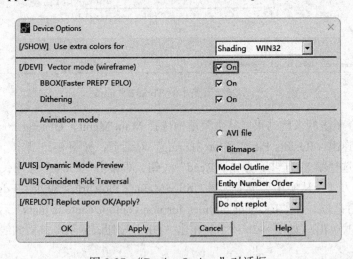

图 8-27 "Device Options" 对话框

6)绘出第 30 子步导体磁场强度分布。从主菜单中选择 Main Menu > General Postproc > Plot Results > Vector Plot > Predefined,弹出"Vector Plot of Predefined Vectors"对话框,如图 8-28 所示。在"Vector item to be plotted"后面左边的列表框中选择"Flux & gradient",在右边的列表框中选择"Mag field H"。单击"OK"按钮,绘出第 30 子步导体磁场强度分布,如图 8-29 所示。

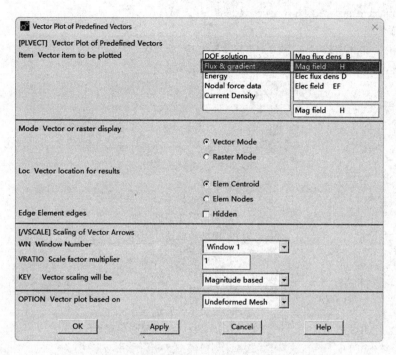

图 8-28 "Vector Plot of Predefined Vectors"对话框

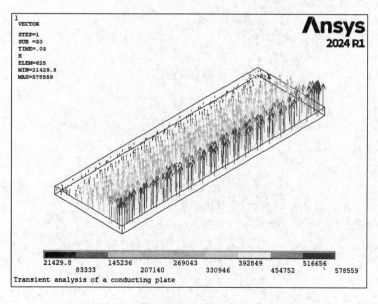

图 8-29 第 30 子步导体磁场强度分布

7) 退出 Ansys。单击工具条上的 "Quit" 按钮,弹出 "Exit" 对话框,选取 "Quit—No Save!",单击 "OK" 按钮,退出 Ansys。

8.3.3 命令流实现

```
!/BACH,LIST
/TITLE,Transient analysis of a conducting plate
!定义工作标题
/FILNAME,T_Slot_3D,0              !定义工作文件名
KEYW,MAGEDG,1                     !指定磁场分析

/PREP7
!定义分析的参数
L=0.3                             !长
D=0.1                             !高
W=0.01                            !宽
MUR=1                             !相对磁导率
T1=0.05                           !载荷终止时间
T2=0.08                           !保持载荷终止时间
TS1=0.001                         !载荷步长
TS2=0.006                         !保持载荷步长
J=1.0e7                           !电流密度
ET,1,237                          !定义单元及选项
MP,MURX,1,MUR                     !定义材料相对磁导率属性
BLOCK,0,D,0,W,0,L                 !创建模型
/VIEW,,1,1,1                      !改变视角
SAVE,'T_Slot_3D_geom','db'
SMRTSIZE,7
MSHKEY,0
MSHAPE,1,3D
VMESH,ALL                         !划分网格
FINISH

/SOLU                             !进入求解器
ANTYP,TRANS                       !指定谐波磁场分析
TRNOPT,FULL                       !求解方法为 "Full"
NSEL,S,LOC,X,D                    !选择 X=D 处节点
NSEL,A,LOC,Z,0                    !增加选择 Z=0 处节点
NSEL,A,LOC,Z,L                    !增加选择 Z=L 处节点
D,ALL,AZ,0                        !施加磁力线平行边界条件
NSEL,ALL                          !选择所有的节点
BFE,ALL,JS,,0,0,J                 !施加 Z 方向激励电流密度 J
ALLSEL,ALL                        !选择所有的实体
TIME,T1                           !设置载荷终止时间
```

```
DELTIM,TS1                      !设置载荷步长
OUTRES,ALL,ALL                  !求解结果输出控制
SOLVE
KBC,1                           !设置阶跃加载
TIME,T2                         !设置保持载荷终止时间
DELTIM,TS2                      !设置保持载荷步长
SOLVE
FINISH                          !退出求解器

/POST26                         !进入时间历程后处理器
ESOL,2,362,1,B,Y,BY             !定义变量 BY（BY 为 362 号单元上 1 号节点的 Y 方向
                                 上的磁感应强度 B 的分量）
PLVAR,2                         !绘出 1 号节点 Time-BY 曲线
FINISH

/POST1                          !进入通用后处理器
SET,1,30                        !读入第 30 子步的求解结果
/EDGE,1,1
/DEVICE,VECTOR,1                !打开矢量显示模式
PLVECT,H                        !绘出磁场强度分布
FINISH
```

第 9 章

稳态电流传导分析

电场分析即计算导电系统或电容系统中的电场,需要计算的典型物理量为:
- 电场。
- 电流密度。
- 电荷密度。
- 传导焦耳热。

电场分析在工程设计中有广泛应用,如汇流条、熔丝、传输线等。

◉ 电场分析要用到的单元
◉ 稳态电流传导分析的步骤

很多情况下，需要先进行电流传导分析，或者同时进行热分析，以确定因焦耳热而导致的温度分布。也可以在电流传导分析之后直接进行磁场分析以确定电流产生的磁场。有关这方面的内容请参见 Ansys 耦合场分析相关内容。本章只讲解单纯的电场分析，主要是稳态电流传导分析。

进行电流传导分析要求使用 Ansys/Multiphysics 或者 Ansys/Emag 模块。这两个模块还可以进行静电场和电路分析。

Ansys 以泊松方程为静电场分析的基础。主要的未知量（节点自由度）是标量电位（电压）。其他物理量可由节点电位导出。

9.1 电场分析要用到的单元

在电场分析中要用到表 9-1～表 9-6 中列举的单元。

表 9-1 传导杆单元

单元	维数	形状或特性	自由度	应用
LINK68	3-D	单轴，2 节点	温度和电压	可用于稳态电流传导分析或热-电耦合场分析

表 9-2 2-D 实体单元

单元	维数	形状或特性	自由度	应用
PLANE121	2-D	四边形，8 节点	电压	可用于静电场分析或准静态时间谐波分析
PLANE230	2-D	四边形，8 节点	电压	可用于稳态电流传导分析或准静态时间谐波分析和瞬态分析

表 9-3 3-D 实体单元

单元	维数	形状或特性	自由度	应用
SOLID5	3-D	六面体，8 节点	每个节点有 6 个自由度，分别是位移（X、Y、Z 方向）、温度、电压、磁标量位	可用于稳态电流传导分析或热-电耦合场分析、电-磁耦合场分析
SOLID98	3-D	四面体，10 节点	每个节点有 6 个自由度，分别是位移（X、Y、Z 方向）、温度、电压、磁标量位	可用于稳态电流传导分析或热-电耦合场分析、电-磁耦合场分析
SOLID122	3-D	六面体，20 节点	电压	可用于静电场分析或准静态时间谐波分析
SOLID123	3-D	四面体，10 节点	电压	可用于静电场分析或准静态时间谐波分析
SOLID231	3-D	六面体，20 节点	电压	可用于稳态电流传导分析或准静态时间谐波分析和瞬态分析
SOLID232	3-D	四面体，10 节点	电压	可用于稳态电流传导分析或准静态时间谐波分析和瞬态分析

表 9-4 壳单元

单元	维数	形状或特性	自由度
SHELL157	3-D	四边形，4 节点	温度和电压

表 9-5 特殊单元

单元	维数	形状或特性	自由度
MATRIX50	无（超单元）	根据结构中包含的单元确定	根据包含的单元类型确定
INFIN110	2-D	4 节点或 8 节点	每节点一个，可以是矢量位、温度、电压
INFIN111	3-D	六面体，8 节点或 20 节点	AZ 磁矢势、温度、标量电位或标量电压

表 9-6 通用电路单元

单元	维数	形状或特性	自由度
CIRCU94	无	2 节点或 3 节点	两个节点为电压（第三个节点为独立电压源）
CIRCU124	无	最多可 6 节点	每节点最多两个，可以是电势、电流
CIRCU125	无	二极管单元，2 节点	电势

有限元模型中可能含有带电压自由度的单元，这些单元需要相应的反作用力，见表 9-7。

表 9-7 带电压自由度单元的反作用力

单元	Keyopt(1)	自由度	为电压自由度输入的材料特性	反作用力
LINK68	N/A	TEMP, VOLT	RSVX	AMPS
SHELL157	N/A	TEMP, VOLT	RSVX, RSVY	AMPS
SOLID236	1	VOLT, AZ	RSVX, RSVY, RSVZ, PERX, PERY, PERZ	AMPS
SOLID237	1	VOLT, AZ	RSVX, RSVY, RSVZ, PERX, PERY, PERZ	AMPS
PLANE121	N/A	VOLT	PERX, PERY, RSVX, RSVY, LSST	CHRG
SOLID122	N/A	VOLT	PERX, PERY, PERZ, RSVX, RSVY, RSVZ, LSST	CHRG
SOLID123	N/A	VOLT	PERX, PERY, PERZ, RSVX, RSVY, RSVZ, LSST	CHRG
PLANE230	N/A	VOLT	PERX, PERY, RSVX, RSVY, LSST	AMPS
SOLID231	N/A	VOLT	PERX, PERY, PERZ, RSVX, RSVY, RSVZ, LSST	AMPS
SOLID232	N/A	VOLT	PERX, PERY, PERZ, RSVX, RSVY, RSVZ, LSST	AMPS
CIRCU94	0-5	VOLT, CURR	N/A	CHRG, AMPS
CIRCU124	0-12	VOLT, CURR	N/A	AMPS
CIRCU125	0 或 1	VOLT		AMPS
TRANS126	N/A	UX-VOLT, UY-VOLT, UZ-VOLT	N/A	AMPS, FX

（续）

单元	Keyopt(1)	自由度	为电压自由度输入的材料特性	反作用力
PLANE13	6	VOLT, AZ	RSVX, RSVY	AMPS
	7	UX, UY, UZ, VOLT	PERX, PERY	AMPS
SOLID5	0	UX, UY, UZ, TEMP, VOLT, MAG	RSVX, RSVY, RSVZ	AMPS
			PERX, PERY, PERZ	AMPS
	1	TEMP, VOLT, MAG	RSVX, RSVY, RSVZ	AMPS
	3	UX, UY, UZ, VOLT	PERX, PERY, PERZ	AMPS
	9	VOLT	RSVX, RSVY, RSVZ	AMPS
SOLID98	0	UX, UY, UZ, TEMP, VOLT, MAG	RSVX, RSVY, RSVZ	AMPS
			PERX, PERY, PERZ	AMPS
	1	TEMP, VOLT, MAG	RSVX, RSVY, RSVZ	AMPS
	3	UX, UY, UZ, VOLT	PERX, PERY, PERZ	AMPS
	9	VOLT	RSVX, RSVY, RSVZ	AMPS
PLANE222	101	UX, UY, VOLT	RSVX, RSVY	AMPS
	1001	UX, UY, VOLT	PERX, PERY, LSST	CHRG
	110	TEMP, VOLT	RSVX, RSVY, PERX, PERY	AMPS
	111	UX, UY, TEMP, VOLT	RSVX, RSVY, PERX, PERY	AMPS
	1011	UX, UY, TEMP, VOLT	PERX, PERY, LSST, DPER	CHRG
	100100	VOLT, CONC	RSVX, RSVY	AMPS
	100110	TEMP, VOLT, CONC	RSVX, RSVY	AMPS
	100101	UX, UY, VOLT, CONC	RSVX, RSVY	AMPS
	100111	UX, UY, TEMP, VOLT, CONC	RSVX, RSVY	AMPS
PLANE223	101	UX, UY, VOLT	RSVX, RSVY	AMPS
	1001	UX, UY, VOLT	PERX, PERY, LSST	CHRG
	110	TEMP, VOLT	RSVX, RSVY, PERX, PERY	AMPS
	111	UX, UY, TEMP, VOLT	RSVX, RSVY, PERX, PERY	AMPS
	1011	UX, UY, TEMP, VOLT	PERX, PERY, LSST, DPER	CHRG
	10110	TEMP, VOLT, AZ	RSVZ	AMPS
	10101	UX, UY, VOLT, AZ	RSVX, RSVY	AMPS
	10201	UX, UY, VOLT, EMF, AZ	RSVX, RSVY	AMPS
	100100	VOLT, CONC	RSVX, RSVY	AMPS
	100110	TEMP, VOLT, CONC	RSVX, RSVY	AMPS
	100101	UX, UY, VOLT, CONC	RSVX, RSVY	AMPS
	100111	UX, UY, TEMP, VOLT, CONC	RSVX, RSVY	AMPS
SOLID225	101	UX, UY, UZ, VOLT	RSVX, RSVY, RSVZ	AMPS
	1001	UX, UY, UZ, VOLT	PERX, PERY, PERZ, LSST	CHRG
	110	TEMP, VOLT	RSVX, RSVY, RSVZ, PERX, PERY, PERZ	AMPS
	111	UX, UY, UZ, TEMP, VOLT	RSVX, RSVY, RSVZ, PERX, PERY, PERZ	AMPS

（续）

单元	Keyopt(1)	自由度	为电压自由度输入的材料特性	反作用力
SOLID225	1011	UX, UY, UZ, TEMP, VOLT	PERX, PERY, PERZ, LSST, DPER	CHRG
	100100	VOLT, CONC	RSVX, RSVY	AMPS
	100110	TEMP, VOLT, CONC	RSVX, RSVY	AMPS
	100101	UX, UY, UZ, VOLT, CONC	RSVX, RSVY	AMPS
	100111	UX, UY, UZ, TEMP, VOLT, CONC	RSVX, RSVY	AMPS
SOLID226	101	UX, UY, UZ, VOLT	RSVX, RSVY, RSVZ	AMPS
	1001	UX, UY, UZ, VOLT	PERX, PERY, PERZ, LSST	CHRG
	110	TEMP, VOLT	RSVX, RSVY, RSVZ, PERX, PERY, PERZ	AMPS
	111	UX, UY, UZ, TEMP, VOLT	RSVX, RSVY, RSVZ, PERX, PERY, PERZ	AMPS
	1011	UX, UY, UZ, TEMP, VOLT	PERX, PERY, PERZ, LSST, DPER	CHRG
	10110	TEMP, VOLT, AZ	RSVX, RSVY, RSVZ	AMPS
	10101	UX, UY, UZ, VOLT, AZ	RSVX, RSVY	AMPS
	10201	UX, UY, UZ, VOLT, EMF, AZ	RSVX, RSVY	AMPS
	100100	VOLT, CONC	RSVX, RSVY	AMPS
	100110	TEMP, VOLT, CONC	RSVX, RSVY	AMPS
	100101	UX, UY, UZ, VOLT, CONC	RSVX, RSVY	AMPS
	100111	UX, UY, UZ, TEMP, VOLT, CONC	RSVX, RSVY	AMPS
SOLID227	101	UX, UY, UZ, VOLT	RSVX, RSVY, RSVZ	AMPS
	1001	UX, UY, UZ, VOLT	PERX, PERY, PERZ, LSST	CHRG
	110	TEMP, VOLT	RSVX, RSVY, RSVZ, PERX, PERY, PERZ	AMPS
	111	UX, UY, UZ, TEMP, VOLT	RSVX, RSVY, RSVZ, PERX, PERY, PERZ	AMPS
	1011	UX, UY, UZ, TEMP, VOLT	PERX, PERY, PERZ, LSST, DPER	CHRG
	10110	TEMP, VOLT, AZ	RSVX, RSVY, RSVZ	AMPS
	10101	UX, UY, UZ, VOLT, AZ	RSVX, RSVY	AMPS
	10201	UX, UY, UZ, VOLT, EMF, AZ	RSVX, RSVY	AMPS
	100100	VOLT, CONC	RSVX, RSVY	AMPS
	100110	TEMP, VOLT, CONC	RSVX, RSVY	AMPS
	100101	UX, UY, UZ, VOLT, CONC	RSVX, RSVY	AMPS
	100111	UX, UY, UZ, TEMP, VOLT, CONC	RSVX, RSVY	AMPS
INFIN110	1	VOLT	PERX, PERY	CHRG
INFIN111	2	VOLT	PERX, PERY, PERZ	CHRG

9.2 稳态电流传导分析的步骤

稳态电流传导分析可以分析计算直流电流和电压降产生的电流密度和电位分布。可以进行电压和电流两种加载。

稳态电流传导分析认为电压和电流呈线性关系，即电流与所加电压成正比。

稳态电流传导分析要确定直流电或电势降导致的电流密度分布和电势（电压）分布，在此分析中载荷有外加电压和电流两种类型。假定稳态电流传导分析是线性的，即电流与所加电压成正比。

稳态电流传导分析有以下 3 个主要的步骤。

9.2.1 建立模型

建立模型，定义工作文件名和标题。

命令：/FILNAME
　　　　/TITLE

GUI：Utility Menu > File > Change Jobname
　　　Utility Menu > File > Change Title

在 GUI 菜单过滤中选定 Electric 选项。以便能够选择需要的单元。

GUI：Main Menu > Preferences > Electromagnetics > Electric

然后开始定义单元类型、定义材料特性并建立几何模型。

在电流传导分析中，可以使用下列单元：

- LINK68：三维 2 节点热/电线单元。
- PLANE230：二维 8 节点电四边形单元。
- SOLID5：三维 8 节点结构/热/磁/电六面体单元。
- SOLID98：三维 10 节点结构/热/磁/电四面体单元。
- SOLID231：三维 20 节点电六面体单元。
- SOLID232：三维 10 节点电四面体单元。
- SHELL157：三维 4 节点热/电壳单元。
- MATRIX50：三维超单元。

单元的详细介绍可参看前面单元表。

必须通过 MP 命令定义材料电阻（RSVX、RSVY、RSVZ），它可以是和温度有关的。

9.2.2 加载并求解

此步骤定义分析类型及其选项、给模型加载、定义载荷步选项并求解。

1. 进入 SOLUTION 处理器

命令：/SOLU

GUI：Main Menu > Solution

2. 定义分析类型

可以采用下列任意一个操作：

- 在GUI方式下，选择路径Main Menu > Solution > Analysis Type > New Analysis 选择Static 分析。
- 如果是一个新的分析，执行下列命令：ANTYPE,STATIC,NEW。
- 如果是需要重启动一个前面做过的分析（如施加了另外一种激励），可使用命令ANTYPE, STATIC, REST。如果先前分析的结果文件Jobname.EMAT、Jobname.ESAV 和Jobname.DB 还可用，就可以重启动分析。

3. 定义分析选项

可以选择稀疏矩阵求解器（默认）、雅可比共轭梯度求解器（JCG）、不完全乔列斯基共轭梯度求解器（ICCG）和预条件共轭梯度求解器（PCG）之一进行求解。

命令：EQSLV

GUI：Main Menu > Solution > Analysis Type > Analysis Options

4. 加载

在稳态电流传导分析中，用户可以将载荷施加在实体模型（点、线、面）上，也可以将载荷施加在有限元模型（节点、单元）上。可以施加以下几种载荷类型：

1）电流（AMPS）。电流是经常加在模型边界上的集中节点载荷（AMPS仅仅是一个载荷标志，和单位制无关），正值代表电流流入节点，负值代表流出节点。如果是均匀电流密度分布，应该耦合节点上的VOLT自由度，而将总电流加到某一个节点上去。

命令：F

GUI：Main Menu > Solution > Define Loads > Apply > Electric > Excitation > Current

2）电压（VOLT）。电压是经常加在模型边界上的DOF约束，一个典型的应用是说明导体的一端电压值为零（接地端），另一端为一给定电压。

命令：D

GUI：Main Menu > Solution > Define Loads > Apply > Electric > Boundary > Voltage

5. 可选择的步骤

施加载荷步选项。

6. 备份数据

用工具条中的SAVE_DB按钮来备份数据库，如果计算机出错，可以方便地恢复需要的模型数据。恢复模型时，用下面的命令：

命令：RESUME

GUI：Utility Menu > File > Resume Jobname.db

7. 开始求解

命令：SOLVE

GUI：Main Menu > Solution > Solve > Current LS

8. 施加其他载荷条件

如果希望进行其他加载情况的计算，可以从这里再按照步骤4、5操作即可。

9. 完成求解

命令：FINISH

GUI：Main Menu > Finish

9.2.3 观看结果

在稳态电流传导分析中，Ansys 把结果文件写入 Jobname.RTH（如果除 VOLT 外还有其他自由度时，写入 Jobname.RST），数据有：

- 主数据：节点电压（VOLT）。
- 导出数据；节点电场（EFX、EFY、EFZ、EFSUM）。
  节点电流密度（JCX、JCY、JCZ、JCSUM）（仅 PLANE230、SOLID231、和 SOLID232 支持）。
  单元电流密度（JSX、JSY、JSZ、JSSUM、JTX、JTY、JTZ、JTSUM）。
  单元焦耳热（JHEAT）。
  节点感生电流。

进入后处理器：

命令：**/POST1**

GUI：Main Menu > General Postproc

1. 在 POST1 中读结果

在 POST1 中后处理数据时，数据库中的模型数据一定要与结果数据相统一，且存储在结果文件（Jobname.RTH 或 Jobname.RST）。

可用下列命令把希望的时间点的结果读入数据库：

命令：**SET,,,,,TIME**

GUI：Utility Menu > List > Results > Load Step Summary

如果没有数据和指定的时间点对应，则程序自动进行线性插值以得到在指定的时间点处的数据。

为了得到导出数据，必须使用下列命令读结果到数据库中：

命令：**ETABLE**

GUI：Main Menu > General Postproc > Element Table > Define Table

命令：**PLETAB**

GUI：Main Menu > General Postproc > Element Table > Plot Elem Table
　　　Main Menu > General Postproc > Plot Results > Contour Plot > Elem Table

命令：**PRETAB**

GUI：Main Menu > General Postproc > Element Table > List Elem Table
　　　Main Menu > General Postproc > List Results > Elem Table Data

2. 等值线显示

命令：**PLESOL**
　　　PLNSOL

GUI：Main Menu > General Postproc > Plot Results > Contour Plot > Element Solution
　　　Main Menu > General Postproc > Plot Results > Contour Plot > Nodal Solu

3. 矢量（箭头）显示

命令：**PLVECT**

GUI：Main Menu > General Postproc > Plot Results > Vector Plot > Predefined
　　　Main Menu > General Postproc > Plot Results > Vector Plot > User Defined

4. 列表显示

命令：PRESOL
　　　　PRNSOL
　　　　PRRSOL

GUI：Main Menu > General Postproc > List Results > Element Solution
　　　Main Menu > General Postproc > List Results > Nodal Solution
　　　Main Menu > General Postproc > List Results > Reaction Solu

其他后处理内容请参见其他章节。

9.3 实例 1——正方形电流环中的磁场

本实例介绍一个正方形电流环中的磁场分布（GUI 方式和命令流方式）

9.3.1 问题描述

一个正方形电流环，载有电流 I，放置在空气中，如图 9-1 所示。试求 p 点处的磁通量密度值。p 点处的高为 b。实例中用到的参数见表 9-8。

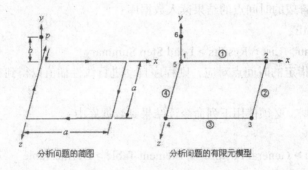

图 9-1　正方形电流环中的磁场

表 9-8　正方形电流环参数说明

几何特性	材料特性	载荷
a=1.5m b=0.35m	μ_o=4$\pi \times 10^{-7}$H/m ρ=4.0$\times 10^{-8} \Omega \cdot$m	I=7.5A

这是一个耦合电磁场的分析。先使用 LINK68 单元来创建导线环中的电场，再利用由此确定的电场来计算 p 点处的磁场。在图 9-1 右图中，节点 5 是与节点 1 重合的，并紧挨着电流环。当给节点 1 施加电流 I 时，设定节点 5 的电压为零。

首先求解计算导线环中的电流分布，然后用 BIOT 命令来从电流分布中计算磁场。

由于在求解过程中并不需要导线的横截面积，所以可以任意输入一个横截面积 1.0，由于线单元的比奥 - 萨法儿（Biot-Savart）磁场积分是非常精确的，所以正方形每一个边用一个单元就可以了。磁通密度可以通过磁场强度来计算，公式为 $B=\mu_o H$。

此实例的理论值和 Ansys 计算值比较见表 9-9。

表 9-9 理论值和 Ansys 计算值比较

磁通密度	理论值	Ansys	比率
BX($\times 10^{-6}$T)	2.010	2.010	1.000
BY($\times 10^{-6}$T)	−0.662	−0.662	0.999
BZ($\times 10^{-6}$T)	2.010	2.010	1.000

9.3.2 GUI 操作方法

选择"开始">"所有应用">"Ansys 2024 R1">"Mechanical APDL Product Launcher 2024 R1",进入运行环境设置,如图 9-2 所示。切换到"High Performance Computing Setup"选项卡,单击"Use Shared Memory Parallel(SMP)"单选按钮,再单击"Run"按钮,启动 Ansys 程序(由于本实例中使用的单元 LINK68 在 Ansys2020 及以后版本中不支持分布式并行计算,所以需要进行此设置)。

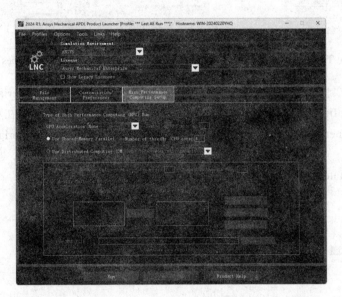

图 9-2 Ansys 运行环境设置

1. 创建物理环境

1)过滤图形界面。从主菜单中选择 Main Menu > Preferences,弹出"Preferences for GUI Filtering"对话框,选中"Electric"来对后面的分析进行菜单及相应的图形界面过滤。

2)定义工作标题。从实用菜单中选择 Utility Menu > File > Change Title,在弹出的对话框中输入"MAGNETIC FIELD FROM A SQUARE CURRENT LOOP",单击"OK"按钮,如图 9-3 所示。

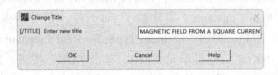

图 9-3 "Change Title"对话框

- 指定工作名。从实用菜单中选择 Utility Menu > File > Change Jobname，在弹出的对话框 "Enter new jobname" 后面的文本框中输入 "CURRENT LOOP"，单击 "OK" 按钮。

3）定义单元类型。从主菜单中选择 Main Menu > Preprocessor > Element Type > Add/Edit/Delete，弹出 "Element Types" 对话框，如图 9-4 所示。单击 "Add" 按钮，弹出 "Library of Element Types" 对话框，如图 9-5 所示。在该对话框中左面下拉列表框中选择 "Elec Conduction"，在右边的下拉列表框中选择 "3D Line 68"，单击 "OK" 按钮，生成 "LINK68" 单元，如图 9-4 所示。单击 "Close" 按钮，关闭 "Element Types" 对话框。

图 9-4 "Element Types" 对话框

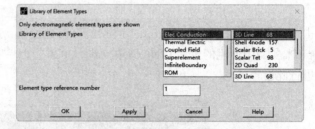

图 9-5 "Library of Element Types" 对话框

4）定义材料属性。从主菜单中选择 Main Menu > Preprocessor > Material Props > Material Models，弹出 "Define Material Model Behavior" 对话框，如图 9-6 所示。在右边的列表框中连续单击 Electromagnetics > Resistivity > Constant，弹出 "Resistivity for Material Number 1" 对话框，如图 9-7 所示。在该对话框 "RSVX" 后面的文本框中输入 "4.0E-8"，单击 "OK" 按钮。单击菜单栏中的 Material > Exit，结束材料属性定义，结果如图 9-6 所示。

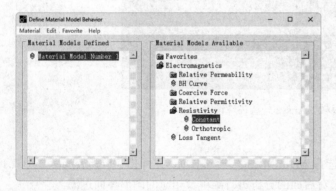

图 9-6 "Define Material Model Behavior" 对话框

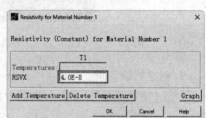

图 9-7 "Resistivity for Material Number 1" 对话框

5）定义导线横截面积实常数。从主菜单中选择 Main Menu > Preprocessor > Real Constants > Add/Edit/Delete，弹出 "Real Constants（实常数）" 对话框，在对话框的列表框中显示 "NO DEFINED"，单击 "Add" 按钮，弹出 "Element Types for Real Constants" 对话框，在对话框的列表框中出现 "Type 1 LINK68"，选择单元类型 1，单击 "OK" 按钮，弹出 "Real Constant Set Number 1, for LINK68（LINK68 单元的实常数）" 对话框，如图 9-8 所示。在 "Cross-sectional area"后面的文本框中输入 1，单击"OK"按钮，回到"Real Constants"对话框，其中列出了常数组 1，如图 9-9 所示。

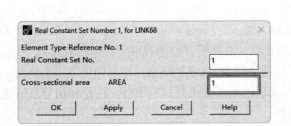

图 9-8 "Real Constant Set Number 1, for LINK68"对话框　　图 9-9 "Real Constants"对话框

2. 建立模型、赋予特性、划分网格

1）创建节点（用节点法建立模型）。从主菜单中选择 Main Menu > Preprocessor > Modeling > Create > Nodes > In Active CS，弹出"Create Nodes in Active Coordinate System（fd 在当前激活坐标系下建立节点）"对话框，如图 9-10 所示。在"Node number"后面的文本框中输入 1，单击"Apply"按钮，这样就创建了 1 号节点，坐标为 (0,0,0)。

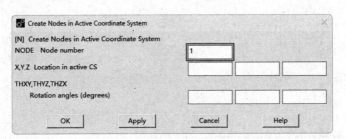

图 9-10 "Create Nodes in Active Coordinate System"对话框

• 将"Node number"后面的文本框中的 1 改为 2，在"Location in active CS"后面的 3 个文本框中分别输入 1.5、0 和 0，单击"Apply"按钮，这样创建了第 2 个节点，坐标为 (1.5,0,0)，也就是图 9-1 右图中的 2 号节点。

• 将"Node number"后面的文本框中的 2 改为 3，在"Location in active CS"后面的 3 个文本框中分别输入 1.5、0 和 1.5，单击"Apply"按钮，这样创建了第 3 个节点，坐标为 (1.5,0,1.5)，也就是图 9-1 右图中的 3 号节点。

• 将"Node number"后面的文本框中的 3 改为 4，在"Location in active CS"后面的 3 个文本框中分别输入 0、0 和 1.5，单击"Apply"按钮，这样创建了第 4 个节点，坐标为 (0,0,1.5)，也就是图 9-1 右图中的 4 号节点。

• 将"Node number"后面的文本框中的 4 改为 5，在"Location in active CS"后面的 3 个文本框中分别输入 0、0 和 0，单击"Apply"按钮，这样创建了第 5 个节点，坐标为 (0,0,0)，也就是图 9-1 右图中的 5 号节点，此节点与 1 号节点重合。

- 将"Node number"后面的文本框中的5改为6，在"Location in active CS"后面的3个文本框中分别输入0、0.35和0，单击"OK"按钮，这样创建了第6个节点，坐标为(0,0.35,0)，也就是图9-1右图中的6号节点。

2）改变视角方向：从实用菜单中选择 Utility Menu > PlotCtrls > Pan, Zoom, Rotate，弹出"移动、缩放和旋转"对话框，单击视角方向为"Iso"，可以在（1,1,1）方向观察模型，单击"Close"按钮，关闭对话框。

3）创建导线单元。从主菜单中选择 Main Menu > Preprocessor > Modeling > Create > Elements > Auto Numbered > Thru Nodes，弹出对话框，在图形界面上选取节点1和节点2，或者直接在对话框的文本框中输入"1,2"并按 Enter 键，单击"OK"按钮，即可创建第一个单元，如图9-11所示。由于只有一种材料属性，此单元属性默认为1号材料属性。注意：用节点法建模时，每得到一个单元应立即给此单元分配属性。

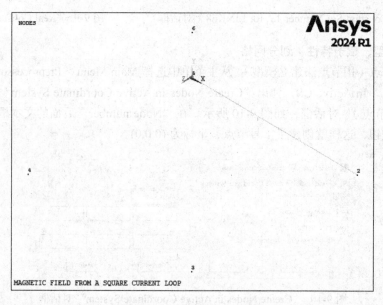

图 9-11 创建的第一个单元

4）复制单元。从主菜单中选择 Main Menu > Preprocessor > Modeling > Copy > Elements > Auto Numbered，弹出对话框，在图形界面上拾取单元1，单击"OK"按钮，弹出"Copy Elements (Automatically-Numbered)（复制单元）"对话框，如图9-12所示，在"Total number of copies"后面的文本框中输入4，单击"OK"按钮，得到所有导线单元，如图9-13所示。

3. 加边界条件和载荷

1）施加电压边界条件。从主菜单中选择 Main Menu > Solution > Define Loads > Apply > Electric > Boundary > Voltage > On Nodes，弹出对话框，在图

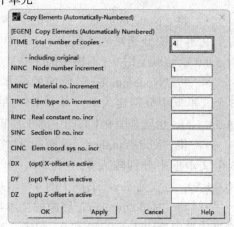

图 9-12 "Copy Elements (Automatically-Numbered)"对话框

形界面上拾取 5 号节点，或者直接在对话框的文本框中输入 5 并按 Enter 键，单击"OK"按钮，弹出"Apply Voltage on nodes（给节点施加电压）"对话框，如图 9-14 所示。在"Load VOLT value"后面的文本框中输入 0，单击"OK"按钮，这样就给 5 号节点施加了 0V 电压的边界条件。

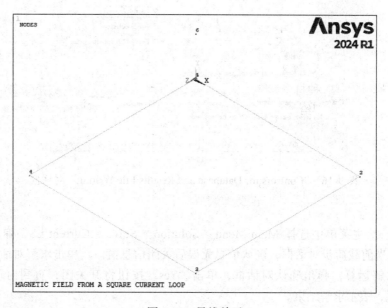

图 9-13　导线单元

2）施加电流载荷。从主菜单中选择 Main Menu > Solution > Define Loads > Apply > Electric > Excitation > Current > On Nodes，弹出节点对话框，在图形界面上拾取 1 号节点，或者直接在对话框的文本框中输入 1 并按 Enter 键，单击"OK"按钮，弹出"Apply AMPS on nodes（给节点施加电流）"对话框，如图 9-15 所示。在"Load AMPS value"后面的文本框中输入 7.5，单击"OK"按钮，这样就给 1 号节点施加了 7.5A 电流的载荷。

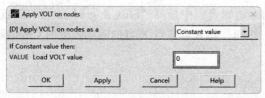 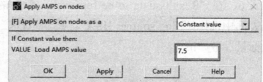

图 9-14　"Apply VOLT on nodes"对话框　　　图 9-15　"Apply AMPS on nodes"对话框

3）数据库和结果文件输出控制。从主菜单中选择 Main Menu > Solution > Load Step Opts > Output Ctrls > DB/Results File，弹出"Controls for Database and Results File Writing（设定数据库和结果文件输出控制）"对话框，如图 9-16 所示，在"Item to be controlled"后面的列表框中选择"Element solution"，检查并确认在"File write frequency"后面的单选按钮中选择了"Last substep"。单击"OK"按钮，把最后一步的单元解求解结果写入数据库。

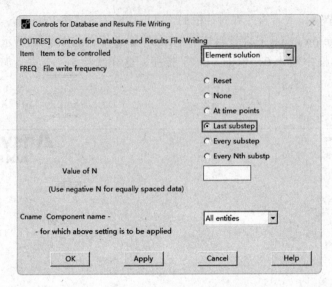

图 9-16 "Controls for Database and Results File Writing" 对话框

4. 求解

1）求解：从主菜单中选择 Main Menu > Solution > Solve > Current LS，弹出一个信息窗口和一个求解当前载荷步对话框，确认信息无误后关闭信息窗口，单击求解对话框中的"OK"按钮，开始求解运算，弹出确认对话框，单击"Yes"按钮将其关闭，直到出现"Solution is done!"提示栏，表示求解结束。

2）比奥-萨法儿磁场积分求解。在命令窗口输入"BIOT，NEW"，并按 Enter 键来执行比奥-萨法儿磁场积分求解。

5. 查看结算结果

1）取出 6 号节点处 X 方向磁场强度值。从实用菜单中选择 Utility Menu > Parameters > Get Scalar Data，弹出"Get Scalar Data（获取标量参数）"对话框，如图 9-17 所示。在"Type of data to be retrieved"后面的左边列表框中选择"Results data"，在右边列表框中选择"Nodal results"，单击"OK"按钮，弹出"Get Nodal Results Data"对话框，如图 9-18 所示。在"Name of parameter to be defined"后面的文本框中输入"hx"，在"Node number N"后面的文本框中输入 6，在"Results data to be retrieved"后面的左边列表框中选择"Flux & gradient"，在右边列表框中选择"Mag source HSX"。单击"OK"按钮，将 6 号节点 X 方向磁场强度 HX 的值赋予标量参数"hx"。

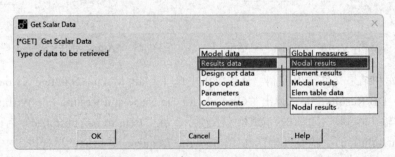

图 9-17 "Get Scalar Data" 对话框

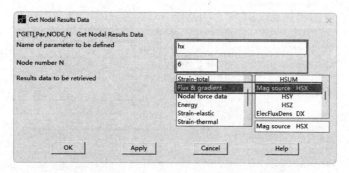

图 9-18 "Get Nodal Results Data" 对话框

- 采用同样的步骤,取出 6 号节点处 Y 方向和 Z 方向的磁场强度 HY 和 HZ 值,并分别赋予标量参数 "hy" 和 "hz"。

2) 定义真空磁导率和磁通密度参数。从实用菜单中选择 Utility Menu > Parameters > Scalar Parameters,弹出 "Scalar Parameters" 对话框,在 "Selection" 下面的文本框中输入 "MUZRO=12.5664E-7"(真空磁导率),单击 "Accept" 按钮。然后依次在 "Selection" 下面的文本框中分别输入 "BX=MUZRO*HX"(X 方向磁通密度)、"BY=MUZRO*HY"(Y 方向磁通密度)、"BZ=MUZRO*HZ"(Z 方向磁通密度),并单击 "Accept" 按钮确认。单击 "Close" 按钮,关闭 "Scalar Parameters" 对话框,输入参数的结果如图 9-19 所示。

3) 列出当前所有参数。从实用菜单中选择 Utility Menu > List > Status > Parameters > All Parameters,弹出如图 9-20 所示的信息窗口。确认信息无误后,单击 File > Close,关闭窗口,或者直接单击窗口右上角 "×" 按钮关闭窗口。

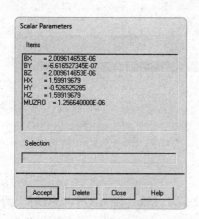

图 9-19 "Scalar Parameters" 对话框

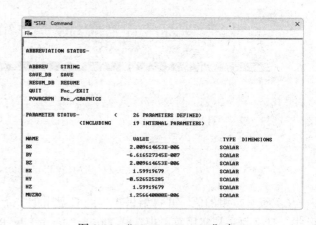

图 9-20 "STAT Command" 窗口

4) 定义数组。从实用菜单中选择 Utility Menu > Parameters > Array Parameters > Define/Edit,弹出一个 "Array Parameters" 对话框,单击 "Add" 按钮,弹出 "Add New Array Parameter" 对话框,如图 9-21 所示。在 "Parameter name" 后面的文本框输入 "LABEL",在 "Parameter type" 后面的单选按钮中选择 "Character Array",在 "No. of rows cols,planes" 后面的 3 个文本框中分别输入 3、2 和 1,单击 "OK" 按钮,回到 "Array Parameters" 对话框。这样就定义了一个数组名为 "LABEL" 的 3×2 字符数组。

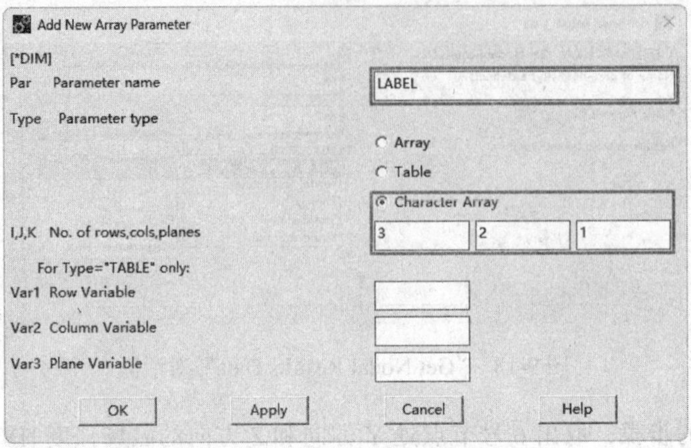

图 9-21 "Add New Array Parameter" 对话框

- 采用同样的步骤,定义一个数组名为"VALUE"的 3×3 一般数组。"Array Parameters" 对话框中列出了已经定义的数组,如图 9-22 所示。

5) 在命令窗口输入以下命令给数组赋值,即把理论值、计算值和比率复制给一般数组。

```
LABEL(1,1)='BX','BY','BZ'
LABEL(1,2)='TESLA','TESLA','TESLA'
*VFILL,VALUE(1,1),DATA,2.010E-6,-.662E-6,2.01E-6
*VFILL,VALUE(1,2),DATA,BX,BY,BZ
*VFILL,VALUE(1,3),DATA,ABS(BX/(2.01E-6)),ABS(BY/.662E-6),ABS(BZ/(2.01E-6))
```

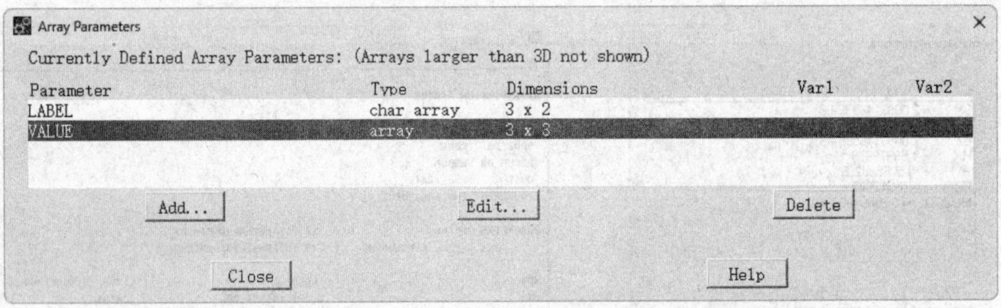

图 9-22 "Array Parameters" 对话框

6) 查看数组的值。并将结果输出到 C 盘下的一个文件中(命令流实现,没有对应的 GUI 形式,且必须是从实用菜单中选择 Utility Menu>File>Read Input from 读入命令流文件)。结果见表 9-9。

```
*CFOPEN, CURRENT LOOP,TXT,C:\
*VWRITE,LABEL(1,1),LABEL(1,2),VALUE(1,1),VALUE(1,2),VALUE(1,3)
(1X,A8,A8,' ',F12.9,' ',F12.9,' ',1F5.3)
*CFCLOS
```

7) 退出 Ansys。单击工具条上的 "Quit" 按钮,弹出如图 9-23 所示的 "Exit" 对话框,选取 "Quit-No Save!",单击 "OK" 按钮,退出 Ansys。

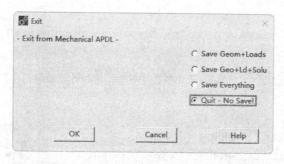

图 9-23 "Exit" 对话框

9.3.3 命令流实现

```
!/BACH,LIST
/TITLE,MAGNETIC FIELD FROM A SQUARE CURRENT LOOP
!定义工作标题
/FILNAME,CURRENT LOOP,0              !定义工作文件名
KEYW,MAGELC,1                        !指定电场分析

/PREP7
ET,1,LINK68                          !定义 LINK68 单元
R,1,1                                !给导线横截面积定义一个任意值
MP,RSVX,1,4.0E-8                     !定义电阻率
N,1                                  !为导线环定义节点
N,2,1.5
N,3,1.5,,1.5
N,4,,,1.5
N,5                                  !与 1 号节点重合
N,6,,0.35                            !取出结果值的节点
/VIEW,1,1,1,1
E,1,2                                !创建单元
EGEN,4,1,-1
FINISH
/SOLU
D,5,VOLT,0                           !导线上接地边界条件
F,1,AMPS,7.5                         !施加电流激励载荷
OUTPR,ESOL,LAST                      !设置输出控制,最后一步的单元结果保存
SOLVE                                !当前条件下求解
BIOT,NEW                             !通过比奥-萨法儿积分计算 HS 场
*GET,HX,NODE,6,HS,X                  !获取 HS(X) 值并赋给参数 HX
*GET,HY,NODE,6,HS,Y                  !获取 HS(Y) 值并赋给参数 HY
*GET,HZ,NODE,6,HS,Z                  !获取 HS(Z) 值并赋给参数 HZ
MUZRO=12.5664E-7                     !定义真空磁导率
BX=MUZRO*HX                          !计算磁通密度
```

```
BY=MUZRO*HY
BZ=MUZRO*HZ
*status,parm                          !显示所有参数
*DIM,LABEL,CHAR,3,2                   !定义参数并对理论值和计算值进行比较
*DIM,VALUE,,3,3
LABEL(1,1) = 'BX','BY','BZ'
LABEL(1,2) = 'TESLA','TESLA','TESLA'
*VFILL,VALUE(1,1),DATA,2.010E-6,-.662E-6,2.01E-6
*VFILL,VALUE(1,2),DATA,BX,BY,BZ
*VFILL,VALUE(1,3),DATA,ABS(BX/(2.01E-6)),ABS(BY/.662E-6),ABS(BZ/(2.01E-6))
*CFOPEN, CURRENT LOOP,TXT,C:\  !在指定路径下打开 CURRENT LOOP.TXT 文本文件
*VWRITE,LABEL(1,1),LABEL(1,2),VALUE(1,1),VALUE(1,2),VALUE(1,3)
(1X,A8,A8,' ',F12.9,' ',F12.9,' ',1F5.3)            !以指定的格式把上述参数写入打开的文件
*CFCLOS                                             !关闭打开的文本文件
FINISH
```

9.4 实例 2——三侧向测井仪器的电场分析（命令流）

本实例介绍一个三侧向测井仪器的电极系常数和视电阻率的求解（命令流方式）

9.4.1 问题描述

图 9-24 所示为一个三侧向电极系结构图，它由一个主电极 A0、两对屏蔽电极 A1(A1') 和 A2(A2') 组成。该以主电极 A0 为中心，每一对电极相对 A0 电极对称排列，并且每对电极之间相互短路。仪器的电极系尺寸为 A0：0.15m；A1（A1'）：0.4m；A2(A2')：1.1m；A0-A1，A0-A1'：0.025m；A1-A2，A1'-A2'：0.2m。

将该仪器置于一个简单的地层模型中，中间阴影部分是高阻层，如图 9-25 所示。试求该仪器的电极系常数和此地层模型的视电阻率曲线。

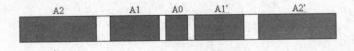

图 9-24 三侧向电极系结构

1. 三侧向测井数学模型

测井时，主电极 A0 发出恒定的主电流 I_0（其值事先确定），并通过两对屏蔽电极 A1(A1') 和 A2(A2') 发出与 I_0 极性相同的稳定电流 I_1 和 I_2。通过电子线路的自动调节，主电极和两对屏蔽电极之间的电位保持一定的比例：

$$V_0 = \alpha V_1 = \beta V_2 \tag{9-1}$$

式中，α 和 β 为事先给定的常数；V_0、V_1 和 V_2 分别为主电极和两对屏蔽电极上的电位。

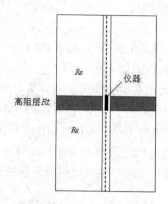

图 9-25 地层模型

因为主电流 I_0 保持恒定，故测得的电位值 U 依赖于地层电阻率 $Ra=Ra(x,y,z)$ 的数值，由欧姆定律：

$$Ra = k\frac{U}{I_0} \tag{9-2}$$

所决定的数值 Ra 综合地反映了地层电阻率的数值（称为视电阻率）。式中的 k 称为电极系数，是与仪器的构造形状及尺寸有关的常数。k 值可以在均匀地层条件下（$R=$ 常数），由视电阻率 Ra 等于地层电阻率 R 计算出来，即在均匀地层的情况下测量或计算出电位值 U，则有：

$$k = R\frac{I_0}{U} \tag{9-3}$$

由式 (9-2) 求视电阻率 Ra 的关键在于得到测量电极上的电位值 U，为此必须求得整个电场中的电位分布函数 $U=U(x,y,z)$。因为主电极及屏蔽电极发出的都是稳定电流，所以要确定的仍是一个由稳定电流产生的电场中的电位分布函数 $U=U(x,y,z)$。在每一个电阻率等于常数的区域内部的任一点，电位分步函数 $U=U(x,y,z)$ 均应满足微分方程。

$$\frac{\partial}{\partial x}\left(\frac{1}{R}\frac{\partial u}{\partial x}\right) + \frac{\partial}{\partial y}\left(\frac{1}{R}\frac{\partial u}{\partial y}\right) + \frac{\partial}{\partial z}\left(\frac{1}{R}\frac{\partial u}{\partial z}\right) = 0 \tag{9-4}$$

此外，在这些区域的交界面上，应满足交界面边界条件。

2. 问题的归结

以三侧向为例，主电流 $I_0=1$ 由 A0 流出，屏蔽电流由 A1(A1')、A2(A2') 流出，测井时使 A0、A1(A1')、A2(A2') 电压相等，即 $V_0 = V_1 = V_2$。具体电极电位关系如下：

$$\begin{cases} V_0 = V_1 \\ V_0 = V_2 \\ I_0 + I_1 + I_2 = 0 \\ I_0 = 1 \end{cases} \tag{9-5}$$

因为屏蔽电流 I_1 和 I_2 是待定的,为了决定阵列侧向测井的电位分布函数 $U=U(x,y,z)$,利用电场的叠加原理,将它化为三个分场电位分布函数的叠加,而这三个分场的电位分布函数相对来说是比较容易求解的。

第一个分场只有 A0 发射单位稳定电流 $I_0=1$,而 A1(A1') 和 A2(A2') 不发射电流。相应的电位分布函数 $U=U_0(x,y,z)$,在各个电极上的电位记为 U_{00}、U_{01}、U_{02}(电位 U 的第一个下标表示 A0 为电流发射电极,第二个下标表示在这种情况下电位所取的电极位置)。

第二个分场只有 A1(A1') 发射电流 $I_1=1$,A0 和 A2(A2') 不发射电流。

第三个分场只有 A2(A2') 发射电流 $I_1=1$,A0 和 A1(A1') 不发射电流。

容易看到,这三个问题不存在屏蔽电流事先未定的不确定性,构造上也相对简单了,而且它们还具有相类似的结构,便于同时求解。在求得三个分场的解后,将它们进行线性组合:

$$U(x,y,z) = U_0(x,y,z) + C_1 U_1(x,y,z) + C_2 U_2(x,y,z) \quad (9\text{-}6)$$

选择常数 C_1 和 C_2,并使式 (9-5) 成立,即:

$$\begin{cases} U_{00} + C_1 U_{10} + C_2 U_{20} = U_{01} + C_1 U_{11} + C_2 U_{21} \\ U_{00} + C_1 U_{10} + C_2 U_{20} = U_{02} + C_1 U_{12} + C_2 U_{22} \\ 1 + C_1 + C_2 + C_3 + C_4 = 0 \end{cases} \quad (9\text{-}7)$$

解这个方程组,得 C_1 和 C_2 的值,可知此时主电流为 $I_0=1$,第一屏蔽电流为 $I_1=C_1$,第二屏蔽电流电流为 $I_2=C_2$,而且这样的屏蔽电流恰好使式 (9-5) 成立。因此由式 (9-6) 所表示的函数就是三侧向测井所要求的电位分布函数。它是三个分场的解适当叠加的结果。将叠加结果代入式 (9-3) 就可以求得视电阻率 Ra 的值。

3. Ansys 分析

由于该结构具有对称性,创建的地层几何模型如图 9-26 所示,尺寸为 100m×50m,为后面划分网格方便和减少计算量的目的,除了将求解区域划分为一般上下围岩和地层之外,还添加了远场围岩和地层。井眼在最左边,井眼中的仪器已经被挖去,井眼半径为 0.1m,仪器半径为 0.0445m。

划分网格前对网格尺寸进行控制,对仪器所在区域的边界线以及各个地层所在区域的边界线设定分割单元个数,使地层靠近仪器的区域网格密度变大。地层有限元模型如图 9-27 所示。

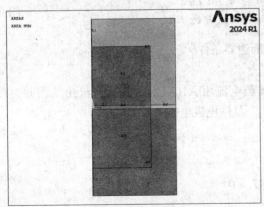

图 9-26 地层几何模型

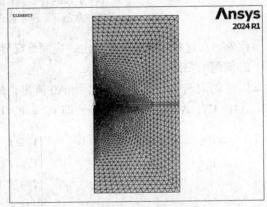

图 9-27 地层有限元模型

由于井眼中的仪器已经被挖去,为模拟仪器表面的电压相等的性质,剖分完地层模型后应将代表仪器表面的线段取出来,并将该线段上所有节点的电压自由度进行耦合。

由于三个分场叠加,在仪器于井眼中的位置及边界条件不变的条件下,需按不同电极发射电流的区别来求分场,为了使整个求解过程自动实现,可以用 *do 和 *enddo 命令来循环执行整个求解过程。在每次求解结束后,需用命令 /clear,start 将整个数据库清除,否则会对下个分场求解过程的参数化建模造成冲突。由于要清除数据库,所以还需将刚获得的感兴趣位置处的值输出到一个文本文件中备用。三个分场求解完后取回进行分场叠加,求出该处 Ra。

为求整个高阻层的响应曲线,需移动仪器的位置并将每个位置的 Ra 值求出。为自动执行整个求解过程,需在原来循环求解同一位置不同分场的基础上,再加一个外循环来求解仪器在不同位置时的 Ra 值。由于每次求解一个分场结束后都要清除数据库,Ansys 只能保留最内层的循环控制参数,也就是求解同一位置不同分场循环的控制参数,而不同位置循环的控制参数被清除。为使全部的循环都能被执行,在使用 *clear 命令前,先用命令 parsav 保存标量参数(循环控制参数是标量参数,在程序中尽量避免定义其他标量参数)的当前值,执行 *clear 后再用命令 parres 把保存的标量参数恢复。

在求解过程中还采用了 UIDL 语言来实现输入输出选项的界面化。通过界面使用户能自主决定所要计算的高阻层厚度、仪器移动起始后结束位置以及移动的步长。文本框中已经给出了默认值,如图 9-28 所示;在计算完一个点后,除了将 Ra 值保存于文件外还会弹出一个信息提示栏,即时显示仪器所处位置及该位置处的 Ra 值,如图 9-29 所示。

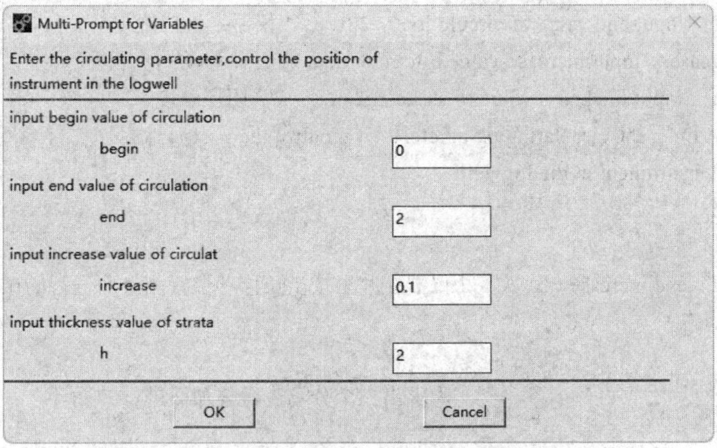

图 9-28 "Multi-Prompt for Variables" 对话框

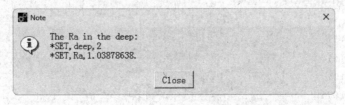

图 9-29 信息提示栏

由求出的 Ra 值，可绘出高阻层的响应曲线。图 9-30 所示是高阻层厚为 2m、不同 Rt/Rs 比值 Ra 响应曲线，图 9-31 所示为 Rt/Rs 比值为 10、不同高阻层厚 Ra 响应曲线。

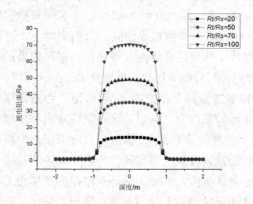 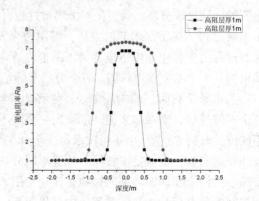

图 9-30 不同 Rt/Rs 比值 Ra 响应曲线　　　　图 9-31 不同高阻层厚 Ra 响应曲线

9.4.2 命令流实现

```
finish
multipro,'start',3         !生成参数输入提示的对话框
*cset,1,3,begin,'input begin value of circulation',0.0    !仪器起始位置
*cset,4,6,end,'input end value of circulation',2.0        !仪器终止位置
*cset,7,9,increase,'input increase value of circulation',0.1  !移动的步长
*cset,10,12,h,'input thickness value of strata',2         !高阻层厚度
*cset,61,62,'Enter the circulating parameter',',control the position of'
*cset,63,64,'instrument in the logwell'
multipro,'end'

*do,deep,begin,end,increase        !仪器在井里按步长移动位置测量而进行的循环
/filname,logwell
keyw,magelc,1
*do,j,1,3                          !为求出三个分场进行叠加而进行的循环
/prep7
r0=0.0445                          !仪器半径
k,1,0,-35
k,2,0,(deep-1.8)
k,3,r0,(deep-1.8)
k,4,r0,(deep-0.7)
k,5,r0,(deep-0.5)
k,6,r0,(deep-0.1)
k,7,r0,(deep-0.075)
k,8,r0,(deep+0.075)
```

```
k,9,r0,(deep+0.1)
k,10,r0,(deep+0.5)
k,11,r0,(deep+0.7)
k,12,r0,(deep+1.8)
k,13,0,(deep+1.8)
k,14,0,35
k,15,0.1,35
k,16,0.1,−35
a,1,2,3,4,5,6,7,8,9,10,11,12,13,14,15,16    !挖去仪器的井眼
rectng,0.1,35,h/2,35
rectng,0.1,35,−h/2,h/2
rectng,0.1,35,−h/2,−35               !右边地层
rectng,0.1,50,h/2,(50+h/2)
rectng,35,50,−h/2,h/2
rectng,0.1,50,−h/2,−(50+h/2)         !右边远场地层
rectng,0,0.1,35,(50+h/2)
rectng,0,0.1,−35,−(50+h/2)           !上下远场井
aovlap,all
aglue,all                            !布尔操作
nummrg,all
numcmp,all
/pnum,area,1
/replot
et,1,230,,,1                         !设置单元类型为PLANE230
mp,rsvx,1,1                          !地层电阻率 Rs
mp,rsvx,2,10                         !高阻层电阻率 Rt
asel,s,area,,1,3,2
asel,a,area,,5,9
aatt,1,,1                            !给围岩和井内泥浆赋予属性
allsel
asel,s,area,,2,4,2
aatt,2,,1                            !给地层赋予属性
allsel
lesize,1,,,80,0.05,,,,1              !设置线单元个数
lesize,2,,,4
lesize,3,,,80
lesize,4,,,15
lesize,5,,,35
lesize,6,,,2
lesize,7,,,12
lesize,8,,,2
lesize,9,,,35
lesize,10,,,15
```

```
lesize,11,,,80
lesize,12,,,4
lesize,13,,,80,20,,,,1
lesize,14,,,1
lesize,15,,,1
lesize,24,,,1
lesize,27,,,1
!
lesize,16,,,85,20,,,,0
lesize,28,,,85,0.05,,,,0
lesize,29,,,14,,,,,0
lesize,17,,,14,,,,,0
!
lesize,18,,,85,20,,,,0
lesize,32,,,85,0.05,,,,0
lesize,33,,,14,,,,,0
lesize,34,,,14,,,,,0
!
lesize,30,,,35*h/2,,,,,1
!
lesize,20,,,14,,,,,0
lesize,19,,,14,,,,,0
lesize,21,,,14,,,,,0
lesize,38,,,14,,,,,0
lesize,23,,,7,,,,,0
lesize,35,,,7,,,,,0
lesize,36,,,7,,,,,0
lesize,26,,,7,,,,,0
lccat,19,20
lccat,17,29
lccat,33,34
lccat,21,38
!
mshape,1,2d                    !网格划分
mshkey,2
amesh,3,5,2
mshape,1,2d
mshkey,0
amesh,4
mshape,1,2d
mshkey,1
amesh,7,8
mshape,1,2d
```

```
mshkey,1
amesh,6
mshape,1,2d
mshkey,1
amesh,1,2
smrtsize,1
mshape,1
mshkey,0
amesh,9
!
lsel,,,,7                          ! 主电极上节点电压自由度耦合
nsll,s,1
cp,1,volt,all
allsel
lsel,,,,9                          ! 屏蔽电极上节点电压自由度耦合
lsel,a,,,5
nsll,s,1
cp,2,volt,all
allsel
lsel,,,,11                         ! 屏蔽电极上节点电压自由度耦合
lsel,a,,,3
nsll,s,1
cp,3,volt,all
allsel
!
*dim,aa,,3                         ! 取出三个电极上关键点同位置节点号并赋予一个数组
*vget,aa(1),kp,7,attr,node
*vget,aa(2),kp,9,attr,node
*vget,aa(3),kp,11,attr,node
finish
!
/solu
lsel,s,loc,x,50                    ! 施加无穷远边界条件
lsel,a,loc,y,-(50+h/2)
lsel,a,loc,y,(50+h/2)
dl,all,,volt,0
allsel,all
*if,j,eq,1,then                    ! 在相应的分场条件下给相应的关键点施加电流激励
fk,7,amps,1
fk,9,amps,0
fk,11,amps,0
*elseif,j,eq,2
fk,7,amps,0
```

```
fk,9,amps,1
fk,11,amps,0
*elseif,j,eq,3
fk,7,amps,0
fk,9,amps,0
fk,11,amps,1
*endif
sbctran
solve                                        !求解运算
finish

/post1
set,last
*dim,u3,,3
*vget,u3(1),node,aa(1),volt                  !取出三个电极上的电压值并赋予一个数组
*vget,u3(2),node,aa(2),volt
*vget,u3(3),node,aa(3),volt
*if,j,eq,1,then
*cfopen,u1,txt,d:\Ansys\result,              !按指定路径（该路径要存在）输出一个分场结果
*vwrite,u3(1)
(f10.8)
*cfclos
*elseif,j,eq,2
*cfopen,u2,txt,d:\Ansys\result,              !按指定路径输出两个分场结果
*vwrite,u3(1)
(f10.8)
*cfclos
*elseif,j,eq,3
*cfopen,u3,txt,d:\Ansys\result,              !按指定路径输出三个分场结果
*vwrite,u3(1)
(f10.8)
*cfclos
*endif

*if,j,eq,3,then
*dim,u1,,3
*dim,u2,,3
*vread,u1(1),u1,txt,d:\Ansys\result,         !三个分场解完，读入前面两个分场的值
(f10.8)
*vread,u2(1),u2,txt,d:\Ansys\result,
(f10.8)
*dim,a,,2,2
*dim,b,,2
```

```
*dim,c,,2
a(1,1)=u2(1)-u2(2)        !将三个分场线性组合叠加,求解方程组得比例系数
a(1,2)=u3(1)-u3(2)
a(2,1)=u2(1)-u2(3)
a(2,2)=u3(1)-u3(3)
b(1)=u1(2)-u1(1)
b(2)=u1(3)-u1(1)
*moper,c(1),a(1,1),solve,b(1)
*dim,k,,1
*dim,ra,,1
*dim,v,,1
v(1)=u1(1)+c(1)*u2(1)+c(2)*u3(1)    !主电极上叠加后获得的电位
*vread,k(1),k,txt,d:\Ansys\result,! 按路径读入电极系常数(另外程序算得存放的位置)
(f15.10)
ra(1)=k(1)*v(1)                    !求视电阻率
*msg,ui,deep,ra(1)                 !求解过程中实时显示不同位置的视电阻率
the Ra in the deep:%/&
deep=%g %/&
Ra=%g
*cfopen,c,txt,d:\Ansys\result,append   !按累加方式输出比例系数到一个文本文件
*vwrite,c(1)
(2f15.10)
*cfclos
*cfopen,ra,txt,d:\Ansys\result, append !按累加方式输出视电阻率到一个文本文件
*vwrite,ra(1)
(f15.10)
*cfclos
*endif
finish
parsav,scalar,i,txt       !将标量参数存入一个文本文件
/clear,start              !清除数据库
parres,,i,txt             !取出标量参数,这样才能继续执行循环
*enddo

*enddo
```

下面给出求解仪器常数的命令流,k 值可以在均匀地层条件下,由视电阻率 Ra 等于地层电阻率 R 计算出来。地层模型与上面求解 Ra 的地层模型一样,在求解第一个分场后将模型和网格数据保存到数据库,这样在求解后面的分场的时候就可以直接恢复,不用再重新建模和分网,与前面的利用循环来求解三个分场相比能减少计算时间。算得的 k=0.2485998411。

```
/filname,logwell_K
keyw,magelc,1
/prep7
```

```
r0=0.0445                              !仪器半径
k,1,0,-35
k,2,0,-1.8
k,3,r0,-1.8
k,4,r0,-0.7
k,5,r0,-0.5
k,6,r0,-0.1
k,7,r0,-0.075
k,8,r0,0.075
k,9,r0,0.1
k,10,r0,0.5
k,11,r0,0.7
k,12,r0,1.8
k,13,0,1.8
k,14,0,35
k,15,0.1,35
k,16,0.1,-35
a,1,2,3,4,5,6,7,8,9,10,11,12,13,14,15,16  !挖去仪器的井眼
rectng,0.1,35,1,35
rectng,0.1,35,-1,1
rectng,0.1,35,-1,-35                   !右边地层
rectng,0.1,50,1,51
rectng,35,50,-1,1
rectng,0.1,50,-1,-51                   !右边远场地层
rectng,0,0.1,35,51
rectng,0,0.1,-35,-51                   !上下远场井
aovlap,all
aglue,all                              !布尔操作
nummrg,all
numcmp,all
/pnum,area,1
/replot
et,1,230,,,1                           !设置单元类型为PLANE230
mp,rsvx,1,1                            !设置两个相同的电阻率
mp,rsvx,2,1
asel,s,area,,1,3,2
asel,a,area,,5,9
aatt,1,,1                              !给围岩和井内泥浆赋予属性
allsel
asel,s,area,,2,4,2
aatt,2,,1                              !给地层赋予属性
allsel
lesize,1,,,80,0.05,,,1                 !设置线单元个数
```

```
lesize,2,,,4
lesize,3,,,80
lesize,4,,,15
lesize,5,,,35
lesize,6,,,2
lesize,7,,,12
lesize,8,,,2
lesize,9,,,35
lesize,10,,,15
lesize,11,,,80
lesize,12,,,4
lesize,13,,,80,20,,,,1
lesize,14,,,1
lesize,15,,,1
lesize,24,,,1
lesize,27,,,1
lesize,16,,,85,20,,,,0
lesize,28,,,85,0.05,,,,0
lesize,29,,,14,,,,,0
lesize,17,,,14,,,,,0
lesize,18,,,85,20,,,,0
lesize,32,,,85,0.05,,,,0
lesize,33,,,14,,,,,0
lesize,34,,,14,,,,,0
lesize,30,,,35,,,,,1
!lesize,31,,,35,,,,,1
lesize,20,,,14,,,,,0
lesize,19,,,14,,,,,0
lesize,21,,,14,,,,,0
lesize,38,,,14,,,,,0
lesize,23,,,7,,,,,0
lesize,35,,,7,,,,,0
lesize,36,,,7,,,,,0
lesize,26,,,7,,,,,0
lccat,19,20
lccat,17,29
lccat,33,34
lccat,21,38
mshape,1,2d            !网格划分
mshkey,2
amesh,3,5,2
mshape,1,2d
mshkey,0
```

```
amesh,4
mshape,1,2d
mshkey,1
amesh,7,8
mshape,1,2d
mshkey,1
amesh,6
mshape,1,2d
mshkey,1
amesh,1,2
smrtsize,1
mshape,1
mshkey,0
amesh,9
lsel,,,,7
nsll,s,1
cp,1,volt,all                    !主电极上节点电压自由度耦合
allsel
lsel,,,,9
lsel,a,,,5
nsll,s,1
cp,2,volt,all                    !屏蔽电极上节点电压自由度耦合
allsel
lsel,,,,11
lsel,a,,,3
nsll,s,1
cp,3,volt,all                    !屏蔽电极上节点电压自由度耦合
allsel
*dim,aa,,3                       !取出三个电极上关键点同位置节点号并赋予一个数组
*vget,aa(1),kp,7,attr,node
*vget,aa(2),kp,9,attr,node
*vget,aa(3),kp,11,attr,node
finish

/solu
lsel,s,loc,x,50
lsel,a,loc,y,-51
lsel,a,loc,y,51
dl,all,,volt,0                   !施加无穷远边界条件
allsel,all
fk,7,amps,1                      !在主电极关键点上施加电流激励
fk,9,amps,0
fk,11,amps,0
```

```
sbctran
solve                                   !求解运算
save                                    !保存数据库
finish

/post1
set,last
*dim,u1,,3                              !取出三个电极上的电压值并赋予一个数组
*vget,u1(1),node,aa(1),volt
*vget,u1(2),node,aa(2),volt
*vget,u1(3),node,aa(3),volt
*cfopen,u10,txt,d:\Ansys\result,        !按指定路径(该路径要存在)输出一分场结果
*vwrite,u1(1)
(f10.8)
*cfclos
finish

/filname,logwell_K
resum                                   !恢复数据库
/solution
fk,7,amps,0
fk,9,amps,1                             !在屏蔽电极关键点上施加电流激励
fk,11,amps,0
solve                                   !求解运算
save                                    !保存数据库
finish

/post1
set,last
*dim,u2,,3                              !取出三个电极上的电压值并赋予一个数组
*vget,u2(1),node,aa(1),volt
*vget,u2(2),node,aa(2),volt
*vget,u2(3),node,aa(3),volt
*cfopen,u20,txt,d:\Ansys\result,        !按指定路径输出两个分场结果
*vwrite,u2(1)
(f10.8)
*cfclos
finish

/filname,logwell_K
resum                                   !恢复数据库
/solution
fk,7,amps,0
```

```
fk,9,amps,0
fk,11,amps,1                              !在屏蔽电极关键点上施加电流激励
solve
save
finish

/post1
!set,last
*dim,u3,,3                                !取出三个电极上的电压值并赋予一个数组
*vget,u3(1),node,aa(1),volt
*vget,u3(2),node,aa(2),volt
*vget,u3(3),node,aa(3),volt
*cfopen,u30,txt,d:\Ansys\result,append   !按指定路径输出两个分场结果
*vwrite,u3(1)
(f10.8)
*cfclos
*dim,u1,,3
*dim,u2,,3
*vread,u1(1),u10,txt,d:\Ansys\result,    !三个分场解完，读入前面两个分场的值
(f10.8)
*vread,u2(1),u20,txt,d:\Ansys\result,
(f10.8)
*dim,a,,2,2
*dim,b,,2
*dim,c,,2
a(1,1)=u2(1)-u2(2)                        !将三个分场线性组合叠加，求解方程组得比例系数
a(1,2)=u3(1)-u3(2)
a(2,1)=u2(1)-u2(3)
a(2,2)=u3(1)-u3(3)
b(1)=u1(2)-u1(1)
b(2)=u1(3)-u1(1)
*moper,c(1),a(1,1),solve,b(1)
k=1/(u1(1)+c(1)*u2(1)+c(2)*u3(1))         !求仪器常数
*cfopen,c0,txt,d:\Ansys\result,           !输出比例系数到一个文本文件
*vwrite,c(1)
(4f15.10)
*cfclos
*cfopen,k,txt,d:\Ansys\result,            !输出仪器常数到一个文本文件
*vwrite,k
(f15.10)
*cfclos
finish
```

第 10 章

静电场 h 方法分析

静电场分析用以确定由电荷分布或外加电势所产生的电场和电场标量位（电压）分布。该分析能加两种形式的载荷：电压和电荷密度。

静电场分析是假定为线性的，电场正比于所加电压。

静电场分析可以使用两种方法：h 方法和 P 方法。本章讨论传统的 h 方法。

- 静电场 h 方法分析中用到的单元
- 用 h 方法进行静电场分析的步骤
- 多导体系统求解电容

10.1 静电场 h 方法分析中用到的单元

静电场 h 方法分析使用表 10-1~表 10-3 中的 Ansys 单元。

表 10-1 二维实体单元

单元	维数	形状或特征	自由度
PLANE121	2-D	四边形，8 节点	每个节点上的电压

表 10-2 三维实体单元

单元	维数	形状或特征	自由度
SOLID122	3-D	六面体，20 节点	每个节点上的电压
SOLID123	3-D	四面体，10 节点	每个节点上的电压

表 10-3 特殊单元

单元	维数	形状或特征	自由度
MATRIX50	无（超单元）	取决于构成本单元的单元	取决于构成本单元的单元类型
INFIN110	2-D	4 或 8 节点	每个节点 1 个：磁矢量位、温度或电位
INFIN111	3-D	六面体，8 或 20 节点	AZ 磁矢势、温度、电势或磁标量势
INFIN47	3-D	四边形 4 节点或三角形 3 节点	AZ 磁矢势、温度

10.2 用 h 方法进行静电场分析的步骤

10.2.1 建模

1）在 GUI 菜单过滤项中选定"Electric"项。

GUI：Main Menu > Preferences > Electromagnetics: Electric

设置为 Electric，以确保电场分析所需的单元能显示出来，之后就可以使用 Ansys 前处理器来建立模型，其过程与其他分析类似。

2）定义工作名和标题：

命令：/FILNAME
　　　/TITLE

GUI：Utility Menu > File > Change Jobname
　　　Utility Menu > File > Change Title

对于静电分析，必须定义材料的介电常数（PERX），它可能与温度有关，可能是各向同性，也可能是各向异性。

对于微机电系统（MEMS），最好能更方便地设置单位制，因为一些组件只有几微米大小（详见表 10-4 和表 10-5）。

表 10-4　MKS 制到 μMKSV 制电参数换算系数表

电参数	MKS 制	导出单位符号	乘数	μMKSV 制	换算后导出单位符号
电压	V	$(kg)(m)^2/(A)(s)^3$	1	V	$(kg)(\mu m)^2/(pA)(s)^3$
电流	A	A	10^{12}	pA	pA
电荷	C	$(A)(s)$	10^{12}	pC	$(pA)(s)$
导电率	S/m	$(A)^2(s)^3/(kg)(m)^3$	10^6	pS/μm	$(pA)^2(s)^3/(kg)(\mu m)^3$
电阻率	Ω·m	$(kg)(m)^3/(A)^2(s)^3$	10^{-6}	TΩ·μm	$(kg)(\mu m)^3/(pA)^2(s)^3$
介电常数	F/m	$(A)^2(s)^4/(kg)(m)^3$	10^6	pF/μm	$(pA)^2(s)^2/(kg)(\mu m)$
能量	J	$(kg)(m)^2/(s)^2$	10^{12}	pJ	$(kg)(\mu m)^2/(s)^2$
电容	F	$(A)^2(s)^4/(kg)(m)^2$	10^{12}	pF	$(pA)^2(s)^4/(kg)(\mu m)^2$
电场	V/m	$(kg)(m)/(s)^3(A)$	10^{-6}	V/μm	$(kg)(\mu m)/(s)^3(pA)$
通量密度	C/m²	$(A)(s)/(m)^2$	1	pC/(μm)²	$(pA)(s)/(\mu m)^2$

注：自由空间介电常数等于 8.854×10^{-6} pF/μm。

表 10-5　MKS 制到 μMSVfA 制电参数换算系数表

电参数	MKS 制	导出单位符号	乘数	μMSVfA 制	换算后导出单位符号
电压	V	$(kg)(m)^2/(A)(s)^3$	1	V	$(g)(\mu m)^2/(fA)(s)^3$
电流	A	A	10^{15}	fA	fA
电荷	C	$(A)(s)$	10^{15}	fC	$(fA)(s)$
导电率	S/m	$(A)^2(s)^3/(kg)(m)^3$	10^9	fS/μm	$(fA)^2(s)^3/(g)(\mu m)^3$
电阻率	Ω·m	$(kg)(m)^3/(A)^2(s)^3$	10^{-9}	-	$(g)(\mu m)^3/(fA)^2(s)^3$
介电常数	F/m	$(A)^2(s)^4/(kg)(m)^3$	10^9	fF/μm	$(fA)^2(s)^2/(g)(\mu m)$
能量	J	$(kg)(m)^2/(s)^2$	10^{15}	fJ	$(g)(\mu m)^2/(s)^2$
电容	F	$(A)^2(s)^4/(kg)(m)^2$	10^{15}	fF	$(fA)^2(s)^4/(g)(\mu m)^2$
电场	V/m	$(kg)(m)/(s)^3(A)$	10^{-6}	V/μm	$(g)(\mu m)/(s)^3(fA)$
通量密度	C/m²	$(A)(s)/(m)^2$	10^3	fC/(μm)²	$(fA)(s)/(\mu m)^2$

注：自由空间介电常数等于 8.854×10^{-3} fF/μm。

10.2.2　加载和求解

本步骤定义分析类型和选项、给模型加载、定义载荷步选项和开始求解。

1）进入求解处理器。

命令：**/SOLU**

GUI：Main Menu > Solution

2）定义分析类型。

命令：**ANTYPE，STATIC，NEW**

GUI：Main Menu > Solution > New Analysis

如果要重新开始一个以前做过的分析（如分析附加载荷步），执行命令 ANTYPE，STATIC，REST。重启动分析的前提条件是：预先完成了一个静电分析，且该预分析的 Jobname.EMAT、Jobname.ESAV 和 Jobname.DB 文件都存在。

3）定义分析选项。可以选择稀疏矩阵求解器（默认）、预条件共轭梯度求解器（PCG）、雅可比共轭梯度求解器（JCG）和不完全乔列斯基共轭梯度求解器（ICCG）之一进行求解：

命令：EQSLV

GUI：Main Menu > Solution > Analysis Type > Analysis Options

如果选择 JCG 求解器或者 PCG 求解器，还可以定义一个求解器误差值，默认为 1.0E-8。

4）加载。静电分析中的典型载荷类型有：

① 电压（VOLT）。该载荷是自由度约束，用以定义在模型边界上的已知电压。

命令：D

GUI：Main Menu > Solution > Define Loads > Apply > Electric > Boundary > Voltage

② 电荷密度（CHRG）。

命令：F

GUI：Main Menu > Solution > Define Loads > Apply > Electric > Excitation > Charge > On Nodes

③ 面电荷密度（CHRGS）。

命令：SF

GUI：Main Menu > Solution > Define Loads > Apply > Electric > Excitation > Surf Chrg Den

④ 无限面标志（INF）。这并不是真实载荷，只是表示无限单元的存在，INF 仅仅是一个标志。

命令：SF

GUI：Main Menu > Solution > Define Loads > Apply > Electric > Flag > Infinite Surf > option

⑤ 体电荷密度（CHRGD）。

命令：BF

　　　　BFE

GUI：Main Menu > Solution > Define Loads > Apply > Electric > Excitation > Charge Density > option

可以用 BFL、BFA、BFV 等命令分别把体电荷密度加到实体模型的线、面和体上，然后通过 BFTRAN 或 SBCTRAN 命令将体电荷密度载荷从实体模型转换到有限元模型上。

5）定义载荷步选项。对于静电分析，可以用其他命令将载荷加到电流传导分析模型中，也能控制输出选项和载荷步选项。

6）保存数据库备份。使用 Ansys 工具条中的 SAVE_DB 按钮来保存一个数据库备份。在需要的时候可以恢复模型数据。

命令：RESUME

GUI：Utility Menu > File > Resume Jobname.db

7）开始求解。

命令：SOLVE

GUI：Main Menu > Solution > Solve > Current LS

8）进行另外的加载。如果需要计算添加额外的载荷（载荷步），重复步骤 2）~ 7）中适当的步骤。

9）结束求解。

命令：FINISH

GUI：Main Menu > Finish

10.2.3 观察结果

Ansys 和 Ansys/Emag 程序把静电分析结果写入结果文件 Jobname.RTH，结果中包括如下数据：

- 主数据：节点电压（VOLT）。
- 导出数据：
- 节点和单元电场（EFX、EFY、EFZ、EFSUM）。
- 节点电通量密度（DX、DY、DZ、DSUM）。
- 节点静电力（FMAG：分量 X、Y、Z、SUM）。
- 节点感生电流段（CSGZ）。

1）通常在 POST1 通用后处理器中观察分析结果。

命令：/POST1

GUI：Main Menu > General Postproc

2）将所需结果读入数据库。

命令：SET,,,,,TIME

GUI：Utility Menu > List > Results > Load Step Summary

3）如果所定义的时间值并没有计算好的结果，Ansys 将在该时刻进行线性插值计算。将结果读入数据库后，只能用以下方式得到导出数据结果：

命令：ETABLE

GUI：Main Menu > General Postproc > Element Table > Define Table

命令：PLETAB

GUI：Main Menu > General Postproc > Plot Results > Contour Plot > Elem Table
　　　Main Menu > General Postproc > Element Table > Plot Elem Table

命令：PRETAB

GUI：Main Menu > General Postproc > List Results > Elem Table Data
　　　Main Menu > General Postproc > Element Table > List Elem Table

4）绘制等值线图。

命令：PLESOL
　　　PLNSOL

GUI：Main Menu > General Postproc > Plot Results > Contour Plot > Element Solution
　　　Main Menu > General Postproc > Plot Results > Contour Plot > Nodal Solu

5）绘制矢量图。

命令：PLVECT

GUI：Main Menu > General Postproc > Plot Results > Vector Plot > Predefined
　　　Main Menu > General Postproc > Plot Results > Vector Plot > User Defined

6）以表格的方式显示数据。

命令：PRESOL
　　　　PRNSOL
　　　　PRRSOL
GUI：Main Menu > General Postproc > List Results > Element Solution
　　　Main Menu > General Postproc > List Results > Nodal Solution
　　　Main Menu > General Postproc > List Results > Reaction Solu

POST1 具有许多后处理功能，包括按路径和载荷条件的组合绘制结果图。

10.3 多导体系统求解电容

静电场分析求解的一个主要参数就是电容，在多导体系统中包括求解自电容和互电容（可以在电路模拟中定义等效集总电容）。CMATRIX 宏命令能求多导体系统自电容和互电容。

10.3.1 对地电容和集总电容

有限元仿真计算可以提取带（对地）电压降导体由于电荷堆积形成的"对地"电容矩阵。下面讲解一个三导体系统（一个导体为地）。三导体系统如图 10-1 所示。

$$Q_1 = (C_g)_{11}(U_1)+(C_g)_{12}(U_2)$$
$$Q_2 = (C_g)_{12}(U_1)+(C_g)_{22}(U_2)$$

式中，Q_1 和 Q_2 为电极 1 和 2 上的电荷；U_1 和 U_2 分别为电压降；C_g 为"对地电容"矩阵。这些对地电容并不表示集总电容（常用于电路分析），因为它们不涉及两个导体之间的电容。使用 CMATRIX 宏命令能把对地电容矩阵变换成集总电容矩阵，以便用于电路仿真。

图 10-2 所示为三导体系统的等效集总电容。下面两个方程描述了感应电荷与电压降之间形成的集总电容：

$$Q_1 = (C_l)_{11}(U_1)+(C_l)_{12}(U_1-U_2)$$
$$Q_2 = (C_l)_{12}(U_1-U_2)+(C_l)_{22}(U_2)$$

式中，C_l 为"集总电容"的电容矩阵。

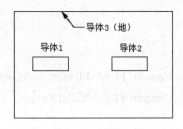

图 10-1　三导体系统

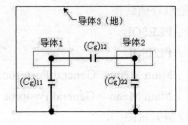

图 10-2　三导体系统等效集总电容

10.3.2 步骤

将 CMATRIX 宏命令用于多元模拟，可求得对地电容矩阵和集总电容矩阵值。为了便于

CMATRIX 宏命令使用，必须把导体节点组成节点组件，而且不能加任何载荷到模型上（电压、电荷、电荷密度等）。

应用 CMATRIX 宏命令的步骤如下：

1）建模和分网格。导体假定为完全导电体，故导电体区域内部不需要进行网格划分，只需对周围的电介质区和空气区进行网格划分，节点组件用导体表面的节点表示。

2）选择每个导体面上的节点，组成节点组件。

命令：**CM**

GUI：Utility Menu > Select > Comp/Assembly > Create Component

导体节点的组件名必须包括同样的前缀名，后缀为数字，数字按照 1 到系统中所含导体数目进行编号，最高编号必须为地导体（零电压）。如图 10-2 中，用前缀"Cond"为三导体系统中的节点组件命名，分别命名为"Cond1""Cond2"和"Cond3"，最后一个组件"Cond3"应该为表示地的节点集。

3）进入求解过程。

命令：**SOLU**

GUI：Main Menu > Solution

4）选择方程求解器（建议用 JCG）。

命令：**EQSLV**

GUI：Main Menu > Solution > Analysis Type > Analysis Options

执行 CMATRIX 宏：

命令：**CMATRIX**

GUI：Main Menu > Solution > Solve > Electromagnet > Static Analysis > Capac Matrix

CMATRIX 宏要求下列输入：

- 对称系数（SYMFAC）。如果模型不对称，对称系数为 1（默认）。如果利用对称只建一部分模型，乘以对称系数即可得到正确电容值。

- 节点组件前缀名（Condname）。定义导体节点组件名。在前面步骤 2）的举例中，前缀名为"Cond"，宏命令要求字符串前缀名用单引号，因此，这里输入"Cond"，在 GUI 菜单中，程序会自动处理单引号。

- 导体系统中总共的节点组件数（NUMBCON）。在前面步骤 2）的举例中，导体节点组件总数为 3。

- 地基准选项（GRNDKEY）。如果模型不包含开放边界，那么最高节点组件号表示"地"。在这种情况下，不需特殊处理，直接将"地"作为基准设置为零（默认状态值）。如果模型中包含开放边界（使用远场单元或 Trefftz 区域），而模型中无限远处又不能作为导体，那么可以将"地"选项设置为零（默认）。在某些情况下，必须把远场看作导体"地"（如在空气中单个带电荷球体，为了保持电荷平衡，要求无限远处作为"地"）。用 INFIN111 单元表示远场地时，把"地"选项设置为 1。

- 输入储存电容值矩阵的文件名（Capname）。宏命令储存所计算的三维数组对地电容和集总电容矩阵值。其中"i"和"j"列代表导体编号，"k"列表示对地（k = 1）或集总（k = 2）项。默认名为 CMATRIX。例如，CMATRIX(i,j,1) 为对地项，CMATRIX(i,j,2) 为集总项。宏命令也建立包含矩阵的文本文件，其扩展名为 .TXT。

注意：在使用 CMATRIX 宏命令前不要施加非均匀加载。以下操作会造成非均匀加载：
- 在节点或者实体模型上施加非 0 自由度值的命令（D、DA 等）。
- 在节点、单元或者实体模型定义非 0 值的命令（F、BF、BFE、BFA 等）。
- 带非 0 项的 CE 命令。

CMATRIX 宏命令可执行一系列求解，计算两个导体之间自电容和互电容，求解结果储存在结果文件中（可以便于在后处理器中使用）。执行后，给出一个信息表。

如果远场单元（INFIN110 和 INFN111）共享一个导体边界（如地平面），可以把地面和无限远边界作为一个导体（只需要把地平面节点组成一个节点组件）。图 10-3 所示为具有合理 NUMBCOND 和 GRNDKEY 选项设置值的各种开放和闭合区域模型。

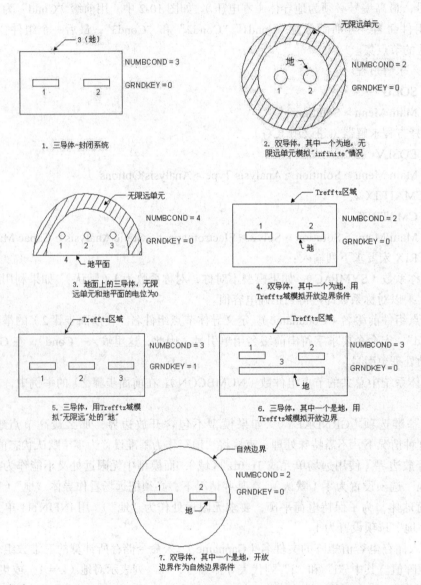

图 10-3 具有合理 NUMBCOND 和 GRNDKEY 选项设置值的各种开放和闭合区域模型

10.4 实例 1——屏蔽微带传输线的静电分析

本实例介绍一个屏蔽微带传输线的静电分析（GUI 方式和命令流方式）。

10.4.1 问题描述

本实例描述了如何做一个屏蔽微带传输线的静电分析（见图 10-4）。该传输线由基片、微带和屏蔽组成，微带电势为 V_1，屏蔽的电势为 V_0，试确定传输线的电容。

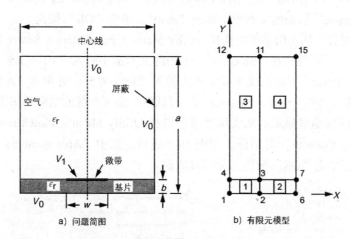

a）问题简图   b）有限元模型

图 10-4 屏蔽微带传输线的静电分析

实例中用到的参数见表 10-6。

表 10-6 参数说明

几何特性	材料特性	载荷
a = 10cm b = 1cm w = 1cm	空气：ε_r = 1 基片：ε_r = 10	V_1 = 10V V_0 = 1V

通过能量和电位差的关系可以求得电容：$We = 1/2C(V_1-V_0)^2$。其中 We 是静电场能量，C 为电容。在后处理器中对所有单元能量求和可以获得静电场的能量。

后处理器中还可以画等位线和电场矢量图等。

目标结果：电容 C = 178.1pF/m。

10.4.2 GUI 操作方法

1. 创建物理环境

1）过滤图形界面。从主菜单中选择 Main Menu > Preferences，弹出"Preferences for GUI Filtering"对话框，选中"Magnetic-Nodal"和"Electric"选项来对后面的分析进行菜单及相应的图形界面过滤。

2）定义工作标题。从实用菜单中选择 Utility Menu > File > Change Title，在弹出的对话框中输入"Microstrip transmission line analysis"，单击"OK"按钮，如图 10-5 所示。

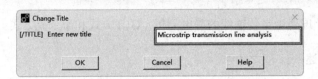

图 10-5 "Change Title"对话框

- 指定工作名。从实用菜单中选择 Utility Menu > File > Change Jobname，在弹出的对话框"Enter new jobname"后面的文本框中输入"strip"，单击"OK"按钮。

3）定义分析参数。从实用菜单中选择 Utility Menu > Parameters > Scalar Parameters，弹出"Scalar Parameters"对话框，在"Selection"下面的文本框中输入"V1 = 1.5"，单击"Accept"按钮。然后在"Selection"下面的文本框中再次输入"V0 = 0.5"，并单击"Accept"按钮确认。单击"Close"按钮，关闭"Scalar Parameters"对话框，输入参数的结果如图 10-6 所示。

4）打开面积区域编号显示。从实用菜单中选择 Utility Menu > PlotCtrls > Numbering，弹出"Plot Numbering Controls"对话框，如图 10-7 所示。选中"Area numbers"，后面的选项由"Off"变为"On"。单击"OK"按钮，关闭对话框。

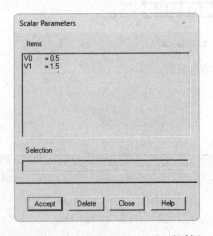
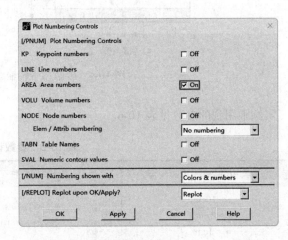

图 10-6 "Scalar Parameters"对话框　　图 10-7 "Plot Numbering Controls"对话框

5）定义单元类型。从主菜单中选择 Main Menu > Preprocessor > Element Type > Add/Edit/Delete，弹出"Element Types"对话框，如图 10-8 所示，单击"Add"按钮，弹出"Library of Element Types"对话框，如图 10-9 所示。在该对话框左面下拉列表框中选择"Electrostatic"，在右边的下拉列表框中选择"2D Quad 121"。单击"OK"按钮，生成"PLANE121"单元。单击"Close"按钮，关闭"Element Types"对话框。

6）定义材料属性。从主菜单中选择 Main Menu > Preprocessor > Material Props > Material Models，弹出"Define Material Model Behavior"对话框，在右边的列表框中连续单击 Electromagnetics > Relative Permittivity > Constant，弹出"Relative Permittivity for Material Number 1"对话框，如图 10-10 所示。在该对话框"PERX"后面的文本框输入 1，单击"OK"按钮。

第10章 静电场 h 方法分析

图 10-8 "Element Types"对话框

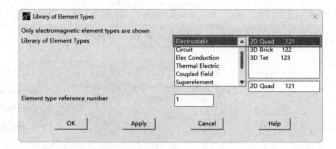
图 10-9 "Library of Element Types"对话框

- 单击 Edit > Copy，弹出"Copy Material Model"对话框，如图 10-11 所示。在"from Material number"后面的下拉列表框中选择材料号为 1，在"to Material number"后面的文本框中输入材料号为 2。单击"OK"按钮，这样就把 1 号材料的属性复制给了 2 号材料。在"Define Material Model Behavior"对话框左边的下拉列表框中单击 Material Model Number 2 > Permittivity(Constant)，在弹出的"Relative Permittivity for Material Number 2"对话框中将"PERX"后面的文本框中的值改为 10。单击"OK"按钮，回到"Define Material Model Behavior"对话框。

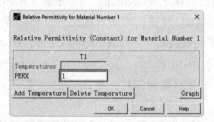
图 10-10 "Relative Permittivity for Material Number 1"对话框

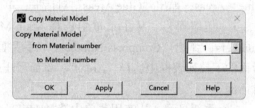
图 10-11 "Copy Material Model"对话框

- 单击菜单栏中的 Material > Exit，结束材料属性定义，结果如图 10-12 所示。

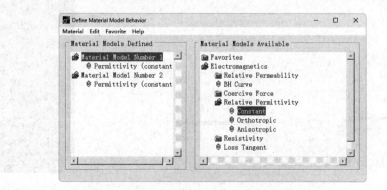
图 10-12 "Define Material Model Behavior"对话框

2. 建立模型、赋予特性、划分网格

1）建立平面几何模型：从主菜单中选择 Main Menu > Preprocessor > Modeling > Create > Areas > Rectangle > By Dimensions，弹出"Create Rectangle by Dimensions（创建矩形）"对话框，

如图10-13所示。在"X-coordinates"后面的文本框中分别输入0和0.5，在"Y-coordinates"后面的文本框中分别输入0和1，单击"Apply"按钮。

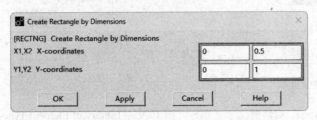

图10-13 "Create Rectangle by Dimensions"对话框

- 在"X-coordinates"后面的文本框中分别输入0.5和5，在"Y-coordinates"后面的文本框中分别输入0和1，单击"Apply"按钮。
- 在"X-coordinates"后面的文本框中分别输入0和0.5，在"Y-coordinates"后面的文本框中分别输入1和10，单击"Apply"按钮。
- 在"X-coordinates"后面的文本框中分别输入0.5和5，在"Y-coordinates"后面的文本框中分别输入1和10，单击"OK"按钮。
- 布尔运算。从主菜单中选择Main Menu > Preprocessor > Modeling > Operate > Booleans > Glue > Areas，弹出"Glue Areas"对话框，单击"Pick All"按钮，对所有的面进行粘接操作。
- 压缩面号。从主菜单中选择Main Menu > Preprocessor > Numbering Ctrls > Compress Numbers，弹出"Compress Numbers"对话框，如图10-14所示，在"Item to be compressed"后面的下拉列表框中选择"Areas"，将面号压缩，从1开始重新编排，单击"OK"按钮，退出对话框。
- 重新显示。从实用菜单中选择Utility Menu > Plot > Replot，生成的屏蔽微带几何模型如图10-15所示。

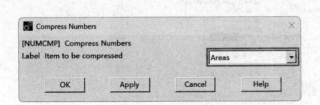

图10-14 "Compress Numbers"对话框

图10-15 屏蔽微带几何模型

2）保存几何模型文件。从实用菜单中选择Utility Menu > File > Save as，弹出"Save Database"对话框，在"Save DataBase to"下面文本框中输入文件名"strip_geom.db"，单击"OK"按钮。

3）选择面实体。从实用菜单中选择 Utility Menu > Select > Entities，弹出"Select Entities"对话框，如图 10-16 所示。在最上边的下拉列表框中选取"Areas"，在第二个下拉列表框中选择"By Num/Pick"。单击"OK"按钮，弹出"Select Areas"对话框，在图形界面上拾取面 1 和面 2，或在对话框的文本框中直接输入"1，2"并按 Enter 键。单击"OK"按钮。

4）设置面实体特性。从主菜单中选择 Main Menu > Preprocessor > Meshing > Mesh Attributes > Picked Areas，弹出"Area Attributes"对话框，单击"Pick All"按钮，弹出如图 10-17 所示的"Area Attributes"对话框，在"Material number"后面的下拉列表框中选取 2，其他选项采用默认设置。单击"OK"按钮，给基片输入材料属性和单元类型。

- 剩下的面默认被赋予了 1 号材料属性和 1 号单元类型。

5）选择所有的实体。从实用菜单中选择 Utility Menu > Select > Everything。

6）选择线实体。从实用菜单中选择 Utility Menu > Select > Entities，弹出"Select Entities"对话框，如图 10-16 所示。在最上边的下拉列表框中选取"Lines"，在第二个下拉列表框中选择"By Location"，在下边的单选按钮中选择"Y coordinates"，在"Min，Max"下面的文本框中输入 1，再在其下的单选按钮中选择"From Full"，单击"Apply"按钮。

· 选择"X coordinates"，在"Min，Max"下面的文本框中输入 0.25，再在其下的单选按钮中选择"Reselect"，单击"OK"按钮。

图 10-16 "Select Entities"对话框

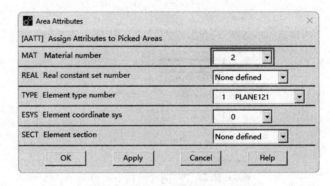

图 10-17 "Area Attributes"对话框

7）设置网格密度。从主菜单中选择 Main Menu > Preprocessor > Meshing > Size Cntrls > ManualSize > Lines > All Lines，弹出"Element Sizes on All Selected Lines（设置线单元网格密度）"对话框，如图 10-18 所示，在"No. of element divisions"后面的文本框中输入 8。单击"OK"按钮，给所选线上设定划分单元数为 8。

8）选择所有的实体。从实用菜单中选择 Utility Menu > Select > Everything。

9）划分网格。从主菜单中选择 Main Menu > Preprocessor > Meshing > MeshTool，弹出"MeshTool（网格工具）"对话框，如图 10-19 所示。勾选"Smart Size"前面的复选框，并将"Fine ~ Coarse"工具条拖到 3 的位置，在"Mesh"后面的下拉列表框中选择"Areas"，在下面的单选按钮中选择"Tri"、"Free"，单击"Mesh"按钮，再在弹出的对话框中单击"Pick All"按钮，划分网格如图 10-20 所示。单击"Close"按钮，关闭"MeshTool"对话框。

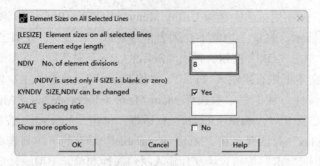

图 10-18 "Element Sizes on All Selected Lines"对话框

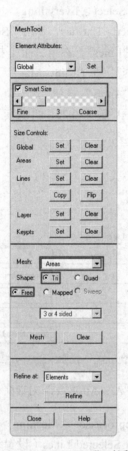

图 10-19 "MeshTool"对话框

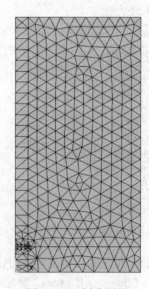

图 10-20 划分网格

10）保存网格数据。从实用菜单中选择 Utility Menu > File > Save as，弹出"Save Database"对话框，在"Save Database to"下面文本框中输入文件名"strip_mesh.db"，单击"OK"按钮。

3. 加边界条件和载荷

1）选择微带上的所有单元。从实用菜单中选择 Utility Menu > Select > Entities，弹出"Select Entities"对话框（见图 10-16），在最上边的下拉列表框中选取"Nodes"，在第二个下拉列表框中选择"By Location"，在下边的单选按钮中选择"Y coordinates"，在"Min, Max"下面的文本框中输入 1，再在其下的单选按钮中选择"From Full"，单击"Apply"按钮。

• 选择"X coordinates"，在"Min，Max"下面的文本框中输入"0,0.5"，再在其下的单选按钮中选择"Reselect"，单击"OK"按钮。

2）给微带施加电压条件。从主菜单中选择 Main Menu > Solution > Define Loads > Apply > Electric > Boundary > Voltage > On Nodes，弹出节点对话框，单击"Pick All"按钮，弹出"Apply VOLT on nodes"对话框，如图 10-21 所示，在"Load VOLT value"后面的文本框中输入"V1"，单击"OK"按钮。

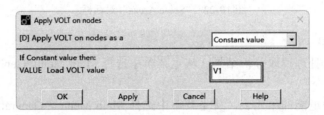

图 10-21 "Apply VOLT on nodes"对话框

3）选择屏蔽上的所有单元。从实用菜单中选择 Utility Menu > Select > Entities，弹出"Select Entities"对话框（图 10-16）。在最上边的下拉列表框中选取"Nodes"，在第二个下拉列表框中选择"By Location"，在下边的单选按钮中选择"Y coordinates"，在"Min，Max"下面的文本框中输入 0，再在其下的单选按钮中选择"From Full"，单击"Apply"按钮。

• 选择"Y coordinates"，在"Min，Max"下面的文本框中输入 10，再在其下的单选按钮中选择"Also Select"，单击"Apply"按钮。

• 选择"X coordinates"，在"Min，Max"下面的文本框中输入 5，再在其下的单选按钮中选择"Also Select"，单击"OK"按钮。

4）给屏蔽施加电压条件。从主菜单中选择 Main Menu > Solution > Define Loads > Apply > Electric > Boundary > Voltage > On Nodes，弹出节点对话框，单击"Pick All"按钮，弹出"Apply VOLT on nodes（给节点施加电压）"对话框，如图 10-21 所示。在"Load VOLT value"后面的文本框中输入"V0"，单击"OK"按钮。

5）选择所有的实体。从实用菜单中选择 Utility Menu > Select > Everything。

6）对面进行缩放。从主菜单中选择 Main Menu > Preprocessor > Modeling > Operate > Scale > Areas，弹出对话框，单击"Pick All"按钮，弹出"Scale Areas"对话框，如图 10-22 所示。在对话框"RX,RY,RZ Scale factors"后面的 3 个文本框中分别输入 0.01、0.01 和 0，在"Items to be scaled"后面的下拉列表框中选择"Areas and mesh"，在"Existing areas will be"后面的下拉列表框中选择"Moved"，单击"OK"按钮。

4. 求解

1）求解运算。从主菜单中选择 Main Menu > Solution > Solve > Current LS，弹出对话框和一个信息窗口，单击对话框上的"OK"按钮，开始求解运算，直到出现"Solution is done!"提示对话框，表示求解结束。单击"Close"按钮关闭提示。

2）保存计算结果到文件。从实用菜单中选择 Utility Menu > File > Save as，弹出"Save DataBase"对话框，在"Save Database to"下面的文本框中输入文件名"strip_resu.db"，单击"OK"按钮。

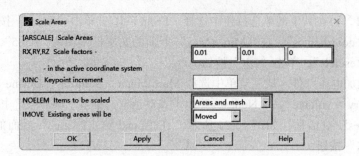

图 10-22 "Scale Areas" 对话框

5. 查看计算结果

1）进入通用后处理读取分析结果。从主菜单中选择 Main Menu>General Postproc > Read Results > Last Set 命令。

2）定义一个静电能的单元表。从主菜单中选择 Main Menu > General Postproc > Element Table > Define Table，弹出"Element Table Data"对话框，单击"Add"按钮，弹出如图 10-23 所示的"Define Additional Element Table Items（单元表定义）"对话框。在"User label for item"后面的文本框中输入"SENE"，在"Results data item"后面的左边列表框中选择"Energy"，在右边列表框中选择"Elec energy SENE"。单击"OK"按钮，回到"Element Table Data"对话框。

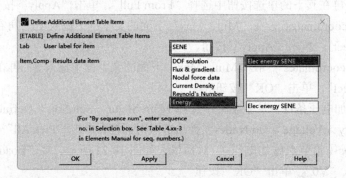

图 10-23 "Define Additional Element Table Items" 对话框

3）定义一个存放 X 方向电场力的单元表。单击"Element Table Data"对话框中的"Add"按钮，弹出"Define Additional Element Table Items"对话框。在"User label for item"后面的文本框中输入"EFX"，在"Results data item"后面的左边列表框中选择"Flux & gradient"，在右边列表框中选择"Elec field EFX"。单击"OK"按钮，回到"Element Table Data"对话框。

4）定义一个存放 Y 方向电场力的单元表。单击"Element Table Data"对话框中的"Add"按钮，弹出"Define Additional Element Table Items"对话框，在"User label for item"后面的文本框中输入"EFY"，在"Results data item"后面的左边列表框中选择"Flux & gradient"，在右边列表框中选择"Elec field EFY"。单击"OK"按钮，回到"Element Table Data"对话框，单击"Close"按钮退出。

5）关掉编号显示。从实用菜单中选择 Utility Menu > PlotCtrls > Numbering，弹出"Plot Numbering Controls"对话框（见图 10-7）。在"Numbering shown with"后面的下拉列表框中选

择"Colors only",单击"OK"按钮,关闭对话框。

6)绘出节点电位等值云图。从主菜单中选择 Main Menu > General Postproc > Plot Results > Contour Plot > Nodal Solu,弹出"Contour Nodal Solution Data(绘制节点解等值线图)"对话框,如图 10-24 所示。在"Item to be Contoured"下面的列表框中选择"DOF solution > Electric potential",单击"OK"按钮,生成节点电位等值云图,如图 10-25 所示。

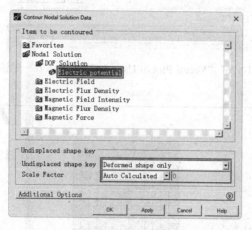

图 10-24 "Contour Nodal Solution Data"对话框

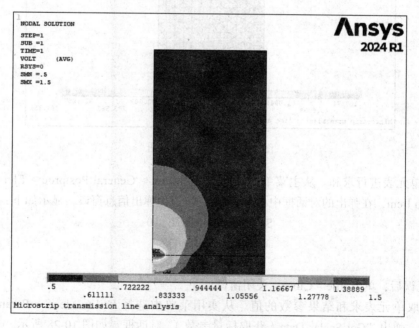

图 10-25 节点电位等值云图

7)绘制自定义矢量图。从主菜单中选择 Main Menu > General Postproc > Plot Results > Vector Plot > User-defined,弹出"Vector Plot of User-defined Vectors(绘制自定义矢量图)"对话框,如图 10-26 所示。在"I-component of vector"后面的文本框中输入"EFX",在"J-component of vector"后面的文本框中输入"EFY",单击"OK"按钮,生成电场力矢量图,如图 10-27 所示。

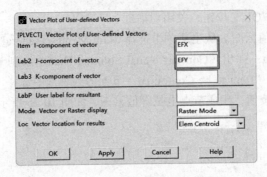

图 10-26 "Vector Plot of User-defined Vectors"对话框

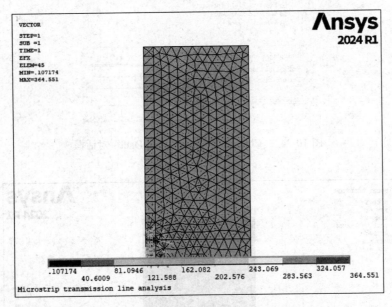

图 10-27 电场力矢量图

8）对单元表进行求和。从主菜单中选择 Main Menu > General Postproc > Element Table > Sum of Each Item，在弹出的对话框中单击"OK"按钮，弹出信息窗口，显示如下：

  SENE 0.445187E-10

  EFX 6409.43

  EFY -1619.36

确认无误后，单击 File > Close，关闭窗口。

9）获取单元表求和结果参数的值。从实用菜单中选择 Utility Menu > Parameters > Get Scalar Data，弹出"Get Scalar Data（获取标量参数）"对话框，如图 10-28 所示。在"Type of data to be retrieved"后面左边的列表框中选择"Results data"，右边列表框中选择"Elem table sums"。单击"OK"按钮，弹出"Get Element Table Sum Results（获取单元表求和结果）"对话框，如图 10-29 所示。在"Name of parameter to be defined"后面的文本框中输入"W"，在"Element table item"后面的下拉列表框中选择"SENE"。单击"OK"按钮，将单元表求和结果"SENE"的值（总的静电场能量）赋给标量参数"W"。

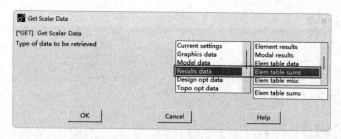

图 10-28 "Get Scalar Data" 对话框

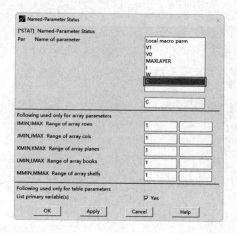

图 10-29 "Get Element Table Sum Results" 对话框

10) 进行电容计算。从实用菜单中选择 Utility Menu > Parameters > Scalar Parameters, 弹出 "Scalar Parameters" 对话框 (见图 10-6), 在 "Selection" 下面的文本框中输入 "C = (W*2)/((V1-V0)**2)", 单击 "Accept" 按钮。然后在 "Selection" 下面的文本框中再次输入 "C = ((C*2)*1E12)", 并单击 "Accept" 按钮确认。单击 "Close" 按钮, 关闭 "Scalar Parameters" 对话框。

11) 列出电容 C 参数。从实用菜单中选择 Utility Menu > List > Status > Parameters > Named Parameters, 弹出 "Named-Parameter Status (列出指定参数)" 对话框, 如图 10-30 所示。在 "Name of parameter" 后面的列表框中选择参数 "C", 其他选项采用默认设置。单击 "OK" 按钮, 弹出信息窗口, 其中列出了 "C = 178.074906"。确认无误后, 单击 File > Close, 关闭窗口。

12) 退出 Ansys。单击工具条上的 "Quit" 按钮, 弹出如图 10-31 所示的 "Exit" 对话框, 选取 "Quit-No Save!", 单击 "OK" 按钮, 退出 Ansys。

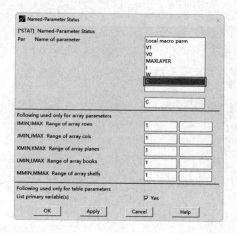

图 10-30 "Named-Parameter Status" 对话框

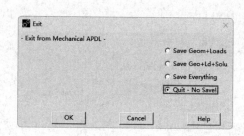

图 10-31 "Exit" 对话框

10.4.3 命令流实现

```
!/BACH,LIST
/TITLE, Microstrip transmission line analysis
!定义工作标题
/FILNAME,strip,0                    !定义工作文件名
KEYW,MAGNOD,1
KEYW,MAGELC,1                       !指定电场分析

/PREP7
V1 = 1.5                            !定义微带电势
V0 = 0.5                            !定义地电势
ET,1,PLANE121                       !定义二维 8 节点静电单元 PLANE121
/PNUM,AREA,1                        !打开面区域编号
MP,PERX,1,1                         !自由空间相对介电常数
MP,PERX,2,10                        !基片相对介电常数
RECTNG,0,0.5,0,1                    !创建几何模型
RECTNG,0.5,5,0,1
RECTNG,0,0.5,1,10
RECTNG,0.5,5,1,10
AGLUE,ALL                           !布尔粘接操作

NUMCMP,AREA
ASEL,S,AREA,,1,2
AATT,2
ASEL,ALL                            !设置空气区域材料属性
LSEL,S,LOC,Y,1
LSEL,R,LOC,X,0.25
LESIZE,ALL,,,8
LSEL,ALL
SMRTSIZE,3

MSHAPE,1                            !三角形网格划分
AMESH,ALL
NSEL,S,LOC,Y,1                      !选择微带上的节点
NSEL,R,LOC,X,0,0.5
D,ALL,VOLT,V1                       !给微带施加电压
NSEL,S,LOC,Y,0                      !选择地节点
NSEL,A,LOC,Y,10
NSEL,A,LOC,X,5
D,ALL,VOLT,V0                       !给地节点施加电压
NSEL,ALL
ARSCALE,ALL,,,0.01,0.01,0,,0,1      !对面进行缩放
FINISH
```

```
/SOLUTION
SOLVE
FINISH
/POST1
SET,LAST
ETABLE,SENE,SENE            !存储静电能
ETABLE,EFX,EF,X             !存储电场力
ETABLE,EFY,EF,Y
/NUMBER,1

PLNSOL,VOLT                 !显示电位等值云图
PLVECT,EFX,EFY              !显示自定义矢量图
SSUM                        !单元表求和
*GET,W,SSUM,,ITEM,SENE      !获取总静电能并赋予参数 W
C = (W*2)/((V1−V0)**2)      !计算电容 (F)
C = ((C*2)*1E12)            !全部几何体的电容 (pF)
*STATUS,C                   !显示电容
FINISH
```

10.5 实例 2——电容计算实例

本实例为一个电容矩阵计算的实例（GUI 方式和命令流方式）。

10.5.1 问题描述

关于导体系统求取电容的详细情况见 10.3 节 "多导体系统求解电容" 部分。

本实例为一个无限接地板上面放置两个长圆柱导体，计算导体和地之间的自电容和互电容系数。

建模时应注意：在模型外径上，地面和远场单元共享一个公共边界，远场位置上远场单元自然满足零电位。因为地面与远场单元共边界，故它们都可视为接地导体。由于在程序内部远场单元节点为地，因此地面的节点足以代表地导体。把其他两个圆柱导体节点设置为节点组件，就可以形成一个二导体系统。

本实例计算的对地和集总电容结果如下：

$(C_g)_{11} = 0.454\text{E}{-}4\text{pF}$ $(C_l)_{11} = 0.354\text{E}{-}4\text{pF}$

$(C_g)_{12} = -0.998\text{E}{-}5\text{pF}$ $(C_l)_{12} = 0.998\text{E}{-}5\text{pF}$

$(C_g)_{22} = 0.454\text{E}{-}4\text{pF}$ $(C_l)_{22} = 0.354\text{E}{-}4\text{pF}$

10.5.2 GUI 操作方法

1. 创建物理环境

1）过滤图形界面。从主菜单中选择 Main Menu > Preferences，弹出 "Preferences for GUI Filtering" 对话框，选中 "Electric" 来对后面的分析进行菜单及相应的图形界面过滤。

2）定义工作标题。从实用菜单中选择 Utility Menu > File > Change Title，在弹出的对话框中输入 "Capacitance of two long cylinders above a ground plane"，单击 "OK" 按钮，如图 10-32 所示。

- 指定工作名。从实用菜单中选择 Utility Menu > File > Change Jobname，在弹出的对话框 "Enter new jobname" 后面的文本框中输入 "Capacitance"，单击 "OK" 按钮。

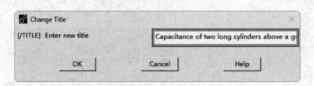

图 10-32 "Change Title" 对话框

3）定义分析参数。从实用菜单中选择 Utility Menu > Parameters > Scalar Parameters，弹出 "Scalar Parameters" 对话框，在 "Selection" 下面的文本框中输入 "A = 100"，单击 "Accept" 按钮。然后在 "Selection" 下面的文本框中分别输入 "D = 400"、"R0 = 800"，并单击 "Accept" 按钮确认。单击 "Close" 按钮，关闭 "Scalar Parameters" 对话框，输入参数的结果如图 10-33 所示。

4）打开面积区域编号显示。从实用菜单中选择 Utility Menu > PlotCtrls > Numbering，弹出 "Plot Numbering Controls" 对话框，如图 10-34 所示。选中 "Area numbers"，后面的选项由 "Off" 变为 "On"。单击 "OK" 按钮，关闭对话框。

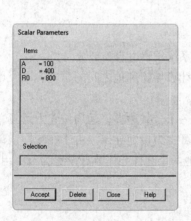

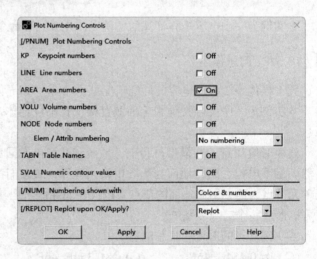

图 10-33 "Scalar Parameters" 对话框   图 10-34 "Plot Numbering Controls" 对话框

5）定义单元类型和选项。从主菜单中选择 Main Menu > Preprocessor > Element Type > Add/Edit/Delete，弹出 "Element Types" 对话框，如图 10-35 所示。单击 "Add" 按钮，弹出 "Library of Element Types" 对话框，如图 10-36 所示。在该对话框左面的下拉列表框中选择 "Electrostatic"，在右边的下拉列表框中选择 "2D Quad 121"，单击 "Apply" 按钮，生成 "PLANE121" 单元。再在对话框左面的下拉列表框中选择 "InfiniteBoundary"，在右边下拉列表框中选择 "2D Inf Quad 110"，单击 "OK" 按钮，生成 "INFIN110" 远场单元。回到 "Element Types"对话框，结果如图 10-35 所示。

图 10-35 "Element Types"对话框

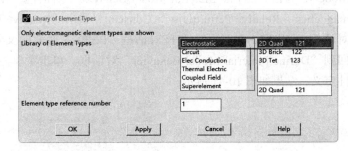

图 10-36 "Library of Element Types"对话框

• 在"Element Types"对话框中选择单元类型 2，单击"Options"按钮，弹出"INFIN110 element type options"对话框，如图 10-37 所示。在"Element degrees of freedom K1"后面的下拉列表框中选择"VOLT（charge）"，在"Define element as K2"后面的下拉列表框中选择"8-Noded Quad"。单击"OK"按钮，回到"Element Types"对话框，再单击"Close"按钮，关闭对话框。

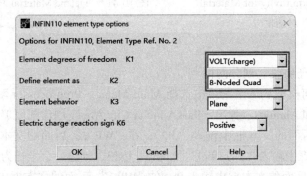

图 10-37 "INFIN110 element type options"对话框

6）以 μMKSV 单位制设定自由空间介电常数。从主菜单中选择 Main Menu>Preprocessor>Material Props>Electromag Units，弹出"Electromagnetic Units"对话框，如图 10-38 所示。选择"User-defined"，单击"OK"按钮，弹出"Electromagnetic Units（设置用户电磁单位制）"对话框，如图 10-39 所示。在第二个文本框中将默认值修改为"8.854e-6"，单击"OK"按钮，将用户自定义自由空间介电常数定义为"8.854e-6"（注意：其他单位必须与介电常数单位一致）。

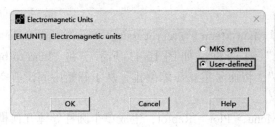

图 10-38 "Electromagnetic Units"对话框

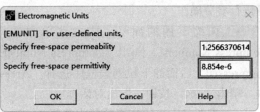

图 10-39 "Electromagnetic Units"对话框

7）定义材料属性。从主菜单中选择 Main Menu > Preprocessor > Material Props > Material Models，弹出"Define Material Model Behavior"对话框，在右边的列表框中连续单击 Electro-magnetics > Relative Permittivity > Constant，弹出"Relative Permittivity for Material Number 1"对话框，如图10-40所示，在该对话框"PERX"后面的文本框中输入1。单击"OK"按钮，回到"Define Material Model Behavior"对话框。单击菜单栏中的 Material > Exit，结束材料属性定义，结果如图10-41所示。

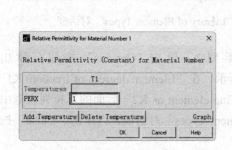

图10-40 "Relative Permittivity for Material Number 1"对话框

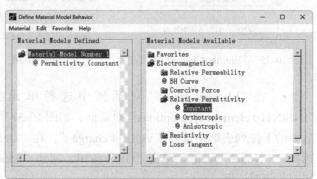

图10-41 "Define Material Model Behavior"对话框

2. 建立模型、赋予特性、划分网格

1）建立平面几何模型。从主菜单中选择 Main Menu > Preprocessor > Modeling > Create > Areas > Circle > Partial Annulus，弹出"Part Annular Circ Area（创建圆面）"对话框，如图10-42所示。在"WP X"后面的文本框中输入"d/2"，在"WP Y"后面的文本框中输入"d/2"，在"Rad-1"后面的文本框中输入"a"，单击"Apply"按钮，创建一个半径为a的实心圆。

• 在"WP X"后面的文本框中输入0，在"WP Y"后面的文本框中输入0，在"Rad-1"后面的文本框中输入"R0"，在"Theta-1"后面的文本框中输入0，在"Theta-2"后面的文本框中输入90，单击"Apply"按钮，创建一个半径为R0的1/4圆。

• 在"WP X"后面的文本框中输入0，在"WP Y"后面的文本框中输入0，在"Rad-1"后面的文本框中输入"2*R0"，在"Theta-1"后面的文本框中输入0，在"Theta-2"后面的文本框中输入90，单击"OK"按钮，创建一个半径为"2*R0"的1/4圆。

• 布尔叠分操作。从主菜单中选择 Main Menu > Preprocessor > Modeling > Operate > Booleans > Overlap > Areas，弹出"Overlap Areas"对话框，单击"Pick All"按钮，对所有的面进行叠分操作。

• 压缩不用的面号。从主菜单中选择 Main Menu > Preprocessor > Numbering Ctrls > Compress Numbers，弹出"Compress Numbers"对话框，如图10-43所示。在"Item to be compressed"后面的下拉列表框中选择"Areas"，将面号重新压缩编排，从1开始中间没有空缺。单击"OK"按钮，退出对话框。

• 重新显示。从实用菜单中选择 Utility Menu > Plot > Replot，生成单个圆柱导体几何模型，如图10-44所示。

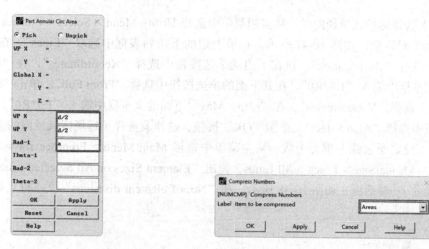

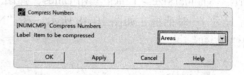

图 10-42　"Part Annular Circ Area" 对话框　　图 10-43　"Compress Numbers" 对话框

2）智能划分网格。从主菜单中选择 Main Menu > Preprocessor > Meshing > MeshTool，弹出 "MeshTool" 对话框，如图 10-45 所示。勾选 "Smart Size" 前面的复选框，并将 "Fine ~ Coarse" 工具条拖到 4 的位置，设定智能网格划分的等级为 4。在 "Mesh" 后面的下拉列表框中选择 "Areas"，在 "Shape" 后面的单选按钮中选择划分单元形状三角形 "Tri"，在下面的自由划分 "Free" 和映射划分 "Mapped" 中选择 "Free"。单击 "Mesh" 按钮，弹出 "Mesh Areas" 对话框，在图形界面上拾取面 3，或者在对话框的文本框中输入 3 并按 Enter 键。单击 "OK" 按钮，回到 "MeshTool" 对话框，生成的面 3 网格如图 10-46 所示。单击 "MeshTool" 对话框中的 "Close" 按钮。

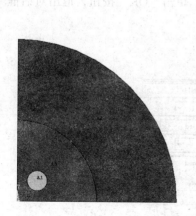　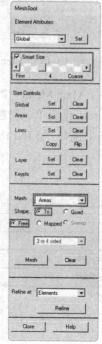

图 10-44　单个圆柱导体几何模型　　图 10-45　"MeshTool" 对话框　　图 10-46　面 3 网格

3）选择远场区域径向线。从实用菜单中选择 Utility Menu > Select > Entities，弹出"Select Entities"对话框，如图 10-47 所示。在最上边的下拉列表框中选取"Lines"，在第二个下拉列表框中选择"By Location"，再在下边的单选按钮中选择"Xcoordinates"，在"Min，Max"下面的文本框中输入"1.5*R0"，在其下面的单选按钮中选择"From Full"，单击"Apply"按钮。

- 选择"Ycoordinates"，在"Min，Max"下面的文本框中输入"1.5*R0"，在其下面的单选按钮中选择"Also Select"，单击"OK"按钮，这样就选择了远场区域径向的两条线。

4）设定所选线上单元个数。从主菜单中选择 Main Menu > Preprocessor > Meshing > Size Cntrls > ManualSize > Lines > All Lines，弹出"Element Sizes on All Selected Lines（在线上控制单元尺寸）"对话框，如图 10-48 所示。在"No. of element divisions"文本框后面输入 1，单击"OK"按钮。

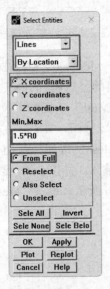

图 10-47 "Select Entities"对话框　　图 10-48 "Element Sizes on All Selected Lines"对话框

5）设置单元属性。从主菜单中选择 Main Menu > Preprocessor > Meshing > Mesh Attributes > Default Attribs，弹出"Meshing Attributes（设置单元属性）"对话框，如图 10-49 所示。在"Element type number"后面的下拉列表框中选择"2 INFIN110"，单击"OK"按钮，退出对话框。默认是 2 号单元类型。

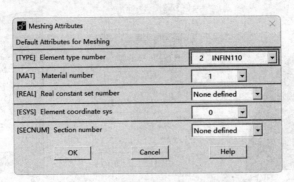

图 10-49 "Meshing Attributes"对话框

6）映射网格划分。从主菜单中选择 Main Menu > Preprocessor > Meshing > MeshTool，弹出"MeshTool"对话框（见图 10-45），在"Mesh"后面的下拉列表框中选择"Areas"，在"Shape"后面的要划分单元形状选择四边形"Quad"，在下面的自由划分"Free"和映射划分"Mapped"中选择"Mapped"，单击"Mesh"按钮，弹出"Mesh Areas"对话框，在图形界面上拾取面 2，或者在对话框文本框中输入 2 并按 Enter 键，单击"OK"按钮。回到"MeshTool"对话框。单击"Close"按钮。

7）镜像生成对称模型。从主菜单中选择 Main Menu > Preprocessor > Modeling > Reflect > Areas，在弹出的对话框中单击"Pick All"按钮，弹出"Reflect Areas"镜像面对话框，如图 10-50 所示。在"Plan of symmetry"后面的单选按钮中选择"Y-Z plane X"。单击"OK"按钮，Ansys 则以 Y-Z 平面为对称平面将模型进行镜像，镜像后的模型如图 10-51 所示，镜像后的网格如图 10-52 所示。

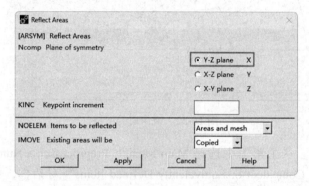

图 10-50 "Reflect Areas"对话框

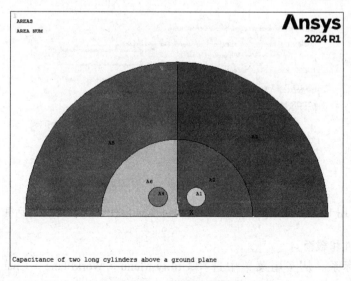

图 10-51 镜像后的模型

8）选择所有的实体。从实用菜单中选择 Utility Menu > Select > Everything。

9）合并节点。从主菜单中选择 Main Menu > Preprocessor > Numbering Ctrls > Merge Items，

弹出"Merge Coincident or Equivalently Defined Items（合并重合的已定义项）"对话框，如图 10-53 所示。在"Type of item to be merge"后面的下拉列表框中选择"Nodes"。单击"OK"按钮，合并由对称镜像生成的重合节点。

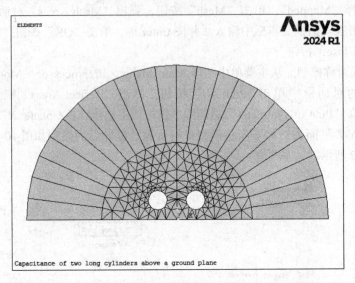

图 10-52　镜像后的网格

- 合并关键点。从主菜单中选择 Main Menu > Preprocessor > Numbering Ctrls > Merge Items，弹出"Merge Coincident or Equivalently Defined Items"对话框，如图 10-53 所示，在"Type of item to be merge"后面的下拉列表框中选择"Keypoints"，单击"OK"按钮，合并由于对称镜像而生成的重合关键点。

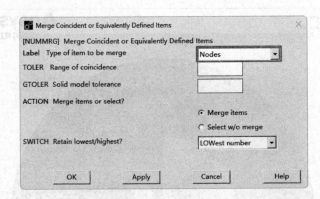

图 10-53　"Merge Coincident or Equivalently Defined Items"对话框

3. 加边界条件和载荷

1）改变坐标系。从实用菜单中选择 Utility Menu > WorkPlane > Change Active CS to > Global Cylindrical，把当前的活动坐标系由全局笛卡儿坐标系改变为全局柱坐标系。

2）选择远场边界上的节点。从实用菜单中选择 Utility Menu > Select > Entities，弹出"Select Entities"对话框，在最上边的下拉列表框中选取"Nodes"，在第二个下拉列表框中选择"By Location"，在下边的单选按钮中选择"X coordinates"，在"Min, Max"下面的文本框中输入"2*R0",再在其下的单选按钮中选择"From Full"。单击"OK"按钮,选中半径为"2*R0"处远场边界上的所有节点。

3)在远场外边界节点上施加远场标志。从主菜单中选择 Main Menu > Solution > Define Loads > Apply > Electric > Flag > Infinite Surf > On Nodes,在弹出的对话框中单击"Pick All"按钮,给远场外边界节点施加远场标志。

4)选择所有的实体。从实用菜单中选择 Utility Menu > Select > Everything。

5)创建局部坐标系。从实用菜单中选择 Utility Menu > WorkPlane > Local Coordinate Systems > Create Local CS > At Specified Loc,弹出"Create CS at Location"对话框,在文本框中输入坐标点"D/2,D/2,0"并 Enter 键。单击"OK"按钮,弹出"Create Local CS at Specified Location"对话框,如图 10-54 所示。在"Ref number of new coord sys"后面的文本框中输入 11,在"Type of coordinate system"后面的下拉列表框中选择"Cylindrical 1",其他采用默认设置。单击"OK"按钮,在 (D/2,D/2,0) 处创建一个坐标号为 11 的局部柱坐标系。

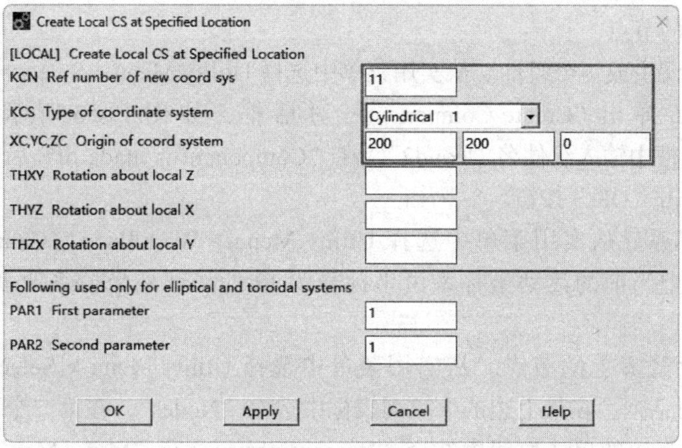

图 10-54 "Create Local CS at Specified Location"对话框

6)选择圆柱导体边界上的节点。从实用菜单中选择 Utility Menu > Select > Entities,弹出"Select Entities"对话框,在最上边的下拉列表框中选取"Nodes",在其下的第二个下拉列表框中选择"By Location",在下边的单选按钮中选择"X coordinates",在"Min,Max"下面的文本框中输入"A",再在其下的单选按钮中选择"From Full"。单击"OK"按钮,选中圆心在(D/2,D/2,0) 处圆柱导体边界上的节点。

7)将所选单元生成一个组件。从实用菜单中选择 Utility Menu > Select > Comp/Assembly > Create Component,弹出"Create Component"对话框,如图 10-55 所示。在"Component name"后面的文本框中输入"cond1",在"Component is made of"后面的下拉列表框中选择"Nodes",单击"OK"按钮。

8)创建局部坐标系。从实用菜单中选择 Utility Menu > WorkPlane > Local Coordinate Systems > Create Local CS > At Specified Loc,弹出"Create CS at Location"对话框,在文本框中输入坐标点"−D/2,D/2,0"并 Enter 键。单击"OK"按钮,弹出"Create Local CS at Specified Location"对话框,如图 10-54 所示。在"Ref number of new coord sys"后面的文本框中输入 12,在"Type of coordinate system"后面的下拉列表框中选择"Cylindrical 1",其他采用默认设

置。单击"OK"按钮，在 (−D/2,D/2,0) 处创建一个坐标号为 12 的局部柱坐标系。

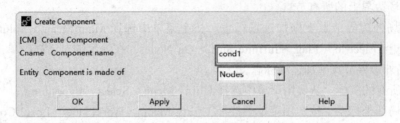

图 10-55 "Create Component" 对话框

9）选择圆柱导体边界上的节点。从实用菜单中选择 Utility Menu > Select > Entities，弹出 "Select Entities" 对话框，在最上边的下拉列表框中选取 "Nodes"，在第二个下拉列表框中选择 "By Location"，在下边的单选按钮中选择 "X coordinates"，在 "Min, Max" 下面的文本框中输入 "A"，再在其下的单选按钮中选 "From Full"。单击 "OK" 按钮，选中圆心在 (−D/2,D/2,0) 处圆柱导体边界上的节点。

10）将所选单元生成一个组件。从实用菜单中选择 Utility Menu > Select > Comp/Assembly > Create Component，弹出 "Create Component" 对话框，如图 10-55 所示。在 "Component name" 后面的文本框中输入组件名 "cond2"，在 "Component is made of" 后面的下拉列表框中选择 "Nodes"，单击 "OK" 按钮。

11）改变坐标系。从实用菜单中选择 Utility Menu > WorkPlane > Change Active CS to > Global Cartesian，把当前的活动坐标系由坐标号为 12 的局部柱坐标系改变为全局笛卡儿坐标系。

12）选择地面边界上的节点。从实用菜单中选择 Utility Menu > Select > Entities，弹出 "Select Entities" 对话框，在最上边的下拉列表框中选取 "Nodes"，在第二个下拉列表框中选择 "By Location"，在下边的单选按钮中选择 "Y coordinates"，在 "Min, Max" 下面的文本框中输入 0，再在其下的单选按钮中选择 "From Full"。单击 "OK" 按钮，选中地面边界上的节点。

13）将所选单元生成一个组件。从实用菜单中选择 Utility Menu > Select > Comp/Assembly > Create Component，弹出 "Create Component" 对话框，在 "Component name" 后面的文本框中输入组件名 "cond3"，在 "Component is made of" 后面的下拉列表框中选择 "Nodes"，单击 "OK" 按钮。

14）选择所有的实体。从实用菜单中选择 Utility Menu > Select > Everything。

4. 求解

1）执行静电场计算并计算两个导体与地之间的自电容和互电容系数。从主菜单中选择 Main Menu > Solution > Solve > Electromagnet > Static Analysis > Capac Matrix，弹出 "Capac Matrix（计算多导体自电容和互电容系数）" 对话框，如图 10-56 所示。分别在 "Geometric symmetry factor" 后面的文本框中输入 1，在 "Compon. name identifier" 后面的文本框中输入 "'cond'"，在 "Number of cond. compon." 后面的文本框中输入 3，在 "Ground key" 后面的文本框中输入 0。单击 "OK" 按钮，开始求解运算，直到出现 "Solution is done" 提示栏，表示求解结束。随后弹出信息窗口，其中列出了默认名称为 "CMATRIX" 的电容矩阵值，如图 10-57 所示。将其与前面的目标值进行比较，确认无误后，关闭信息窗口。

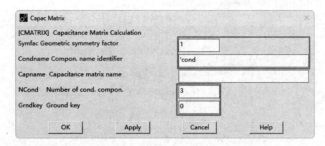

图 10-56 "Capac Matrix"对话框

2）退出 Ansys。单击工具条上的"Quit"按钮，弹出如图 10-58 所示的"Exit"对话框，选取"Quit-No Save!"，单击"OK"按钮，退出 Ansys。

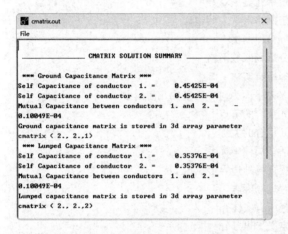

图 10-57 "cmatrix.out"信息窗口

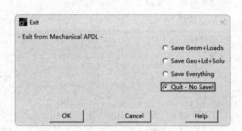

图 10-58 "Exit"对话框

10.5.3 命令流实现

```
!/BACH,LIST
/TITLE,Capacitance of two long cylinders above a ground plane
！定义工作标题
/FILNAME,Capacitance,0           !定义工作文件名
KEYW,MAGELC,1                    !指定电场分析

/PREP7
A = 100                          !圆柱导体内径(mm)
D = 400                          !空气区域外径
R0 = 800                         !远场单元外径
/PNUM,AREA,1                     !打开面区域编号
ET,1,121                         !8 节点二维静电场单元
ET,2,110,1,1                     !8 节点二维远场单元
EMUNIT,EPZRO,8.854E-6            !以 μMKSV 单位制设置自由空间介电常数
MP,PERX,1,1                      !设置相对介电常数
```

```
CYL4,D/2,D/2,A,0              !创建几何模型
CYL4,0,0,R0,0,,90
CYL4,0,0,2*R0,0,,90
AOVLAP,ALL                    !布尔叠分操作
NUMCMP,AREA                   !压缩面号
SMRTSIZ,4                     !设定智能划分等级
MSHAPE,1                      !设定网格形状为三角形
AMESH,3                       !划分空气区域网格
LSEL,S,LOC,X,1.5*R0           !选择远场径向两条线
LSEL,A,LOC,Y,1.5*R0
LESIZE,ALL,,,1                !设定线单元个数
TYPE,2                        !指定单元类型
MSHAPE,0                      !设定网格形状为四边形
MSHKEY,1                      !划分自由网格
AMESH,2                       !划分远场区域网格
ALLSEL,ALL                    !选择所有实体
ARSYMM,X,ALL                  !以 Y-Z 平面为对称面镜像几何模型
NUMMRG,NODE                   !合并重合的节点
NUMMRG,KPOI                   !合并重合的关键点
CSYS,1                        !激活全局柱坐标系
NSEL,S,LOC,X,2*R0             !选择远场外边界节点
SF,ALL,INF                    !设置远场标志
ALLSEL,ALL                    !选择所有实体
LOCAL,11,1,D/2,D/2            !自定义 11 号局部柱坐标系
NSEL,S,LOC,X,A                !选择第一个圆柱导体外边界节点
CM,COND1,NODE                 !给第一个导体定义名称为"COND1"的节点组件
LOCAL,12,1,-D/2,D/2           !自定义 12 号局部柱坐标系
NSEL,S,LOC,X,A                !选择第二个圆柱导体外边界节点
CM,COND2,NODE                 !给第二个导体定义名称为"COND2"的节点组件
CSYS,0                        !激活全局笛卡儿坐标系
NSEL,S,LOC,Y,0                !选择地边界节点
CM,COND3,NODE                 !给地定义名称为"COND3"的节点组件
ALLSEL,ALL                    !选择所有实体
FINISH

/SOLU
CMATRIX,1,'COND',3,0          !计算电容矩阵系数
FINISH
```

第 11 章

电路分析

电路分析可以计算源电压和源电流在电路中引起的电压和电流分布。电路分析包括静态电路分析、谐波电路分析和瞬态电路分析。本章主要讲解了电路分析的步骤，并通过谐波电路分析实例与瞬态电路分析实例对电路分析进行了具体演示。

通过本章的学习，读者可以完整深入地掌握 Ansys 电路分析的各种功能和应用方法。

- 电路分析中要用到的单元
- 使用电路建模程序
- 电路分析的步骤

11.1 电路分析中要用到的单元

电路分析可以计算源电压和源电流在电路中引起的电压和电流分布。分析方法由源的类型来决定，见表 11-1。

表 11-1 电路分析源的类型和分析方法

源的类型	分析方法
交流（AC）	谐波分析
直流（DC）	静态分析
随时间变化	瞬态分析

要在电磁学分析中用有限元来模拟全部电势，就必须提供足够的灵活性来模拟载流电磁设备。Ansys 有以下电路分析功能：

- 用经过改进的基于节点的分析方法来模拟电路分析。
- 可以将电路与绞线圈和块状导体直接耦合。
- 二维和三维模型都可以进行耦合分析。
- 支持直流、交流和时间瞬态模拟。

Ansys 程序中先进的电路耦合模拟功能可以精确地模拟以下多种电子设备：

- 螺线管线圈。
- 变压器。
- 交流电机。

在电路分析方面，Ansys 提供了压电电路单元 CIRCU94、通用电路单元 CIRCU124 对线性电路进行模拟、通用二极管和齐纳二极管建模的电路单元 CIRCU125 三种电流单元，见表 11-2。

表 11-2 电路单元

单元	类型	选项
CIRCU94	压电电路	电阻、电感、电容 独立电流源、独立电压源
CIRCU124	线性电路	电阻、电感、电容、互感 电压控制电流源、电流控制电流源 电压控制电压源、电流控制电压源
CIRCU125	二极管	通用二极管、齐纳二极管

11.1.1 使用 CIRCU124 单元

CIRCU124 单元可用于求解未知的节点电压（在有些情况下为电流）。组成电路的各种部件（如电阻、电感、互感、电容、独立电压源和电流源、受控电压源和电流源等）都可以用 CIRCU124 单元来模拟。

注意：本章只介绍 CIRCU124 单元的某些最重要的特性，对该单元的详细介绍参见 Ansys 帮助中的相关内容。

可用 CIRCU124 单元模拟的电路元件

对 CIRCU124 单元通过设置 KEYOPT(1) 来确定该单元模拟的电路元件（见表 11-3）。例如，把 KEYOPT(1) 设置为 2，就可用 CIRCU124 来模拟电容。对所有的电路元件，正向电流都是从节点 I 流向节点 J。

表 11-3 CIRCU124 单元模拟的电路元件

电路元件及其图形标记	KEYOPT(1) 设置	实常数
电阻（R）	0	R1 = 电阻（RES）
电感（L）	1	R1 = 电感（IND） R2 = 起始电感电流（ILO）
电容（C）	2	R1 = 电容（CAP） R2 = 起始电感电流（VCO）
互感（K）	8	R1 = 初级电感（IND1） R2 = 次级电感（IND2） R3 = 耦合系数（K）
独立电流源（I）	3	当 KEYOPT(2) = 0 时： R1 = 幅值（AMPL） R2 = 相位角（PHAS） 当 KEYOPT(2) > 0 时，详见 Ansys 帮助中的相关内容
电压控制电流源（G）	9	R1 = 互导（GT）
电流控制电流源（F）	12	R1 = 电流增益（AI）
独立电压源（V）	4	当 KEYOPT(2) = 0 时： R1 = 幅值（AMPL） R2 = 相位角（PHAS） 当 KEYOPT(2) > 0 时，详见 Ansys 帮助中的相关内容
电压控制电压源（E）	10	R1 = 电压增益（AV）
电流控制电压源（H）	11	R1 = 互阻（RT）

注意：Ansys 的电路建模程序自动生成实常数 R15（图形偏置，GOFFST）和 R16（单元识别号，ID）。

图 11-1 所示为利用不同的 KEYOPT(1) 设置建立的不同电路元件，其中靠近元件标志的节点是"浮动"节点（即它们并不直接连接到电路中）。

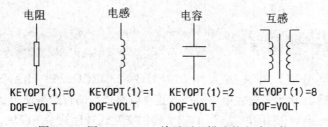

图 11-1 用 CIRCU124 单元可以描述的电路元件

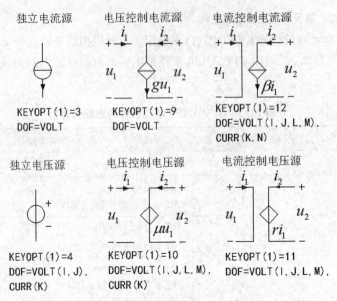

图 11-1 用 CIRCU124 单元可以描述的电路元件（续）

11.1.2 使用 CIRCU125 单元

可以用 CIRCU125 单元为通用二极管和齐纳二极管建模。使用此单元时，需注意：

- 在二极管任何状态下，其 I-U 曲线的分段线性特性对应于一个 Norton 等效电路，这个等效电路有一个动态阻抗（在工作点反向倾斜）和一个电流源（在 I-U 曲线的切线和 I 轴相交）。
- 如果电压降比二极管（通常是理想二极管）的导通电压低很多，则在提取由单元 misc 记录号提供的单元电压降、电流、焦耳热损耗计算数据时会提示有取消错误。要获得更准确的结果，需要通过提取单元的反力来获得单元电流，并根据二极管状态和 I-U 曲线重新计算电压。
- 可以在后处理器中画二极管的能量图和状态图。
- 若 AUTOTS 打开，则按照标准的 Ansys 自动时间步长功能来确定求解时间步长 K。程序根据动态系统的特征值来估计时间步长。若状态变化方向是按照预期估计的方向进行，则单元会发出调小时间步长的信号，与接触单元间隙闭合类似。
- CIRCU125 单元是高度非线性单元。要获得收敛结果，通常需要定义收敛标准，而不是仅用默认值。可用 CNVTOL, VOLT, , 0.001, 2, 1.0E-6 来改变收敛标准。

11.2 使用电路建模程序

对于所有电路分析，首先需要用 CIRCU124、CIRCU125、TRANS126、COMBIN14、COMBIN39 和 MASS21 单元来建立电路模型。建立电路模型的首选是使用 Ansys 的电路建模程序，这是一个通过 Ansys 图形用户界面（GUI）提供交互式处理的专用模块，它具有如下功能：

- 可以用光标来选择电路元件并把它们放置在电路中所要求的位置。

> 交互式建立电路模型。
> 给电路元件赋予"实"常数并进行编辑。
> 给独立源赋予激励。
> 以图形的方式验证所加激励。
> 以交互的方式来和 FEA 区进行连接。
> 可对电压源和电流源元件定义源载荷。

电路建模程序可生成单元类型、实常数、定义节点和单元，支持多种单元类型。和使用其他 GUI 特性一样，电路建模程序把用于建立电路模型的全部命令都写入记录文件（LOG 文件）。

GUI 提供专用的"wire element"选项可以方便地用"wire"连接各个电路。"wire"表示连接两点间的一小段短电路（电导率无穷大）。MESH200 单元只用来进行可视化的表示。"wire"两端的节点要进行电压耦合（CP 命令），如果两段或更多段 wire 连接在一起，则所有的节点都要进行电压（VOLT 自由度）耦合。删除其中的一段，则所有连接在一起的 wire 单元、节点耦合集以及所有没有与非"wire"单元连接的节点都要被自动强行删除。

11.2.1 建立电路

为了建立电路，应激活 Ansys 的 GUI 和使用下面的步骤。在此也给出有关电路建模的补充提示：

> 电路图标都是固定尺寸，通过电路建模程序的"WP Settings"选项可以设置图形的焦点和距离（Main Menu > Preprocessor > Modeling > Create > Circuit > Set Grid）。当在主菜单选择此命令后，将弹出"WP Settings"对话框，使用此对话框可以进行工作平面栅格的打开或关闭、捕捉增量的调整等操作。也可从实用菜单中选择 Utility Menu > WorkPlane > WP Settings，调出此对话框。
> 对电路图标进行缩放或者改变电路布线的宽度，可使用电路建模程序的"Scale Icon"选项（Main Menu > Preprocessor > Modeling > Create > Circuit > Scale Icon）。
> 可以考虑显示两个窗口：一个是电路，另一个为所建模型。
> 记住要将电路中的一个节点接地（Main Menu > Preprocessor > Loads > Define Loads > Apply > Electric > Boundary > Voltage > On Nodes，或用带有 VOLT 参数的 D 命令）。

电路建模的步骤如下：

1）选择菜单路径 Main Menu > Preferences，弹出选项对话框。

2）如果打算做电路电磁耦合分析，选取"Electromagnetic"；如果只做电路分析，则选取"Electric"。

3）选择 Utility Menu > File > Change Jobname，在弹出的对话框中为你的分析定义工作名，然后单击"OK"按钮。

4）选择 Utility Menu > File > Change Title，在弹出的对话框内为分析规定一个标题名，然后单击"OK"按钮。

5）选择 Main Menu > Preprocessor > Modeling > Create > Circuit > Builder，弹出电路建模菜单。

6）如果需要把电路的放置远离目前的有限元模型（如耦合电磁 - 电路分析），则在实用命令菜单中使用工作平面（WorkPlane）选项，把工作平面原点移动到要开始建立电路模型的位置

（否则，则跳过此步）。电路的位置可以是任意的，且不影响分析结果。为了方便起见，可使用 Main Menu > Preprocessor > Modeling > Create > Circuit > Set Grid，使工作平面原点处于图形窗口的中心。

7）从电路建模菜单中选择所需的电路元件且按照 Ansys 输入窗口中的提示来建立模型。通常是先用光标确定单元的 I 和 J 节点的位置，然后选取 I-J 线的一个偏置位置来为电路元件定位。每种电路单元的长度和相对于其他电路单元位置可以是任意的，且不影响分析结果。一旦已定义好全部所需位置，将弹出对话框，要求输入 ID 号（单元号）和实常数。如果单元的图标尺寸太小，或电线太细，可通过 Main Menu > Preprocessor > Modeling > Create > Circuit > Scale Icon 来调整图标显示。

8）建立好电路后，如果有必要，可以验证和修改数据。Plot > Src Waveform 菜单用于绘图和验证输入负载的波形。另一个菜单"Edit Real Cnst"用于校核和修改任何电路元件的实常数。删除特定的电路元件的方式是 Main Menu > Preprocessor > Modeling > Delete > Option。

电路建模程序是建立电路模型最方便的方法，也可以不用该程序，通过直接定义节点、单元类型、单元和实常数来建立模型。

一旦建好电路，可以进行静态、谐波或瞬态分析（源项确定了分析类型）。

11.2.2 避免电路不合理

1. DC（直流）和谐波分析

1）电压源不要构成一个回路。在图 11-2 中，根据基尔霍夫（Kirchoff）回路方程，节点 1 和 2 的电压 V_1 和 V_2 不相等，电势不合理。要说明的是，在图 11-2 中两个电压源形成一个回路，即使电压 V_1 和 V_2 一致也会导致数值求解错误。图 11-3 和图 11-4 所示是更复杂的不合理电路。

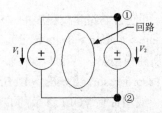

图 11-2　不合理电压源构成回路 1

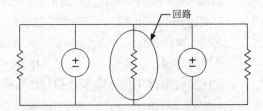

图 11-3　不合理电压源构成回路 2

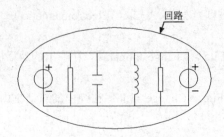

图 11-4　不合理电压源构成回路 3

2）电流源不要形成短路。在图 11-5 中，检查节点 1 的基尔霍夫（Kirchoff）节点方程，如果 $I_1 \neq I_2$，则平衡不为零，电流不合理。即使 $I_1 = I_2$，数值求解也会错误。

在图 11-6 所示的电路中，电流源没有公共节点，但在"超节点"上符合基尔霍夫（Kirchoff）节点定律。由于"超节点"为短路，电流源不能形成短路，即不允许建立只有流入电流的超节点，因此该电路不合理。

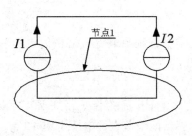
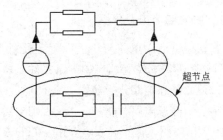

图 11-5　不合理电流源构成回路 1　　　　　图 11-6　不合理电流源构成回路 2

2. 瞬态分析

1）电容和电压源不要形成回路。在瞬态分析中，当 $t = 0$ 时，电容就相当于一个电压源，其电压为电容的起始电压，如图 11-7 所示。

在图 11-8 中，当开关刚闭合时，左侧电路的起始电流分布能用右侧的等效电路来计算。因为电压源形成了回路，不满足 DC/AC 电路中电压源不能形成回路的要求，所以这是一个不合理电路（会产生无穷大电流）。

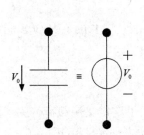
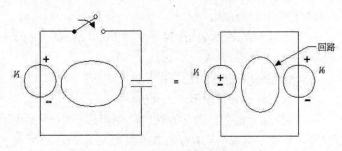

图 11-7　电容相当于电压源　　　　　图 11-8　不合理的电压源形成回路

2）电感和电流源不应短路。在瞬态分析中，当 $t = 0$ 时，一个电感就相当于一个电流源，其电流为赋予的初始电流，如图 11-9 所示。

在图 11-10 中，当开关刚闭合时，左侧电路的起始电压分布可以用右侧的等效电路来计算。因为电流源形成了短路，所以这是个不合理电路（会产生无穷大电压）。

对于不合理电路，如果用户不指出，Ansys 不会自动检测出错误。

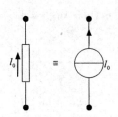
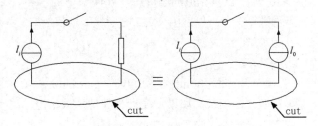

图 11-9　电感相当于电流源　　　　　图 11-10　不合理的电流源形成短路

11.3 电路分析的步骤

11.3.1 静态电路分析

静态（直流）电路分析用以确定受外加直流源电压或直流源电流电路中的电压和电流分布，静态电路分析支持所有的电路元件。

1. 建立静态电路分析模型

在一个静态电路分析中，Ansys 把电容当作开路处理，把电感当作短路处理。可以用一个小电阻表示短路，但正确表示短路条件的方式是耦合电感器两个节点的电压（VOLT）自由度。

命令：CP

GUI：Main Menu > Preprocessor > Coupling/Ceqn > Couple DOFs

一旦建好电路模型，就可以加载和求解，然后观察结果。

2. 加载和求解

此步骤定义分析类型和选项、加载和开始有限元求解。步骤如下：

1）进入求解器。

命令：/SOLU

GUI：Main Menu > Solution

2）定义分析类型。

- 在 GUI 方式中，选择菜单路径 Main Menu > Solution > Analysis Type > New Analysis，并选择静态分析。
- 如果是新分析，可使用命令 ANTYPE，STATIC，NEW。

重启动分析通常只用于瞬态分析。

3）在模型上加载。通常，在电路建模程序中用单元实常数为电路定义源载荷，除了源载荷以外，其他"负载"只有接地节点特性 VOLT = 0。可用下列方法之一定义 VOLT = 0：

命令：D

GUI：Main Menu > Solution > Define Loads > Apply > Electric > Boundary > Voltage > On Nodes

使用下列方法之一可以修改源载荷：

命令：R

　　　RMODIF

GUI：Main Menu > Solution > Load Step Opts > Other > Real Constants > Add/Edit/ Delete

RMODIF 命令没有相应的图形用户界面菜单。

4）备份数据库。可以使用 SAVE 命令或工具条上的 SAVE_DB 按钮来存储 Ansys 数据库备份。

5）开始求解。

命令：SOLVE

GUI：Main Menu > Solution > Solve > Current LS

6）进行另外的加载。如果需要计算其他加载情况，可重复步骤3）和4）。

7）结束求解。

命令：FINISH

GUI：Main Menu > Finish

3. 观察静态电路分析的结果

Ansys 程序把静态（直流）电路分析的结果写入结果文件 Jobname.RTH。结果中有两种类型的计算数据：节点电压（VOLT）和节点电流（CURR）。另外，还可以得到每个单元的如下导出数据：

- 单元电压降（VOLTAGE）。
- 单元电流（CURRENT）。
- 单元控制电压（CONTROL VOLT）。
- 单元控制电流（CONTROL CURR）。
- 单元能量（POWER）。
- 单元加载（SOURCE）。

导出结果的详细信息可参见 Ansys 帮助。

进入通用后处理器中可用下列方法：

命令：**/POST1**

GUI；Main Menu > General Postproc

用下列方法之一可把结果文件中的数据读入数据库：

命令：**SET**

GUI：Utility Menu > List > Results > Load Step Summary

列表显示节点计算数据（电压和电流）可用下列方法：

命令：**PRNSOL**

GUI：Main Menu > General Postproc > List Results > Nodal Solution

列表显示单元导出数据可用下列方法：

命令：**PRESOL**

GUI：Main Menu > General Postproc > List Results > Element Solution

11.3.2 谐波电路分析

谐波（交流）电路分析用以确定加载外部交流电压或交流电流电路中的电压和电流分布。谐波电路分析可以分析所有的电路元器件。

1. 建立谐波电路分析模型

参见 11.2 节"使用电路建模程序"相关内容。

2. 加载和求解

此步骤定义分析类型和选项、加载和开始有限元求解。步骤如下：

1）进入求解器。

命令：**/SOLU**

GUI：Main Menu > Solution

2）定义分析类型。

- 在 GUI 方式中，选择菜单路径 Main Menu > Solution > Analysis Type > New Analysis，并选择 Harmonic 选项。
- 如果是新分析，可使用命令 ANTYPE，HARMIC，NEW。

3）选择方程求解器。

命令：EQSLV

GUI：Main Menu > Preprocessor > Loads > Analysis Type > Analysis Options

使用 CIRCU124 单元进行分析时，只能使用稀疏矩阵求解器（Sparse）来进行求解计算。

4）确定求解数据的列表显示格式。需要确定在打印输出文件 Jobname.OUT 中列表显示的谐波电压和电流的显示方式。可以选择以实部和虚部（默认）的形式或以振幅和相位角的形式，方式如下：

命令：HROUT

GUI：Main Menu > Solution > Analysis Type > Analysis Options

5）在模型上加载。通常，主电路建模程序中用单元实常数为电路定义源载荷，除了源载荷以外，其他"负载"只有接地节点特性 VOLT = 0。可用下列方法之一定义 VOLT = 0：

命令：D

GUI：Main Menu > Solution > Define Loads > Apply > Potential > On Nodes

使用下列方法之一修改源载荷：

命令：R

   RMODIF

GUI：Main Menu > Solution > Load Step Opts > Other > Real Constants > Add/Edit/Delete

RMODIF 命令没有相应的图形用户界面菜单。

6）定义载荷步选项。定义谐波分析的工作频率（Hz）范围可用下列方法：

命令：HARFRQ

GUI：Main Menu > Solution > Load Step Opts > Time/Frequenc > Freq and Substps

唯一能定义的通用选项为谐波求解数。谐波求解数可以是任意的，且这些数（子步数）在规定的工作频率范围内均匀分布。例如，如果在 50 ~ 60Hz 频率范围内定义了 10 次求解，Ansys 将计算的频率值为 51Hz、52Hz、53Hz、…、59Hz 和 60Hz，Ansys 不对频率范围的下限值（此处为 50）做计算。定义谐波求解数的方式如下：

命令：NSUBST

GUI：Main Menu > Solution > Load Step Opts > Time/Frequenc > Freq and Substps

7）备份数据库。可以使用 SAVE 命令或工具条上的 SAVE_DB 按钮来存储 Ansys 数据库备份。

8）开始求解。

命令：SOLVE

GUI：Main Menu > Solution > Solve > Current LS

9）进行另外的加载。如果需要计算其他加载情况，可重复步骤 4）~ 6）。

10）结束求解。

命令：FINISH

GUI：Main Menu > Finish

3. 观察谐波电路分析的结果

Ansys 程序把谐波电路分析的结果写入结果文件 Jobname.RTH。其结果与输入源载荷不同相（即它们滞后于输入源载荷），因而它们是复数形式的，结果的计算和存储都是以实部和虚部分量的形式进行的。计算结果有两种数据：节点电压（VOLT）和节点电流（CURR）。谐波电路分析的导出数据与静态电路分析相同，且用相同的步骤观察结果。对于谐波分析也可以在单元表内存储每个单元的结果并做相应的显示。

命令：PRETAB

GUI：Main Menu > General Postproc > List Results > Elem Table Data

11.3.3 瞬态电路分析

瞬态电路分析是分析受到随时间变化的源电压或源电流作用的电路，该分析用于确定在电路中与时间成函数关系的电压和电流。瞬态电路分析可以分析所有的电路元器件。

1. 建立瞬态电路分析模型

建立与 11.2 节 "使用电路建模程序" 中描述的过程一致。在电路建模程序中，需要以实常数的方式定义如下载荷：

- 独立电流源和独立电压源的源载荷。
- 初始条件，如电感的初始电流、电容的初始电荷。
- 波形式的载荷，可以是正弦、脉冲、指数或分段线性的载荷（详见 Ansys 单元帮助对 CIRCU124 单元的介绍）。

一旦建立好电路模型，就可以加载、求解并观察结果。做瞬态电路分析时，应注意如下几点：

- 瞬态电路分析不能使用 Ansys 的自动时间步特性。但可以用此功能来谐波处理时间步（每次时间步增加 3 倍，直到达到最大时间点）。
- 在瞬态求解过程中可以改变实常数，但只有在重启动分析中这样做才能得到精确的结果。通常可通过该功能来模拟带电阻的开关。
- 对于处理瞬态分析的结果，Ansys GUI 专门有一部分用于电路单元，它可以处理节点电压和电流，以及特定的单元结果。

2. 加载和求解

此步骤定义分析类型和选项、加载和开始有限元求解。步骤如下：

1）进入求解器。

命令：/SOLU

GUI：Main Menu > Solution

2）定义分析类型。

- 在 GUI 方式中选择菜单路径 Main Menu > Solution > Analysis Type > New Analysis，并选择 "Transient" 选项。
- 如果是新分析，可使用命令 ANTYPE, TRANSIENT, NEW。

可以在前面已经完成了一个瞬态分析的基础上重启动一个瞬态分析，并且可在重启动时改变单元实常数。重启动分析的前提条件是前一次分析的 Jobname.EMAT、Jobname.ESAV 和 Jobname.DB 文件都还存在。

3）选择方程求解器。

命令：EQSLV

GUI：Main Menu > Preprocessor > Loads > Analysis Type > Analysis Options

使用CIRCU124单元进行分析时，只能使用稀疏矩阵求解器（Sparse）来进行求解计算。

4）在模型上加载。通常，在电路建模程序中用单元实常数为电路定义源载荷，除了源载荷以外，其他"负载"只有接地节点特性VOLT=0。可用下列方法之一定义VOLT=0：

命令：D

GUI：Main Menu > Solution > Define Loads > Apply > Potential > On Nodes

使用下列方法之一修改源载荷：

命令：R

　　　RMODIF

GUI：Main Menu > Solution > Load Step Opts > Other > Real Constants > Add/Edit/Delete

RMODIF命令没有相应的图形用户界面菜单。

5）定义载荷步选项。为了在分析中包含瞬态效应，必须打开时间积分效应，否则将执行静态解。在瞬态分析中，默认为时间积分效应打开，但可以关闭它们以获得静态解。

打开或关闭时间积分效应的方式如下：

命令：TIMINT

GUI：Main Menu > Solution > Load Step Opts > Time/Frequenc > Time Integration

➤ 通用选项：可以定义瞬态分析的一种通用选项，如时间、积分时间步长和自动时间步长功能。

定义载荷步终止时间的方式如下：

命令：TIME

GUI：Main Menu > Solution > Load Step Opts > Time/Frequenc > Time and Substps

　　　Main Menu > Solution > Load Step Opts > Time/Frequenc > Time - Time Step

积分时间步长是时间积分方案所用的时间增量，时间步长的大小直接影响求解精度，较小值有较高的精度。确定时间步长的方式如下：

命令：DELTIM

GUI：Main Menu > Solution > Load Step Opts > Time/Frequenc > Time - Time Step

在上述命令中，用DTIME确定起始时间步长，DTMIN确定最小时间步长，DTMAX确定最大时间步长。

虽然在电路分析中不能使用自动时间步长功能来自动地增减时间步长，但可以用它来按每步时间增加3倍的方式从起始时间步长到最后时间步长自动进行分步求解。打开自动时间步长功能的方式如下：

命令：AUTOTS

GUI：Main Menu > Solution > Load Step Opts > Time/Frequenc > Time and Substps

　　　Main Menu > Solution > Load Step Opts > Time/Frequenc > Time -Time Step

当源载荷波型存在尖锐变化时，应把一个瞬态分析分成几个载荷步来进行求解。在这些尖锐过渡时间点处，应定义一个新的载荷步长并在有必要的情况下重新定义时间步长选项，以便在过渡点处取得一个较小的初始时间步长。

➤ 输出控制：可以在打印输出文件（Jobname.OUT）中包含任何结果数据。可用下面方法控制这种结果的输出：

命令：OUTPR

GUI：Main Menu > Solution > Load Step Opts > Output Ctrls > Solu Printout

在默认设置下，打印输出的是总信息。

控制写入结果文件（Jobname.RTH）的数据的方式如下：

命令：**OUTRES**

GUI：Main Menu > Solution > Load Step Opts > Output Ctrls > DB/Results File

注意：在默认设置下，Ansys 只把每个载荷步最后子步的结果写入结果文件，如果要把全部子步的结果都写入结果文件内，则应把 FREQ 设置为"ALL"或"1"。

6）建立载荷步文件。必须把每个载荷步写入载荷文件。重复进行上面的加载、定义载荷步选项和写载荷步文件的操作，直到全部载荷步被定义完为止。写载荷步文件的方式如下：

命令：**LSWRITE**

GUI：Main Menu > Solution > Load Step Opts > Write LS File

7）保存数据库文件。用 SAVE 命令或者用工具条上的 SAVE_DB 按钮保存 Ansys 数据库备份。

8）开始求解。

命令：**LSSOLVE**

GUI：Main Menu > Solution > Solve > From LS Files

9）结束求解。

命令：**FINISH**

GUI：Main Menu > Finish

3. 观察瞬态电路分析的结果

Ansys 程序把瞬态（直流）电路分析的结果写入结果文件 Jobname.RTH，结果中有两种类型的计算数据：节点电压（VOLT）和节点电流（CURR）。另外，还可以得到每个单元的如下导出数据：

➢ 单元电压降（VOLTAGE）。
➢ 单元电流（CURRENT）。
➢ 单元控制电压（CONTROL VOLT）。
➢ 单元控制电流（CONTROL CURR）。
➢ 单元能量（POWER）。
➢ 单元载荷（SOURCE）。

关于导出结果的详细信息，可参见 Ansys 单元帮助。

可以在 POST1 通用后处理器或者时间历程后处理器 POST26 中观察分析结果。POST1 允许在特定时间点观察整个模型的结果，POST26 允许在模型的特定点观察在整个瞬态时间内的结果。

1）使用 POST26。

命令：**/POST26**

GUI：Main Menu > TimeHist Postpro

把结果文件数据读入数据库：

命令：**SET**

GUI：Utility Menu > List > Results > Load Step Summary

POST26 基于结果表进行工作。结果表也称为"变量",它是时间的函数。每个变量要赋予一个参考号数,变量数 1 保存的是时间。定义变量的方式如下:

为计算数据定义变量:

命令:**NSOL**

GUI:**Main Menu > TimeHist Postpro > Elec&Mag > Circuit > Define Variables**

为单元数据(推导数据)定义变量:

命令:**ESOL**

GUI:**Main Menu > TimeHist Postpro > Elec&Mag > Circuit > Define Variables**

为反应数据定义变量:

命令:**RFORCE**

GUI:**Main Menu > TimeHist Postpro > Elec&Mag > Circuit > Define Variables**

一旦已定义好变量,就可以把它们与时间的关系或与其他变量的关系以图形的方式绘制出来。方式如下:

命令:**PLVAR**

GUI:**Main Menu > TimeHist Postpro > Graph Variables**

使用下列方法之一能列出变量的极限值:

命令:**EXTREM**

GUI:**Main Menu > TimeHist Postpro > List Extremes**

通过时间历程曲线图可以找出对整个模型有重要意义的时间点,然后在该关键时间点就可以用 POST1 做进一步的后处理。

2)使用 POST1。第一步是读取将要观察的时间点的结果数据。为此,利用 SET 命令中的 TIME 或它的等效菜单路径(Utility Menu > List > Results > Load Step Summary)来读取结果。如果在规定的时间点并没有现存的结果可以利用,Ansys 会做线性插值计算以得到该时间点的结果。如果所定义的时间超过最大的瞬态计算时间,Ansys 会使用最后一个时间点的数据来代替(也可以用它们的载荷步和子步数来读取结果)。

利用下面的方法之一列出节点计算数据(电压和电流):

命令:**PRNSOL**

GUI:**Main Menu > General Postproc > List Results > Nodal Solution**

利用下面的方法之一列出单元导出结果:

命令:**PRNSOL**

GUI:**Main Menu > General Postproc > List Results > Element Solution**

11.4 实例 1——节点电压分析

11.4.1 问题描述

该电路由两个电阻、一个电感、一个独立电压源、一个独立电流源和一个电流控制电流源构成,如图 11-11 所示。试

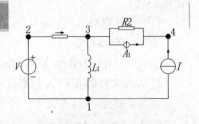

图 11-11 有限元模型

确定电路中第 4 个节点处的电压。理论值为 $V = 14.44 - j1.41$。

实例中用到的参数见表 11-4。

表 11-4 参数说明

电路数据	载荷
$R_1 = 3\,\Omega$ $R_2 = 2\,\Omega$ $L_1 = j4\,\Omega$ $A_1 = -3$	电压源幅值 $V = 15\text{V}$，相位角 $\theta = 30°$ 电流源幅值 $I = 5\text{A}$，相位角 $\theta = -45°$

11.4.2 GUI 操作方法

1. 创建物理环境

1）过滤图形界面。从主菜单中选择 Main Menu > Preferences，弹出"Preferences for GUI Filtering"对话框，选中"Electric"来对后面的分析进行菜单及相应的图形界面过滤。

2）定义工作标题。从实用菜单中选择 Utility Menu > File > Change Title，在弹出的对话框中输入"AC CIRCUIT ANALYSIS"，如图 11-12 所示，单击"OK"按钮。

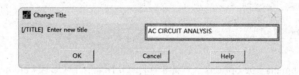

图 11-12 "Change Title"对话框

- 指定工作名。从实用菜单中选择 Utility Menu > File > Change Jobname，在弹出的对话框"Enter new jobname"后面的文本框中输入"AC CIRCUIT"，单击"OK"按钮。

3）定义单元类型和选项。从主菜单中选择 Main Menu > Preprocessor > Element Type > Add/Edit/Delete，弹出"Element Types"对话框，如图 11-13 所示。单击"Add"按钮，弹出"Library of Element Types"对话框，如图 11-14 所示。在该对话框的左边下拉列表框中选择"Circuit"，在右边下拉列表框中选择"Circuit 124"，单击"Apply"按钮，定义一个"CIRCU124"单元。连续单击"Apply"按钮 3 次，再单击"OK"按钮，回到"Element Types"对话框，可以看到一共定义了 5 个"CIRCU124"单元，如图 11-13 所示。

图 11-13 "Element Types"对话框

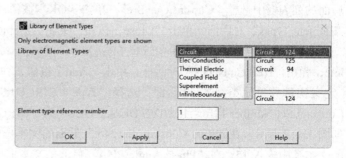

图 11-14 "Library of Element Types"对话框

- 在 "Element Types" 对话框中选择单元类型 1，单击 "Options" 按钮，弹出 "CIRCU124 element type options" 对话框，如图 11-15 所示。在 "Circuit Component Type K1" 后面的列表框中选择 "Ind Vltg Src"。单击 "OK" 按钮，再次弹出 "CIRCU124 element type options" 对话框，如图 11-16 所示。在 "Body Loads K2" 后面的列表框中选择 "DC or AC Harmonic load"，单击 "OK" 按钮，定义一个独立电压源。回到 "Element Types" 对话框。

- 在 "Element Types" 对话框中选择单元类型 2，单击 "Options" 按钮，弹出 "CIRCU124 element type options" 对话框，如图 11-15 所示。在 "Circuit Component Type K1" 后面的列表框中选择 "Ind Curr Src"。单击 "OK" 按钮，再次弹出 "CIRCU124 element type options" 对话框，如图 11-16 所示。在 "Body Loads K2" 后面的列表框中选择 "DC or AC Harmonic load"，单击 "OK" 按钮，定义一个独立电流源。回到 "Element Types" 对话框。

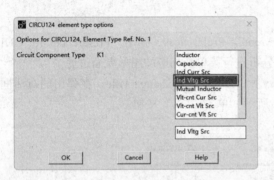 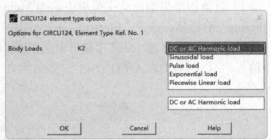

图 11-15 "CIRCU124 element type options" 对话框　　图 11-16 "CIRCU124 element type options" 对话框

- 在 "Element Types" 对话框中选择单元类型 3，单击 "Options" 按钮，弹出 "CIRCU124 element type options" 对话框，如图 11-15 所示。在 "Circuit Component Type K1" 后面的列表框中选择 "Resistor"，单击 "OK" 按钮，定义一个电阻。回到 "Element Types" 对话框。

- 在 "Element Types" 对话框中选择单元类型 4，单击 "Options" 按钮，弹出 "CIRCU124 element type options" 对话框，如图 11-15 所示。在 "Circuit Component Type K1" 后面的列表框中选择 "Inductor"，单击 "OK" 按钮，定义一个电感。回到 "Element Types" 对话框。

- 在 "Element Types" 对话框中选择单元类型 5，单击 "Options" 按钮，弹出 "CIRCU124 element type options" 对话框，如图 11-15 所示。在 "Circuit Component Type K1" 后面的列表框中选择 "Cur-cnt Cur Src"，单击 "OK" 按钮，定义了一个电流控制电流源，回到 "Element Types" 对话框。单击 "Close" 按钮，关闭 "Element Types" 对话框。

4）定义实常数：从主菜单中选择 Main Menu > Preprocessor > Real Constants > Add/Edit/Delete，弹出 "Real Constants" 对话框，单击 "Add" 按钮，弹出 "Element Type for Real Constants（定义实常数单元类型）" 对话框，选择 "Type 1 CIRCU124"，单击 "OK" 按钮，弹出 "Real Constant Set Number 1, for –ICS/IVS DC/AC Harm（为 "CIRCU124" 单元定义实常数）" 对话框，如图 11-17 所示。在 "Real Constant Set No." 后面的文本框输入 1，在 "Amplitude AMP" 后面的文本框中输入 15，在 "Phase Angle PHA" 后面的文本框中输入 30。单击 "OK" 按钮，回到 "Real Constants" 对话框，给独立电压源定义了振幅和相位角实常数。

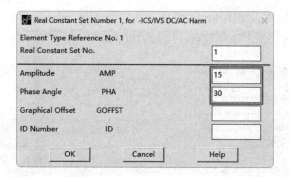

图 11-17 "Real Constant Set Number 1, for-ICS/IVS DC Harm"对话框

• 单击"Real Constants"对话框中的"Add"按钮，弹出"Element Type for Real Constants"对话框，选择"Type 2 CIRCU124"，单击"OK"按钮，弹出"Real Constant Set Number 2, for-ICS/IVS DC/AC Harm（为"CIRCU124"单元定义实常数）"对话框，在"Real Constant Set No."后面的文本框输入2，在"Amplitude AMP"后面的文本框中输入5，在"Phase Angle PHA"后面的文本框中输入-45，单击"OK"按钮，回到"Real Constants"对话框，给独立电流源定义了振幅和相位角实常数。

• 单击"Real Constants"对话框中的"Add"按钮，弹出"Element Type for Real Constants"对话框，选择"Type 3 CIRCU124"，单击"OK"按钮，弹出"Real Constant Set Number 3, for Resistor（为"CIRCU124"单元定义实常数）"对话框，在"Real Constant Set No."后面的文本框输入3，在"Resistance RES"后面的文本框中输入3，单击"OK"按钮，回到"Real Constants"对话框，给电阻定义了电阻值。

• 单击"Real Constants"对话框中的"Add"按钮，弹出"Element Type for Real Constants"对话框，选择"Type 3 CIRCU124"，单击"OK"按钮，弹出"Real Constant Set Number 4, for Resistor"对话框，在"Real Constant Set No."后面的文本框输入4，在"Resistance RES"后面的文本框中输入2，单击"OK"按钮，回到"Real Constants"对话框，给电阻定义了电阻值。

• 单击"Real Constants"对话框中的"Add"按钮，弹出"Element Type for Real Constants"对话框，选择"Type 4 CIRCU124"，单击"OK"按钮，弹出"Real Constant Set Number 5, for-Inductor"对话框，在"Real Constant Set No."后面的文本框输入5，在"Inductance IND"后面的文本框中输入4，单击"OK"按钮，回到"Real Constants"对话框，给电感定义了电感值。

• 单击"Real Constants"对话框中的"Add"按钮，弹出"Element Type for Real Constants"对话框，选择"Type 5 CIRCU124"，单击"OK"按钮，弹出"Real Constant Set Number 6, for-Curr Cntrl CS"对话框，在"Real Constant Set No."后面的文本框中输入6，在"Current Gain AI"后面的文本框中输入-3，单击"OK"按钮，回到"Real Constants"对话框，给电流控制电流源定义实常数。单击"Close"按钮，退出对话框。

2. 建立模型、赋予特性、划分网格

1）创建节点（用节点法建立模型）。从主菜单中选择 Main Menu > Preprocessor > Modeling > Create > Nodes > In Active CS，弹出"Create Nodes in Active Coordinate System（在当前激活坐

标系下建立节点)"对话框,如图 11-18 所示,在"Node number"后面的文本框中输入 1,单击"OK"按钮,这样就创建了 1 号节点,坐标为 (0,0,0)。

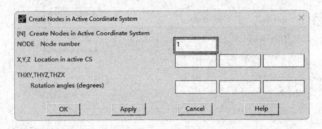

图 11-18 "Create Nodes in Active Coordinate System"对话框

2)复制节点。从主菜单中选择 Main Menu > Preprocessor > Modeling > Copy > Nodes > Copy,在弹出的对话框中单击"Pick All"按钮,弹出"Copy nodes"对话框,如图 11-19 所示。在"Total number of copies"后面的文本框中输入 10,在"Node number increment"后面的文本框中输入 1,单击"OK"按钮,这样将 1 号节点复制获得 10 个节点。

3)定义单元默认属性。从主菜单中选择 Main Menu > Preprocessor > Meshing > Mesh Attributes > Default Attribs,弹出"Meshing Attributes(定义单元属性)"对话框,如图 11-20 所示,在"Element type number"后面的下拉列表框中选择"1 CIRCU124",在"Real constant set number"后面的下拉列表框中选择 1,单击"OK"按钮。

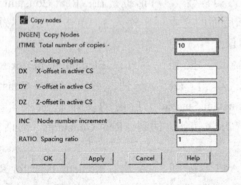

图 11-19 "Copy nodes"对话框

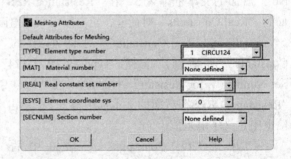

图 11-20 "Meshing Attributes"对话框

4)创建独立电压源单元。从主菜单中选择 Main Menu > Preprocessor > Modeling > Create > Elements > Auto Numbered > Thru Nodes,在弹出的对话框的文本框中分别输入 2、1 和 7 并按 Enter 键,单击"OK"按钮,创建一个独立电压源单元,此单元属性就是步骤 3)所定义的默认属性。注意:用节点法建模时,每得到一个单元应立即给此单元分配属性。

5)定义单元默认属性。从主菜单中选择 Main Menu > Preprocessor > Meshing > Mesh Attributes > Default Attribs,弹出"Meshing Attributes"对话框,在"Element type number"后面的下拉列表框中选择"3 CIRCU124",在"Real constant set number"后面的下拉列表框中选择 3,单击"OK"按钮。

6)创建第一个电阻单元。从主菜单中选择 Main Menu > Preprocessor > Modeling > Create > Elements > Auto Numbered > Thru Nodes,在弹出的对话框的文本框中分别输入 2 和 3 并按 Enter 键,单击"OK"按钮,创建第一个电阻单元。

7）定义单元默认属性。从主菜单中选择 Main Menu > Preprocessor > Meshing > Mesh Attributes > Default Attribs，弹出"Meshing Attributes"对话框，在"Element type number"后面的下拉列表框中选择"4 CIRCU124"，在"Real constant set number"后面的下拉列表框中选择 5，单击"OK"按钮。

8）创建电感单元。从主菜单中选择 Main Menu > Preprocessor > Modeling > Create > Elements > Auto Numbered > Thru Nodes，在弹出的对话框的文本框中分别输入 3 和 1 并按 Enter 键，单击"OK"按钮，创建一个电感单元。

9）定义单元默认属性。从主菜单中选择 Main Menu > Preprocessor > Meshing > Mesh Attributes > Default Attribs，弹出"Meshing Attributes"对话框，在"Element type number"后面的下拉列表框中选择"3 CIRCU124"，在"Real constant net number"后面的下拉列表框中选择 4，单击"OK"按钮。

10）创建第二个电阻单元。从主菜单中选择 Main Menu > Preprocessor > Modeling > Create > Elements > Auto Numbered > Thru Nodes，在弹出的对话框的文本框中分别输入 3 和 4 并按 Enter 键，单击"OK"按钮，创建第二个电阻单元。

11）定义单元默认属性。从主菜单中选择 Main Menu > Preprocessor > Meshing > Mesh Attributes > Default Attribs，弹出"Meshing Attributes"对话框，在"Element type number"后面的下拉列表框中选择"5 CIRCU124"，在"Real constant set number"后面的下拉列表框中选择 6，单击"OK"按钮。

12）创建电流控制电路源单元。从主菜单中选择 Main Menu > Preprocessor > Modeling > Create > Elements > Auto Numbered > Thru Nodes，在弹出的对话框的文本框中分别输入 3、4、5、2、1 和 7 并按 Enter 键，单击"OK"按钮，创建一个电流控制电路源单元。

13）定义单元默认属性。从主菜单中选择 Main Menu > Preprocessor > Meshing > Mesh Attributes > Default Attribs，弹出"Meshing Attributes"对话框，在"Element type number"后面的下拉列表框中选择"2 CIRCU124"，在"Real constant set number"后面的下拉列表框中选择 2，单击"OK"按钮。

14）创建独立电流源单元。从主菜单中选择 Main Menu > Preprocessor > Modeling > Create > Elements > Auto Numbered > Thru Nodes，在弹出的对话框的文本框中分别输入 1 和 4 并按 Enter 键，单击"OK"按钮，创建一个独立电流源。

3. 加边界条件和载荷

1）选择分析类型。从主菜单中选择 Main Menu > Solution > Analysis Type > New Analysis，弹出"New Analysis"对话框，选择"Harmonic"，如图 11-21 所示。单击"OK"按钮。

2）给节点 1 施加零电位。从主菜单中选择 Main Menu > Solution > Define Loads > Apply > Electric > Boundary > Voltage > On Nodes，在弹出的对话框的文本框中输入 1 并按 Enter 键，单击"OK"按钮，弹出"Apply VOLT on nodes（在节点上施加电压）"对话框，在"VALUE Real part of VOLT"后面的文本框中输入 0，如图 11-22 所示。单击"OK"按钮。

3）定义 π 参数。从实用菜单中选择 Utility Menu > Parameters > Scalar Parameters，弹出"Scalar Parameters"对话框，在"Selection"下面的文本框中输入"PI = 4*ATAN(1)"，单击"Accept"按钮，输入参数的结果如图 11-23 所示。单击"Close"按钮，关闭"Scalar Parameters"对话框。

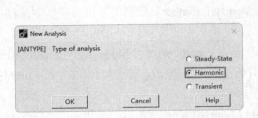
图 11-21 "New Analysis" 对话框

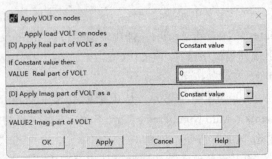
图 11-22 "Apply VOLT on nodes" 对话框

4）设置谐分析频率。从主菜单中选择 Main Menu > Solution > Load Step Opts > Time/Frequenc > Freq and Substps，弹出 "Harmonic Frequency and Substep Options" 对话框，在 "Harmonic freq range" 后面的第一个文本框中输入 "1/(2*PI)"，如图 11-24 所示。单击 "OK" 按钮。

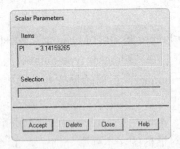
图 11-23 "Scalar Parameters" 对话框

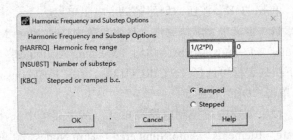
图 11-24 "Harmonic Frequency and Substep Options" 对话框

4. 求解

1）求解输出控制。从主菜单中选择 Main Menu > Solution > Load Step Opts > Output Ctrls > Solu Printout，弹出 "Solution Printout Controls" 对话框，在 "Item for printout control" 后面的下拉列表框中选择 "All items"，在 "Print frequency" 下面的单选按钮中选择 "Every substep"，如图 11-25 所示。单击 "OK" 按钮。

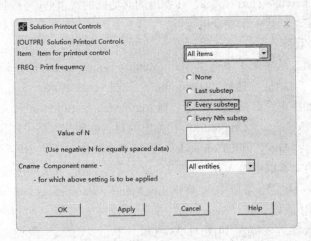
图 11-25 "Solution Printout Controls" 对话框

2）指定谐分析输出控制。从主菜单中选择 Main Menu > Solution > Analysis Type > Analysis Options，弹出"Harmonic Analysis"对话框，在"DOF printout format"后面的下拉列表框中选择"Amplitud + phase"，如图 11-26 所示。单击"OK"按钮，弹出"Full Harmonic Analysis"对话框，在"Equation solver"后面的下拉列表框中选择"Sparse solver"，如图 11-27 所示。单击"OK"按钮，设置以振幅和相位角的形式输出。

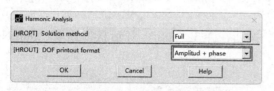
图 11-26 "Harmonic Analysis"对话框

图 11-27 "Full Harmonic Analysis"对话框

3）求解。从主菜单中选择 Main Menu > Solution > Solve > Current LS，弹出信息窗口和一个求解当前载荷步对话框，确认信息无误后关闭信息窗口。单击求解对话框中的"OK"按钮，开始求解运算，直到出现"Solution is done!"提示栏，表示求解结束。

5. 查看计算结果

1）读入结果数据。从主菜单中选择 Main Menu > General Postproc > Read Results > First Set。本分析提供了两种结果数据库，一种是实部解，一种是虚部解，此步是读入实部解。

2）列出单元求解实部结果。从主菜单中选择 Main Menu > General Postproc > List Results > Element Solution，弹出"List Element Solution"对话框，如图 11-28 所示。在"Item to be listed"下面的列表框中选择 Circuit Results > Element Results，单击"OK"按钮，弹出信息窗口，里面列出了所有单元的所有求解结果，如图 11-29 所示。查看 4 号节点的电压值，确认无误后，单击 File > Close，关闭信息窗口。

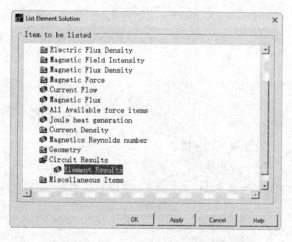
图 11-28 "List Element Solution"对话框

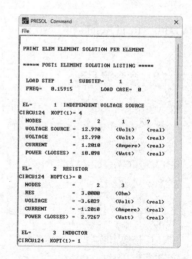
图 11-29 "PRESOL Command"信息窗口

3）获取虚部电流值。从主菜单中选择 Main Menu > General Postproc > Read Results > By Load Step，弹出"Read Results by Load Step Number"对话框，如图 11-30 所示。在"Real or imaginary part"后面的下拉列表框中选择"Imaginary part",单击"OK"按钮,把实部显示改为虚部显示。

4)列出单元求解实部结果。从主菜单中选择 Main Menu > General Postproc > List Results > Element Solution,弹出"List Element Solution"对话框,如图 11-28 所示,在"Item to be listed"下面的列表框中选择 Circuit Results > Element Results,单击"OK"按钮,弹出信息窗口,里面列出了所有单元的所有求解结果,如图 11-31 所示。查看 4 号节点的电压值,确认无误后,单击 File > Close,关闭信息窗口。

5)退出 Ansys。单击工具条上的"Quit"按钮,弹出"Exit"对话框,选取"Quit-No Save!",单击"OK"按钮,退出 Ansys。

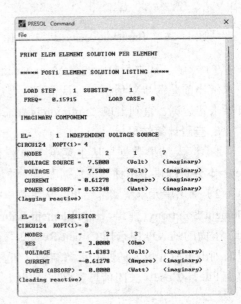

图 11-30 "Read Results by Load Step Number" 对话框   图 11-31 "PRESOL Command" 窗口

11.4.3 命令流实现

```
!/BACH,LIST
/TITLE,AC CIRCUIT ANALYSIS
!定义工作标题
/FILNAME,AC CIRCUIT,0              !定义工作文件名
KEYW,MAGELC,1                      !指定电路分析

/PREP7
ET,1,CIRCU124,4,0                  !独立电压源
ET,2,CIRCU124,3,0                  !独立电流源
ET,3,CIRCU124,0                    !电阻
ET,4,CIRCU124,1                    !电感
ET,5,CIRCU124,12                   !电流控制电流源
R,1,15,30                          !电压源振幅与相位角
```

```
R,2,5,-45                          !电流源振幅与相位角
R,3,3                              !R1
R,4,2                              !R2
R,5,4                              !L1
R,6,-3                             !电流控制电流源实常数
N,1                                !创建节点
NGEN,10,1,1,1,1                    !复制节点
TYPE,1                             !设置单元类型
REAL,1                             !设置实常数
E,2,1,7                            !V1
TYPE,3
REAL,3
E,2,3                              !R1
TYPE,4
REAL,5
E,3,1                              !L1
TYPE,3
REAL,4
E,3,4                              !R2
TYPE,5
REAL,6
E,3,4,5,2,1,7                      !CCCS
TYPE,2
REAL,2
E,1,4                              !C1
FINISH

/SOLU
ANTYP,HARM                         !设置求解类型
D,1,VOLT,0                         !给节点1施加零电位
PI = 4*ATAN(1)
HARFRQ,1/(2*PI)                    !设置分析的频率
OUTPR,ALL,ALL                      !求解输出控制
HROUT,OFF                          !谐分析输出控制
SOLVE
FINISH

/POST1
SET,1,1                            !读入实部解
PRESOL,ELEM                        !列出每个单元电路求解实部结果
SET,1,1,,1                         !读入虚部解
PRESOL,ELEM                        !列出每个单元电路求解虚部结果
FINISH
```

11.5 实例 2——半波整流分析

11.5.1 问题描述

本实例计算的是一个使用理想二极管的半波整流电路（见图 11-32）。

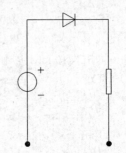

图 11-32 半波整流电路

11.5.2 GUI 操作方法

1. 创建物理环境

1）过滤图形界面。从主菜单中选择 Main Menu > Preferences，弹出 "Preferences for GUI Filtering" 对话框，选中 "Electric" 来对后面的分析进行菜单及相应的图形界面过滤。

2）定义工作标题。从实用菜单中选择 Utility Menu > File > Change Title，在弹出的对话框中输入 "SIMPLE HALF WAVE RECTIFIER WITH IDEAL DIODE"，单击 "OK" 按钮，如图 11-33 所示。

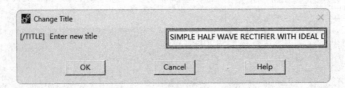

图 11-33 "Change Title" 对话框

- 指定工作名。从实用菜单中选择 Utility Menu > File > Change Jobname，在弹出对话框中 "Enter new jobname" 后面的文本框中输入 "HALF WAVE RECTIFIER"，单击 "OK" 按钮。

2. 建立模型、赋予特性、划分网格

1）定义 π 参数。从实用菜单中选择 Utility Menu > Parameters > Scalar Parameters，弹出 "Scalar Parameters" 对话框，在 "Selection" 下面的文本框中输入 "PI = 4*ATAN(1)"，单击 "Accept" 按钮，输入参数的结果如图 11-34 所示，单击 "Close" 按钮，关闭 "Scalar Parameters" 对话框。

2）定义实常数 1。从主菜单中选择 Main Menu > Preprocessor > Real Constants > Add/Edit/Delete，弹出 "Real Constants" 对话框，单击 "Add" 按钮，弹出 "Generic Real Constants（定义实常数）" 对话框，如图 11-35 所示，同时弹出信息提示栏，提出还没有定义单元类型。输入实常数参数，然后关闭信息提示栏。在 "Value 2" 后面的文本框中输入 135，在 "Value 3" 后面的文本框中输入 1。单击 "OK" 按钮，回到 "Real Constants" 对话框。单击 "Close" 按钮。

3）创建节点（用节点法建立模型）。从主菜单中选择 Main Menu > Preprocessor > Modeling > Create > Nodes > In Active CS，弹出 "Create Nodes in Active Coordinate System（在当前激活坐标系下建立节点）" 对话框，如图 11-36 所示，在 "Node number" 后面的文本框中输入 1，在 "X,Y,Z Location in active CS" 后面的三个文本框中分别输入 -0.85、0.4 和 0。单击 "Apply" 按钮，这样就创建了 1 号节点，坐标为 (-0.85,0.4,0)。

 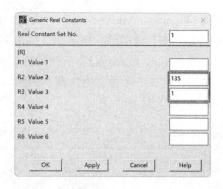

图 11-34 "Scalar Parameters"对话框　　图 11-35 "Generic Real Constants"对话框

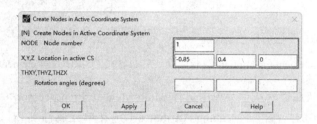

图 11-36 "Create Nodes in Active Coordinate System"对话框

- 在"Node number"后面的文本框中输入 2，在"X,Y,Z Location in active CS"后面的三个文本框中分别输入 -0.85、0.25 和 0，单击"OK"按钮，这样就创建了 2 号节点，坐标为 (-0.85,0.25,0)。

4）修改实常数组 1。在命令窗口输入命令（此命令没有相应的 GUI 菜单），将实常数 1 增加了"Value15 = 0"和"Value16 = 1"两项。可以通过 GUI 方式（从实用菜单中选择 Utility Menu > List > Properties > All Real Constants）来查看修改后的实常数 1。输入的命令行如下：

RMODIF,1,15,0,1

5）定义单元类型和选项。从主菜单中选择 Main Menu > Preprocessor > Element Type > Add/Edit/Delete，弹出"Element Types"对话框，单击"Add"按钮，弹出"Library of Element Types"对话框，如图 11-37 所示。在该对话框中左边下拉列表框中选择"Circuit"，在右边下拉列表框中选择"Circuit 124"，单击"OK"按钮，生成一个"CIRCU124"单元。

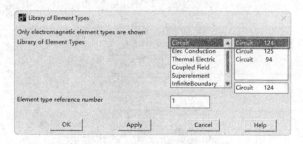

图 11-37 "Library of Element Types"对话框

- 在"Element Types"对话框中选择单元类型 1，单击"Options"按钮，弹出

"CIRCU124 element type options"对话框，在"Circuit Component Type K1"后面的列表框中选择"Ind Vltg Src"，如图 11-38 所示。单击"OK"按钮，弹出"CIRCU124 element type options"对话框，在"Body Loads K2"后面的列表框中选择"Sinusoidal load"，如图 11-39 所示。单击"OK"按钮，定义一个独立电压源，回到"Element Types"对话框。单击"Close"按钮，关闭"Element Types"对话框。

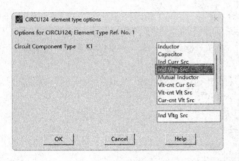 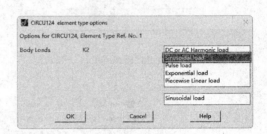

图 11-38 "CIRCU124 element type options"对话框   图 11-39 "CIRCU124 element type options"对话框

6）定义单元默认属性。从主菜单中选择 Main Menu > Preprocessor > Meshing > Mesh Attributes > Default Attribs，弹出"Meshing Attributes（定义单元属性）"对话框，如图 11-40 所示，在"Element type number"后面的下拉列表框中选择"1 CIRCU124"，在"Real constant set number"后面的下拉列表框中选择 1，单击"OK"按钮。

7）创建节点。从主菜单中选择 Main Menu > Preprocessor > Modeling > Create > Nodes > In Active CS，弹出"Create Nodes in Active Coordinate System（在当前激活坐标系下建立节点）"对话框，如图 11-36 所示，在"Node number"后面的文本框中输入 3，在"X,Y,Z Location in active CS"后面的三个文本框中分别输入 -0.85、0.325 和 0。单击"OK"按钮，这样就创建了 3 号节点，坐标为 (-0.85,0.325,0)。

8）创建独立电压源单元。从主菜单中选择 Main Menu > Preprocessor > Modeling > Create > Elements > Auto Numbered > Thru Nodes，在弹出的对话框的文本框中分别输入 1、2 和 3 并按 Enter 键，单击"OK"按钮，创建一个独立电压源单元，如图 11-41 所示。电压源的值 Vs = 135*SIN(2*PI*T)，此单元属性就是步骤 6）所定义的属性。注意：用节点法建模时，每得到一个单元应立即给此单元分配属性。

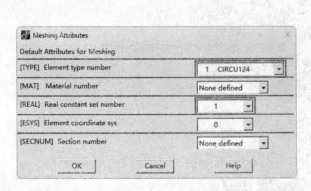 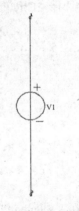

图 11-40 "Meshing Attributes"对话框   图 11-41 独立电压源单元

9）定义实常数 2。从主菜单中选择 Main Menu > Preprocessor > Real Constants > Add/Edit/Delete，弹出"Real Constants"对话框，单击"Add"按钮，弹出"Element Type for Real Constants（定义实常数单元类型）"对话框，选择"Type 1 CIRCU124"，单击"OK"按钮，弹出"Real Constant Set Number 2, for -ICS/IVS Sinusoidal（为"CIRCU124"单元定义实常数）"对话框，在"Real Constant Set No."后面的文本框输入 2，在"Voltage/Current Offset OFFSET"后面的文本框中输入 2500。单击"OK"按钮，回到"Real Constants"对话框。单击"Close"按钮。

注意：这里输入实常数 2 的目的是为了相当于输入实常数 1 中的"Value 1"，为后面定义的电阻单元设置电阻值用的。

10）创建节点。从主菜单中选择 Main Menu > Preprocessor > Modeling > Create > Nodes > In Active CS，弹出"Create Nodes in Active Coordinate System"对话框，如图 11-36 所示，在"Node number"后面的文本框中输入 4，在"X,Y,Z Location in active CS"后面的三个文本框中分别输入 −0.75、0.4 和 0，单击"Apply"按钮，这样就创建了 4 号节点，坐标为 (−0.75,0.4,0)。

• 在"Node number"后面的文本框中输入 5，在"X,Y,Z Location in active CS"后面的三个文本框中分别输入 −0.75、0.25 和 0，单击"OK"按钮，这样就创建了 5 号节点，坐标为 (−0.75,0.25,0)。

11）修改实常数组 2。在命令窗口输入以下命令，将实常数 2 增加了"Value15 = 0"和"Value16 = 2"两项。可以通过 GUI 方式（从实用菜单中选择 Utility Menu > List > properties > All Real constants）来查看修改后的实常数 2。

RMOD,2,15,0,2

12）定义单元类型和选项。从主菜单中选择 Main Menu > Preprocessor > Element Type > Add/Edit/Delete，弹出"Element Types"对话框，单击"Add"按钮，弹出"Library of Element Types"对话框，在该对话框的左面下拉列表框中选择"Circuit"，在右边下拉列表框中选择"Circuit 124"，单击"OK"按钮，又定义了一个"CIRCU124"单元。回到"Element Types"对话框。

• 在"Element Types"对话框中选择单元类型 2，单击"Options"按钮，弹出"CIRCU124 element type options"对话框，在"Circuit Component Type K1"后面的列表框中选择"Resistor"。单击"OK"按钮，定义一个电阻。回到"Element Types"对话框，单击"Close"按钮。

13）定义单元默认属性。从主菜单中选择 Main Menu > Preprocessor > Meshing > Mesh Attributes > Default Attribs，弹出"Meshing Attributes"对话框，在"Element type number"后面的下拉列表框中选择"2 CIRCU124"，在"Real constant set number"后面的下拉列表框中选择 2，单击"OK"按钮。

14）创建电阻单元。从主菜单中选择 Main Menu > Preprocessor > Modeling > Create > Elements > Auto Numbered > Thru Nodes，在弹出的对话框的文本框中分别输入"4"和"5"并按 Enter 键，单击"OK"按钮，创建一个电阻单元，如图 11-42 所示。此单元属性就是步骤 13）所定义的属性。

15）定义单元类型。从主菜单中选择 Main Menu > Preprocessor > Element Type > Add/Edit/Delete，弹出"Element Types"对话框，单击"Add"按钮，弹出"Library of Element Types"

对话框，在该对话框中左面下拉列表框中选择"Circuit"，在右边下拉列表框中选择"Circuit 125"。单击"OK"按钮，生成"CIRCU125"单元，如图11-43所示。单击"Close"按钮。

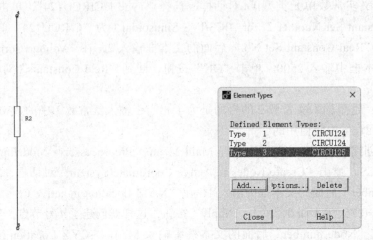

图11-42 电阻单元　　　　　图11-43 "Element Types"对话框

16）定义实常数3。从主菜单中选择 Main Menu > Preprocessor > Real Constants > Add/Edit/Delete，弹出"Real Constants"对话框，单击"Add"按钮，弹出"Element Type for Real Constants"对话框，选择"Type 3 CIRCU125"，单击"OK"按钮，弹出"Real Constant Set Number 3, for CIRCU125（为"CIRCU125"单元定义实常数）"对话框，在"Real Constant Set No."后面的文本框输入3，如图11-44所示。单击"OK"按钮，回到"Real Constants"对话框，单击"Close"按钮。

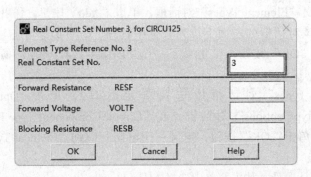

图11-44 "Real Constant Set Number 3, for CIRCU125"对话框

17）定义单元默认属性。从主菜单中选择 Main Menu > Preprocessor > Meshing > Mesh Attributes > Default Attribs，弹出"Meshing Attributes（定义单元属性）"对话框，在"Element type number"后面的下拉列表框中选择"3 CIRCU125"，在"Real constant set number"后面的下拉列表框中选择3，单击"OK"按钮。

18）创建二极管单元。从主菜单中选择 Main Menu > Preprocessor > Modeling > Create > Elements > Auto Numbered > Thru Nodes，在弹出的对话框的文本框中分别输入1和4并按Enter键，单击"OK"按钮，创建一个二极管单元，如图11-45所示，此单元属性就是步骤17）所定义的属性。

3. 加边界条件和载荷

1）给节点 2 和 5 施加零电位边界条件。从主菜单中选择 Main Menu > Solution > Define Loads > Apply > Electric > Boundary > Voltage > On Nodes，在弹出的对话框的文本框中输入 2 和 5 并按 Enter 键，单击"OK"按钮，弹出"Apply VOLT on nodes（在节点上施加电压）"对话框，在"Load VOLT value"后面的文本框中输入 0，如图 11-46 所示。单击"OK"按钮。

2）选择所有实体。从实用菜单中选择 Utility Menu > Select > Everything。

3）显示整个整流电路有限元模型。从实用菜单中选择 Utility Menu > Plot > Elements，即可在图形界面上显示整个整流电路的有限元模型，如图 11-47 所示。

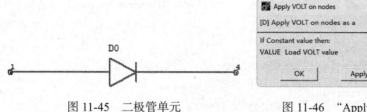

图 11-45　二极管单元　　　　图 11-46　"Apply VOLT On nodes"对话框

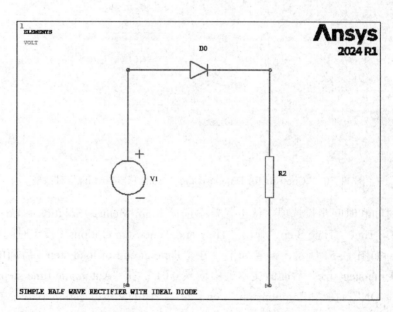

图 11-47　整流电路有限元模型

4. 求解

1）选择分析类型。从主菜单中选择 Main Menu > Solution > Analysis Type > New Analysis，弹出"New Analysis"对话框，如图 11-48 所示。选择"Transient"，单击"OK"按钮，弹出"Transient Analysis"对话框，如图 11-49 所示。设置求解方法"Solution method"为"Full"，单击"OK"按钮。

2）数据库和结果文件输出控制。从主菜单中选择 Main Menu > Solution > Load Step Opts > Output Ctrls > DB/Results File，弹出"Controls for Database and Results File Writing"对话框，在"Item to be controlled"后面的下拉列表框中选择"All items"，在"File write frequency"后

面的单选按钮中选择"Every substep",如图 11-50 所示,单击"OK"按钮,把每个子步的求解结果写入数据库。

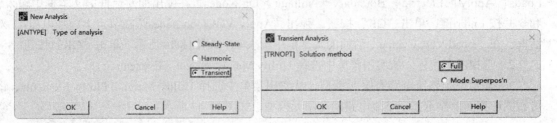

图 11-48 "New Analysis"对话框　　图 11-49 "Transient Analysis"对话框

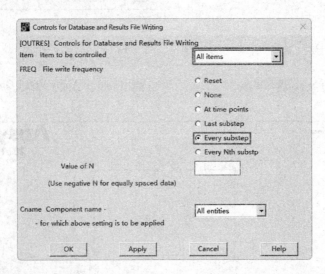

图 11-50 "Controls for Database and Results File Writing"对话框

3)设定时间和时间步长选项。从主菜单中选择 Main Menu > Solution > Load Step Opts > Time/Frequenc > Time - Time Step,弹出"Time and Time Step Options(设定时间和时间步长选项)"对话框,如图 11-51 所示,设置如下:在"Time at end of load step"后面的文本框中输入 1.5;在"Time step size"后面的文本框中输入 0.01;在"Automatic time stepping"下面的单选框中选择"ON";在"Minimum time step size"后面的文本框中输入 0.01;在"Maximum time step size"后面的文本框中输入 0.04。单击"OK"按钮,将加载时间设置在 0～1.5s 内分为最大 150、最少 36 个子步求解,在 0.01～0.04s 范围内自动设置时间步长,每一步加载方式为斜坡式(Ansys 默认设置)。

4)设置收敛标准。从主菜单中选择 Main Menu > Solution > Load Step Opts > Nonlinear > Convergence Crit,弹出"Default Nonlinear Convergence Criteria"对话框,单击"Replace"按钮,弹出"Nonlinear Convergence Criteria(非线性收敛标准)"对话框,在"Convergence is based on"后面的左边列表框中选择"Electric",右边列表框中选择"Voltage VOLT",在"Tolerance about VALUE"后面的文本框中输入 0.005(默认值),如图 11-52 所示,单击"OK"按钮,出现警告提示对话框,单击"Close"按钮关闭提示,回到"Default Nonlinear Convergence Criteria"对话框,单击"Close"按钮退出。

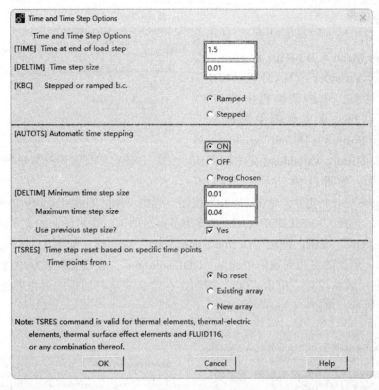

图 11-51 "Time and Time Step Options" 对话框

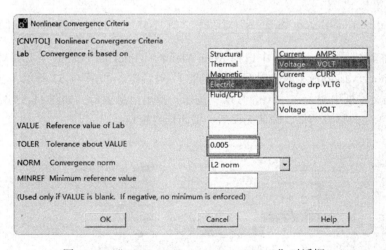

图 11-52 "Nonlinear Convergence Criteria" 对话框

5) 设置分析终止标准。从主菜单中选择 Main Menu > Solution > Load Step Opts > Nonlinear > Criteria to Stop，弹出 "Criteria to Stop an Analysis" 对话框，在 "KSTOP Stop if no convergence？" 后面的下拉列表框中选择 "No - do not stop"，如图 11-53 所示，单击 "OK" 按钮。

6) 求解。从主菜单中选择 Main Menu > Solution > Solve > Current LS，弹出一个信息窗口和一个求解当前载荷步对话框，确认信息无误后关闭信息窗口，单击求解对话框中的 "OK" 按钮，开始求解运算，直到出现 "Solution is done!" 提示栏，表示求解结束。

5. 查看结算结果

1）定义变量（为查看整流结果）。从主菜单中选择 Main Menu > TimeHist Postpro，弹出"Time History Variables -.\ HALFWAVERECTIFIER.rth"对话框，单击菜单栏中的 File > Close，关闭对话框。从主菜单中选择 Main Menu > TimeHist Postpro > Define Variables，弹出"Define Time-History Variables（定义时间历程变量）"对话框，如图 11-54 所示，此时会看到只有时间"Time"一个变量，单击"Add"按钮。弹出"Add Time-History Variable"对话框，如图 11-55 所示。选择"Nodal DOF result"，弹出节点对话框，在对话框的文本框中输入 4 并按 Enter 键，单击"OK"按钮，弹出"Define Nodal Data"对话框，如图 11-56 所示。在"Item, Comp Data item"后面的左边列表框中选择"DOF solution"，在右边列表框中选择"Elec poten VOLT"，其他采用默认设置。单击"OK"按钮，在定义变量对话框中可以看见变量变为了两个，如图 11-54 所示。单击"Close"按钮。

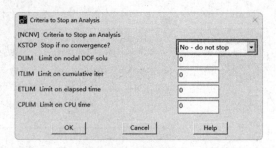

图 11-53 "Criteria to Stop an Analysis" 对话框

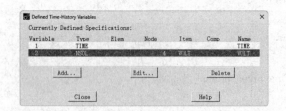

图 11-54 "Define Time-History Variables" 对话框

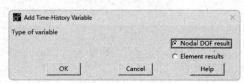

图 11-55 "Add Time-History Variable" 对话框

2）列出整流结果。从主菜单中选择 Main Menu > TimeHist Postpro > List Variables，弹出"List Time-History Variables（列出时间历程变量）"对话框，如图 11-57 所示，在"1st variable to list"后面的文本框中输入 2，单击"OK"按钮，弹出信息窗口，如图 11-58 所示。信息窗口中列出了节点 4 处的整流结果。确认无误后，关闭信息窗口。

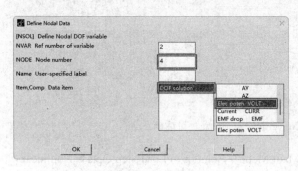

图 11-56 "Define Nodal Data" 对话框

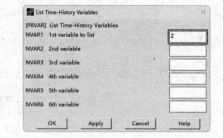

图 11-57 "List Time-History Variables" 对话框

3）设置图标 Y 轴标签。从实用菜单中选择 Utility Menu > PlotCtrls > Style > Graphs > Modify Axes，弹出"Axes Modifications for Graph Plots"对话框，如图 11-59 所示。在"Y-axis label"后面的文本框中输入"OUTPUT POTENTIAL (VOLT)"，单击"OK"按钮。

电路分析 | 第11章

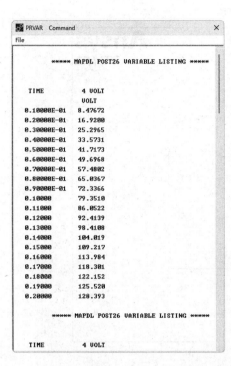 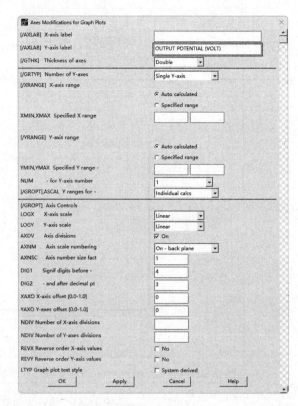

图 11-58 "PRVAR Command"窗口　　图 11-59 "Axes Modifications for Graph Plots"对话框

4）绘出整流结果。从主菜单中选择 Main Menu > TimeHist Postpro > Graph Variables，弹出"Graph Time-History Variables（绘制时间历程变量）"对话框，如图 11-60 所示。在"1st variable to graph"后面的文本框中输入 2，单击"OK"按钮，绘出节点 4 的整流波形，如图 11-61 所示。

图 11-60 "Graph Time-History Variables"对话框

5）退出 Ansys。单击工具条上的"Quit"按钮，弹出如图 11-62 所示"Exit"对话框，选取"Quit - No Save!"，单击"OK"按钮，退出 Ansys。

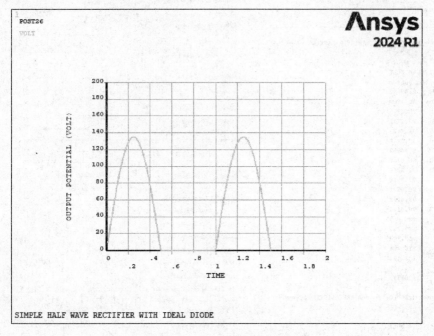

图 11-61　节点 4 的整流波形

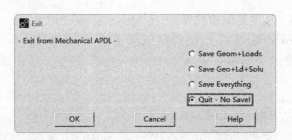

图 11-62　"Exit"对话框

11.5.3　命令流实现

```
!/BACH,LIST
/TITLE,SIMPLE HALF WAVE RECTIFIER WITH IDEAL DIODE
!定义工作标题
/FILNAME,HALF WAVE RECTIFIER,1           !定义工作文件名
KEYW,MAGELC,1                            !指定电路分析

/PREP7
!PI = 4*ATAN(1)                          !设置 π 参数
R,1,,135,1,                              !定义正弦电压源实常数
```

```
N,1,-0.85,0.4,0                          !创建节点
N,2,-0.85,0.25,0
RMOD,1,15,0,1                            !修改实常数组 1
ET,1,CIRCU124,4,1                        !定义独立电压源单元
TYPE,1                                   !设置默认属性
REAL,1
!*
N,3,-0.85,0.325,0                        !创建节点
E,1,2,3                                  !创建正弦电压源单元
R,2,2500,                                !定义电阻实常数为 2500Ω
N,4,-0.75,0.4,0                          !创建节点
N,5,-0.75,0.25,0
RMOD,2,15,0,2                            !修改实常数组 2
ET,2,CIRCU124,0,0                        !定义电阻单元
TYPE,2                                   !设置默认属性
REAL,2
E,4,5                                    !创建电阻单元，阻值为 2500Ω
!
!下面的命令用来创建二极管单元
!
ET,3,CIRCU125,
R,3
TYPE,3
REAL,3
E,1,4
!
!为电路施加接地边界条件
!
D,2,VOLT,0
D,5,VOLT,0
ALLSEL
EPLOT
FINISH
!
!在时间 T = 0~1.5 范围内进行非线性电路求解
!
/SOLU
ANTYPE,TRANS                             !设置求解类型
OUTRES,ALL,ALL,
TIME,1.5
AUTOTS,1                                 !自动时间步长
DELTIM,0.01,0.01,0.04                    !时间步长范围为 0.01~0.04s
CNVTOL,VOLT                              !收敛标准
```

```
NCNV,0,0,0,0,0                              !分析终止标准
SOLVE
FINISH

/POST26
NSOL,2,4,VOLT,,                             !定义时间历程变量
PRVAR,2,                                    !列出时间历程变量结果
/AXLAB,Y,OUTPUT POTENTIAL (VOLT)            !修改 Y 轴坐标标签
PLVAR,2,                                    !绘出时间历程变量
FINISH
```